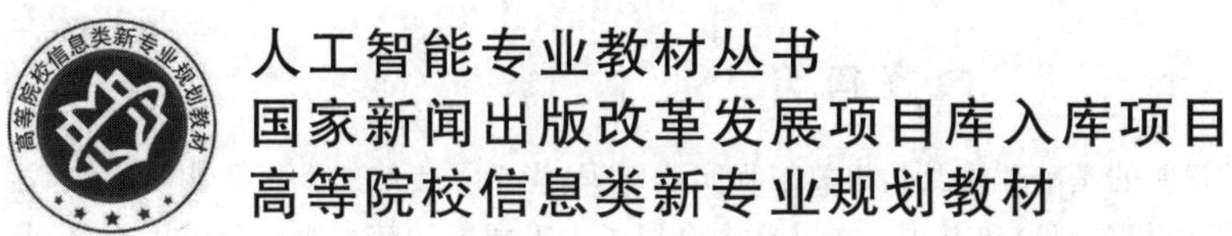

人工智能基础与实践

杨阳 何大中 何刚 阎庆 编著

北京邮电大学出版社
www.buptpress.com

内 容 简 介

本书深入浅出地介绍了人工智能的基础理论及其相关编程实践知识，囊括了传统的人工智能基础知识，机器学习、深度学习乃至强化学习的相关理论和方法。本书首先介绍了人工智能的基本概念与应用现状；其次阐述了经典机器学习理论与实践的相关内容，包含基础知识、人工智能的开发工具以及一系列机器学习分类、聚类和回归等算法；最后介绍了深度学习的相关理论，包括深度学习的基本概念，卷积神经网络、循环神经网络以及部分强化学习的经典方法。

本书在介绍人工智能相关理论知识的同时，还介绍了人工智能涉及的部分数学原理以及编程实例。因此，本书既适合作为零基础人员入门人工智能的指导书，也适合作为相关在校学生以及科研、技术人员的参考书。

图书在版编目(CIP)数据

人工智能基础与实践 / 杨阳等编著. -- 北京 : 北京邮电大学出版社，2024.2

ISBN 978-7-5635-7083-6

Ⅰ. ①人… Ⅱ. ①杨… Ⅲ. ①人工智能－高等学校－教材 Ⅳ. ①TP18

中国国家版本馆 CIP 数据核字(2023)第 242727 号

策划编辑：姚 顺 刘纳新 **责任编辑**：王小莹 **责任校对**：张会良 **封面设计**：七星博纳

出版发行：北京邮电大学出版社
社 址：北京市海淀区西土城路 10 号
邮政编码：100876
发 行 部：电话：010-62282185 传真：010-62283578
E-mail：publish@bupt.edu.cn
经 销：各地新华书店
印 刷：保定市中画美凯印刷有限公司
开 本：787 mm×1 092 mm 1/16
印 张：17.75
字 数：473 千字
版 次：2024 年 2 月第 1 版
印 次：2024 年 2 月第 1 次印刷

ISBN 978-7-5635-7083-6 定价：49.80 元

人工智能专业教材丛书

编委会

前　言

人工智能是计算机科学的一个重要分支，试图以计算模型解释人类智能的本质，并通过计算机技术对人类思维、意识过程的模拟，重演人类智能，以自动化方式解决现实世界中各种工程实践问题。人工智能技术在现代社会中包括图像识别、自然语言处理和机器人专家系统等各个方面的应用实践，已成为全球各国高科技竞争的重要领域。

人工智能作为一项战略性技术逐渐成为引领社会未来发展的技术高地，对经济发展、社会进步和人类生活产生了深远影响，因此世界各国均在科技发展战略层面上对人工智能给予了高度的关注。我国也在人工智能领域予以大力的政策引导与扶持，使我国在该领域处于世界领先行列。2015 年国务院出台《中国制造 2025》，提出发展智能装备、智能产品和生产过程智能化的发展战略，之后人工智能相关政策进入密集出台期。2016 年 3 月，十二届全国人大第四次会议通过《中华人民共和国国民经济和社会发展第十三个五年规划纲要》，将人工智能写入“十三五”规划纲要。2016 年之后国务院、国家发改委、工信部、科技部等多部门出台了多个人工智能相关规划及工作方案，推动了人工智能的发展。

在这样的社会发展与国家政策的背景下，人工智能相关产业已成为国家经济新发展时代的重要一环，与之相配套的人工智能基础性研究、应用实践也成为学术界、产业界的重要发力方向。本书就是在此背景下编撰完成的。

人工智能伊始于传统的机器学习，逐步发展，全面进入深度学习的时代。本书在概述了人工智能及其发展历程后，便从经典机器学习和深度学习两个大方向展开内容，其间结合开发工具与应用案例，通过基础理论知识与工程实践的紧密关联，有效帮助读者在掌握相关理论知识的基础上提高解决业务领域实际问题的实践能力。

本书的结构如下：

第 1 章概述了人工智能的基本概念、分类与人工智能可解决的典型问题，汇总了人工智能的发展历程，并对其未来发展予以展望；

第 2 章到第 6 章介绍了机器学习的基础知识、相关开发工具、分类算法、聚类算法、回归算法等内容；

第 7 章到第 10 章介绍了深度神经网络、卷积神经网络、循环神经网络与深度强化学习等内容。

本书每一章节的内容都包含了使用开发工具解决实际问题的案例，帮助读者深入理解所学理论知识，并学习在实践中应用所学模型的一般性方法。

学之之博，未若知之之要；知之之要，未若行之之实。理论与实践结合才能真正呈现知识之美，作者希望本书为各位读者呈现人工智能之美。

作　者

于北京邮电大学

目　录

第1部分　经典机器学习理论基础与实践

第2部分 深度学习理论基础与实践

第1部分

经典机器学习理论基础与实践

第1章 绪 论

本书开篇课件

1.1 人工智能概述

从 2016 年伊始，随着谷歌 DeepMind 团队设计的人工智能围棋选手 AlphaGo 以 4：1 的比分战胜世界围棋冠军李世石（如图 1-1 所示），“人工智能（Artificial Intelligence，AI）”这个概念迅速火爆全球，并且获得了前所未有的关注度，相关的学术界、工业界人士纷纷摩拳擦掌，开始了如火如荼的人工智能技术研发与应用。从国外的人工智能发展情况来看，短短的几年中，国外各大知名企业，如谷歌、Facebook、亚马逊等公司，都成立了与人工智能相关的研发部门、实验室并重金招揽人工智能相关的科技人才，推进人工智能技术的落地应用，而国外知名高校，如麻省理工学院、斯坦福大学、纽约大学、多伦多大学等，也在不断加强人工智能方面的人才培养与科研团队建设，并涌现出一大批诸如 Geoffrey Hinton、Yann LeCun、吴恩达等著名学者。另外，着眼于国内，近年来我国在人工智能领域的研发与投入也一直保持高速增长，各大高校、科研院所以及高新企业，都在人工智能领域不断推进，取得创新。如图 1-2 所示，人工智能相关技术势必将对人类的生产生活产生深远影响。

图 1-1 2016 年李世石与阿尔法围棋人机大战

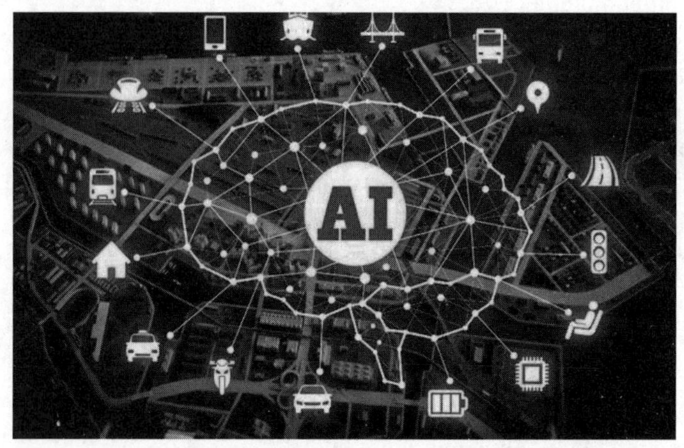

图 1-2　人工智能技术已经渗透到人们生活的方方面面

就目前而言,人工智能在世界范围内已引发轰轰烈烈的研发热潮。由于其强大的运算能力和卓越的智能化系统功能,人工智能在人类生活当中开始占据越来越重要的角色地位,而这也使得世界各国开始加大对于新人工智能技术的开发和提升。

因此,本章主要讨论人工智能的基本概念、研究目标、研究内容、研究途径与方法、主要特点、研究领域、基础技术、形成过程及发展趋势等,目的在于展示一个处于不断发展中的人工智能概貌。

1.1.1　人工智能的基本概念

人工智能这一概念到底是什么？何谓人工智能？实际上,当下人工智能仍处在不断飞速发展的阶段,人们还没有给予"人工智能"这一概念形成完全准确的定义。而目前对于人工智能这一概念的起源,普遍认为是源自 1956 年在美国达特茅斯学院(如图 1-3 所示)召开的达特茅斯会议,这个会议由约翰·麦卡锡(John McCarthy)、马文·明斯基(Marvin Lee Minsky)、纳撒尼尔·罗切斯特(Nathaniel Rochester)以及克劳德·香农(Claude E. Shannon)等人共同发起,邀请了当时涵盖数学、神经生物学、信息论、计算机科学等一系列学科的学者参加。这个为期两个月的会议主要讨论一个划时代的问题,即如何利用机器来模仿人类的某些智能行为和方法,最终,约翰·麦卡锡(如图 1-4 所示)提议用人工智能作为会议讨论内容的名字,将其定义为制造智能机器的科学与工程,这标志着人工智能学科的诞生。而 1956 年也被人们称为人工智能元年。因此,我们可以将人工智能定义为由人类制造出来的机器所表现出来的智能。而人工智能更狭义的定义指的是通过计算机程序来呈现的人类智能技术。

随着科学技术的持续发展和社会的不断进步,当前对人工智能的准确定义实际上也是众说纷纭,而从字面上理解,人工智能一词本身可以分为"人工"与"智能",在日常用语中,"人工"一词的意思是合成的(即人造的),这通常具有负面含义,即"人造物体的品质不如自然物体"。但是,人造物体通常优于真实或自然物体。例如,人造花是用丝和线制成的类似芽或花的物体,它不需要以阳光或水分作为养料,却可以为家庭或公司提供实用的装饰功能。虽然人造花给人的真实感以及其香味可能不如自然的花朵,但它看起来和真实的花朵几乎一样。还有一个例子是由蜡烛、煤油灯或电灯泡产生的人造光。显然,只有当太阳出现在天空时,我们才可

图 1-3 达特茅斯学院

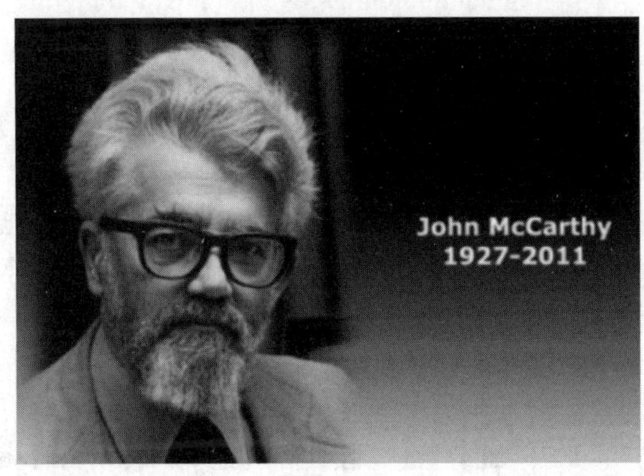

图 1-4 约翰·麦卡锡

以获得阳光，但我们随时都可以获得人造光，从这一点来讲，人造光是优于自然光的。

综上所述，对于“人工”一词而言，“人工”表示即由人设计，为人创造、制造。如同人造光、人造花一样，人工智能不是自然的，而是人造的。

至于“人工智能”中的“智能”一词，其定义可能比“人工”的定义更难以捉摸。关于什么是“智能”，较有争议性。从我国的文化传统来看智能一词，智能应是智力和能力的总称，中国古代思想家一般把智与能看作两个相对独立的概念。其中，“智”指进行认识活动的某些心理特点，“能”则指进行实际活动的某些心理特点。“智能”一词涉及其他意识、自我、心灵等，也包括无意识的精神等问题。人唯一了解的智能是人本身的智能，这是普遍认同的观点。但是我们对我们自身智能的理解都非常有限，对构成人的智能必要元素的了解也很有限，所以就很难定义什么是“人工”制造的“智能”了。因此人工智能的研究往往涉及对人智能本身的研究。其他关于动物或其他人造系统的智能也普遍被认为是人工智能相关的研究课题。

人工智能成了计算机科学的一个重要的分支，它企图了解智能的实质，并生产出一种新的能以人类智能相似的方式做出反应的智能机器，该领域的研究包括机器人、语言识别、图像识别、自然语言处理和专家系统等。人工智能自诞生以来，理论和技术日益成熟，应用领域也不断扩大，可以设想，未来人工智能带来的科技产品将会是人类智慧的“容器”。人工智能可以对人的意识、思维的信息过程进行模拟。人工智能不是人的智能，但能像人那样思考，也可能超过人的智能。

人工智能同时也是一门极富挑战性的科学，从事这项工作的人必须懂得计算机知识、心理学和哲学。人工智能是包括十分广泛的科学，它由不同的领域组成，如机器学习、计算机视觉等，总体来说，人工智能研究的一个主要目标是使机器能够胜任一些通常需要人类智能才能完成的复杂工作。但不同的时代、不同的人对这种“复杂工作”的理解是不同的。

因此，从学科的角度而言，人工智能是主要研究、开发用于模拟、延伸和扩展人的智能的理论、方法、技术及应用系统的一门新的技术科学，同时也是一门自然科学、社会科学和技术科学交叉的边缘学科，它涉及的学科内容包括哲学和认知科学、数学、神经生理学、心理学、计算机科学、信息论、控制论、不定性论、仿生学、社会结构学与科学发展观等。

一种对人工智能比较狭义的理解为人工智能是用计算机模拟或实现的智能。作为一门学科，人工智能研究的是如何使机器（计算机）具有智能的科学和技术，特别是人类智能如何在计算机上实现或再现的科学和技术。

1.1.2 图灵测试与人工智能分类

英国计算机科学家艾伦·麦席森·图灵（Alan Mathison Turing）于 1950 年发表了一篇划时代的论文《计算机器与智能》，论文中提出了一个关于判断机器是否能够思考的著名思想实验，即大名鼎鼎的图灵测试，该测试用于测试某机器是否能表现出与人等价或与人无差别的智能。图灵测试的具体形式为：一个中央装有帘子的房间中，其中帘子的一侧坐有一人，我们称之为提问者，而帘子的另一侧可能是一个人或者是一台计算机，测试的谈话仅限于使用唯一的文本管道，如计算机键盘或屏幕，这样的结果不依赖计算机把单词转换为音频的能力。提问者通过询问一系列的问题来完成这个任务，如图 1-5 所示。提问者通过评估问题的答案确定他是和人交流，还是和机器交流。如果计算机成功地欺骗了提问者，那么它就通过了图灵测试，因此它也就被认为是有智能的。

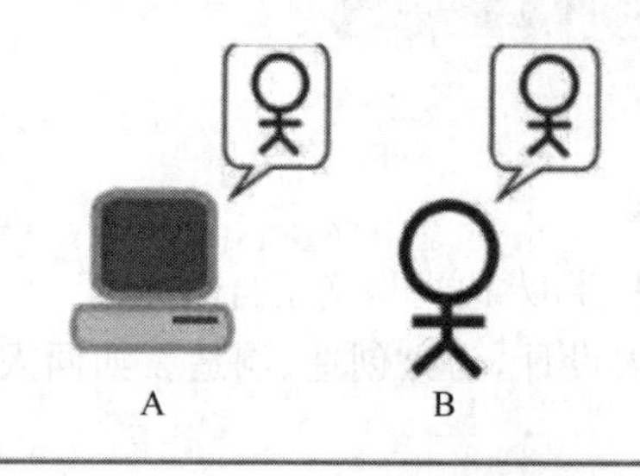

图 1-5 图灵测试示意

实际上，从人工智能本身的定义角度来看，其可以简单地分类成两个部分，即“人工”和“智能”。如前文所说，当前人们还没有给予“智能”这一概念形成完全准确的定义（例如能够通过图灵测试也可以认为具有智能）。然而，人工智能的研究者普遍同意，以下特质是一个“智能”所必须拥有的：

① 自动推理，使用一些策略来解决问题，在不确定性的环境中作出决策；
② 知识表示，包括常识知识库；
③ 自动规划；
④ 自主学习、创新；

⑤ 使用自然语言进行沟通；

⑥ 整合以上这些手段来达到同一个目标。

此外，“智能”还有一些重要的能力，包括机器知觉（如计算机视觉），以及在智能行为的世界中行动的能力（如机器人移动自身和其他物体的能力）、探知与回避危险的能力。还有许多研究智能的交叉领域（如认知科学、机器智能和决策）试图强调“智能”的一些额外特征，如想象力以及自主性等。

1.1.3 强人工智能与弱人工智能

如前所述，人工智能的一个比较流行的定义，也是该领域较早的定义，是由约翰·麦卡锡在1956年的达特茅斯会议上提出的，其定义为由人类制造出来的机器所表现出来的智能。但是这个定义似乎忽略了强人工智能的可能性。

事实上，强人工智能观点认为有可能制造出真正能推理和解决问题的智能机器，并且，这样的机器将被认为是有知觉的、有自我意识的。强人工智能可以分为两类。

① 类人的人工智能，即机器的思考和推理就像人的思维一样。

② 非类人的人工智能，即机器产生了和人完全不一样的知觉和意识，使用和人完全不一样的推理方式。

更加普遍的一种对强人工智能的表达方式，就是我们经常在科幻电影、动画、小说里所想象出的那种人工智能，如《黑客帝国》、《复仇者联盟》和《终结者》（如图1-6所示）等中的人工智能。而用我们的对人工智能的定义来讲，强人工智能就是能够执行“通用任务”（Generalized Mission）的人工智能：它能够像人类一样进行学习、推理、认知，解决问题，而且不是仅解决在特定领域中的问题。

图1-6 《终结者》电影中的AI机器人

相对于强人工智能，我们对于弱人工智能的定义就广泛得多。目前市场上我们所见到的人工智能，或者说能够帮助我们解决特定领域的一些问题的人工智能，都可以说是弱人工智能。

20 世纪七八十年代强人工智能的研究者发现他们要解决的通用的认知和推理过程是无法跨越的障碍。于是很多科学家和工程师转向了更加实用的、工程化的弱人工智能研究。他们在这些领域取得了丰硕的成果:人工神经网络、支持向量机等。例如,最简单的线性回归理论在足够大的数据量和计算量的支撑下,都可以获得非常出色的结果,比方说识别人脸或者识别字迹。

所以这些弱人工智能也迅速地应用到了我们生活的方方面面,如买东西、网上订餐等。从来自麻省理工学院的学者观点的角度来看,我们不在意机器是否使用与人类相同的方式执行任务,只要机器可以达到令人满意的解决实际问题的效果就行。所以人工智能目前处于用来取代机械和体力劳动的阶段。

综上所述,目前人类所研究的人工智能大部分都属于弱人工智能,如语言识别、图像识别、无人驾驶等,这些人工智能实际上都属于非常原始的弱人工智能。因此,可以将弱人工智能定义为:弱人工智能的一举一动都是按照程序设计者的程序所驱动的,如出现特殊的情况,则由程序设计者做出相对应的方案,最后由机器判断是否符合条件并加以执行。

在我们生活中最为好理解的弱人工智能就是语音聊天系统,如小度、Siri、小爱同学等,人们可以和它们语音说话或者文本聊天,这实际上就是程序设计者在背后设计出一套相对应的流程,或者通过大数据在网络上进行搜查,然后在语音识别的基础上加了一套应对方法,使得大家都以为它们能够听懂你在说什么。在真实的情况下语音聊天系统只不过是执行一遍程序设计者编写的流程而已,因此,可以看出,目前的人工智能基本上仍是弱人工智能的系统。不过,虽然有重重困难,但是阻止不了技术的不断前行,相信终有一天人类可以实现真正的强人工智能化系统。

1.1.4 适合用人工智能来求解的问题

随着对人工智能的深入了解,我们理解了它与传统的计算机科学如何截然不同,我们必须回答这样一个问题:"什么使问题适合用人工智能来解决?"大部分人工智能问题有 3 个主要的特征。

① 人工智能问题往往是大型的问题。

② 人工智能问题在计算上非常复杂,并且不能通过简单的算法来解决。

③ 人工智能问题及其研究领域倾向于收录大量的人类专门知识,特别是在用强人工智能方法解决问题的情况下。

采用人工智能的方法时,一些类型的问题得到了更好的解决方案,然而涉及简单的决策或精确计算的另一些类型的问题更适合用传统计算机科学的方法来解决。

让我们思考几个例子:医疗诊断、无人超市、自动语音客服、二人博弈(如围棋等)。多年来,医疗诊断这个科学领域一直在采用人工智能的方法,并对于来自人工智能的贡献,特别是利用专家系统的发展乐见其成。建立专家系统的领域一般具有大量的人类专门知识,并且其中存在着大量的规则,这些规则比任何人类大脑能够记忆或希望记忆的规则都多。专家系统算得上一种很成功的人工智能技术,可能生成全面而有效的结果。专家系统的一个特征是,它们可以得出让设计它们的领域专家吃惊的结论,这是由于专家规则可能的排列数量比任何人在大脑中记住的排列数量都多,用于构建专家系统的好的候选领域具有以下特征:它包含大量的领域特定的知识。专家系统允许领域知识遵循某一种分层次序，它可以开发成为存储了若干专家知识的知识库，因此，专家系统不仅仅是构建该系统的专家知识的总和。

无人超市是一个新兴事物。无人超市成为继共享单车后下一个爆炸性新型业态，受到大众的关注。我们先来认识无人超市的运营模式。第一步，扫描进店。第二步，选购商品。第三部，直接走人。就这样简单？是不是有些难以置信？不用怀疑，就是如此简单！整个超市内没有售货员、没有收银员、保安！各种商品应有尽有，如玩具、公仔、日用品、饮料等。进门时，你只需要用手机扫描进店；当选完商品后准备离开时，你必须经过两道"结算门"。第一道门是感应你即将离店的信息，并自动开启。第二道门才是最关键的一道门，当你走到第二道门时，屏幕会显示"商品正在识别中"，马上再显示"商品正在支付中"，在完成自动扣款后，大门开启。

无人超市实际上就是一种智能系统，能够根据你选择的商品自动进行识别、分类、计价以及扣款等操作，一气呵成。

智能系统的另一个例子是几年前轰动全球的智能围棋棋手 AlphaGo（如图 1-7 所示）。AlphaGo 的主要机制在架构上，AlphaGo 可以说是拥有两个大脑——两个神经网络是相同的两个独立网络，即策略网络与评价网络。

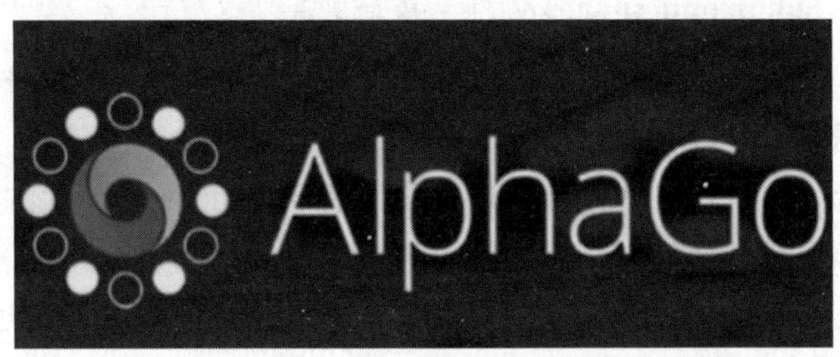

图 1-7　人工智能棋手 AlphaGo

第一个大脑策略网络基本上就是一个单纯的监督式学习，用来判断对手最可能的落子位置。其做法是大量地输入世界上职业棋手的棋谱，用来预测对手最有可能的落子位置。在这个网络中，完全不用思考赢这件事，只需要能够预测对手的落子即可。那各位可能认为 AlphaGo 的弱点是否应该就在策略网络上：一方面是它的预测准确率不高；另一方面是如果出现之前它没看过的棋局就有机会可以赢它。可惜并不是，因为 AlphaGo 的策略网络做了两个层面的增强。第一个层面是利用了名为强化学习策略网络的技术，先使用部分样本训练一个基础版策略网络，以及使用完整样本建立一个进阶版策略网络，然后让两个网络对弈，后者进阶版策略网络等于是站在基础版前的"高手"，因此可以让基础网络快速地熟知高手可能落子的位置数据，进而又产生一个增强版，这个增强版又变成原有进阶版的"高手"，以此循环修正，就可以不断地提升对于对手（高手）落子的预测正确率，同时，AlphaGo 一直是根据整体局势来猜测对手可能的落子选择的，因此人类要的小心机，如刻意下几步棋希望扰乱 AlphaGo 的落子位置，其实都是没有意义的。第二个层面是利用了评价网络，评价网络则是关注在目前局势的状况下，每个落子位置的最后胜率，而非短期的攻城略地。也就是说，策略网络是分类问题（对方会下在哪），评价网络是评估问题（我下在这儿的胜率是多少）。评价网络并不是一个精确解的评价机制，因为如果要算出精确解可能会耗费大量的计算资源，因此它只是一个近似解的网络，最终答案会留到最后的蒙利卡罗搜索树中解决。当然，这里提到的胜率会跟向下预测的步数有关,向下预测的步数越多,计算量就越庞大,AlphaGo 目前有能力自己判断需要开展的预测步数。但是如何能确保过去的样本能够正确反映胜率,而且不受到对弈双方实力的事前判断的影响(可能下在某处会赢不是因为下在这该赢,而是因为这个人比较厉害),因此这个部分它们是透过两台 AlphaGo 对弈的方式来解决的,因为两台 AlphaGo 的实力可以认为是相同的,那么最后的输赢一定跟原来的两人实力无关,而是跟下的位置有关。可见,评价网络并不是以世界上已知的棋谱作为训练,因为人类对弈会受到双方实力的影响,透过两台 AlphaGo 一对一的方式,其在与欧洲棋王对弈时,所使用的训练组样本只有 3 000 万个棋谱,但是在与李世石比赛时所使用的训练组样本却已经增加到 1 亿。由于人类对弈一局动则需要花费数小时,但是 AlphaGo 间对弈可能一秒就完成数局,这种方式可以快速地累积出正确的评价样本。

AlphaGo 技术的最后环节就是蒙地卡罗搜索树,相较于以前国际象棋深蓝所使用的搜索方法,围棋由于无法遍历所有可能的方法,因此不可能利用过去在国际象棋中的方法。然而,在前面策略网络以及评价网络中,AlphaGo 已经可以将接下来的落子(包括对方)的可能性缩小到一个可控的范围,接下来他就可以快速地运用蒙地卡罗搜索树在有限的组合中计算最佳解。一般来说,蒙地卡罗搜索树包括 4 个步骤。

① 根据目前的状态,选择几种可能的对手落子模式。

② 根据对手的落子,展开至我们胜率最大的落子模式(我们称之为一阶蒙地卡罗树)。所以在 AlphaGo 的搜索树中并不会真的展开所有组合。

③ 评估最佳行动,一种方式是将行动后的棋局丢到评价网络来评估胜率,另一种方式则是做更深度的蒙地卡罗树(多预测几阶可能的结果)。

④ 倒传导在决定我们最佳行动位置后,很快地根据这个位置向下透过策略网络评估对手可能的下一步,以及对这个可能下一步以后的步骤的评估。

所以,其实最恐怖的事情是,在李世石在思考自己该下哪里的时候,AlphaGo 不但可能早就猜出了他可能下的位置,而且正利用他在思考的时间继续向下计算后面的棋路。

根据 DeepMind 团队的实测,单独使用一个大脑或蒙利卡罗搜索树技术,都能达到业余段位的等级,所以当这些技术整合后就能呈现更强大的力量。D. Silver,A. Huang,C. J. Maddison 等人在 *Nature* 上发布的论文“Mastering the Game of Go With Deep Neural Networks and Tree Search”时 DeepMind 团队预估 AlphaGo 的水平大概只有职业 3~4 段(李世石是 9 段),不过 DeepMind 团队透过增强技术强化策略网络、透过两台 AlphaGo 来优化评价网络,这都可以让 AlphaGo 在短时间内变得更加强大。而且计算机没有情感也不怕压力,更不会因为对手表现而轻敌(AlphaGo 的策略网络一向只预测强者),而人类就算有非常强大的实力也未必能够承受输赢压力而做最好的发挥。因此,AlphaGo 作为一个真正智能的围棋系统,同样需要大量关于围棋的知识(特定领域知识),并且程序能够将其作为决策过程的一部分,共享和呈现这些知识。

以上只是一些常见或者较为典型的用人工智能来求解的问题,而随着人工智能技术的不断发展,以及同其他行业的深入交融,未来人工智能技术将会在更多的细分领域中大显身手,突破传统解决方案的局限性,从而进一步促进整个行业乃至全社会的发展。

1.2 人工智能的发展历程

人工智能的发展历程

1.2.1 20 世纪 90 年代前人工智能的发展历程

大约 200 年前，英国数学家查尔斯·巴贝奇(Charles Babbage)设计了第一台能计算二次多项式的计算机器，其叫作差分机，摇动其中的手柄，就可以计算出 x^2+a 这样式子的值。但是由于时代限制，尽管巴贝奇消耗的资金足够制造好几艘军舰，但他最终也没完成差分机的制造。而从 20 世纪 50 年代开始，许多科学家、程序员、逻辑学家和理论家巩固了当代人对人工智能思想的整体理解。随着每一个新的十年，创新和发现改变了人工智能领域中人们所认识的基础知识，以及不断的历史进步推动着人工智能从一个无法实现的幻想成为当代和后代切实可以实现的现实。

1950 年，图灵发表了一篇划时代的论文——《计算机器与智能》，提出了模仿游戏的想法：一个考虑机器是否可以思考的问题。这一提议后来成为图灵测试，图灵发展测试了机器的思考能力。图灵测试成为人工智能哲学的重要组成部分，人工智能在机器中讨论智能、意识和能力。

1952 年，计算机科学家亚瑟·塞缪尔(Arthur Samuel)开发了一种跳棋计算机程序：第一个独立学习如何玩游戏的人。

1956 年，一群科学家聚集在美国汉诺思小镇宁静的达特茅斯学院，他们试图利用两个月进行封闭式的讨论和研究，而这次会议的主题就是“达特茅斯夏季人工智能研究计划”。该会议首次提出人工智能这一概念，标志着人工智能学科的诞生。

在 1956 年的达特茅斯会议之后，人工智能迎来了属于它的第一段发展时期。在这段长达十余年的时间里，计算机被广泛应用于数学和自然语言领域，用来解决代数、几何和英语问题。这让很多研究学者看到了机器向人工智能发展的信心。甚至在当时，有很多学者认为：20 年内，机器将能完成人能做到的一切事。然而好景不长，20 世纪 60 年代至 20 世纪 70 年代初，人工智能发展初期的突破性进展大大提升了人们对人工智能的期望，人们开始尝试更具挑战性的任务，并提出了一些不切实际的研发目标，接二连三的失败和预期目标的落空(如无法用机器证明两个连续函数之和还是连续函数、机器翻译闹出笑话等)，使人工智能的发展走入低谷。

在前述的历史时期中，人工智能发展进入过一段黄金时期，并逐渐在 20 世纪 80 年代前进入了一个应用发展的时期，在这段时期中，一些重要的人工智能成就如表 1-1 所示。

表 1-1 20 世纪 50 年代至 20 世纪 80 年代人工智能的重要成就

年份	事件
1952	塞缪尔研制成功具有自学习能力的跳棋计算机程序
1957	弗兰克·罗森布拉特模拟实现了感知机
1958	赫伯特·亚历山大·西蒙和艾伦·纽维尔发明了著名的 AI 启发程序——逻辑理论机(Logic Theory Machine)，其简称为 LT

续表

年份	事件
1958	麦卡锡发明了 LISP(List Processing)人工智能编程语言
1960	玛格丽特·马斯特曼和剑桥大学同事发明了机器翻译的语义网
1967	托马斯·卡沃和约瑟夫·哈特提出了 K 近邻算法
1968	Dendral 专家系统研发成功,用于帮助化学家判断某待定物质的分子结构
1974	斯坦福大学发明了医学诊断系统 MYCIN
1975	明斯基在论文中提出了框架理论,并将其用于人工智能中的知识表示
1976	大卫·马尔提出了视觉计算理论,奠定了计算机视觉领域的基础
1979	汉斯·柏林纳发明了计算机双陆棋击败了世界冠军

而在20 世纪 80 年代至 20 世纪 90 年代,人工智能开始从繁荣发展的阶段,逐渐进入了一个低迷发展的时期,这是由于人工智能不断扩张到各个领域以后,大量的行业需要专家系统来进行支撑,而这些专家系统往往出现了应用狭窄、缺乏常识性知识、专家知识获取困难、推理方法单一、缺乏分布式功能、难以与现有数据库兼容等问题。而在这段历史时期内,相应的一些的人工智能事件如表 1-2 所示。

表 1-2 20 世纪 80 年代至 20 世纪 90 年代人工智能相关事件

年份	事件
1980	国际先进人工智能协会(Association for the Advancement of Artificial Intelligence,AAAI)在美国斯坦福大学召开第一届全国大会
1981	日本政府向本国科研机构拨款用以研发第五代计算机,当时人们称之为人工智能计算机
1982	John Hopfield 提出了霍普菲尔德网络
1984	美国启动 Cyc 项目,尝试构建大型知识库使人工智能能够像人类一样进行推理;Leo Breiman 等人提出 CART 算法,其成为应用广泛的决策树学习方法
1985	Judea Pearl 提出了贝叶斯网络,其又称为信念网络
1986	David E. Rumelhart、Geoffrey E. Hinton 等人提出了著名的反向传播算法;Richard R. Brooks 创立了基于行为的机器人学
1987	LISP 机器硬件销售市场严重崩溃
1989	Christopher Watkins 提出了著名的 Q-Learning 强化学习算法

实际上,从 20 世纪 80 年代后期到 20 世纪 90 年代初期,前述的一系列问题以及各国政府对于人工智能经费的削减,导致人工智能的相关技术不再受到青睐,此时人工智能的研究进入了“寒冬”。

1.2.2 20 世纪 90 年代后人工智能的发展历程

随着时间的继续推移,在 20 世纪 90 年代中期,人工智能又逐渐稳步发展了起来,特别是在 2010 年以前,由于计算机网络、无线通信以及电子信息等领域的不断发展,人工智能相关的创新性研究也在变得逐步实用起来,特别是在 1997 年,由 IBM(国际商业机器公司)所设计的“深蓝”超级计算机战胜了国际象棋世界冠军加里·卡斯帕罗夫,成了首个在标准比赛时间内击败国际象棋世界冠军的计算机系统，标志着人工智能走向了稳步发展的时期。而在这一时期内，人工智能的一些重要的事件如表1-3所示。

表1-3 20世纪90年代至2010年期间的人工智能相关事件

年份	事件
1992	波士顿动力公司成立，开启了机器人研究
1995	支持向量机(Support Vector Machine，SVM)首次被提出，在解决小样本以及非线性问题方面具有独特的优势
1997	IBM“深蓝”(Deep Blue)计算机战胜了国际象棋世界冠军卡斯帕罗夫，成为首台击败国际象棋世界冠军的计算机；Google创始人拉里·佩奇和谢尔盖·布林提出了著名的PageRank算法，将其用于互联网搜索排名
1998	“语义网”概念被提出，其目的是使得互联网能够成为一个通用的信息交换媒介
2001	Lafferty在隐马尔科夫模型的基础上提出了条件随机场模型
2003	吴恩达等人提出了LDA主题模型，用来识别大规模文档集和语料库中隐含的主题信息
2006	Geoffrey Hinton等人在*Science*上发表文章，掀起了深度学习的浪潮
2008	IBM提出了“智慧地球”的概念
2010	杨强等人发表了迁移学习分类问题的文章，对迁移学习的场景进行了分类；Google宣布了其自动驾驶汽车的计划

在上述稳步发展时期以后，人工智能的相关理论，特别是深度学习以及强化学习等理论的不断推陈出新，使得整个人类迎来了第三次人工智能的发展浪潮。很多具有轰动效应的事件不断发生，典型的包括2012年Hinton带领学生在当时最大的图片数据集ImageNet上，利用AlexNet对图片分类取得了震惊世界的效果，将传统Top5错误率从26.0%降至15.3%。另外，Ian Goodfellow等人发表了生成对抗网络(Generative Adversarial Network，GAN)相关的论文，再次激发了学术界、工业界对于深度学习的研究热情。而如本章开篇所述，2016年谷歌DeepMind团队利用强化学习相关理论设计了AlphaGo，创造性地将深度学习和强化学习相关理论有机融合起来，AlphaGo以4：1的比分战胜世界围棋冠军李世石，从而掀开了人工智能蓬勃发展的新篇章。

在2011年以后至今的多年里，人工智能相关的技术得到高度关注，相关应用层出不穷，表1-4中仅列举了一些较为典型的案例，相信随着时间的推移，会有越来越多的成果展现在人们面前，促进整个社会的发展。

表1-4 2011年以后的人工智能相关事件

年份	事件
2011	IBM深度开放域问答系统Watson参与问答竞赛赢得了100万美元奖金
2012	Alex Krizhevsky和其导师Geoffrey Hinton等人共同设计出了AlexNet，赢得了ImageNet大规模视觉识别挑战赛的冠军(Top5错误率为15.3%) Google知识图谱应用于Google搜索，从而大幅提高了搜索引擎的搜索质量
2013	Durk Kingma等人提出了变分自编码器(Variational Auto-Encoder)模型；Google开发出了Word2Vec用于训练词向量，为自然语言处理领域的研究提供了新思路

续 表

年份	事件
2014	Ian Goodfellow 等人提出了生成对抗网络 Nikhil Srivastava 和 Geoffrey Hinton 等人完整地对 Dropout 进行了描述，并证明了其对于其他正则化的优越性
2015	Ruslan Salakhutdinov 与 Geoffery Hinton 在 *Nature* 期刊发文，详述了梯度消失问题的解决方案 何恺明等人提出了著名的残差网络(ResNet)，在 ImageNet 大规模视觉识别挑战赛中获得了图像分类和物体识别两项比赛冠军 Google 旗下知名深度学习框架 TensorFlow 开源 埃隆·里夫·马斯克等一众硅谷科技领军人物共同创建了 OpenAI，用以推动人工智能技术，以期为人类带来福祉 中华人民共和国工业和信息化部发布了 2015 年智能制造 46 个试点示范项目
2016	Google DeepMind 团队研发的人工智能棋手 AlphaGo 与围棋世界冠军李世石进行了五盘人机大战，最终以 4:1获胜，轰动全球 Google 提出了联邦学习(Federal Learning)的概念，促进了多方计算的相关研究 美国 NVIDIA(英伟达)公司发布了 GPU 芯片 TeslaP100，该芯片内置了 150 亿个晶体管，用于深度学习并成为当时全球最大的处理器
2017	Google DeepMind 团队研发的 AlphaGo 加强版以 3:0的总比分战胜了当时世界排名第一的围棋选手柯洁 中科院在北京发布了寒武纪芯片，该芯片成为全球首个能够执行深度学习的人工智能芯片 国务院印发了《新一代人工智能发展规划》，提出了面向 2030 年我国新一代人工智能发展的指导思想
2018	Google 发布了预训练语言表征模型 BERT，在多项自然语言处理竞赛中强势夺魁 华为发布昇腾芯片，该处理器芯片用于支持全场景人工智能应用 国内企业百度发布了飞桨开源深度学习框架 PaddlePaddle v0.14，飞桨成为我国首个自主知识产权的深度学习框架 Google AlphaFold 横空出世，在国际蛋白质结构预测竞赛(CASP)上准确预测了蛋白质 3D 结构
2019	百度发布了自动驾驶 Apollo 5.0 并进一步改善了其自动驾驶软件开放平台 阿里旗下平头哥半导体公司发布了首款 AI 自研芯片，刷新了全球推理性能最高纪录 美国机器人公司波士顿动力发布了可以后空翻的跳体操机器人 Atlas，轰动全球
2020	美国麻省理工学院采用仅为 19 个类脑神经元的系统实现了自动驾驶汽车的控制 OpenAI 发布了 GPT-3，它是一种具有 1 750 亿个参数的自然语言深度学习模型 清华大学首次提出了类脑计算完备性相关概念，并发布了计算系统的层次结构 Google DeepMind 用深度学习技术求解薛定谔方程、促进了量子化学学科的发展 Google DeepMind 发布了 AlphaFold2，继续破解蛋白质结构预测问题 北京邮电大学成立了人工智能学院，促进我国人工智能相关领域的人才培养
2021	2021 年春晚，四足机器人“拓荒牛”呈现了科技感十足的创意表演 NVIDIA 旗下用于多 GPU 实时参考开发平台 Omniverse，被美国《时代》杂志评为年度最佳发明之一 百度发布的 EasyDL AI 开发平台加入了海量工具箱，为各行业从业人员零门槛使用人工智能工具带来便捷，同时百度文心 ERNIE 开源了四大自然语言处理模型

自从2017年国务院发布《新一代人工智能发展规划》后，国家立即启动了“新一代人工智能重大科技项目”等一系列人工智能相关的重大研发项目，规划统筹了人工智能相关创新平台以及多种关键共性技术研究，开展了数据智能、群体智能、类脑智能、量子智能计算等基础理论研究。而未来人工智能将更多向强化学习、神经形态硬件、知识图谱、智能机器人、可解释性AI等方向持续发展，同时进一步加快人工智能技术同社会各个行业进行融合的进程，相信随着时间的推移，越来越多的人工智能应用将会不断呈现在世人面前，从而带给人类更加文明、智能以及美好的明天。

1.2.3 人工智能发展历程中出现的哲学问题

人工智能技术的不断发展同时也会伴随着一系列哲学问题的出现，一些观点认为人工智能的影响将会是正面的，也有一些观点则认为其影响将会是负面的，关于人工智能的哲学、道德以及社会影响等方面的讨论层出不穷，并且也以各种各样的形式展现，包括报纸、电影、书刊、短视频、讨论等，涵盖内容之广，已经超出了本书所考虑的范畴，有兴趣的读者可以参考相关资料进一步加深了解。下面，本节只将一些较为普遍以及简要的人工智能相关的哲学问题予以讨论和分析。具体而言，人工智能的哲学问题域划分为如下几个方面：思维与逻辑之间的关系、学习与理解之间的关系、信息与信息关系之间的转换等。

1）思维与逻辑之间的关系

（1）找寻日常思维的规则

人工智能非常擅长表达科学理论，但很难表达人们的日常思想，因为科学思维是精确而严谨的，它建立在数学模型和逻辑的基础上。这种方法与当前人工智能操作的基础完全相同。然而，日常思维的情况要复杂得多。从某种意义上说，传统哲学是比较轻视日常思维的。哲学家在区分“意见与观念”与“经验与知识”时，赋予后者更高的地位。另外，在讨论思维规律时，人工智能通常不会严格区分科学思维和日常思维。

一般而言，正常的思维遵循一定的规则，日常思考不需要深奥的理论知识。一个文盲仍然可以正常思考，所以这个规则不是为一个专门的知识背景建立的。但要描述这一规则并不容易。日常思维在认知中的主要任务是识别对象并解决问题。当我们识别一个物体时，无论这个物体是熟悉的还是不熟悉的，我们都有能力将它纳入我们自己的思维中，将其作为思维的对象。这种过程实际上是将某些东西与现有的知识框架联系起来。解决这个问题可以看作在现有对象关系的基础上建立一个新的所需的对象关系。当从一种状态过渡到另一种状态时，思维是以某种方式组织起来的。在构造方面，人工智能使用“脚本”或“框架”等方法，但这些方法都非常简单和有限，不能解决日常思维规则的所有问题。因此，日常思维的规则仍然是一个需要研究的方向。

（2）逻辑与日常思维推理的关系

在研究人们日常推理的过程中，出现了许多突破传统逻辑的新方法，然而，这些还不能涵盖日常思维的所有规则。在分析日常思维与逻辑二者的关系时，许多不合逻辑的思维过程实际上是合理的。此外，人们在解决问题时，往往会有各种无法解释的异想天开的想法，如顿悟、猜测等。原来的知识体系可以以各种方式自由组合，这往往超出了逻辑。因此，这部分是目前人工智能技术远远达不到的。

2）学习与理解之间的关系

（1）学习的本质和机器学习的可能性

学习对人类而言，是一个生成和积累知识或经验的过程，包括总结自身的经验，以及继承他人经验。人类能够做到在某个角度将经验知识进行概念或语义上的归纳和联想,在此过程中,方式可以是自创的。人们可以进行多种灵活的选择,相反,机器目前只能根据人们设计好的规定去归纳。如果从本质上把学习看成一个创造性的活动,那么从一般理解而言,机器是不能完成真正的学习的,而更多是一种简单的归纳。当前,人工智能的学习是以模拟为机理的,这与人类的学习有着本质差异。

(2) 理解的含义

理解和理解机制本质上是不同的,这两者往往都会得到人们的关注。例如,如果考试不设置监考人员,不规定考生不能查阅资料,那么考生就有可能通过各种方式作弊,提交的答卷就不能反映出考生到底是真正理解了还是利用其他的方式理解了知识点,从而造成一种已经对知识点理解的假象,这也是目前计算机的工作原理:以告知好的规则来解决问题,而并非真正智能化地理解并解决问题。

把语义看作一种联系,将它与字典的内容进行比较,一些差异就会体现出来。语义连接方式更加灵活高效。语义方法的灵活性来自语义结构的多重连通性和语义转换的快速性。然而构造语义结构并不容易模仿,而且很复杂。语义层面表示能够理解的,一定是某种意义上能够直接达到的东西。基于语义的直接意义获取是理解的必要条件,是一个功能强大的特殊结构。

3) 信息与信息关系之间的转换

(1) 信息的组织形式

当前,人工智能的重要研究之一是如何进行信息的发现。如果将信息的类别区分为物理信息和语义信息,那么这两种信息的组织方式是不同的。

① 物理信息。对物理信息而言,信息的存在也就是事物的客观存在,即信息是告诉人们事物存在的方式。

② 语义信息。对语义信息而言,信息是用人类的语言和文字所组织起来的,是具有内在组织特征的。

外部世界可以通过各种方式向我们呈现信息,而这些信息又变成了可以理解的信息。信息发现有两种情况:第一种情况是信息是已知的但隐藏了,我们必须把它分开,做成我们可以识别的形状;第二种情况是信息是未知的。当我们有了新理论或新工具时,以前毫无意义的信息就变得有价值了。换句话说,自然界提供给我们的信息种类并不在于自然本身,而在于我们的过滤机制和发现方法。

一方面,人们通过建立各种理论,开辟了获取信息的新切入点;另一方面,人们直接获取信息的方式受到自身条件的限制。为此,人们设计了各种工具来扩展获取信息的原始方法。计算机组织信息的灵活性远远超过其他工具。而人工智能发展了许多提取信息的新方法,达到了很高的效率。

(2) 从物理关系到语义关系的转换

当有人说"食堂里有一位同学正在买饭"的时候,我们的感知系统和语义系统同时反映,在我们的脑海中自然会产生相应的图像。这个过程看起来很自然,不是分开的两个方面。但实际上,感知系统的内容和语义系统的内容是两个不同的范畴。它们之间存在着对应关系,有些是稳定的,有些是变化的。

感知系统的内容以表征的形式呈现,表征存在于实体本身的风格(人们想到的实体本身的风格)中。这种风格由形状、颜色和声音等物理特征组成,反映的是物理关系。而语义系统的内容由概念的意义和与概念的关系构成,是通过语言系统表达的语义关系。

一般来说，思维的运作是建立在语义关系的基础上的。然而，并不是所有的物理关系都需要转化为语义关系才能在思维中运作。有些系统可以直接在物理关系的层面上进行处理，比如人脸识别。神经科学发现人脸识别系统是一个独立于其他物体识别系统的系统。这种关系问题正是机器人面临的问题。它的相机会接收外界的信息，同时也包含内部的指令(可以表达抽象的理论)。指令是信息和信息操作的组织者。指令甚至决定了相机应该获得什么样的信息(当人们获得信息时，注意力起着类似的作用)。

因此，在建立对应关系时，有一个从物理关系到语义关系的转换，人们往往会问，这是怎么做的？机器能产生与人类相同的转变吗？第二个问题的答案是非常困难，至少目前还不可能，因为人的转换具有很大的选择性。人们会根据当时的情况和目的产生各种语义关系。人类语义系统可以产生许多不同的结果，而机器只能产生一种结果。

1.3　人工智能的应用现状与未来展望

人工智能的应用与视频链接

1.3.1　AI赋能下的产业现状

目前人工智能产业发展的技术竞赛，主要是各大巨头企业之间的角力。由于AI产业的核心技术和资源掌握在头部企业手里，而这些企业在产业中的资源和布局都是其他各类企业无法比拟的。就美国五大企业——苹果、谷歌、微软、亚马逊、脸书等而言，这五大企业无一例外都在人工智能技术上投入了越来越多的资源，用以占领人工智能市场。放眼国内，目前我国互联网领军者“BAT”(百度、阿里、腾讯)也将人工智能作为重点战略，同时积极布局人工智能领域。

在全球范围内，人工智能领先的国家主要有美国、中国及其他发达国家。而从前述关于人工智能的发展历程的角度来看，美国的企业对于人工智能的相关投入与研发远远早于中国的企业，有的企业进行人工智能的研发甚至可以追溯到20世纪80年代甚至更早以前，而中国的几大人工智能相关企业，绝大多数诞生于2000年前后，后期随着互联网、大数据等相关技术的不断发展，从而逐步走向成熟。

从整体产业链的角度来看，首先，一种普遍的观点是，人工智能基础层是支撑各类分工智能应用开发与运行的资源平台，主要包括算法、算力和数据三大要素，而在这些方面，美国的人工产业发展全面领先。其次，在人工智能技术相关的基础层、技术层和应用层上，特别是在算法、芯片和数据等产业核心领域中，美国积累了强大的技术创新优势，各层级企业的数量遥遥领先于全世界其他各国。

从人工智能相关的人才储备角度来看，在基础学科建设、专利及论文发表数量、高端研发人才、创业投资和领军企业等关键环节上，美国形成了能够持久领军世界的格局。同时，美国研究者更关注基础研究，人工智能人才培养体系扎实，研究型人才优势显著。而放眼中国，在研究领域，近年来中国在人工智能领域的论文和专利数量保持高速增长，已进入第一梯队。相较而言，中国人工智能需要在研发费用和研发人员规模上持续投入，加强基础学科的人才培养，尤其是算法和算力领域的人才培养。因此，AI产业的竞争最终将会是人才和知识储备的竞争。只有投入更多的科研人员，不断加强基础研究，才能在技术上有更大的突破。

从经费、资本导向等角度来看，自1999年美国第一笔人工智能风险投资出现以后，全球AI加速发展，投资到人工智能领域的风险资金已达到数千亿美元。截至目前，美国的该类资金已经突破千亿美元大关，而中国仅次于美国，并且中国1亿美元级的大型投资热度高于美国。各类大型公司通过投资和并购储备人工智能研发人才与技术的这种趋势越来越明显。

1.3.2 中美企业的人工智能战略布局

中美已将AI产业发展提升为国家战略。在政策推动人工智能产业全面发展的基础上，美国更倾向于通过项目合作等方式促进基础技术的研发，中国更注重通过资金与技术扶持推动区域、产业、技术创新结合发展。

对于美国企业而言，美国人工智能产业基础层多老牌重量级厂商的人工智能产业的基础层芯片与传感器实力较强，主要得益于英伟达、高通等技术实力强的业内头部厂商的参与。

IBM、微软、谷歌、脸书、亚马逊等科技厂商在人工智能产生基础层的实力较强，在算法、算力、数据等技术方面的布局全面，例如，谷歌(如图1-8所示)的TensorFlow深度学习框架在业界广受欢迎。其中典型的代表企业是谷歌公司，谷歌拥有世界顶尖科学家团队，重视基础科学研究，技术储备优势较大，同时创新能力出众，使其在技术布局上全球领先。众多的优秀开源项目与活跃的一级市场投资使谷歌拥有繁荣的人工智能生态，其以“人工智能＋硬件＋软件”的形式实现了较高的人工智能商业化水平。

图1-8 美国谷歌公司商标

对于中国企业而言，中国人工智能产业基础层整体实力较弱，厂商正加快布局追赶。并且，中国在人工智能产业基础层的芯片及传感器等硬件方面实力较弱，少有全球领先的芯片公司。百度、阿里、腾讯及华为等厂商在人工智能产业基础层软硬件加快布局。其中典型的代表企业是百度公司(如图1-9所示)，其人工智能技术在相关国内企业中一马当先，位居全球前四，是中国人工智能产业的领先者。百度凭借扎实的人工智能技术储备，全面布局人工智能技术，打造软硬一体的人工智能大生产平台，是中国人工智能技术领域的先行者，在中国综合技术实力排名第一。百度人工智能生态繁荣度高，人工智能开放平台不断得到完善；人工智能应用方面凭借布局深度与广度实现了较高综合商业落地水平，未来将持续推动产业改革。

图1-9 中国百度公司商标

通过比较，可以发现，美国技术布局全面，具有先发优势，人工智能产业基础好。美国早期在芯片及传感器、算法等技术层面已有较深理论与实践积累，整体技术实力领先；而中国经济快速增长，人工智能落地基础好，人工智能应用场景更具潜力。同时，中国已在技术生态与应用方面加紧综合布局，推动人工智能产业发展。此外，中国的算力与数据在近十年来取得重大突破，得益于厂商与人工智能大公司的技术生态发展和应用布局，未来有望形成人工智能与大规模物联网的协同发展。

从上述比较来看，虽然我国企业目前同美国的企业有很大的差距，但是中国人工智能产业技术层的发展势头良好，特别是百度、阿里、腾讯和华为等综合型厂商在计算机视觉、自然语言处理、语音识别等核心技术领域均有布局，同时创业企业在垂直领域迅速发展。在中国丰富的应用场景支撑之下，人工智能技术商业化的潜力巨大，中国人工智能产业应用层繁荣，众多厂商在安防、金融、出行、教育等领域发力，推动人工智能落地。

1.3.3 人工智能的趋势与展望

现如今人工智能行业逐渐步入稳步发展的轨道中。人工智能技术和应用开始在各个行业落地，人工智能的成果和场景实践也层出不穷，如 NVDIA 开源 StyleGAN，谷歌 AlphaFold 登上 *Nature* 杂志，波士顿动力机器狗商用，百度推出无人驾驶系统 Apollo，飞桨深度学习框架协助各大厂商落地应用等。这些大事件都表明人工智能技术已经越来越走向实用化，进入人们的生活中，而不是停留在研究和实验当中。而人工智能也被正式列入我国新增审批本科专业名单。因此，可以看出，人工智能将融入每个人的生活，变得无处不在。虽然任何技术的发展都会有高峰和低谷，但在漫漫人工智能发展长河中，应保持乐观也应保持理智。我们相信未来人工智能必将发挥长处，造福人类生活，促进经济发展。

放眼未来，人们对人工智能的定位绝不仅仅是用来解决狭窄的、特定领域的某个简单具体的小任务，而是让其真正像人类一样，能同时解决不同领域、不同类型的问题，进行判断和决策，也就是让其成为所谓的通用型人工智能。具体来说，需要机器一方面能够通过感知学习、认知学习去理解世界；另一方面能够通过强化学习模拟世界。前者让机器能感知信息，并通过注意、记忆、理解等方式将感知信息转化为抽象知识，快速学习人类积累的知识；后者通过创造一个模拟环境，让机器通过与环境交互试错来获得知识、持续优化知识。人们希望通过算法上、学科上的交叉、融合和优化，整体解决人工智能在创造力、通用性、对物理世界理解能力上的问题。

回到当前，在全球抗击新冠疫情的背景下，当人与人之间的交往受到限制的时候，人工智能被赋予了更多的期待和重任。它在信息收集、数据汇总及实时更新、流行病调查、疫苗药物研发、新型基础设施建设等方面大显身手。与此同时，随着新技术新业态的不断涌现，人工智能凝聚全球智慧、助力全球经济复苏的力量更加突显。

2020 年 3 月，中央明确指示要加快推进国家规划已明确的重大工程和基础设施建设，人工智能被列入新基建范畴，它将是新一轮产业改革的核心驱动力，重构生产、分配、交换、消费等经济活动各环节，催生新技术、新产品、新产业。

2020 年 7 月，国家标准化管理委员会、中央网信办、国家发展改革委、科技部、工业和信息化部五部门联合印发《国家新一代人工智能标准体系建设指南》。该指南提出了具体的国家新一代人工智能标准体系的建设思路、建设内容，并附上了人工智能标准研制方向明细表，在国家层面进一步规范了人工智能的应用体系,明确了其发展方向。

可以预见的是,未来底层的基础设施将会是由互联网、物联网提供的现代人工智能场景和数据,这些是生产的原料;算法层将会是由深度学习、强化学习提供的现代人工智能核心模型,辅之以云计算提供的核心算力,这些是生产的引擎。在这些基础之上,不管是计算机视觉、自然语言处理、语音技术,还是游戏AI、机器人等,都是基于同样的数据、模型、算法之上的不同应用场景。这其中还存在着一些亟待攻克的问题,如何解决这些问题正是人们一步一个脚印走向完全智能化的必经之路。因此,人工智能技术发展的背后离不开推动创新的人们,也期待更多年轻人投身到人工智能技术改变世界的浪潮中。

2016年,当AlphaGo战胜围棋世界冠军李世石时,我们都是历史的见证者。AlphaGo的胜利标志着一个新时代的开启:在人工智能概念被提出60多年后,我们真正进入了一个人工智能的时代。在这次人工智能浪潮中,人工智能技术持续不断地高速发展着,最终将深刻改变各行各业和我们的日常生活。发展人工智能的最终目标并不是要替代人类智能,而是通过人工智能增强人类智能。人工智能可以与人类智能互补,帮助人类处理许多能够处理,但又不擅长的工作,使得人类从繁重的重复性工作中解放出来,转而专注于发现、创造的工作。有了人工智能的辅助,人类将会进入一个知识积累量加速增长的阶段,最终带来方方面面的进步。人工智能在这一路的发展历程中,已经给人们带来了很多的惊喜与期待。只要我们能够善用人工智能,相信在不远的未来,人工智能技术一定能实现更多的不可能,带领人类进入一个充满无限可能的新纪元。

第 2 章

机器学习基础知识

2.1 基本概念

机器学习的基本概念

2.1.1 学习的定义

1975 年获得图灵奖、1978 年获得诺贝尔经济学奖的赫伯特·西蒙(Herbert A. Simon)教授将学习定义为:“某一系统通过运作其中某些程序,从而获得性能改善,就可以将这一过程称为学习。”从他对学习的定义中可以看出,**学习的终极目标就是不断改善性能**。

西蒙教授对于学习的定义不仅适用于系统,而且适用于每一个个体,就像是如果人要进行学习,那么就应当让自己的知识不断上升到新的水平,而不是简单地进行机械重复。一个人如果仅仅是进行低层次的机械学习,重复学习某一项内容,并没有认知上的提升,即使表面上刻苦努力,也只是“伪学霸”,始终不会获得认知上的飞跃。

按照这一理解,那句“好好学习,天天向上”又可以被解读为:即使刻苦努力,达到了“好好”这一程度,再加上日复一日的“天天”,却没有达到认知上的“向上”,都不属于真正学习的范畴。

2.1.2 机器学习的定义

对机器学习的定义可以套用西蒙教授的观点,一个机器如果通过运作某种程序,使用某种特定方式提升了自身的性能就可以被称为机器学习(Machine Learning,ML),而这种学习可以认为是专门针对计算机系统的。

与西蒙教授观点相似,美国卡耐基梅隆大学的汤姆·米歇尔(Tom Mitchell)教授,在《机器学习》一书中对于机器学习有这样的定义:对于某项任务和某一个性能评价的准则,若计算机程序在这个任务上将这个性能评价准则当成度量性能的工具,那么伴随经验的不断累积,计算机程序将进行自我的不断完善,这样我们就可以说计算机程序在经验里完成学习,其中,任务(Task)简称为 T,性能评价准则(Performance)简称为 P,经验(Experience)简称为 E。

比如,AlphaGo 被用于学习下围棋,它通过自己和自己下棋较量而获取下棋经验,从而总结出一套下棋算法,那么根据上述定义,AlphaGo 的任务 T 为“参加围棋对弈”,性能 P 通过

“赢得比赛次数所占百分比”衡量。一样的道理，用一个在校的学生举例，那学生的任务 T 就是“上课汲取知识并通过写作业巩固知识”，而其性能 P 则通过“测试成绩”来衡量。

因此，米歇尔教授认为，关于学习需要掌握 3 个特点：首先是学习任务的种类；其次是用来衡量任务的标准；最后是学习的途径，也就是获取资源的渠道。

从不同角度分析机器学习的目的会产生不同的定义。弗拉基米尔·万普尼克（Vladimir Vapnik）教授是 SVM 理论的主要提出人，曾经在其所著作《统计学习理论的本质》一文里提出如下观点：“机器学习为经验数据基础上的一个有关函数估计的问题。”

斯坦福大学的特雷弗·哈斯蒂（Trevor Hastie）所理解的机器学习概念则是从数据中学习：首先提炼重要模式以及趋势的相关信息，然后理解数据的含义。这一点可以在哈斯蒂与其同事编著的《统计学习基础》中得到体现。

3 种对于机器学习的定义已在上文阐述，尽管对象一致，但三者不尽相同，各有侧重。米歇尔对机器学习的定义关注学习的效果；万普尼克则更注重机器学习的可行性；而哈斯蒂则为机器学习的分类提供了一种可行的思路。不过三者也有共通之处，三者都认为经验和数据是机器学习提炼知识的源泉，是机器学习这座大厦的地基。我们可以认为，让机器通过经验和数据不断“成长”，最终做到不依靠人类，而是凭借自己的智能完成复杂的事情（即原本需要人类智能才能完成的事情），就是机器学习。

ML 技术在预测中发挥了重要的作用，经历了多代的发展，最终形成了具有丰富层次的机器学习模型体系，包括逻辑回归、线性回归、决策树、支持向量机、贝叶斯模型、神经网络、模型集成、正则化模型等。上述机器学习预测模型中的每一个都基于特定的算法结构，一般其中的参数都是可调的。训练预测模型涉及以下步骤。

① 选择一个模型结构，如逻辑回归、随机森林等。

② 把训练数据（输入和输出）输入到模型中。

③ 输出最优模型，即具有使训练错误最小化的特定参数的模型。

各具特点的各种模型通常在特定的任务中具有不错的表现，但在其他任务中则不尽如人意。总体来说，我们可以把它们分成低耗模型和高耗模型，前者比较简单，而后者较为复杂。怎样能够寻找到合适的模型，这个问题长期以来都困扰着相关领域的研究者。

以下原因使得使用低耗/简单模型优于使用高耗/复杂模型。

① 在我们拥有强大的处理能力之前，训练高耗模型将需要很长的时间。

② 在我们拥有大量数据之前，训练高耗模型会导致过度拟合问题，这是因为高耗模型具有丰富的参数并且可以适应广泛的数据形状，所以我们最终可能训练一个只适合于当前特定训练数据的模型，而其不足以推广到对未来的所有数据都能做好预测。

然而，选择一个低耗的模型会遇到所谓的欠拟合问题，模型结构太简单，如果目标复杂，就无法适应训练数据。想象一下，若基础数据有一个二次方关系——$y=5x^2$，那么我们无法用线性回归 $y=ax+b$ 来适应，不管我们选择什么样的 a 和 b。

为了缓解不适合的问题，数据科学家通常会运用他们的领域知识来提出输入特征，这与输出关系更为直接。例如，如果要返回二次关系 $y=5x^2$，则创建了一个特征 $z=x^2$ 后，就可以通过线性回归 $y=az+b$ 拟合，选择 $a=5$ 和 $b=0$。

特征工程作为机器学习的主要困难步骤，往往需要相关领域的专家在机器进入训练流程之前就找到关键的标签特征。特征工程步骤是要靠手动完成的，而且需要大量的领域专业知识，所以，当下绝大部分机器学习任务的主要限制步骤便是特征工程步骤。

从应用角度来讲，在处理能力不够强、数据量不够大的前提下，更简单、低功耗的模型就成了一种必然选择，进而要求研究者投入大量的人力物力，去构建合适的输入特征模型。这是大多数数据科学家今天花时间去做的地方。21 世纪是大数据的时代，发达的信息化产业带来的是大量的数据与泛滥的信息，其充斥着人们的生活。但是因为由数据和信息提炼的知识依旧匮乏，所以能够自动从数据和信息中提取知识的机器学习，必然会成为大数据时代的弄潮儿。

2.1.3 学习类型的划分

出自《论语·阳货篇》的“性相近也，习相远也”在《三字经》里的论述为：“人之初，性本善，性相近，习相远”。这句话大概的意思是出生的时候人们都一样，性格和能力都差不多，只是人们后天生长环境的不同，造就了人们不同的性格与命运。

上述的观点不仅适用于人，也适用于机器学习领域。机器学习的基础是数据，因此，具有不同标签的数据便是机器学习所处的“环境”。“环境”的标签不一样，机器学习所表现出的“性格”就有所不同，所以我们把机器学习划分成如下 3 种类型：首先是监督学习（Supervised Learning）；然后是非监督学习（Unsupervised Learning）；最后是半监督学习（Semi-supervised Learning）。

1. 监督学习

（1）感性认知

根据美国伊利诺伊大学计算机系教授韩家炜的观点，监督学习实际上与“分类（Classification）”的意义相近。机器学习在带有特定标签的专业数据中提取知识（也就是学习），接下来给予机器特定的新数据，进而让机器预测其标签（Label）。这里的标签其实就是某个事物的分类。

举一个简单的例子，父母在教导孩子认识世界的时候，通常会告诉他们，这个是猫，那个是狗，旁边的是猪，接下来孩子们就会形成对于这些小动物的初步印象，然后当遇到一条没见过的小狗，如果孩子能够分辨这是小狗，那么可以认为标签分类成功。但如果孩子没能分辨出来这是狗，而说这是小猪，那么自然而然，父母就会纠正小孩子的认知错误：不对，这是小狗。如图 2-1 所示，这样重复的训练可以持续地更新孩子的认知体系，让孩子完成学习过程，并让其最终可以顺利地给出正确“标签”。

家长：这是一只小猫！

…

家长：这是一只小猫！

…

家长：这是一只小狗！

家长在教、孩子在学的过程

家长：这是什么呢？
孩子：这是一只小狗！

家长：这是什么呢？
孩子：这是一只小猫！

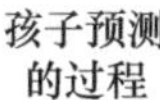

图 2-1 监督学习

简单地说，机器学习的流程可以概括为机器通过采集数据、归纳经验，提炼得到某个模型，然后将模型运用于新的数据样本，希望可以获得正确结果。而这种能力就是我们常说的泛化(Generalization)，其在机器学习的算法体系中非常重要。

(2) 形式化描述

监督学习更加形式化、正式化的定义是：先让机器通过带有标签的训练数据学习经验，完成一个新模型的提炼构建，然后通过构建的新模型完成新数据的预测(Prediction)，并检测预测结果(即实现监督)。

在监督学习过程中所使用的标签训练数据往往是人们事先提供的。所以，在整个训练过程中，标签信息作为系统的正确输出结果已经确定，如果机器通过新模型所得到的实际输出结果与正确标签不符(误差超过一定范围)，那么新模型就会根据预测的输出结果，向着误差减小的方向调整，直至模型给出的输出结果的误差在我们可以允许的范围之内。所以，作为正确预期输出的标签信息又被称作"教师信号"。

监督学习的基本流程如图 2-2 所示：第 1 步是收集需要的输入数据，数据的种类包括图像、文本、音频和视频等；第 2 步，从输入数据中总结特征标签以构建特征向量(Feature Vector)；第 3 步，在学习模型中根据所构建的特征向量以及原始数据的标签信息，通过多次重复训练，提炼出一个初步的预测模型；第 4 步，对于新的数据样本使用同样的特征提取办法得到新的特征向量；第 5 步，输入内容是新样本的特征向量，然后利用模型进行预测，给出的输出结果指示新样本的标签预测信息。

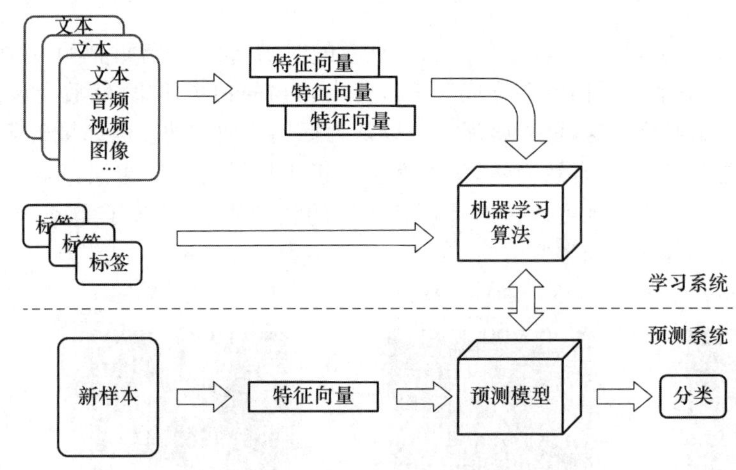

图 2-2　监督学习的基本流程

从预测的数据种类的角度出发，监督学习可以分成回归分析和分类学习这两大类。前者的主要研究领域涵盖线性回归(Linear Regression)以及逻辑回归(Logistic Regression)两类。那么什么是回归呢？回归是指预测自变量 X(输入变量，指特征向量)与因变量 Y(输出变量，指标签)两者间的关系，通常以一个函数解析式的形式存在。机器学习对于回归问题的分析，大致类似于函数的拟合，通过寻找一条合适的函数曲线，使其尽可能地拟合已有数据，从而得到较为准确的未知数据的预测结果。

正如上文所述，回归问题作为监督学习的两大重要问题之一，包含学习和预测两大基本内容。对于训练数据集 T：

$$T=\{(x_1,y_1),(x_2,y_2),\cdots,(x_N,y_N)\} \tag{2-1}$$

$x_i \in R^n$:输入。$y_i \in R$:输出,$i=1,2,\cdots,N$。R:实数集。R^n:n 维实数向量空间。学习系统基于训练数据,完成模型构建,也就是生成函数 Y:

$$Y \approx f(X,\beta) \tag{2-2}$$

其中,β 为未知参数,代表一个标量或者一个向量。这样的话,此回归模型就是关联了 Y 与 X 和 β 的函数。如图 2-3 所示,输入新数据 x_{N+1} 后,算法所构建的预测系统就能够利用模型〔也就是式(2-2)〕输出对应的 y_{N+1}。

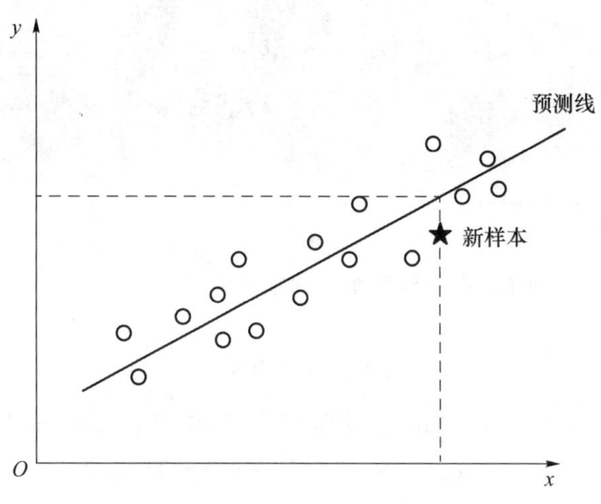

图 2-3 一元线性回归示意图

从输入变量个数不同的角度出发,我们可以把回归问题分为一元回归(如图 2-3 所示)和多元回归。而从输入变量和输出变量两者间关系的角度出发,还可以将回归问题分成线性回归和非线性回归。而在回归学习中,我们经常使用到的平方损失函数一般会利用最小二乘法(Least Squares Method, LSM)进行求解。

对于分类学习而言,决策树(Decision Tree)、K-近邻(K-Nearest Neighbor,KNN)、神经网络算法、朴素贝叶斯分类器(Naive Bayesian Classifier)、支持向量机(Support Vector Machine,SVM)等都是比较有名的算法。

2. 非监督学习

与监督学习恰恰相反,在非监督学习中,非标签数据组成了上文我们提过的学习环境。韩家炜教授有过这样的表述:"非监督学习实际上可以视为'聚类(Clustering)'的指代。"

中国很早就有了类似"聚类"思想的描述,《易传·系辞传上》中有这样的论述——"方以类聚,物以群分,吉凶生矣",指出了各种事物可以以不同群体进行区分的思想。不过具有实际意义的聚类算法,直到 20 世纪 50 年代前后才被正式提出。这个现象是由聚类算法的性质决定的:小的数据量对于聚类算法意义不大,而大的数据量人脑无法解决,只能依靠计算机来处理,不过计算机的诞生也才是 70 多年前的事情。

分类的含义是根据已有数据的属性或标签,将新的数据分类到已有的类型。而聚类针对的是未知数据,通过聚类分析将其分为具有特定标签的几个群落。

聚类的基本思想是:若像哪类,就归哪类。归于哪类,就像哪类。聚类会根据给定的数据进行学习,所学到的内容与数据内在特征具有高度一致性。更一般的描述是,首先给定 N 个对象，接下来把它们分为 K 个子集。这样得到的结果如何呢？子集内部各对象相似，不同子集的对象则大不同。

不过无论是“类”，还是“群”，在聚类完成之前我们都是不知道的，如图 2-4 所示，根据原始数据的特征进行区分并命名。在一系列聚类操作完成后，不同的“类”或“群”有了统一标准下的不同特征，这样面对新数据时，依据其与哪个“类”或“群”的特征相似，就预测新数据归属于哪个类型，进而完成新数据的归类工作。

特征
识别
孩子：1和4好像啊，就叫猫吧，2和3好像啊，就叫狗吧。
命名
归类

图 2-4　非监督学习

K 均值聚类（K-means Clustering）、受限玻尔兹曼机（Restricted Boltzmann Machine，RBM）、关联规则分析（Association Rule，如 Apriori 算法等）、主成分分析（Principal Components Analysis，PCA）等，都属于较为著名的非监督学习算法。

3. 半监督学习

半监督学习兼具了监督学习与非监督学习的特点，同时运用了标签数据以及非标签数据。《三字经》中有这样的论述：“子不教，父之过。教不严，师之惰。”这句话在非监督学习中同样适用。当然，对于绝大多数人，我们不仅都接受过完整的义务教育，还会努力地探求更进一步的知识。所谓“有人教”，也就是在前辈的教导下慢慢学习，明白什么是白，什么是黑（对于半监督学习而言，就是给新数据打标签的过程），在此之后，我们便会根据之前构建的是非观调整自己认知世界的思维模型，慢慢做一个更好的人，这也就是所谓的监督学习。

不过没有人可以永远活在父母老师的指导之下，此时我们就要根据自己之前所构建的认知世界模型，在新的社会环境中学习，不断地调整自己的认知方式和思维模式，不断地重复训练，然后在面对新的事物时，就能够给出正确的处理方法，而不是不知所措。

这么说来，兼具了监督学习与非监督学习特点的半监督学习，应当是现代人类最佳的学习成长方式。在纯粹的监督学习模式之下，我们的思维模式永远困在前辈的思考范围之内，不会再拥有创造的动力；而在彻底的非监督学习模式下，没有任何根基的重建认知体系无疑是像在空地上建起高楼大厦，无法充分利用前人高超的智慧结晶。

接下来我们给出关于半监督学习的形式化定义。

对一个来自某未知分布有标签示例集 $\{(x_1,y_1),(x_2,y_2),\cdots,(x_k,y_k)\}$，其中 x_i 为输入数据，y_i 为标签。对未标记示例集 $U=\{x_{k+1},x_{k+2},\cdots,x_{k+u}\}$，$k \ll u$，我们希望机器可以通过学习获得某个函数 $f:X \to Y$，能够精准地对未标识数据 x_l 预测它的标记 y_l。(x_l,y_l)将对原有标记示例集进行扩充，如图 2-5 所示。

图 2-5　半监督学习

这样的表示可能有些抽象，接下来我们举一个通俗形象的例子来简要说明这个概念以增进理解。假设目前已经学习到的内容如下。

① 李女士(数据 1)经常出国旅游(标签:国际驴友)。

② 王女士(数据 2)经常出国旅游(标签:国际驴友)。

③ 此时有一个陌生的新人，庄女士(数据 3)，我们不知道她的任何信息，但经常能在社交媒体上看到她与李女士以及王女士的旅游照，也经常注意到三者一同出入国际酒店(换句话说，3 位女士独立，但是同分布)，此时，根据长久以来“物以类聚，人以群分”的朴素经验，我们会自然地给庄女士一个标签:她也是一位国际驴友!

经过上述的过程，已有的标签数据从两个扩展到了 3 个，对于“国际驴友”这一已知领域就扩大了，如果今后再有类似的样本，就可以进一步扩大领域并进行预测，这就是所谓的半监督学习。这就体现了聚类假设的核心思想，即相似样本输出相似，从而推导出半监督学习的本质:将已知的具有特征标签的分类信息扩展到未知的信息领域，也就是根据聚类的思想，将未知的事物分类到已知的领域。

半监督聚类、生成式方法，以及图半监督学习和半监督支持向量机等都属于半监督学习的范畴。

在当下的大数据时代，半监督学习的应用场景非常广泛，因为网络数据存在如下特点:人力所能收集到的带有标签的特征数据非常有限，非标签数据却非常之多且易于获得。而手动标记标签需要耗费巨大的人力物力，所以，目前我们对于半监督学习的需求十分强烈。

自从人类诞生以来，半监督学习既利用了监督学习所带来的基础知识，又利用了非监督学习的聚类思想，在兼具两者特点的情况下，人类的知识以半监督学习的模式“滚雪球”，越滚越多，才形成现在人类整体的知识宝库。

2.1.4 机器学习、深度学习以及强化学习三者的关系和区别

作为人工智能AI的部分内容，机器学习、深度学习(Deep Learning，DL)以及强化学习三者的关系如图2-6所示。机器学习是指一切通过优化方法挖掘数据中蕴含规律的学科；深度学习是指一切运用了神经网络作为参数结构进行优化的机器学习算法；强化学习是指不仅能利用现有数据，还可以通过对环境的探索获得新数据，并利用新数据循环往复地更新迭代现有模型的机器学习算法。学习是为了更好地对环境进行探索，而探索是为了获取数据进行更好的学习。

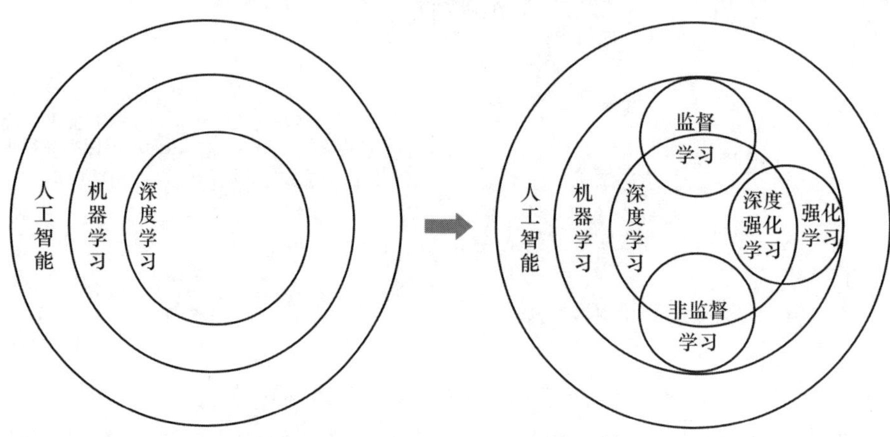

图2-6　深度强化学习、深度学习、强化学习、监督学习、非监督学习、机器学习和人工智能之间的关系

与经典的ML相比，DL所构建的模型更为强大，所能预测的结果也更加准确。与经典优化模型相比，DL在拥有更快的学习机制的同时，更能够适应环境的改变。强化学习所拥有的学习机制速度更快，同时对于环境变化适应能力更强。

AI是创建于20世纪60年代计算机科学的一个子领域，是关于解决那些对人类来讲非常容易但是对计算机而言很难的任务。值得一提的是，所谓的强AI可能可以做所有人类可以做的事情(可能除了纯粹的物理问题)。这个范围是相当广泛的，包括做各种各样的事情，如做计划、溜达、识别物体和声音、说话、翻译、社交或者进行商业交易，以及进行创造性工作(如写诗、画画)等。

在算法方面，目前最重要的算法是神经网络，其部分内容与深度学习有交叠，构成深度神经网络，但其在某些情况下由于过拟合问题而不是很成功(模型太强大，但数据不足)。尽管如此，在一些更具体的任务中，使用数据来适应功能的想法已经取得了显著的成功，并且这也构成了当今机器学习的基础。

2.2　机器学习中的数据准备

机器学习中的数据准备

2.2.1 数据清洗与预处理

在机器学习中，有一类需要清洗的数据被称为“脏数据”：存在于初始数据内部的重复值，以及异常值、缺失值、错误值。此外，如果数据的原始变量没能满足分析的需求，就需要我们对

数据进行预先的处理，这也被称为数据的预处理。为了避免“垃圾数据输入，垃圾结果输出”的问题，数据清洗和预处理都是机器学习中非常关键的一个步骤，经典的数据处理流程如图2-7所示，其为的就是将数据质量提高，进而获得可靠的挖掘结果。

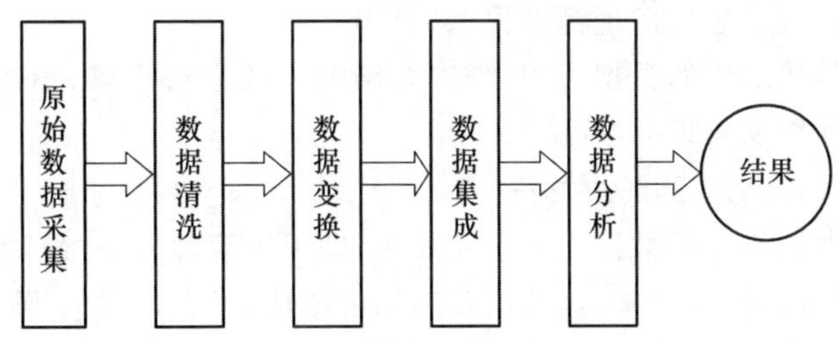

图2-7 数据处理流程图

1. 数据分类

数据是一个集合，包含了数据对象及其对应的属性。数据对象的定义是对某一个事物或物理对象的描述，如一个实体、一个样本、一个案例、一条记录等。这个数据对象的性质、特征就是数据对象的属性。举一个简单的例子，一根香蕉的颜色、甜度就是这个香蕉的属性，而某个人的眼睛颜色、皮肤颜色就是其属性。

在当前大数据时代背景之下，互联网数据呈爆发式指数级增长，离不开数据来源的多样化。数据的增长还体现在数据格式形态的多样化：音视频、文本、数字、图像等。符号、数字等能够使用统一结构来进行表示的数据就是结构化数据；而音视频、图像、文本等不能用统一结构来表示的数据就是非结构化数据。在之前的研究中，结构化数据占据主导，不过随着音视频等非结构化数据越来越多，非结构化数据的研究也变得非常重要。

根据对客观事物测度的精确水平不同，对于结构化数据的计量尺度，从粗到细，由低到高分为4种。表2-1列出了常见的数据类型及其特征。

表2-1 常见的数据类型及其特征

数据类型	特征	示例
类别数据	能区分事物是否同类	人的性别
顺序数据	数据之间有顺序关系	受教育程度
等距数据	有数量关系，使用等距尺度测量	温度
比例数据	有数量关系，可比较倍数关系	物品重量

注意：就算是针对同一类的事物，运用不同的计量尺度，也会得到不同类的数据。例如：工人的收入数据按高、中、低水平区分，就是顺序数据；工人的收入数据按有无输入区分就是类别数据；如果说某一个工人的收入是另外一个工人的3倍，那么工人的收入数据就是比例数据；工人的收入数据按实际填写就是等距数据。但对于温度数值这类的数据，相互之间的几倍关系没有什么意义，所以温度只能是等距数据。

2. 数据清洗

数据准备这一过程最关键核心的一个步骤就是数据清洗，可以利用光滑噪声数据、填补缺失数值以及识别或者删除离群数据点以完成“清洗”数据的任务，这样最终我们达成了对异常数据的清除、对错误数据的纠正、对重复数据的去除、获得标准格式化数据的目的。

通常数据清理的过程可以描述为：精简数据库，从而除去重复的记录，同时使得剩余的数据转化为可接收标准格式。针对数据的越界值、重复数据、丢失值、不一致代码等问题，数据清理会从数据的完整性、准确性、唯一性、一致性、事实性、有效性等几个方面来处理。先把原始的数据输入数据清理处理器，接下来进行一系列的操作来完成数据清理这一任务，最后用需要的标准格式输出数据，就是数据清理标准模型。

通常来讲，对于具体应用的数据清理，难以总结统一的方法步骤，不过针对不同的数据类型，可以给出相对应的数据清理办法。

(1) 不完整数据(值缺失)的解决方法

通常来说，所缺失的不完整数据需要手动填入，即手工清理。当然有些缺失值能够从其他数据源或者本数据源直接推导出来，这就需要利用最小值，或者最大值，或者平均值，或者更为复杂的概率估计，来完成缺失值的代替，进而完成数据清理。例如，对于一个人的属性，如果缺少籍贯、年龄、性别等信息，则可以通过其身份证号码推断，补全信息。

(2) 错误值的检测及解决方法

首先，我们能够用业务特定的规则或者常识规则等简单的规则库，来进行数据检查，然后，我们能够利用外部数据，或者是不同属性之间的相互约束关系，来进行数据的检测清理这一操作。例如，获取数据与常识不符、年龄大于 150 岁就是这种情况。又如，日期数据可通过设置字段内容(日期字段格式为“2025-11-11”)来解决。当然也可以利用偏差分析、寻找不遵守回归方程或分布的异常值等统计分析方法来判断异常值。

(3) 关于重复记录的检测和消除方法

重复记录：数据库里面属性值相同的那些记录。想要判断记录是否相同，我们就要利用好记录间的属性值，若属性值相等，那么这些相等的记录会被合并成一条记录，而这就是合并/清除，是消重的基本办法。而当你面对不同来源的数据，发现记录重复时，可以按规则去重(比如对于不同渠道来源的客户数据，可利用相同关键信息寻找匹配，然后进行合并去重)，还可以按主键进行去重(也就是通过 SQL 或者 Excel 完成重复记录的去除)。

(4) 数据源内部或数据源之间不一致的检测方法

对于从多种的来源采集获得的数据，语义冲突这个问题很有可能存在，那么我们就要进行对数据联系的分析，来使数据尽量保持一致，也可利用定义完整性约束用以检测。比如，不同来源的同一指标内涵不一致，或者其实际内涵一致，但指标不同，可以通过建立包含且不限于单位、指标体系、维度、频度的数据体系来解决。

3. 数据采样

从数据集中选取样本数据的规则，大致分为 3 类：随机采样、系统采样和分层采样。随机采样的定义是从数据集中随机抽取指定数量的数据，分为有放回和无放回两种；系统采样一般是无放回抽样，又称等距采样，先将总体数据集按一定的顺序分为 n 个小份，接下来从每一小份抽取指定的第 x 个数据；分层采样是在事先分好多种类别的数据中，在每一层内随机抽取样本，然后将抽取的样本进行组合。

在实际的分类问题中，数据集的分布经常是不均衡的。虽然不均衡的数据在分类时常常可以获得更高的分类准确率，不过对于某些特定情况，准确率高的意义并不大，并不能提供任何有用的信息。例如，面对存在 100 个样本的二分类问题，最理想的情况是正、负样本数量相差不多，不过若正类样本存在 99 个，负类样本存在 1 个，则出现了类不平衡问题。此时预测时就算全部预测为正，准确率也可以达到 99%，这并不能反映模型的好坏。

面对不平衡数据集的时候，传统的机器学习模型的评价方法不能精确地衡量模型的性能。

常见的解决方法包括过采样和欠采样。

① 过采样:通过随机复制少数类来增加其中的实例数量,从而可增加样本中少数类的代表性。

② 欠采样:通过随机地消除占多数类的样本来平衡类分布,直到多数类和少数类的实例实现平衡。

4. 数据集拆分

对于ML,数据在一般情况下会分成如下3份:首先是训练数据集(Train Dataset);然后是验证数据集(Validation Dataset);最后是测试数据集(Test Dataset)。训练数据集的主要作用是进行机器学习模型的构建;验证数据集的作用是辅助构建,在构建过程中,能够评估模型,支持提供无偏的估计,从而辅助模型参数的调整;测试数据集的主要作用是评估最终模型的性能。

不断使用测试数据集和验证数据集会使模型逐渐失去效果,也就是说,使用相同数据来决定超参数设置或其他模型参数改进的次数越多,对于这些模型结果能够真正在实际应用中泛化新数据的可能性会越低。如果可能的话,建议收集更多数据来"刷新"测试数据集和验证数据集。重新开始是一种很好的重置方式。

我们可以利用几种非常好的方法完成对数据集的拆分:留出法(Hold-out)、K-折交叉验证法,以及其他方法(包括自助法等)。这些方法也全都有对数据集的某些基本假设。第一个假设是数据集进行随机的抽取,且独立同分布。第二个假设是分布平稳,不随时间而变。第三个假设是我们一直从同一个分布里面完成样本的抽取。需要注意的是,请勿对测试数据集进行训练。

数据集拆分的常用方法包括留出法和K-折交叉验证法。

(1) 留出法

留出法直接将原始的数据集分为互斥的两部分:一部分是训练数据集;另一部分是测试数据集。在大多数情况的留出法中,我们会选择30%的数据用作测试数据集,70%的数据用作训练数据集。

注意,拆分后的集合数据应保持分布一致性,一定要避免拆分对最终结果造成影响,不要在过程中引入其他偏差。一般来说会使用多次的随机拆分,重复实验取平均值,将其作为留出法的最终结果,我们这样做是希望避免单独使用一次留出法,然后得出不靠谱的结果。

(2) K-折交叉验证法

Kuhn和Johnson指出使用单一的测试数据集或者验证数据集具有局限性,其观点表述在相关的数据分割建议中。首先,测试数据集没有办法彻底表现评估结果的不确定性,因为其只是作为对模型的单次评估;其次,Hold-out直接将原始的数据集分为互斥的两部分(一部分是训练数据集;另一部分是测试数据集),会增加评估偏差。首先,按照通常情况分割的30%的数据规模太小;然后,模型的构建需要确定模型值,需要尽可能全部存在的数据点;最后,不同的测试数据集会生成不同的结果,这就导致测试集具有很大的不确定性。如果我们进行多次的重复采样,机器就能够对未来的模型使用新数据之时的性能做出更合理的预测。

因为这些原因,利用K-折交叉验证(K-fold Cross-validation)进行模型评估的方法在实际研究中广泛运用,具有性能评估变化小和偏差低的优点。

把数据集进行拆分,得到k个大小相似互斥子集,同时尽可能地保证每个子集数据分布一致。这样我们就收获了 k 组的训练-测试数据集，k 次训练以及测试就有了可能，这就是 K-折交叉验证。这种方法会在后面的交叉验证内容中做进一步阐述。

2.2.2 特征工程

机器学习的上限由数据以及特征决定，而算法、模型只是在努力地逼近这个上限，尽可能地从原始的数据中提炼特征供模型和算法使用，就是特征工程的作用。特征工程是在数据预处理基础上的特征选择以及降维与提取。

在数据完成处理后，需要人工筛选具有意义的特征，以将其输入模型、算法来进行训练。一般而言，我们会从两个方面考虑怎么样选取特征：第一个是特征发散性，若一个特征的方差接近 0，那么此样本在这个特征上的表现没有差异，也就是说，此特征对样本的区分没有作用；第二个是特征与目标的关联程度，特征与目标的关联程度越高，特征的优先级越高。

依据特征选择形式的不同，选择方法可以分成 3 种：第一种是过滤法（Filter）；第二种是包裹法（Wrapper）；第三种是嵌入法（Embedded）。

（1）过滤法

根据发散性或者相关性不同，对样本特征进行评分，设定待选择的个数或者阈值，然后选择合适的特征。

（2）包裹法

在选择特定算法的背景下，利用贪心算法或重复的启发式方法来寻找特征。

（3）嵌入法

先利用已有的部分机器学习模型、算法进行训练，使用正则化的方法将某些特征属性所占的权重调整至零，则这些特征相当于就是被舍弃了。常见的正则有 L1 的 Lasso、L2 的 Ridge，以及综合了 L1 和 L2 这两个方法的 Elastic Net 方法。这种方法很像过滤法，不过它是通过训练的方式来确定特征好坏的。

2.2.3 连续变量的特征降维与提取

通常在建模时，原始数据的变量很多，如果直接建模，随着变量数量的增加，计算量会呈现快速的指数级增长趋势，还会导致模型的稳定性下降，增加维护成本。对这种情况就需要设法降低数据维度，并挑选对模型有价值的变量。如果能将数据的维度降至预期，同时不至于丢失过多的有用信息，那么就称得上是理想的降维。

特征/属性选择以及特征变换就是降低数据维度的方法，主要包括两个方面内容。

① 变量筛选。逐步法、向前法、决策树、向后法等全都是我们经常会使用的变量筛选方法，降低数据维度的方式是删除对于模型没有提升效果的变量。

② 维度归约。维度归约的含义是用尽可能少的关键数据特征来描述数据，也就是摒弃不重要的数据特征，减少数据的特征量。什么是无损的维度归约呢？其指的是原始数据在不丢失信息的情况下，可以利用压缩数据的方法重新构造。若是我们仅仅进行原始数据近似表示的构造，那么这就是有损的维度归约。在实际运用中，模型的可运用性有时比信息损失更为关键，预测相关模型就需要信息损失尽可能小。这其中最经典的就是黑盒模型，由于黑盒模型自

身的不可解释性，我们就要求做到最大限度的信息无损。而对于聚类模型，为了保证其可解释性，我们可以接受程度大一些的信息损失，也就是说，我们要抓住重点。

主成分分析、变量聚类、因子分析以及奇异值分解等是常见的维度归约方法。

① 主成分分析：一种进行多变量之间相关性考察的多元数据的统计方法。需要在原始数据中找出尽可能多的、同时还能够保留原始变量信息的、互不相关的少数几个主成分，从而达成用这些主成分表达多变量间结构相关性的目的。主成分分析多用于神经网络和支持向量机等不可解释类预测模型，因为原始数据在经过该方法处理后，几个主成分不再有可解释性。

② 变量聚类：其本质是上述主成分分析的一个应用。为了完成避免共性以及降低冗余信息，所采取的操作是将那些相关性较强的变量处理掉。变量聚类多用于线性回归、决策树、逻辑回归以及 KNN 这些可解释类预测模型之前的特征处理，还可以应用于聚类模型。

③ 因子分析：在这里我们只关注因子分析中的因子旋转法，它是上述所讲的主成分分析的扩展。在我们进行上述操作后，主成分的可解释性就不存在了，但是对于那些从事商业、心理学以及社会学等社会科学类研究的工作者而言，变量的可解释性又十分重要，可以利用改变主成分所占原始信息变量的权重，寻找主成分的意义，实际上主成分一大部分的意义是人为赋予的。因子分析不再用于预测类模型，而主要用于聚类模型以及描述性统计分析。

④ 奇异值分解：在非方阵背景下，主成分分析的推广就是奇异值分解。奇异值分解广泛应用于推荐算法领域和缺失值填补。

下面详细介绍主成分分析与因子分析。

1. 主成分分析

主成分分析以尽可能保证数据信息的丢失量最小为目的，简化多变量数据，从另一角度理解就是以多变量之间的相关性为依据，进行某种线性组合改变，以获得不相关且保留信息较多的综合变量。

1）主成分分析相关介绍

对于连续变量相关性，散点图可以直接展现两个变量间的相关性强弱关系，还可以生成表示这种关系的相关系数。在变量数量多于两个的前提下，相关系数矩阵也可以直观表示多变量之间的关系。在这种前提下，若是变量间存在较为强大的相关性，那就说明这些变量里面包含的共同信息较多。所以如果能够提炼多变量间的共同信息，同时不过多地损失原始数据的总信息，就能够将复杂多元分析问题简单化。

2）主成分分析原理

（1）几何解释

存在较强线性关系的连续变量 X 和 Y 如图 2-8 所示，图中较长的直线表示第 1 个主成分，在此方向上数据的变异性可以得到最好的解释，也就是数据在此轴上的投影方差最大；图中较短的直线表示第 2 个主成分，与上述第 1 个主成分正交，数据中所剩变异性可以得到最好的解释。通常，每一个主成分都应与之前主成分正交，且数据中所剩变异性可以得到最好解释。

3 个存在较强线性关系的连续变量 X、Y、Z 如图 2-9 所示，图中三维空间呈椭球状分布，也仅有椭球状的分布才有主成分分析的必要。若是球状分布，也就说明这些变量并不相关，这样一来我们既不需要做主成分分析，也没法做变量压缩。

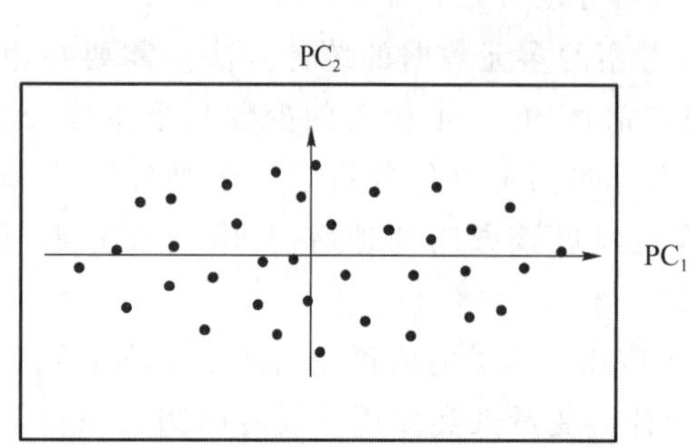

图 2-8 两个变量线性关系图

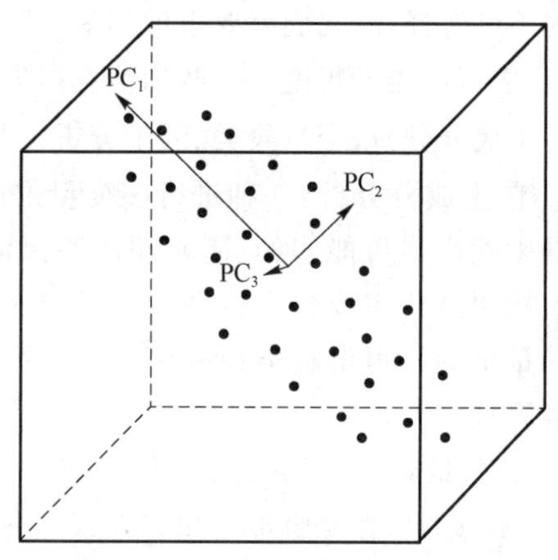

图 2-9 3 个变量线性关系图

第 1 步是找到 X、Y、Z 中椭球的最长轴，也就是数据变异性最大的轴（如图 2-10 所示），第 2 步是在最长轴垂直的所有方向上找到第二长的轴，第 3 步是在与前两根轴方向垂直的所有方向上找到第三长的轴。

可以利用这 3 根轴获取原始多元数据信息。第一根轴最长，所携带的信息量最大，第二根轴和第三根轴携带的信息量顺次减小。由于相互垂直的关系，3 根轴便可以获取原始多元数据的所有信息，此时如果第一根轴和第二根轴所携带的信息占比较高，如超过 95%，那么第三根轴上的信息就可以丢弃，以压缩变量，如图 2-11 所示的那样。

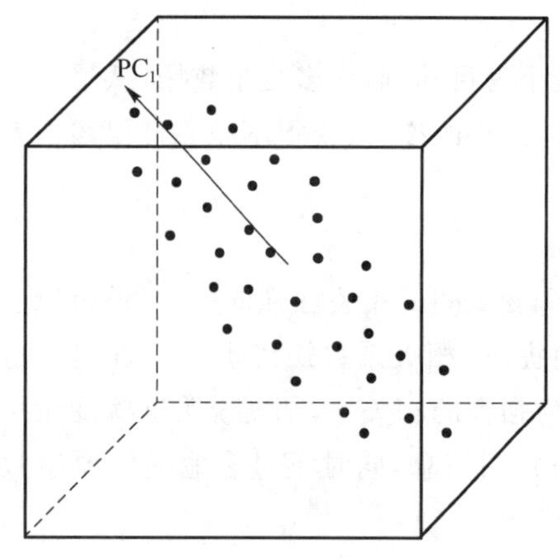

图 2-10 椭球的最长轴

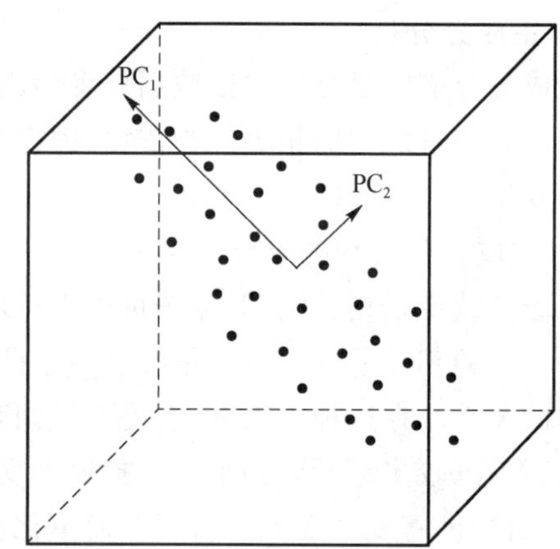

图 2-11 椭球的次长轴

(2) 线性代数解释

① 线性代数解释（在协方差矩阵基础上的主成分提取）

在原始数据空间里，主成分用被分析对象 $\boldsymbol{X}$ 的线性转换来表示：

$$\begin{cases} P_1 = \boldsymbol{\beta}_1 \times \boldsymbol{X} = \boldsymbol{\beta}_{11}\boldsymbol{X}_1 + \boldsymbol{\beta}_{12}\boldsymbol{X}_2 + \cdots + \boldsymbol{\beta}_{1p}\boldsymbol{X}_p \\ P_2 = \boldsymbol{\beta}_2 \times \boldsymbol{X} = \boldsymbol{\beta}_{21}\boldsymbol{X}_1 + \boldsymbol{\beta}_{22}\boldsymbol{X}_2 + \cdots + \boldsymbol{\beta}_{2p}\boldsymbol{X}_p \\ P_3 = \boldsymbol{\beta}_3 \times \boldsymbol{X} = \boldsymbol{\beta}_{31}\boldsymbol{X}_1 + \boldsymbol{\beta}_{32}\boldsymbol{X}_2 + \cdots + \boldsymbol{\beta}_{3p}\boldsymbol{X}_p \\ \vdots \\ P_p = \boldsymbol{\beta}_p \times \boldsymbol{X} = \boldsymbol{\beta}_{p1}\boldsymbol{X}_1 + \boldsymbol{\beta}_{p2}\boldsymbol{X}_2 + \cdots + \boldsymbol{\beta}_{pp}\boldsymbol{X}_p \end{cases}$$

其中 $\boldsymbol{X}=(\boldsymbol{X}_1,\boldsymbol{X}_2,\boldsymbol{X}_3,\cdots,\boldsymbol{X}_p)$ 为多个随机向量的集合，其协方差矩阵为

$$\boldsymbol{\Sigma}=\begin{pmatrix} \mathrm{Cov}(\boldsymbol{X}_1,\boldsymbol{X}_1) & \mathrm{Cov}(\boldsymbol{X}_1,\boldsymbol{X}_2) & \cdots & \mathrm{Cov}(\boldsymbol{X}_1,\boldsymbol{X}_p) \\ \mathrm{Cov}(\boldsymbol{X}_2,\boldsymbol{X}_1) & \mathrm{Cov}(\boldsymbol{X}_2,\boldsymbol{X}_2) & \cdots & \mathrm{Cov}(\boldsymbol{X}_2,\boldsymbol{X}_p) \\ \vdots & \vdots & & \vdots \\ \mathrm{Cov}(\boldsymbol{X}_p,\boldsymbol{X}_1) & \mathrm{Cov}(\boldsymbol{X}_p,\boldsymbol{X}_2) & \cdots & \mathrm{Cov}(\boldsymbol{X}_p,\boldsymbol{X}_p) \end{pmatrix}$$

根据线性代数的知识，在进行数据中心化，并且忽略与数据维度大小相关系数的前提下，主成分 $\boldsymbol{P}$ 的方差计算公式如下：

$$\mathrm{Var}\ (\boldsymbol{P})=\boldsymbol{\beta\Sigma\beta}^{\mathrm{T}}$$

其中 $\boldsymbol{\beta}$ 是主成分在每个变量上的权重矩阵。主成分分析算法的目的是使主成分的方差最大。具体到线性代数中，求极值就是计算协方差方阵的特征向量和特征值。

② 线性代数解释(在相关系数矩阵基础上的主成分提取)

在利用原始变量的方差来进行计算这一条件下，主成分分析的所有变量都应当在取值范围内可比，最好不要出现一个变量的取值范围是 0～1，而另一个变量的取值范围是 0～1 000 这类的情况。比如，对于销售额和利润率两个变量，利润率的方差会比较小，销售额的方差则会非常大，这样计算的协方差矩阵就会出现很大的偏差。所以在原始变量取值范围不可比的前提下，一般不会使用这个方法来进行计算。

解决的办法是在通常情况下可以先进行中心标准化，之后再进行协方差矩阵的构建。不过更方便的方式是直接利用变量的相关系数矩阵，来作为主成分分析的基础。相关系数矩阵是绝大多数软件进行主成分分析时的默认配置，而不是协方差矩阵。

(3) 主成分的解释

主成分可以利用其所对应的主成分方程解释，如

$$F_1=\beta_{11}\boldsymbol{X}_1+\beta_{12}\boldsymbol{X}_2+\cdots+\beta_{1p}\boldsymbol{X}_p$$

例如，在 $|\beta_{12}|$ 最大的情况下，$\boldsymbol{X}_2$ 所占权重也就最大，那么变量 $\boldsymbol{X}_2$ 的实际含义就能用于主成分的解释。

当然，当方程各系数差异不大时(这种情况很常见)，解释就会较为困难，此时想要解释主成分，应考虑利用因子旋转法。

3) 主成分分析的运用

该方法可以用于如下场景。

首先是综合打分，如城市发展综合指标评估、员工绩效排名等。这种场景只需要得出一个综合得分的情况，使用主成分分析较为合适。与单项成绩加总相比，该方法使评分更聚焦于同一维度，也就是去除原始数据不相关的成分，更关注原始变量的共同成分。因为这个原因，所以当不支持只取一个主成分的时候，主成分分析就不再适用了。

其次是描述数据，如区域的投资潜力、子公司的业务发展情况等描述数据的场景。这种情况需要将原始多变量压缩为少数几个主成分来描述，在最理想的情况下是两个主成分。不过在这种情况下，单一主成分分析是不够充分的，因子分析更为适合。

再次是支持变量压缩，面向聚类、回归等分析。在数据分析过程里，其用于消除共线性的问题。主成分分析为消除共线性问题常用的 3 种方法提供了基础。这 3 种方法分别是保留主成分、变量聚类(保留同类变量中最具代表性的变量)、通过业务理解修改变量。

最后是去除数据噪声，如图像识别。

4）基于主成分的冗余变量筛选

有两种数据筛选方法：第一种是在变量的重要性基础上进行筛选，我们使用有监督的筛选方式（也就是统计检验的方法）时，要判断我们纳入模型的变量对我们要解释的目标到底有没有解释力度；第二种是依据变量信息冗余进行筛选，利用无监督的筛选方法，也就是变量聚类的办法，判断变量进入模型前是否具有强线性相关性。首先依据输入变量之间的相关性将其分成不同的类别，然后从每一个类别里面寻找到最具代表性的变量（如图 2-12 所示）。

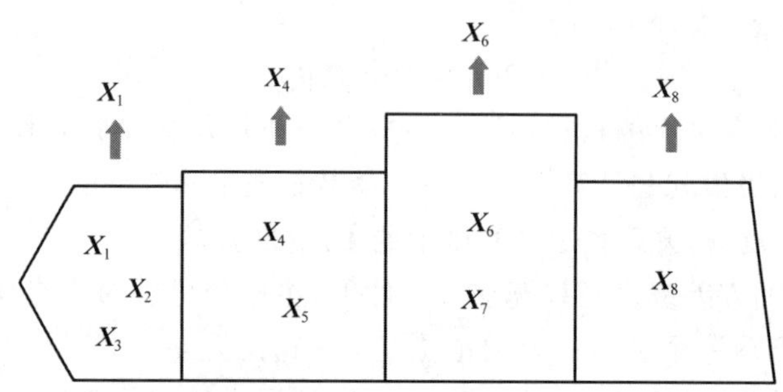

图 2-12　变量聚类的思路

至于究竟从每一个类别里选取哪一个变量，可以由经验丰富的专家选定，也可以从技术的角度选取，这一操作的选择依据与 R 方指标有关，具体就是要 $1-R^2$ 比率最小。计算该比率时，其分子是 1 减去变量在本组内的 R 方指标，其分母是 1 减去变量与相邻主成分组的 R 方指标。$1-R^2$ 比率越小，就说明变量在类内具有的代表性越好。

2. 因子分析

因子分析这一概念来源于英国的心理学家 C. E. 斯皮尔曼。斯皮尔曼发现，某一科成绩表现优秀的学生，通常在其他科成绩上表现同样优秀。斯皮尔曼据此推断，他们各科成绩之间存在一定相关性，所以斯皮尔曼怀疑是否存在某些影响成绩表现的共性因子，如智力条件。因子分析将同样本质的变量归入同一个因子，这样不仅可以减少变量数目，还能够进行变量关系检验。该方法可在许多变量里面寻找到隐藏的代表性因子。

实际上，在心理学等领域，因子分析和主成分分析有时会产生相近的结果，所以从实用的角度来看，如果希望假设或测试引起观察变量产生变化的潜在因素的理论模型，就使用因子分析；如果想简单地将相关观测变量减少到一个更小的重要独立复合变量集，则使用主成分分析。方法的选定是由二者的特点所决定的。

在一些类似电信运营分析的案例里，主成分在全部的原始变量上权重分布不均，有的权重低，有的权重高，这样才能保证主成分在业务上的可解释性。为了想办法提高主成分的可解释性，我们选择因子旋转法，通过进行主成分权重分布差异的加大，使得那些主成分权重小的因子的权重进一步减小，而那些主成分权重大的因子的权重进一步增大。

主成分有时非常不好解释，这是主成分分析的缺陷所在，为了获得更高的可解释性，因子分析就有了用武之地。常见的因子分析法中，首先是极大似然法，然后是主成分法。在这里我们讲解在主成分分析基础上的因子旋转，它可以使主成分得到更好的解释，这种更好解释的主成分叫作因子。

1）因子分析模型

假设随机变量集合为 $\boldsymbol{X}=(X_1,X_2,\cdots,X_p)$。因子分析模型：

$$X_1=\mu_1+\alpha_{11}F_1+\alpha_{12}F_2+\cdots+\alpha_{1m}F_m+\varepsilon_1$$
$$X_2=\mu_2+\alpha_{21}F_1+\alpha_{22}F_2+\cdots+\alpha_{2m}F_m+\varepsilon_2$$
$$\vdots$$
$$X_i=\mu_i+\alpha_{i1}F_1+\alpha_{i2}F_2+\cdots+\alpha_{im}F_m+\varepsilon_i$$
$$\vdots$$
$$X_p=\mu_p+\alpha_{p1}F_1+\alpha_{p2}F_2+\cdots+\alpha_{pm}F_m+\varepsilon_p$$

其中，α_{im} 为变量 X_i 第 m 个公共因子 F_m 的因子系数，其另外的名称是因子载荷；ε_i 为公共因子外的随机因子；μ_i 为 X_i 均值；因子载荷矩阵为

$$\begin{pmatrix} \alpha_{11} & \alpha_{12} & \cdots & \alpha_{1m} \\ \alpha_{21} & \alpha_{22} & \cdots & \alpha_{2m} \\ \vdots & \vdots & & \vdots \\ \alpha_{p1} & \alpha_{p2} & \cdots & \alpha_{pm} \end{pmatrix}$$

公共因子 F_m 为一个不可被观测到的内在属性或者特征，公共因子与随机因子二者之间两两正交，这与上文我们提到的主成分分析中主成分两两正交的情况很像。此外，在通常情况下 $m\leqslant p$，不然通过少数因子表达多数变量信息的想法就无法实现。

2）因子分析模型的矩阵形式

因子分析模型的矩阵形式为

$$\boldsymbol{X}-\boldsymbol{\mu}=\boldsymbol{A}\boldsymbol{F}+\boldsymbol{\varepsilon}$$

其中，$\boldsymbol{X}-\boldsymbol{\mu}=\begin{pmatrix} X_1-\mu_1 \\ X_2-\mu_2 \\ \vdots \\ X_p-\mu_p \end{pmatrix}$；$\boldsymbol{A}$ 表示因子载荷矩阵，$\boldsymbol{A}=\begin{pmatrix} \alpha_{11} & \alpha_{12} & \cdots & \alpha_{1m} \\ \alpha_{21} & \alpha_{22} & \cdots & \alpha_{2m} \\ \vdots & \vdots & & \vdots \\ \alpha_{p1} & \alpha_{p2} & \cdots & \alpha_{pm} \end{pmatrix}$；$\boldsymbol{F}$ 表示公共因子向量，$\boldsymbol{F}=(F_1,F_2,\cdots,F_m)$；$\boldsymbol{\varepsilon}$ 为随机因子向量，$\boldsymbol{\varepsilon}=(\varepsilon_1,\varepsilon_2,\cdots,\varepsilon_p)$。

3）因子分析中的几个重要概念

① 因子载荷 α_{im}：统计意义可以理解为，第 i 个变量与第 m 个公共因子两者的相关系数，也就是说，X_i 依赖 F_m 的比重，即统计术语上的权重。对于心理学家而言，它称为载荷。因子载荷的绝对值如果越大，对应的公共因子 F_m 所能提供的表达变量 X_i 的信息越多，也就是说，该因子可以承载更大的信息量。

② 变量共同度：代表所有因子合起来，对它们的原始变量的变异解释量，具体则是一个原始变量的全部因子的因子载荷的平方和。因子作为代表原始的多变量简化的测量指标，高变量共同度表示某一个原始变量能被因子说明的程度高，而低变量共同度恰恰相反，表示某一个原始变量能被因子说明的程度低。如果变量共同度的值接近于 1，那么说明因子分析成效良好。

③ 方差贡献：一个公共因子 F_m 的方差贡献代表了在所有变量中其因子载荷的平方和，其有衡量公共因子 F_m 能够提供的信息量的作用。

4）因子分析算法

（1）估计因子载荷矩阵——主成分法

此处我们主要来介绍对于因子载荷矩阵估计方法里面的主成分法。

若随机变量集合 $\boldsymbol{X}=(X_1,X_2,\cdots,X_p)$，协方差矩阵为 $\boldsymbol{\Sigma}$，设这个协方差矩阵特征值是 $\lambda_1>$

$\lambda_2 > \cdots > \lambda_p$，其对应的特征向量分别是 $\boldsymbol{\beta}_1 = \begin{pmatrix} \beta_{11} \\ \beta_{12} \\ \vdots \\ \beta_{1p} \end{pmatrix}$，$\boldsymbol{\beta}_2 = \begin{pmatrix} \beta_{21} \\ \beta_{22} \\ \vdots \\ \beta_{2p} \end{pmatrix}$，…，$\boldsymbol{\beta}_p = \begin{pmatrix} \beta_{p1} \\ \beta_{p2} \\ \vdots \\ \beta_{pp} \end{pmatrix}$，那么有

$$\boldsymbol{\Sigma} = (\boldsymbol{\beta}_1 \boldsymbol{\beta}_2 \cdots \boldsymbol{\beta}_p) \begin{pmatrix} \lambda_1 & \cdots & 0 \\ \vdots & & \vdots \\ 0 & \cdots & \lambda_p \end{pmatrix} \begin{pmatrix} \boldsymbol{\beta}_1^{\mathrm{T}} \\ \boldsymbol{\beta}_2^{\mathrm{T}} \\ \vdots \\ \boldsymbol{\beta}_p^{\mathrm{T}} \end{pmatrix} = \lambda_1 \boldsymbol{\beta}_1 \boldsymbol{\beta}_1^{\mathrm{T}} + \lambda_2 \boldsymbol{\beta}_2 \boldsymbol{\beta}_2^{\mathrm{T}} + \cdots + \lambda_p \boldsymbol{\beta}_p \boldsymbol{\beta}_p^{\mathrm{T}}$$

假设 p 个公共因子里，前 m 个公共因子的贡献较大，上述公式可改写为

$$\boldsymbol{\Sigma} \approx \lambda_1 \boldsymbol{\beta}_1 \boldsymbol{\beta}_1^{\mathrm{T}} + \lambda_2 \boldsymbol{\beta}_2 \boldsymbol{\beta}_2^{\mathrm{T}} + \cdots + \lambda_m \boldsymbol{\beta}_m \boldsymbol{\beta}_m^{\mathrm{T}}$$

而因子模型的矩阵形式可以写为

$$\boldsymbol{X} - \boldsymbol{\mu} = \boldsymbol{AF} + \boldsymbol{\varepsilon}$$

根据 $\mathrm{Var}(F_i) = 1, i = 1, 2, \cdots, p$ 的假设条件，可以推导出：

$$\boldsymbol{\Sigma} = \mathrm{Var}\ (\boldsymbol{X} - \boldsymbol{\mu}) = \boldsymbol{A}\ \mathrm{Var}\ (\boldsymbol{F}) \boldsymbol{A}^{\mathrm{T}} + \mathrm{Var}\ (\boldsymbol{\varepsilon}) = \boldsymbol{AA}^{\mathrm{T}} + \boldsymbol{D}$$

其中，$\boldsymbol{A}$ 为因子载荷矩阵，$\boldsymbol{D}$ 为随机因子协方差矩阵。

如果在之前的 $\boldsymbol{\Sigma}$ 分析中也将 $\boldsymbol{D}$ 考虑进来，就会得到

$$\boldsymbol{\Sigma} - \boldsymbol{D} \approx \lambda_1 \boldsymbol{\beta}_1 \boldsymbol{\beta}_1^{\mathrm{T}} + \lambda_2 \boldsymbol{\beta}_2 \boldsymbol{\beta}_2^{\mathrm{T}} + \cdots + \lambda_m \boldsymbol{\beta}_m \boldsymbol{\beta}_m^{\mathrm{T}}$$

$$\boldsymbol{\Sigma} = \boldsymbol{AA}^{\mathrm{T}} + \boldsymbol{D} \approx \lambda_1 \boldsymbol{\beta}_1 \boldsymbol{\beta}_1^{\mathrm{T}} + \lambda_2 \boldsymbol{\beta}_2 \boldsymbol{\beta}_2^{\mathrm{T}} + \cdots + \lambda_m \boldsymbol{\beta}_m \boldsymbol{\beta}_m^{\mathrm{T}} + \boldsymbol{D}$$

则

$$\begin{aligned} \boldsymbol{AA}^{\mathrm{T}} &\approx \lambda_1 \boldsymbol{\beta}_1 \boldsymbol{\beta}_1^{\mathrm{T}} + \lambda_2 \boldsymbol{\beta}_2 \boldsymbol{\beta}_2^{\mathrm{T}} + \cdots + \lambda_m \boldsymbol{\beta}_m \boldsymbol{\beta}_m^{\mathrm{T}} \\ &= (\sqrt{\lambda_1} \boldsymbol{\beta}_1, \sqrt{\lambda_2} \boldsymbol{\beta}_2, \cdots, \sqrt{\lambda_m} \boldsymbol{\beta}_m) \begin{pmatrix} \sqrt{\lambda_1} \boldsymbol{\beta}_1^{\mathrm{T}} \\ \sqrt{\lambda_2} \boldsymbol{\beta}_2^{\mathrm{T}} \\ \vdots \\ \sqrt{\lambda_m} \boldsymbol{\beta}_m^{\mathrm{T}} \end{pmatrix} \end{aligned}$$

所以因子载荷矩阵的估计值可以为

$$\boldsymbol{A} = \begin{pmatrix} \alpha_{11} & \alpha_{12} & \cdots & \alpha_{1m} \\ \alpha_{21} & \alpha_{22} & \cdots & \alpha_{2m} \\ \vdots & \vdots & & \vdots \\ \alpha_{p1} & \alpha_{p2} & \cdots & \alpha_{pm} \end{pmatrix} \approx \begin{pmatrix} \sqrt{\lambda_1} \beta_{11} & \sqrt{\lambda_2} \beta_{21} & \cdots & \sqrt{\lambda_m} \beta_{m1} \\ \sqrt{\lambda_1} \beta_{12} & \sqrt{\lambda_2} \beta_{22} & \cdots & \sqrt{\lambda_m} \beta_{m2} \\ \vdots & \vdots & & \vdots \\ \sqrt{\lambda_1} \beta_{1p} & \sqrt{\lambda_2} \beta_{2p} & \cdots & \sqrt{\lambda_m} \beta_{mp} \end{pmatrix}$$

因此，对于变量 X_i 第 m 个公共因子 F_m，因子载荷估计值为 $\sqrt{\lambda_m} \beta_{mi}$，因子方程：

$$X_i = \sqrt{\lambda_1} \beta_{1i} F_1 + \sqrt{\lambda_2} \beta_{2i} F_2 + \cdots + \sqrt{\lambda_m} \beta_{mi} F_m$$

(2) 因子旋转——最大方差法

在某些情况下，我们估算获得的因子载荷在每一个因子上都不突出，解释因子就会比较麻烦，这时能够利用因子载荷矩阵的不唯一性，旋转突出因子特征，就比较利于解释。图 2-13(a) 所示表示因子旋转前，原始变量位于因子上的权重数值，我们用散点表示，此处因子与主成分的概念一样，这时我们发现在第一、二因子上所有变量的权重都比较高，所以所有因子的含义不好解释。图 2-13(b) 表示因子旋转后，我们发现，变量有些在第一因子上的权重高，有些则在第二因子上权重高，这样所有因子的含义便比较好解释。

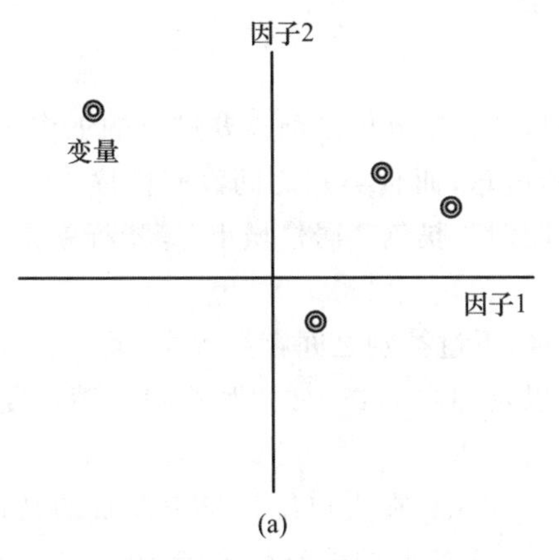

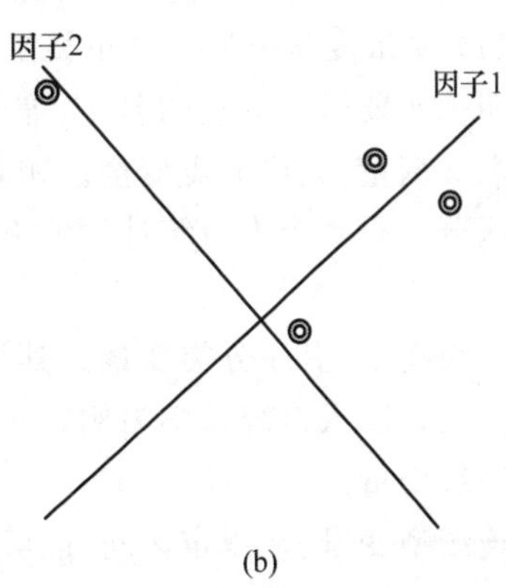

图 2-13 因子旋转

在这里，为了更好地解释因子，我们利用最大方差法的思想进行了因子旋转：通过让因子的载荷平方和达到最大（即因子贡献的方差达到最大），使所有的因子载荷都偏大些或偏小些，载荷间距拉大。

(3) 因子得分

对于需要利用因子载荷来进行定性解释的公共因子，其本身具有未知变量属性。下一步是对其数值进行估计，因子得分的概念由此而来。

通常会以因子载荷矩阵为自变量，以 $\boldsymbol{X}-\boldsymbol{\mu}$ 为因变量进行观测，因为随机因子 ε_i 的方差各异，所以我们采取 ε 加权最小二乘法进行下一步的估计。对于随机变量集合 $\boldsymbol{X}$，通过观测其样本集，随机变量集合 $\boldsymbol{X}$ 在各个公共因子上的得分，就能够进行估计了。

作为主成分分析法的延伸，因子分析在维度分析领域可以起到良好的辅助作用。

数据分析领域的新手可以利用因子分析，观察各个原始变量位于因子上的权重的绝对值，进行因子代表意义的判断，并给其命名。而经验丰富的数据分析领域从业者在对变量的类别有预判的前提下，可以使用各种各样的变量转换方式以及旋转方式，来促成预判为同一组同一类别的原始变量，在共有因子之上的权重的绝对值为最大。综上所述，选择变量转换方式是因子分析的关键所在。

主成分分析不能作为一个模型来描述，它只能作为一般的变量变换，主成分是可观测的原始变量的线性组合。因子分析需要构造因子模型，这是顺利构造聚类模型的关键步骤，因子分析同样可以成为分类模型的重要维度分析工具。在这一领域，主成分分析只是在缺乏业务经验以及建模时间紧张等情况下不得已的替代手段。

2.2.4 数据描述性统计与绘图

对于数据分析而言，描述性统计分析是首先要做的，也有研究者将其称为探索性数据分析，不过两者有些许的差异。前者强调方法，也就是如何能够利用现有的数据，从中获取有用的信息，如某地区农民的人均收入；后者更注重过程，也就是利用数据描述的手段，对所研究的内容进行更深入的理解，如某地区农民工的收入会受哪些因素影响？这些因素的影响程度有多大？

数据探索贯穿于一个完整的数据模型构建过程中，工作量甚至可以占到整个模型构建过程工作量的 40%。下面利用描述性统计进行数据探索。

(1) 变量度量类型与分布类型

明确所要研究变量的名义、等级、连续等度量类型,是数据分析之前需要进行的工作。

名义变量:无序分类变量。顾名思义,其包含类别信息,而且类别之间没有次序、大小、高低的区分。举一个人口统计学的例子,对人口而言,“性别”“肤色”“居住城市”等指标就是名义变量。

等级变量:有序分类变量。其虽然是一种分类变量,不过类别之间存在次序、大小、高低的区分。还是以人口统计学为例,“年龄段”“幸福指数”以及问卷调查中的“医院就诊满意度”等就是等级变量。

连续型变量:在规定区间,能够随意被取值的变量。例如,在人口统计学中调查的某地居民的收入指标中,只要不是负数,所有数字均可出现。与之类似的连续性变量,还包括 GDP、某家视频网站流量等。

与连续型变量相对,名义变量以及等级变量又被称为分类变量。粗浅地说,取值水平数量有限就是分类变量,取值水平无限便是连续变量,取值水平的概念是取不同值的能力。

如果对变量实际分布情况做一个概括或抽象总结,那就得到了变量的分布类型。人们常常提及服从某个分布的某个变量,就是在理想情况下简化分析所做出的假设,之后的分析也是基于该假设进行。正态分布、泊松分布、均匀分布、二项分布以及卡方分布、F 分布和 T 分布等是常见的分布类型。通过判断我们研究的变量服从哪一个分布,我们就能知道变量在取相应值时的概率是多少,就能结合实际的应用场景给出恰当的解释,这就是变量分布的应用意义。

比如,我们可以解读一个常见的正态分布(如图 2-14 所示)。我们知道正态分布呈钟形关于均值左右对称,正态分布的均值以及标准差具有很强的代表性。我们可以根据均值和标准差,了解整个变量的分布情况。而在正态分布里,均值、中位数、众数三者相等。

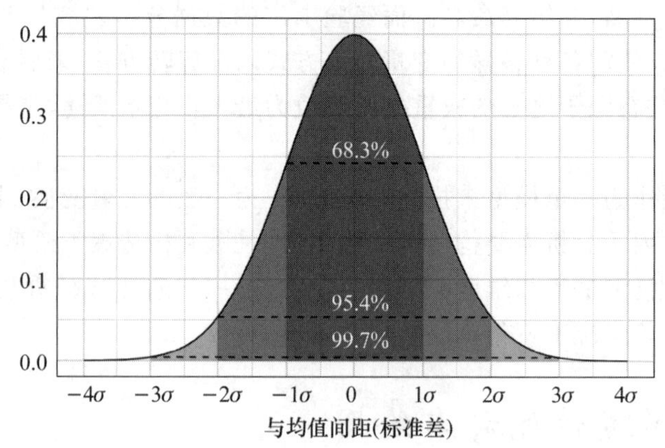

图 2-14 正态分布曲线

在正态分布里,曲线下的面积和标准差之间有良好的对应关系。举例来说,如果变量取值在均值的两倍标准差之内,其出现概率是 95.4%,也就是说,这个变量在小于均值减去两倍的标准差这一区间的概率是 2.3%,出现在大于均值加上两倍的标准差这一区间的概率同样为 2.3%。

在图 2-15 中,我们绘制了一些比较常见的分布曲线。按照偏度从低至高的顺序进行排列，首先是正态分布，其次是对数正态分布，最后是伽马分布。注意在统计分析领域应用范围最广的是对数正态分布，其由于具有在取对数后服从正态分布的良好属性，因此广泛应用于精确度要求不高的相关统计分析领域。对于右偏较大的变量，通常会先对偏态分布进行对数转换。而那些对精确度有严格要求的统计分析，一般会采取伽马回归等针对性的统计方法。一般而言，管理和营销领域的分析精确度要求并不严格，而金融等领域的分析精确度要求较高。

一个变量的分布有有限个参数，只要明确这些参数的取值，该变量分布的具体形态和性质就可以确定了。比如，二项分布的参数为任意一个类别的概率，正态分布的参数有两个，分别是均值和方差。

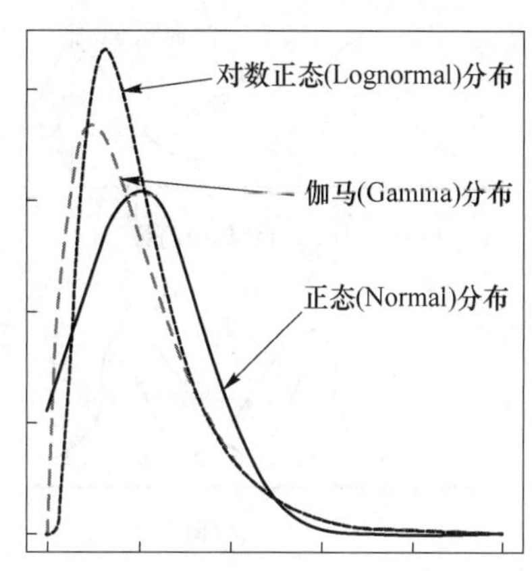

图 2-15 常见分布的曲线形态

(2) 分类变量的统计量

名义变量和等级变量统称为分类变量，其中名义变量是指变量值不能比较大小的分类变量，因此它是没有方向的，如性别(男/女)，我们既不能说女性高于男性，也不能说男性高于女性。这类变量还有民族(汉/满等)、职业(教师/工人/服务员等)、行业(采掘业/制造业等)。等级变量是指变量值之间有等级关系，可以比较大小/高低的分类变量，因此它是有方向的，如教育程度(小学＜初中＜高中＜大学)、产品质量(低＜中＜高)等。

名义变量可以分为频次和百分比两类统计量，而等级变量则有 4 类：首先是频次；其次是百分比；再次是累积频次；最后是累积百分比。举一个名义变量的例子，其分布就是对应类别下数据出现的频次。例如，对于“是否出险”变量，计算该变量在对应类别下出现的频次以及所占百分比，如表 2-2 所示。

表 2-2 名义变量的统计量

是否出险	频次	百分比/%
否	3 328	75.6
是	1 075	24.4

图 2-16 表示的柱形图中，分类变量的统计量用柱子的高度来表示，当然，柱子高度还可以代表百分比和频次。

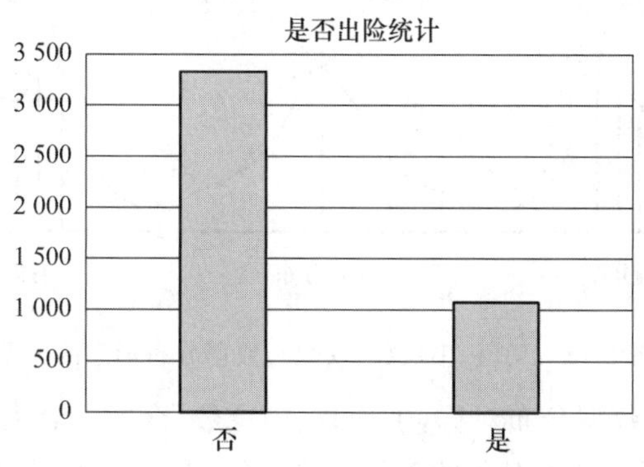

图 2-16 名义变量的柱形图表示

(3) 连续变量的分布、集中趋势

有 4 类描述连续变量的统计量(如图 2-17 所示),这些统计量的作用就是描述数据的集中趋势、离中趋势、偏态、峰态。这些统计量里面最重要的是集中趋势,其常常用作整个变量的代表。

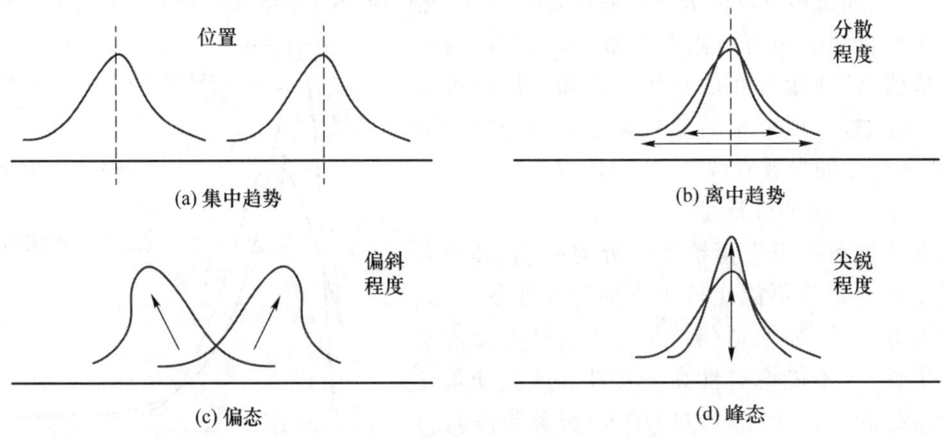

图 2-17 统计量描述连续变量的数据形态

如果用具体某个指标描述数据的集中趋势,我们就得到了数据的集中水平,常见的指标包括平均数、中位数以及众数。

① 平均数:可以表达出数据集中水平,方法是用总量的取值除以个体数。我们常常听到的人均 GDP 就可以反映某国家或地区人民的生活水平。

② 中位数(类似的还有四分位数和百分位数等分位数):在数据按照从小到大的顺序排列中,位于中间位置的数字。若其处于 1/4、3/4 水平,就是四分位数。与均值不同,中位数利用的是数据的次序信息,而不是数值信息,在某些情况下,中位数可以比均值更能代表数据的集中水平。

③ 众数:在数据中出现频次最高的数值。在分类变量中,它则是出现频次最高的一个数据。其实对于连续性变量,众数也可以使用,只是很少用。

在不同分布条件下,均值、中位数和众数的差异如图 2-18 所示。

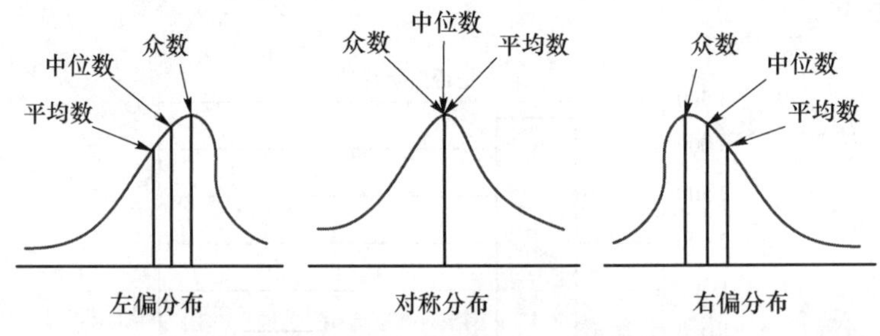

图 2-18 均值、中位数、众数与数据分布形态的关系

如图 2-18 所示,如果数据分布对称,平均数、中位数、众数三者大小一致,都能很好地反映数据集中水平。但在数据分布不对称的条件下,三者会有明显不同,对数据集中水平的反映情况也会不同。例如,经济收入是一个经典的右偏分布,高收入人群数量少,但其收入很高,这就

是数据分布右偏的来源，平均值也会被高收入人群所拉高，在这种条件下，中位数能比平均值更好地反映数据的集中水平。所以在实际生活中，许多国家在表示收入集中水平时使用的是中位数而不是平均数。

(4) 连续变量的离散程度

与数据的集中水平描述相对应的是数据的差异情况描述，这就是要引入的另一种指标或统计量，其用以描述数据的离散程度。常见的极差、方差(Variance)、标准差(Standard Deviation)和平均绝对偏差(Mean Absolute Deviation，MAD)等指标都可以描述数据的离散程度。

① 极差：变量的最大值与最小值之差。

② 方差、标准差和平均绝对偏差如下。

a. 方差：

$$\sigma^2 = \frac{1}{n-1}\sum_{i=1}^{n}(x_i - \overline{x})^2$$

b. 标准差：

$$\sigma = \sqrt{\frac{1}{n-1}\sum_{i=1}^{n}(x_i - \overline{x})^2}$$

c. 平均绝对偏差：

$$\text{MAD} = \frac{1}{n}\sum_{i=1}^{n}|x_i - \overline{x}|$$

不管是方差、标准差，还是平均绝对偏差，它们都能够对数据离散水平进行反映，不过由于方差和标准差可以求导，故这两者使用更为广泛。

(5) 数据分布的对称与“高矮”

数据分布的对称会显著影响平均值，能反映数据的集中趋势。偏度和峰度则是专门用于反映数据分布的高矮和对称的指标。

偏度和峰度分别描述了数据分布的偏斜程度以及高矮程度。对于均值为 0，标准差为 1 的标准正态分布，其偏度与峰度都是 0。如图 2-19 所示，限于样本数量，该正态分布的偏度、峰度会接近 0，但不为 0。

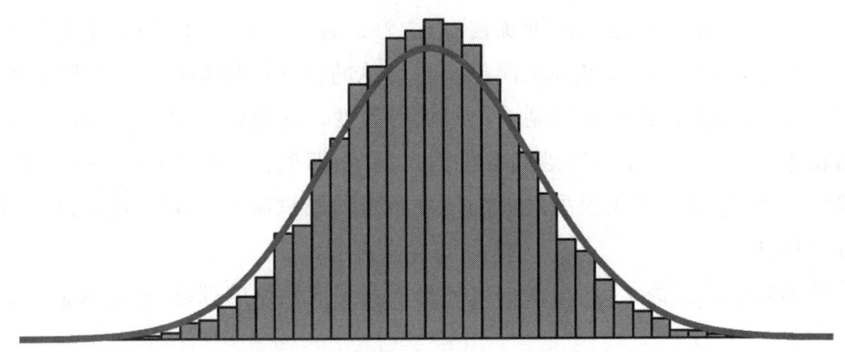

图 2-19 正态样本的偏度/峰度示意

数据分布偏移的程度和方向分别影响了偏度的正负和大小(如图 2-20 所示)。分布右偏的话，则偏度大于 0；分布对称的话，则偏度等于 0；分布左偏的话，则偏度小于 0。

而某变量的分布与标准正态分布相比得出的“高矮”，则影响了峰度的大小和正负（如图2-21 所示）。如果峰度小于 0，就说明此变量的分布与标准正态分布相比要更加分散，相反则更加密集。

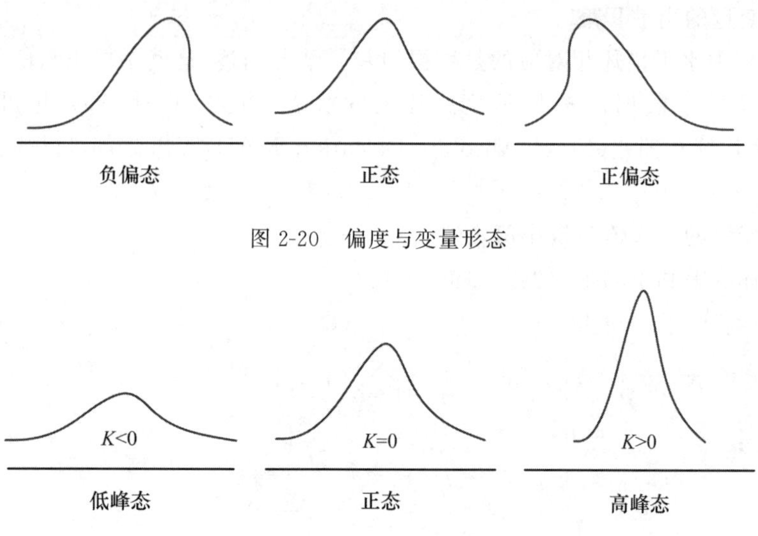

图 2-20　偏度与变量形态

图 2-21　峰度与变量形态

2.3　机器学习中的模型评估

机器学习中的模型评估

2.3.1　过拟合和欠拟合

对于机器学习而言，最关键的挑战就是我们构建的算法一定要在之前没有观测的新输入数据上具有良好的表现，而不是仅仅在训练集下拥有良好的表现。这种在之前没观测的新输入数据上面具有良好表现的能力就是泛化。

一般而言，对于机器学习模型的训练，我们能够通过某个训练集，在其上进行一些称为训练误差度量的计算，希望能够降低训练误差。同简单的优化问题相比，对于机器学习，我们希望泛化误差，或者说使测试误差能够到一个很低的程度。泛化误差是新输入值的误差期望，我们应该考虑将来系统在实践中可能遇到各种输入分布，期望就是跨越这些不同的输入得到的。

在一般情况下，我们会利用模型对训练集分出来的测试集性能的度量来进行机器学习模型泛化误差的评估。

对于线性回归这类的例子，利用最小化训练误差完成模型的训练，不过我们真正关注的是测试误差：

$$\frac{1}{m^{(\text{test})}}\|X^{(\text{test})}w-y^{(\text{test})}\|_2^2$$

如果在仅观测训练集的条件下，我们要怎么样影响测试集的性能呢？有一些统计学理论提供了答案，若任意收集训练集以及测试集数据，那么我们只能采取相对有限的操作，而若我们在训练集、测试集数据的相关收集方法上，进行某些假设/操作，那么我们就可以改进算法。

训练集以及测试集的数据是利用在数据集之上数据生成概率分布而生成的。在一般情况下，会有一系列独立同分布假设。这个假设的含义是所有数据集里面的样本相互独立，同时训练集与测试集同分布，从相同的分布中进行采样。这个假设的意义是，我们可以在单个样本概率分布上进行数据生成过程的描述。接下来相同的分布就能够作为生成训练样本以及测试样本的基础。此共享的潜在分布，就是数据的生成分布 P_{data}。利用概率框架，同独立同分布假设一起，让我们得以从数学的角度进行训练误差以及测试误差关系的研究。

训练误差与测试误差两者间的联系体现在期望值上，随机的训练误差期望与所训练模型的测试误差期望两者一致。若数据集概率服从某一分布，则重复循环采样，进行训练集、测试集的生成。对于固定的模型参数，能够让训练集的误差期望刚好等于测试集的误差期望，原因是这二者均利用了同样的数据集生成过程，其中的差异就是数据集的命名不同。

显然我们在机器学习算法中，不会利用提前固定好的参数去采样获得两个数据集。我们先通过采样获得训练集之后，挑选一些参数获得训练的模型及降低误差，然后通过采样获得测试集。在这个流程中，训练误差期望小于或等于测试误差期望。接下来分析对机器学习算法效果会产生影响的那些因素。

① 降低训练误差。

② 缩小训练误差与测试误差两者的差距。

上面的这两个因素与机器学习的两个关键挑战相呼应，那就是欠拟合以及过拟合。前者的含义是模型没有办法通过训练器获取足够低的误差，后者的含义则是训练误差与测试误差两者之间的差距太大。

利用对模型容量的调整，我们能够实现对模型偏过拟合或者是欠拟合的控制。如果我们给模型容量一个简单的定义，那就是模型拟合各类函数的能力。对于容量过高的模型有可能会导致过拟合(原因是模型记忆了并不适合测试集的那些训练集性质)，而容量过低的模型可能特别难完成对训练集的拟合。

我们可以利用选择假设空间的方法来进行训练算法容量的控制，也就是调整学习算法作为解决方案能够使用的函数集。比如说，线性回归算法把其所有输入的线性函数当作假设空间。而对于广义线性回归，它的假设空间就包含了多项式函数，并不是仅仅只包括线性函数。如此一来，模型的容量就增加了。

一次多项式线性回归模型用于预测：

$$\hat{y}=b+wx$$

引入 x^2 后，其成为线性回归模型的另外一个特征，关于 x 二次函数的预测模型：

$$\hat{y}=b+w_1x+w_2x^2$$

尽管这个模型为输入的二次函数，不过输出依旧是参数的线性函数，因为这个原因，我们还是能够利用正规方程，来获得模型的闭解的。实际上，可以进一步增加 x 的更高幂次当成额外特征，如以下的 9 次多项式：

$$\hat{y}=b+\sum_{i=1}^{9}w_ix^i$$

若机器学习的算法容量适合其执行任务的复杂度，同时适合我们提供的训练数据的数量，我们就会获得较好的算法效果。模型容量过低就难以解决复杂的任务，而当模型容量过高时，虽然模型能够完成复杂的任务，不过如果它的容量高过任务需要的容量，就可能会产生过拟合的问题。

在图 2-22 中，我们对二次函数曲线进行拟合，通过线性函数、二次函数以及 9 次函数拟合效果的比较，展现了此原理的使用。线性函数并没有刻画真实函数曲线的能力，因此欠拟合。而 9 次函数尽管能够代表正确函数，不过因为训练参数的量比训练样本还要多，因此它还会代表无数个刚刚好穿越训练样本点的其他类型函数。我们想要从这么多的函数类型里面寻找到一个泛化良好的，并不太符合现实。然而，能够符合任务的真实结构的二次函数，可以很好地泛化新数据。

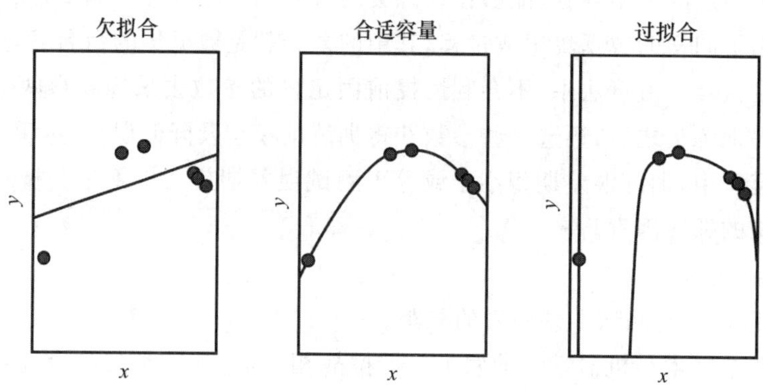

图 2-22　欠拟合和过拟合图例

我们已经介绍了利用选择假设空间的方法来进行模型容量调整的方法。在实际应用中，从大量的函数里面寻找最好的函数是特别难的优化问题。所以事实上学习算法并不会寻找最优函数，只是找到一个有能力降低训练误差的函数。由于不完美的优化算法等限制因素，学习算法的有效容量有小于模型族表示容量的可能。

对于机器学习模型需要泛化能力，这一思路最早来源于托勒密时期的哲学。很多的早期研究者提出了一个目前称为奥卡姆剃刀的简约原则：我们应当挑选最简单的能够解释观测现象的假设。20 世纪统计学习理论的创始人则首次提出了形式化、精确化的原则。

统计学习相关理论提供了不同的模型容量量化方法。这其中最著名的是 Vapnik-Chervonenkis 维度(简称 VC 维)。VC 维的作用是什么呢？它是度量二元的分类器容量。VC 维的定义：此分类器能够进行分类操作的训练样本的最大数目。假定训练集存在 m 个不同的 x 点，分类器能够任意标记 m 个点，VC 维即 m 满足以上条件的最大可能值。

量化模型容量使统计学习相关理论能够进行量化预测的操作。统计学习相关理论中，最关键的内容为训练误差与泛化误差两者间的差异，上界将随模型容量的增加而扩大，但是会随训练样本的增加而缩小。上述边界的存在帮助机器学习算法解决问题提供了有力的理论支持，但是在实际上很少应用于深度学习算法，首要原因是这些边界太松，其他的原因包括难以进行深度学习算法容量的确定等。这是由于有效的容量由优化算法能力决定，因此该怎么样确定深度学习模型容量是一个很难的问题。除此之外，对于深度学习中的非凸优化相关问题，目前的学界鲜有相关理论分析。

在这里我们需要注意,更为简单的函数可能会有更高程度的泛化,也就是说,使训练误差与测试误差之间的差距更小。不过我们还是要选择一个够复杂的假设来使训练误差足够低,在一般情况下,模型容量上升的同时,训练误差就会下降,到其渐进为最小的可能误差为止(如果这个最小值存在)。一般而言,泛化误差为关于模型的 U 形曲线(如图 2-23 所示)。训练误差和测试误差表现的差异很大。在图 2-23 的左侧,训练误差和泛化误差都非常高,这是欠拟合造成的。当模型容量增加时,训练误差减小,但是训练误差和泛化误差之间的间隔却在加大。在某个点这个间隔的大小超过了训练误差的下降,就进入过拟合区域,模型容量过大,超过了最优容量。

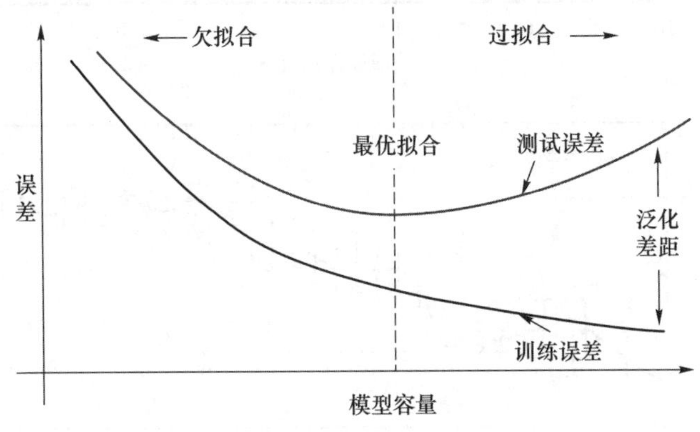

图 2-23　模型容量和误差之间的关系

出于对容量可以任意大的考虑,此处介绍非参数模型的相关概念。到现在,我们仅介绍了参数模型,如线性回归。对于参数模型的函数,观测新数据前,参数向量的分量是有限的个数,同时也是固定的。非参数模型则不存在这些限制。

在某些条件下,非参数模型只是一些没有办法实现的抽象方式,如寻找每一个可能概率分布的方法。不过我们还能够通过设计一些实用的非参数模型,把其复杂度与训练集大小关联起来。一个明显的示例就是最近邻回归。不同于线性回归,其具有把固定长度的向量当作权重的特点,存储训练集中的每一个 x 和 y。若需要进行测试点 x 分类操作,模型能够查找训练集内部距离测试点 x 间距最小的点,然后返回相关的回归目标。换句话说,$\hat{y}=y_j$,$j=\arg\min_i \|x_i-x\|_2^2$。这个算法也能扩展为$L_2$ 范数外距离度量。最近向量不唯一时,若我们允许算法对所有离 x 最近的 x_i 关联的 y_i 求平均,这个算法将会在任意回归数据集上,实现最小可能训练误差。若存在两个相同的输入对应不同的输出,训练误差有大于零的可能。

理想模型中,假设我们能够事先知晓生成数据的真实概率分布情况。然而,这样的模型依然会发生一些问题,因为分布中仍然可能存在噪声。在监督学习中,从 x 到 y 的映射可能是内在随机的,或者 y 是包括 x 在内的多个变量的确定性函数。在事先知晓的真实分布预测中出现的误差被称为贝叶斯误差。

训练集的大小会导致训练误差和泛化误差发生变化。泛化误差的期望不会随训练样本数目的增加而发生变化。对于非参数模型,更多的数据将得到更好的泛化能力,一直达到可能的最佳泛化误差。对于任何模型容量小于最优容量的固定参数模型。其表现都会趋于接近贝叶斯误差的误差值,如图 2-24 所示。这里要注意的是,即使是最优容量的模型,依然有可能在训练误差和泛化误差之间有着很大的差距。如此情况下,我们可以通过采集更多的训练样本来缩小这个差距。

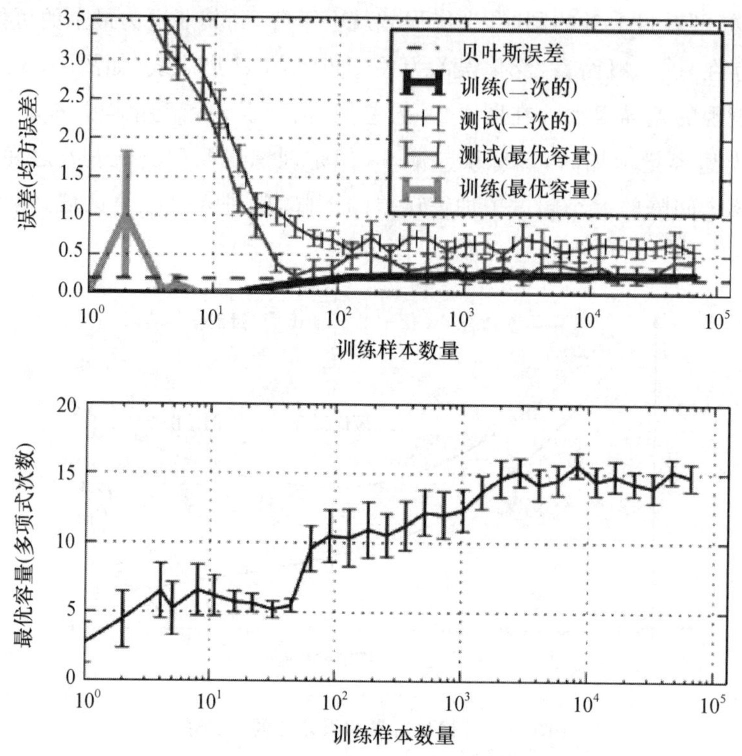

图 2-24 训练集大小对训练误差、测试误差以及最优容量的影响

(1) 没有免费午餐定理

机器学习仅可以保证我们能够寻找到一个对于我们关注的绝大多数样本都基本正确的规则。机器学习的没有免费午餐定理指出,平均全部可能的数据生成分布后,每一个分类算法在没有进行事先观测的点上,都具有一样的错误率,换句话说,从某种程度上不会存在一个总是更好的机器学习算法。

这就说明我们的研究目标并不是寻找到一个通用的学习算法或者完美的学习算法,实际上我们需要明白什么数据分布与人工智能获取到的真实世界具有关联性,还有什么样的算法可以在我们需要生成的数据上达成更好的效果。

(2) 正则化

到目前为止,学习算法进行修改的方法,仅仅只有通过增加和减少学习算法所能选择的假设空间中的函数来进行模型容量的调整工作,如在线性回归里面增加或者减少多项式的次数。影响算法效果有两方面的因素:一方面是假设空间函数的数量;另一方面是假设空间函数的具体形式。所以我们能够用两种方法来进行算法性能的控制:第一种办法是调整允许利用的函数种类;第二种办法是调整函数数量,也就是容量模型。

正则化的含义是修改学习算法,降低泛化误差,而不是训练误差。例如,对于 Dropout,增加正则项似乎并没有对训练误差有什么影响。

没有免费午餐定理说明并不存在最好的学习算法,尤其是并不存在完美的正则化表达式。

所以一个能够解决问题的正则化形式，就会显得非常关键。在深度学习领域，人们普遍认为可能能够利用通用的正则化形式有效解决许多任务。

2.3.2 性能度量

如果我们想要评估学习器的泛化性能，一方面我们要有有效的实验估计的方法，另一方面我们要有能够衡量模型泛化能力的标准，这个所谓的标准就是性能度量(Performance Measure)。在这个标准反映实际应用需要，同时进行模型间的对比时，不同的性能度量通常会引起不同的评判结果，说明模型好坏的评判是相对的。那么好模型是什么样的呢？一个模型好不好通常不仅是由算法数据决定的，还是由任务需求决定的。

预测任务，给定样本集 $D=\{(x_1,y_1),(x_2,y_2),\cdots,(x_m,y_m)\}$，其中，$y_i$ 为样本 x_i 的真实标记。评估学习器 f 性能，就是要进行学习器预测结果 $f(x)$ 与真实标记 y 的比较。

回归最常用的性能度量为均方误差(Mean Squared Error，MSE)。

$$E(f)=\frac{1}{m}\sum_{i=1}^{m}(f(x_i)-y_i)^2$$

对于数据分布 D 以及概率密度函数 $p(\cdot)$，均方误差可一般化为

$$E(f;D)=\int_{x\sim D}(f(x)-y)^2p(x)\mathrm{d}x$$

下面讲解对于分类任务，一些经常使用的性能度量。

1. 错误率与精度

错误率以及精度是最常用于分类任务的两种性能度量，它们不仅能够用在二分类任务中，还能够用在多分类任务中。错误率：样本总数中，分类错误样本数的占比。精度：样本总数中，分类正确样本数的占比。样例集 D 的分类错误率为

$$E(f)=\frac{1}{m}\sum_{i=1}^{m}\mathbb{I}(f(x_i)\neq y_i)$$

精度则定义为

$$\mathrm{acc}(f)=\frac{1}{m}\sum_{i=1}^{m}\mathbb{I}(f(x_i)=y_i)=1-E(f)$$

对于数据分布 D 以及概率密度函数 $p(\cdot)$，错误率、精度可记为

$$E(f;\mathcal{D})=\int_{x\sim\mathcal{D}}\mathbb{I}(f(x)\neq y)p(x)\mathrm{d}x$$

$$\mathrm{acc}(f;\mathcal{D})=\int_{x\sim\mathcal{D}}\mathbb{I}(f(x)=y)p(x)\mathrm{d}x=1-E(f;\mathcal{D})$$

2. 查准率、查全率与 F_1

尽管最常使用的度量是错误率以及精度，但是它们难以满足所有任务的要求。比如，如果农民拉来一整车的西瓜，我们要通过训练之后的模型来判别这些西瓜的好坏，很明显错误率衡量的是有多少西瓜被判错，不过我们更关注的是在我们挑选出的西瓜中好瓜所占的比例是多少，好的西瓜里我们挑出了多少。在这种情况下，就需要其他的性能度量。

这样的需要我们也能够在信息检索以及 Web 搜索等应用场景中看到，比如，对于信息检索，我们的关注点是在我们检索出的信息中用户感兴趣的比例是多少，用户感兴趣信息里面有多少能被我们检测到，这涉及“查准率”“查全率”。

二分类问题能够把样例依据真实类别和学习器预测类别的组合，分为真正例（True Positive，TP），假正例（False Positive，FP）、真反例（True Negative，TN）、假反例（False Negative，FN）这 4 种情形。令 TP、FP、TN、FN 表示对应样例数，有 TP＋FP＋TN＋FN＝样例总数。分类结果“混淆矩阵（Confusion Matrix）”显示在表 2-3 中。

表 2-3　分类结果“混淆矩阵”

真实情况	预测结果	
	正例	反例
正例	TP（真正例）	FN（假反例）
反例	FP（假正例）	TN（真反例）

查准率 P 与查全率 R 分别定义为

$$P=\frac{\mathrm{TP}}{\mathrm{TP}+\mathrm{FP}}$$

$$R=\frac{\mathrm{TP}}{\mathrm{TP}+\mathrm{FN}}$$

查准率与查全率相互矛盾。在通常情况下，查准率比较高，查全率就比较低，反之同理。还是以西瓜挑选为例，如果我们想要把好瓜尽量都选出来，那么我们能够利用增加选瓜数量进行实现，而若是想把所有西瓜全部选上，那么明显可以看出，所有好的西瓜也肯定就都会被选上了，这样的话查准率就会比较低；而如果想要让我们选出的瓜中好的西瓜所占比例尽量高，那么我们也只好选最有把握的好瓜，不过这样一来我们肯定会遗漏不少的好瓜，这样的话查全率就会比较低。往往只对于一些非常简单的任务，我们才能够实现查准率和查全率同时高。

我们能够利用学习器预测结果，根据置信度进行排序，样例排在前面的是学习器认为的最有可能是正例的样本，最后面的就是其所认为的最不可能为正例的样本。按照这个顺序，根据一定的置信度阈值，我们可以得到这次计算的查全率、查准率。如果连续调整置信度阈值，在坐标中把查准率当成纵轴，把查全率当成横轴，我们就获得了查准率-查全率曲线，即 P-R 曲线，该曲线图称为 P-R 图（如图 2-25 所示）。

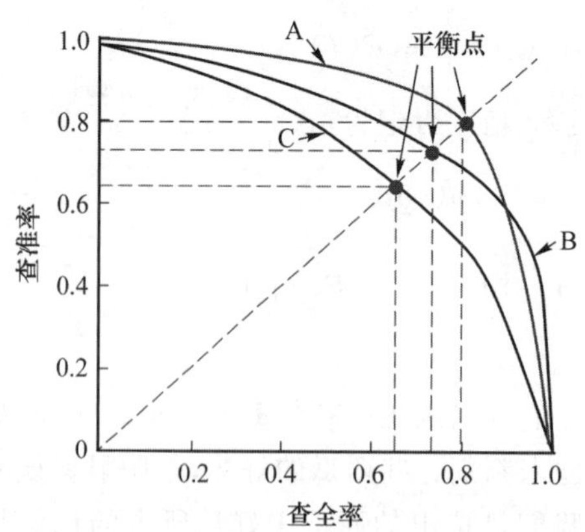

图 2-25　P-R 曲线与平衡点示意图

P-R 图能够直观地对学习器总体的查全率、查准率进行显示。如果一个学习器的 P-R 曲线被另一个学习器的 P-R 曲线完全包住，我们就可以作出判断，后者性能要好于前者。图 2-25 中学习器 A 的性能就比学习器 C 好。若两学习器的 P-R 曲线交叉，就像图 2-25 中的学习器 A、B，那我们就很难直接推断两者的优劣，只有在具体查全率或者查准率之下，我们才能够进行比较。不过在实际过程中，人们通常会希望能够进行这样两个学习器的比较。在这种情况下，曲线下面积是一个较为合理的判断依据，它能够从某种程度上反映学习器在查准率以及查全率双高的比例，不过这个值并不是很容易估算，所以我们设计了某些能够综合进行考虑查准率和查全率的性能度量。

平衡点(Break-Event Point,BEP)是查准率等于查全率时的取值,从图2-25可以看出,学习器C的BEP为0.64左右,从BEP来看,可以认为学习器A比学习器B优秀。

不过平衡点还是太过简化,我们还有更常使用的F_1度量:

$$F_1=\frac{2\times P\times R}{P+R}=\frac{2\times \mathrm{TP}}{\text{样例总数}+\mathrm{TP}-\mathrm{TN}}$$

不同的应用对于查准率以及查全率的重视程度不同。举一个简单的例子,在犯罪信息检索系统中,我们希望尽可能少漏掉嫌犯,所以查全率更为重要,而对于商品推荐系统,为了能够少打扰客户,我们更期望推荐内容确实是用户所感兴趣的,这个时候查准率就更为重要。F_1度量的一般形式是F_β,它可以表达对查准率/查全率的偏好程度:

$$F_\beta=\frac{(1+\beta^2)\times P\times R}{(\beta^2\times P)+R}$$

其中,$\beta>0$,用度量查全率对查准率的相对重要程度。$\beta=1$时,其成为标准F_1度量;$\beta>1$,查全率影响大;$\beta<1$,查准率影响大。

3. ROC与AUC

很多的学习器都是在测试样本的基础上,产生一个实际值或者是概率预测。然后把这个预测值与一个分类阈值进行比较。其大于分类阈值就是正类,小于分类阈值的话就是反类。比如,在神经网络中,通常会对每一个测试样本给出一个位于[0.0,1.0]区间的预测实值,接下来将这个值与0.5进行比较,若其大于0.5的话该样本就是正例,若其小于0.5的话该样本就是反例。而学习器的泛化能力直接由这个结果的好坏来决定。事实上依据这个结果,我们能够把测试样本排序,把最可能是正例的放在最前面,最不可能是正例的放在最后面,这样一来分类就可以等价为在排序中用某个截断点(Cut Point)把样本分为两部分,前面的一部分是正例,后面的一部分是反例。

针对不同的实际应用,要求我们能够根据需求不同来使用不同的截断点,比如说在上面的例子,我们更关注查准率,那么我们就可以利用排序靠前的位置来当截断点。如果对查全率的重视程度更高,排序靠后的位置就能作为截断点。所以排序的质量好坏表现学习器对于不同任务要求期望泛化性能的质量好坏,或一般情况下泛化性能的好坏。ROC(Receiver Operating Characteristic)曲线就是从这个角度,研究学习器的泛化性能。

ROC曲线为受试者工作特征曲线,源于二战时期雷达信号检测分析领域。后来此曲线被应用于心理学/医学检测,再后来,被引入机器学习领域。与前面所述的P-R曲线类似,根据学习器的预测结果进行样例排序,每次进行两个重要量的计算,以它们为横、纵坐标作图得到ROC曲线。与P-R曲线不同的是,ROC曲线的纵轴是真正例率(True Positive Rate,TPR),横轴是假正例率(False Positive Rate,FPR)

$$\mathrm{TPR}=\frac{\mathrm{TP}}{\mathrm{TP}+\mathrm{FN}}$$

$$\mathrm{FPR}=\frac{\mathrm{FP}}{\mathrm{TN}+\mathrm{FP}}$$

绘制ROC曲线的图为ROC图〔如图2-26(a)所示〕,很明显,对角线对应"随机猜测"模型,点(0,1)是对应把全部正例排在全部反例前的"理想模型"点。

实际应用时,常用有限的测试样例来进行ROC图的绘制,在这种情况下我们只能得到有限个坐标对(分别是真正例率和假正例率),不能产生类似图2-26(a)的光滑ROC曲线,只能得到图2-26(b)所示的近似ROC曲线。绘图较简单,给定m^+个正例,m^-个反例,依据学习器

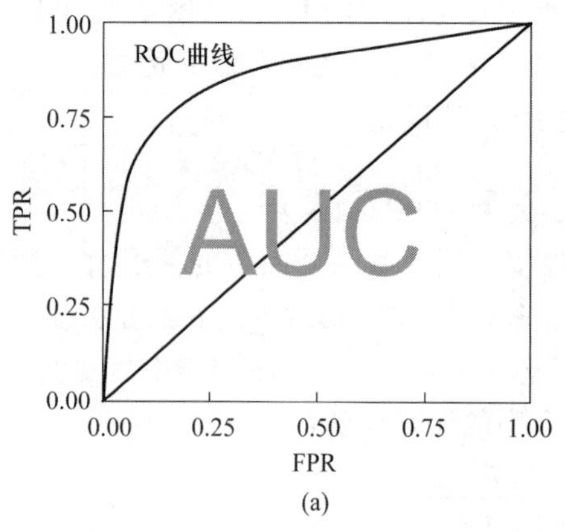

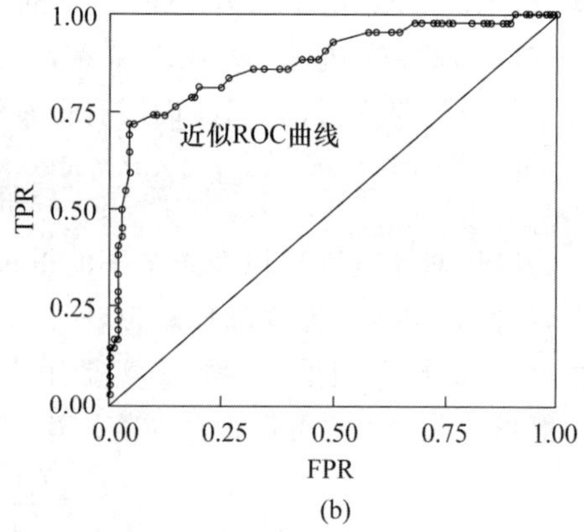

图 2-26 ROC 曲线与 AUC 示意图

预测结果排序。之后将分类阈值设成最大,也就是将全部样例均预测成反例。这个时候真正例率和假正例率为 0。也就是在坐标(0,0)处,标记一个点。然后将分类阈值设成每个样例的预测值,也就是按照顺序把每个样例划分成正例。最后通过线段完成相邻的点连接就行。

与 *P-R* 图类似,如果一个学习器的 ROC 曲线被另一个学习器的 ROC 曲线彻底包裹,那么我们可以得出结论,后者的性能要比前者好;如果两条曲线发生交叉的话,那么我们一般很难直接说明两者到底哪个好,哪个不好。如果想要在后者条件下进行比较,那么我们就要利用曲线下面积,也就是 AUC(Area Under Curve)(如图 2-26 所示)。

AUC 能够利用对 ROC 曲线下各部分面积的求和获得。AUC 作为一个数值,其值越大代表分类器效果越好。

4. 代价敏感错误率与代价曲线

我们通常会在实际中碰见这样的例子,那就是不同类型的错误会引发不同的结果。指纹识别系统错误地将工作人员拒之门外,这会使得用户体验不佳,但错误地将非工作人员放进门内,则会造成严重的安全事故。出于权衡不同损失(来源于不同类型的错误)的考虑,赋予错误非均等代价(Unequal Cost)。

对于二分类任务,依据任务领域知识设定一个代价矩阵 (Cost Matrix)(如表 2-4 所示),$cost_{ij}$ 表示将第 i 类样本预测为第 j 类样本的代价。通常,$cost_{ii}=0$,如果把第 0 类判别为第 1 类的损失更大,那么 $cost_{01}>cost_{10}$,损失程度相差越大,$cost_{01}$ 与 $cost_{10}$ 的差别就越大。

表 2-4 代价矩阵

真实类别	预测类别	
	第 0 类	第 1 类
第 0 类	0	$cost_{01}$
第 1 类	$cost_{10}$	0

对于上文我们所提过的某些性能度量,它们绝大多数都缺省假设了代价是均等的,定义错误率就是直接进行"错误次数"的计算,未考虑不同类型错误造成的不同种类结果。在非均等代价的前提下,我们期望的就不再是错误次数的最小化,而是期望总体代价(Total Cost)的最小化。如果把表 2-4 中的第 0 类设为正类、第 1 类设为反类,令 D^+ 与 D^- 分别代表样例集 D 的正例子集、反例子集。那么代价敏感 (Cost-sensitive)错误率为

$$E(f;D;\mathrm{cost})=\frac{1}{m}\left(\sum_{x_i\in D^+}\mathbb{I}(f(x_i)\neq y_i)\times \mathrm{cost}_{01}+\sum_{x_i\in D^-}\mathbb{I}(f(x_i)\neq y_i)\times \mathrm{cost}_{10}\right)$$

同样也可以给出基于分布定义的代价敏感错误率,还有其他性能度量,如代价敏感版本的精度。如果令 cost_{ij} 中的 i、j 取值不限于 0、1,那么就可以得到多分类任务的代价敏感性能度量。

在非均等代价的条件下,上文我们提到的 ROC 曲线就失去了直接反映学习器期望总体代价的能力,取而代之的是代价曲线(Cost Curve),其横轴为取值[0,1]区间的正例概率代价:

$$P(+)\mathrm{cost}=\frac{p\times \mathrm{cost}_{01}}{p\times \mathrm{cost}_{01}+(1-p)\times \mathrm{cost}_{10}}$$

其中,p 为样例为正例的概率。其纵轴为取值为[0,1]区间的归一化代价:

$$\mathrm{cost}_{\mathrm{norm}}=\frac{\mathrm{FNR}\times p\times \mathrm{cost}_{01}+\mathrm{FPR}\times(1-p)\times \mathrm{cost}_{10}}{p\times \mathrm{cost}_{01}+(1-p)\times \mathrm{cost}_{10}}$$

其中,FPR 为假正例率,FNR=1-TPR 为假反例率。绘制代价曲线的方法与 ROC 曲线有关,ROC 曲线的每一点对应代价平面的一条线段,对于 ROC 曲线上的点坐标 (TPR,FPR),可计算出对应的 FNR。接下来绘制一个代价平面上从(0,FPR)到(1,FNR)的线段。线段下面积代表这个条件下的期望总体代价。像这样把 ROC 曲线的每个点转化成代价平面上的一条线段。接下来取所有线段的下界,其所围成的面积就是在全部的条件下学习器期望的总体代价(如图 2-27 所示)。

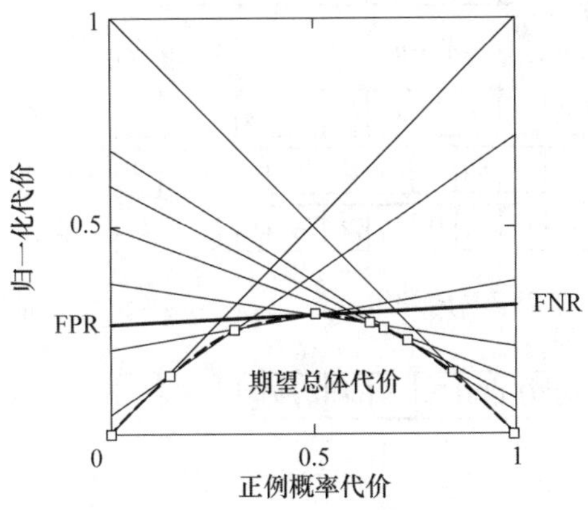

图 2-27 代价曲线与期望总体代价

2.3.3 交叉验证

在机器学习里,通常我们不能将数据集中的全部数据用于训练模型,否则我们将没有数据集对模型进行验证,也就无法评估模型的实际预测效果。为了解决这一问题,很容易就想到把整个数据集分成两部分,一部分用于训练,另一部分用于验证,这也就是我们经常提到的训练集(Training Set)和测试集(Test Set)。同时,测试样本要尽可能不出现在训练集中,这就和练习题和考试题一样的道理,如果考试的题目都是练习的题目,考试结果就会偏于乐观,并不能真正反映老师教学和学生掌握的实际效果。所以,应尽可能做到测试集与训练集互斥。

另外,数据集的不同划分将对最终模型与参数的选取产生随机的影响,如果划分不好的话,得到的模型结果将与实际情况有较大偏差。为降低数据集划分带来的随机性,充分发挥已有数据集的作用,有人提出了 Cross-Validation 方法,即交叉验证方法。首先来看留一法

(Leave-One-Out,LOO),对于一个包含 m 个样例的数据集 $D=\{(x_1,y_1),(x_2,y_2),\cdots,(x_m,y_m)\}$,每次只用其中一个样本作为测试集,其他的样本都作为训练集,此步骤重复 m 次。由于每一个数据都单独做过测试集,因此不受测试集、训练集划分方法的影响。同时,其使用了 $m-1$个数据训练模型,也几乎用到了所有的数据,保证了模型的偏差更小。不过留一法的缺点很明显,那就是训练次数过多,计算量太大。

常见的减少复杂度的折中办法是使用 K-折交叉验证(K-Fold Cross Validation),将数据集 D 划分为 k 个大小相似的互斥子集,即 $D=D_1\cup D_2\cup\cdots\cup D_k, D_i\cap D_j=\varnothing(i\neq j)$,每个子集 D_i 都尽可能保持数据分布的一致性。然后,每次用 $k-1$ 个子集的并集作为训练集,余下的那个子集作为测试集。这样就可以获得 k 组训练/测试集,从而进行 k 次训练和测试,最终返回的是这 k 个测试结果的均值。k 值越大,每次参与的训练集的数据越多,模型的偏差越小,极限情况就是 $k=m$,这时就成了留一法。所以说留一法是 K-折交叉验证的一个特例。一般来说,根据经验一般会选择 $k=5$ 或 10。图 2-28 给出了 10 折交叉验证的示意图。

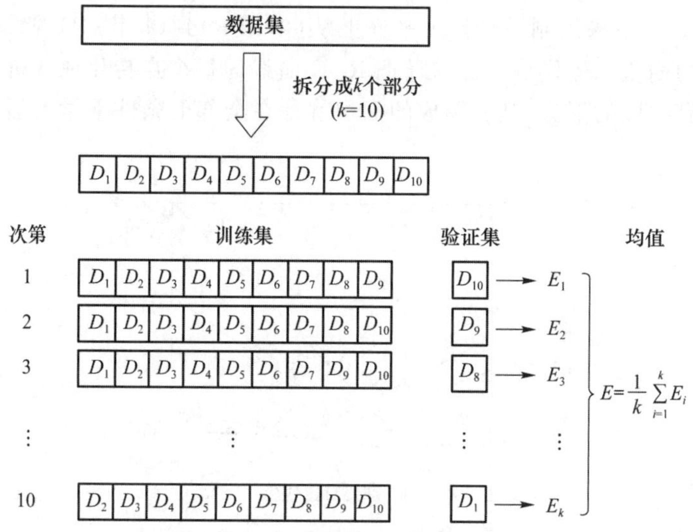

图 2-28 10 折交叉验证

将数据集 D 划分为 k 个子集同样存在多种划分方式。为减小因样本划分不同而引入的差异,K-折交叉验证通常要随机使用不同的划分,重复 p 次,最终的评估结果是这 p 次 K-折交叉验证结果的均值,常见的有 10 次 10 折交叉验证。

2.3.4 点估计、偏差与方差、标准差

统计学领域提供了许多工具来实现机器学习的目标,对于解决一个任务,这些工具的应用不仅体现在训练集上,而且还体现在对预测进行的泛化上。参数的点估计、偏差和方差这些基本概念就是泛化、过拟合和欠拟合的特征体现。

1. 点估计

点估计是试图提供一些感兴趣的量的单一最佳预测。这里的感兴趣的量可以是单个参数,也可以是一个参数向量(如线性回归中的权重),还可以是一个函数。

为了将参数估计和其真实值区分开,习惯将参数 $\boldsymbol{\theta}$ 的点估计表示为$\hat{\boldsymbol{\theta}}$。

令$\{x^{(1)},\cdots,x^{(m)}\}$是 m 个独立同分布(i. i. d.)的数据点。点估计或统计量是这些数据的任意函数:

$$\hat{\boldsymbol{\theta}}_m=g(x^{(1)},\cdots,x^{(m)})$$

虽然几乎任意的函数都可以称为估计量,但显然一个好的估计是这样的一个函数:它的输出接近生成数据的真实的 $\boldsymbol{\theta}$。可以假定真实参数 $\boldsymbol{\theta}$ 是固定但未知的,而点估计$\hat{\boldsymbol{\theta}}$是数据的函数,于是点估计可以指输入和目标变量之间关系的估计,我们将其称为函数估计。

在给定输入 $\boldsymbol{x}$ 的情况下,我们预测变量 $\boldsymbol{y}$,$f(\boldsymbol{x})$是 $\boldsymbol{y}$ 和 $\boldsymbol{x}$ 之间的关系,我们可以假设 $\boldsymbol{y}=f(\boldsymbol{x})+\varepsilon$, 其中,$\varepsilon$ 代表 $\boldsymbol{y}$ 中从 $\boldsymbol{x}$ 无法预测的部分。当然,我们感兴趣的是用模型$\hat{f}$逼近 f,如果把$\hat{f}$看作函数空间中的一个点估计量,此时函数估计与参数 $\boldsymbol{\theta}$ 的估计起到相同作用,例如,在多项式回归中,我们要么估计一个参数 $\boldsymbol{\omega}$,要么估计一个从 $\boldsymbol{x}$ 到 $\boldsymbol{y}$ 的函数映射$\hat{f}$。

偏差和方差是点估计最常被研究的性质,它们将告诉我们关于估计的有关信息。

2. 偏差

对参数 $\boldsymbol{\theta}$ 的估计$\hat{\boldsymbol{\theta}}_m=g(x^{(1)},\cdots,x^{(m)})$的偏差被定义为

$$\text{bias}(\hat{\boldsymbol{\theta}}_m)=E(\hat{\boldsymbol{\theta}}_m)-\boldsymbol{\theta} \tag{2-3}$$

如果 $\text{bias}(\hat{\boldsymbol{\theta}}_m)=0$,即 $E(\hat{\boldsymbol{\theta}}_m)=\boldsymbol{\theta}$,那么估计量$\hat{\boldsymbol{\theta}}_m$ 被称为是无偏的。如果$\lim\limits_{m\to\infty}\text{bias}(\hat{\boldsymbol{\theta}}_m)=0$,那么估计量$\hat{\boldsymbol{\theta}}_m$ 被称为是渐进无偏的,这意味着$\lim\limits_{m\to\infty}E(\hat{\boldsymbol{\theta}}_m)=\boldsymbol{\theta}$。

示例 1:伯努利分布的均值估计。

对于服从伯努利分布的变量 $x\in\{0,1\}$,其均值 θ 有如下形式:

$$P(x;\theta)=\theta^x(1-\theta)^{(1-x)} \tag{2-4}$$

考虑一组服从均值为 θ 的伯努利分布的独立同分布的样本$\{x^{(1)},\cdots,x^{(m)}\}$:

$$P(x^{(i)};\theta)=\theta^{x^{(i)}}(1-\theta)^{(1-x^{(i)})} \tag{2-5}$$

这个分布中参数 θ 的常用估计量是训练样本的均值:

$$\hat{\theta}_m=\frac{1}{m}\sum_{i=1}^{m}x^{(i)} \tag{2-6}$$

想判断这个估计量是否有偏,可以将式(2-6)代入式(2-3):

$$\begin{aligned}
\text{bias}(\hat{\theta}_m)&=E(\hat{\theta}_m)-\theta\\
&=E\left[\frac{1}{m}\sum_{i=1}^{m}x^{(i)}\right]-\theta\\
&=\frac{1}{m}\sum_{i=1}^{m}E[x^{(i)}]-\theta\\
&=\frac{1}{m}\sum_{i=1}^{m}\sum_{x^{(i)}=0}^{1}(x^{(i)}\theta^{x^{(i)}}(1-\theta)^{(1-x^{(i)})})-\theta\\
&=\frac{1}{m}\sum_{i=1}^{m}(\theta)-\theta\\
&=\theta-\theta=0
\end{aligned}$$

因为 $\text{bias}(\hat{\theta}_m)=0$，所以我们称估计$\hat{\theta}_m$ 是无偏的。

示例 2：高斯分布的均值估计。

现在，考虑一组独立同分布的样本$\{x^{(1)},\cdots,x^{(m)}\}$服从高斯分布 $p(x^{(i)})=N(x^{(i)};\mu,\sigma^2)$，其中 $i\in\{1,\cdots,m\}$。其高斯概率密度函数为

$$p(x^{(i)};\mu,\sigma^2)=\frac{1}{\sqrt{2\pi}\sigma}\exp\left(-\frac{1}{2}\frac{(x^{(i)}-\mu)^2}{\sigma^2}\right)$$

其均值为 μ，高斯均值参数的常用估计量是样本均值：

$$\hat{\mu}_m=\frac{1}{m}\sum_{i=1}^{m}x^{(i)}$$

想判断样本均值是否有偏差，我们可以计算它的期望值：

$$\begin{aligned}\text{bias}(\hat{\mu}_m)&=E[(\hat{\mu}_m)]-\mu\\&=E\left[\frac{1}{m}\sum_{i=1}^{m}x^{(i)}\right]-\mu\\&=\left(\frac{1}{m}\sum_{i=1}^{m}E[x^{(i)}]\right)-\mu\\&=\left(\frac{1}{m}\sum_{i=1}^{m}\mu\right)-\mu\\&=\mu-\mu=0\end{aligned}$$

因此我们发现样本均值是高斯均值参数的无偏估计量。

示例 3：高斯分布的方差估计。

首先我们来看样本方差：

$$\hat{\sigma}_m^2=\frac{1}{m}\sum_{i=1}^{m}(x^{(i)}-\hat{\mu}_m)^2$$

其中 $\hat{\mu}_m$ 是样本均值。我们计算

$$\text{bias}(\hat{\sigma}_m^2)=E[\hat{\sigma}_m^2]-\sigma^2 \tag{2-7}$$

$$E[\hat{\sigma}_m^2]=E\left[\frac{1}{m}\sum_{i=1}^{m}(x^{(i)}-\hat{\mu}_m)^2\right]=\frac{m-1}{m}\sigma^2$$

回到式(2-7)，我们可以得出$\hat{\sigma}_m^2$ 的偏差是$-\sigma^2/m$，因此样本方差是有偏估计。

如果想到得到无偏样本方差估计，就要对系数进行调整如下：

$$\tilde{\sigma}_m^2=\frac{1}{m-1}\sum_{i=1}^{m}(x^{(i)}-\hat{\mu}_m)^2$$

$$\begin{aligned}E[\tilde{\sigma}_m^2]&=E\left[\frac{1}{m-1}\sum_{i=1}^{m}(x^{(i)}-\hat{\mu}_m)^2\right]\\&=\frac{m}{m-1}E[\hat{\sigma}_m^2]\\&=\frac{m}{m-1}\left(\frac{m-1}{m}\sigma^2\right)\\&=\sigma^2\end{aligned}$$

此时，我们会发现 $E[\tilde{\sigma}_m^2]=\sigma^2$，这个估计是无偏的。无偏估计虽然在数学形式上更好，但

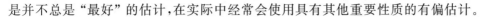

是并不总是“最好”的估计，在实际中经常会使用具有其他重要性质的有偏估计。

3. 方差和标准差

估计量作为数据样本的函数，它的变化情况如何也是我们关心的问题。正如我们可以通过计算估计量的期望来观察偏差，我们也可以通过计算它的方差来观察变化。估计量的方差表示为 $\mathrm{Var}(\hat{\theta})$，其平方根被称为标准差，表示为 $\mathrm{SE}(\hat{\theta})$。

当我们从相同的分布中采集不同的样本时，方差和标准差用来衡量变化的期望。为最大限度地接近真实情况，我们希望估计的偏差越小越好，对于方差和标准差也是同样的希望。

均值的标准差可以记作

$$\mathrm{SE}(\hat{\mu}_m)=\sqrt{\mathrm{Var}\left[\frac{1}{m}\sum_{i=1}^{m}x^{(i)}\right]}=\frac{\sigma}{\sqrt{m}}$$

其中 σ^2 是样本 $x^{(i)}$ 的真实方差。标准差通常是 σ 的估计，尽管这不是无偏估计，但这样做是相对合理的。与方差比较而言，标准差的低估程度要好一些。

均值的标准差在机器学习中发挥着重要作用。我们通常用测试集中样本的误差来估计泛化误差，测试集中样本的数量决定着这个估计的精确度。而根据中心极限定理，均值符合高斯分布，我们可以用标准差标识出真实期望落在选定区间的概率。例如，以均值 $\hat{\mu}_m$ 为中心的 95％置信区间是

$$(\hat{\mu}_m-1.96\mathrm{SE}(\hat{\mu}_m),\hat{\mu}_m+1.96SE(\hat{\mu}_m))$$

对于两个机器学习算法 A 和 B，如果算法 A 的误差的 95％置信区间的上界小于算法 B 的误差的 95％置信区间的下界，我们就认为算法 A 比算法 B 好。

示例：伯努利分布。

对于一组服从均值为 θ 的伯努利分布的独立同分布的样本 $\{x^{(1)},\cdots,x^{(m)}\}$，我们这次关注估计量 $\hat{\theta}_m=\frac{1}{m}\sum_{i=1}^{m}x^{(i)}$ 的方差：

$$\begin{aligned}\mathrm{Var}(\hat{\theta}_m)&=\mathrm{Var}\left(\frac{1}{m}\sum_{i=1}^{m}x^{(i)}\right)\\&=\frac{1}{m^2}\sum_{i=1}^{m}\mathrm{Var}(x^{(i)})\\&=\frac{1}{m^2}\sum_{i=1}^{m}\theta(1-\theta)\\&=\frac{1}{m^2}m\theta(1-\theta)\\&=\frac{1}{m}\theta(1-\theta)\end{aligned}$$

可以看出，估计量方差是数据集样本数目 m 的函数，m 越大，方差就会越小，这是常见估计量普遍具有的性质。

4. 偏差和方差的折中

偏差和方差是代表着估计量的两个不同来源的误差度量。偏差度量着函数或参数的真实值的期望偏离，而方差度量着数据任意特定采样可能导致的期望偏离。

如果有两个算法，其分别具有更大的偏差和更大的方差，如图 2-29 所示，我们该如何选

择呢？

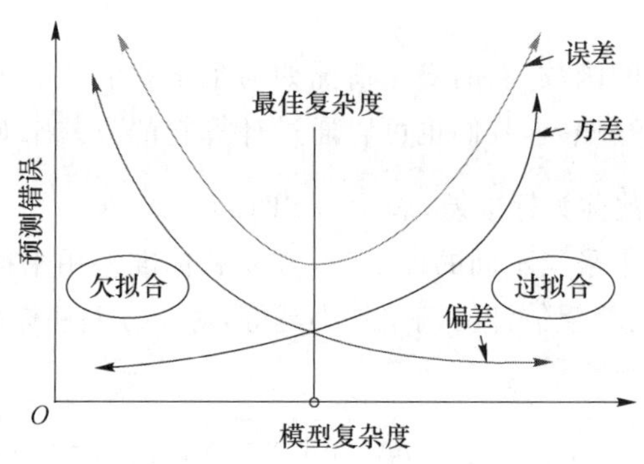

图 2-29　偏差和方差的权衡

我们知道，交叉验证是降低随机性的常见方法，另外，我们可以通过将偏差和方差结合在一起，来使 MSE 最小化。估计的均方误差表示为

$$\mathrm{MSE}=E[(\hat{\theta}_m-\theta)^2]=\mathrm{Bias}\,(\hat{\theta}_m)^2+\mathrm{Var}(\hat{\theta}_m)$$

MSE 是估计量与被估计量之间差异程度的一种度量，在此反映着估计量和真实参数 θ 之间误差平方的总体期望。MSE 包含了偏差和方差，所以 MSE 的最小化过程要同时考虑到偏差和方差。

偏差-方差与机器学习训练程度的关系同欠拟合和过拟合与训练程度的关系类似，泛化误差结果形成图 2-29 所示的 U 形曲线。用 MSE 度量泛化误差时，增加训练程度（或复杂度）会导致偏向过拟合，即降低偏差，增加方差，而降低训练程度（或复杂度）会导致偏向欠拟合，即增加偏差，减少方差。

5. 一致性

目前我们已经探讨了固定大小训练集下估计量的性质。通常，我们还要关注训练数据量增大后估计量的情况。当数据集中数据点的数量 m 增加时，我们希望点估计会收敛到对应参数的真实值，即

$$\operatorname*{plim}_{m\to\infty}\hat{\theta}_m=\theta$$

其中，plim 表示概率收敛，整个等式表示对于任意的 $\varepsilon>0$，当 $m\to\infty$ 时，有 $P(|\hat{\theta}_m-\theta|>\varepsilon)\to 0$。符合这一条件被称为弱一致性，而强一致性是指 $P(\lim\limits_{m\to\infty}\boldsymbol{x}^{(m)}=\boldsymbol{x})=1$，即随机变量序列 $\boldsymbol{x}^{(1)},\boldsymbol{x}^{(2)},\cdots$ 必然收敛到 $\boldsymbol{x}$。一致性（包括强一致性和弱一致性在内）保证了估计量的偏差会随 m 的增大而减小。

第3章
人工智能开发工具

3.1　主流 AI 编程语言——Python

主流 AI 编程语言 Python

3.1.1　Python 概要

1. 使用 Python 的原因

Python 在机器学习研究中占有举足轻重的地位，深受广大研究者的青睐。这是因为 Python 具有强大的功能，对于初学者来说也比较友好。它不仅拥有高效的高级数据结构，而且还能有效实现面向对象编程。除此之外，不同于 C++ 等编程语言，Python 还支持动态输入，且便于调试，这是由于其本质是一种解释性语言(Interpreted Language)。所以 Python 适用于编程入门和快速开发一个应用程序。

简单来说，Python 精简且易上手。布鲁斯·埃克尔(Bruce Ecke)曾编著 Java 编程和 C++ 编程的经典畅销书籍——《Java 编程思想》(*Thinking in Java*)和《C++ 编程思想》(*Thinking in C++*)。他作为 C++ 标准委员会成员，曾说过："世界上任何一种语言都不能像 Python 一样使我的工作效率如此高"。因此他还给 Python 创造了一个经典广告语，喊出了"人生苦短，我用 Python"的口号。这句话形象地阐释了 Python 的本质特点。

Python 备受关注的优点有以下 4 点。

① 代码编写高效高质量：Python 采用强制缩进，能够大大提升代码的可读性。

② 研发效率高，维护成本低：Python 的简单语法和对动态类型的支持，使得复杂的程序开发更加高效。在许多应用场景中，相较于 Java，Python 只用五分之一的代码量就能实现同样的任务。对于程序员来说，编程的工作量越少，用来享受生活的时间才越多。因此才有如上的广告语："人生苦短，我用 Python"。由于 Python 的代码量不多，因此其维护成本自然也较低。

③ 具有丰富而完善的开源工具包：Python 现在有大量标准库和第三方库来支撑应用开发，从字符处理、网络编程和信号处理中常用到的 SciPy 库(用于复杂科学计算)，到大数据分析中使用的 Spark(用于实时内存处理)、Pandas(用于数据清洗)，再到机器学习中使用的

scikit-learn 库(包含大量经典机器学习算法)和 TensorFlow(面向深度学习)库,几乎无所不包。

④ 具有广泛的应用程序接口:除了大面积应用的第三方库之外,业内有许多知名公司(如 Amazon、谷歌等)提供了基于 Python 的机器学习编程接口(Application Programming Interface,API)。他们提供了大量无须用户自己编写的机器学习模块,极大地提高了用户的开发效率。用户只需按照 API 协议和规则,就能像搭积木一样搭出所需的结构,大大提高了机器学习应用的开发效率。

由于上述优点,Python 已经成为程序员中最流行的编程语言之一。

常言道:"尺有所短,寸有所长"。虽然我们已经讨论了很多 Python 的优点,但这并不是在评判其他语言,各种语言的应用范围都是有限的。图 3-1 显示了 2021 年 TIOBE 编程语言的排名,其中 Python 位列第一。

Nov 2021	Nov 2020	Change	Programming Language	Ratings	Change
1	2	^	Python	11.77%	-0.35%
2	1	⌄	C	10.72%	-5.49%
3	3		Java	10.72%	-0.96%
4	4		C++	8.28%	+0.69%
5	5		C#	6.06%	+1.39%
6	6		VB Visual Basic	5.72%	+1.72%
7	7		JS JavaScript	2.66%	+0.63%
8	16	⌃⌃	ASM Assembly language	2.52%	+1.35%
9	10	^	SQL SQL	2.11%	+0.58%
10	8	⌄	php PHP	1.81%	+0.02%

图 3-1 TIOBE 于 2021 年的编程语言排名

TIOBE 的排名基于所有领域的编程语言。根据图 3-1 所示的排名,Python 比 Java、C 和 C++应用更加广泛。若在机器学习领域内进行排序,Python 将会有更加广泛的应用。根据 Facebook、Twitter、LinkedIn 等网站的汇总数据,在机器学习和数据科学领域方面的职位需求上,Python 排在 R 和 Java 之前,并领先于 C 和 C++。

因此,我们选择 Python 作为机器学习算法的应用语言。然而,需要注意的是,在一个简短的章节中系统地介绍 Python 是很困难的。在本章中,我们将只讨论 Python 与机器学习紧密关联的基础知识。在这里,我们建议通过实践来快速入门 Python。这种以任务驱动的 Python 学习方法要高效得多。

2. Python 中常用的库

许多 Python 专家已经帮我们编写了高质量的类库。大多数时候,我们没有必要再重新编程实现这些基本功能。对于一些优秀的类库来说,采用"拿来主义"并明白如何使用就足够了。接下来就介绍一些与机器学习相关的常用 Python 类库。

1) NumPy

NumPy 取自"Numeric(数值)"和"Python"的简写。顾名思义,它是处理数值计算最为基础的类库。NumPy 参考了 CPython(用 C 语言实现的 Python 及其解释器)的设计，其本身也是由 C 语言开发而成的。

NumPy 不仅能够为用户提供一些基础的数学运算函数，还具有与 MATLAB 相似的功能和操作模式，允许用户直接高效地操作向量或矩阵。例如，在 C/C＋＋或 Java 等语言中实现两个矩阵的相加必须使用多层 for 循环，而在 NumPy 中，单条语句就可以实现。这些功能对于机器学习的计算任务非常重要。因为不论是参数的批量计算，还是数据的特征表示，都离不开向量和矩阵的便捷计算。值得一提的是，NumPy 采用了非常独到的数据结构设计，使其在存储和处理大型矩阵方面，比 Python 自身的嵌套列表结构高效得多。

但 NumPy 被定位为数学基础库，属于比较底层的 Python 库，其地位趋向于成为一个被其他库调用的核心库，而那些高级库通常能提供更加友好的接口。如果想快速开发出可用的程序，建议使用更为高阶的库，如 SciPy 和 Pandas，下文将分别对它们进行简单介绍。

2）SciPy

SciPy 的发音是“Sigh Pie”，与 NumPy 的取义相似。SciPy 是“Science”和“Python”的结合，可理解为面向科学计算的 Python 库。SciPy 是建立在 NumPy 上的，比 NumPy 的功能更加强大，在常微分方程求解、线性代数、信号处理、图像处理、稀疏矩阵运算等方面都能提供很好的支持。

与纯数值计算模块 NumPy 相比，SciPy 是一个更高级的科学计算库。例如，矩阵运算是纯数学的基础模块，能够在 NumPy 库中找到相应的模块，但是，如果想实现特定功能的稀疏矩阵操作，Numpy 就无法支持了，只能去 SciPy 库中找相应模块。

3）Pandas

Pandas 全称是“Python Data Analysis Library”，是一款基于 NumPy 构建的数据分析库。

Pandas 便于操作处理大型数据集且支持带坐标轴的数据结构，避免在处理数据时由于数据不对齐、来源不同和采取不同的索引而可能发生的常见错误。Pandas 还提供了处理缺失值、转换、合并和其他类似 SQL 的数据预处理和数据清洗功能，在高效、省时方面表现出色，大大节约了机器学习研发人员的精力，不失为数据清洗和整理的最好用工具之一。

4）Matplotlib 与 Seaborn

就像 NumPy 是 Pandas 的基础库一样，Matplotlib 也能够作为其他高级绘图工具的基础库。Seaborn 是一个高级库，它重新封装了 Matplotlib。Matplotlib 很强大，但使用门槛较高。例如，若想要应用 Matplotlib 绘制的图形更精细，就需要进行许多微调工作。因此，为了简单起见，有时候使用 Seaborn 来代替 Matplotlib 绘图。图 3-2 显示了 Seaborn 绘制的可视化图。

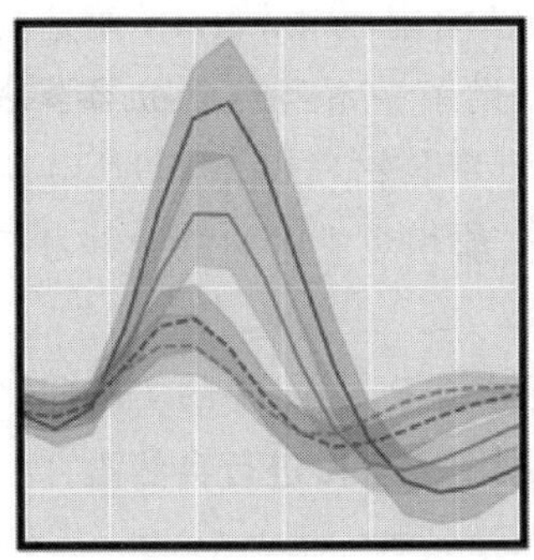

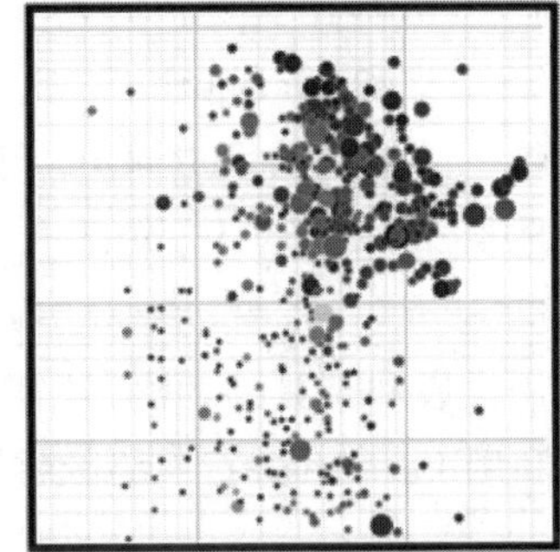

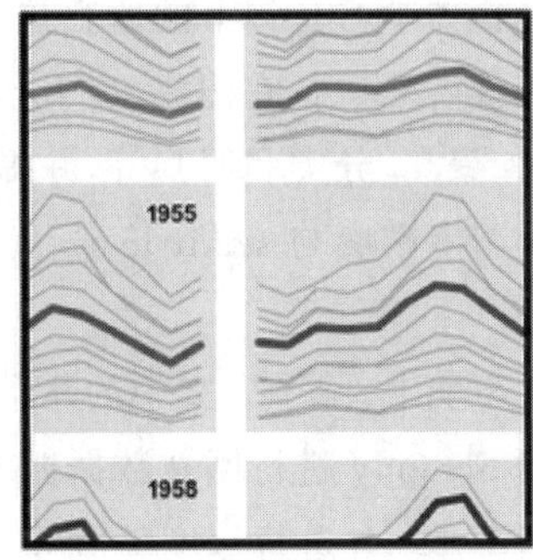

图 3-2　用 Seaborn 绘制的可视化图

(图片来源：Seaborn 官网。)

5）Anaconda

Python 容易学，但不容易用好。对于刚上手使用 Python 的人来说，需要解决的问题之一就是类库和版本管理。Python 官方同时维护着 2. x 和 3. x 两个版本，而二者差异之大，像是两种完全不同的语言。

熟悉 Linux 的读者可能经常遭遇软件安装包安装失败的问题，这种问题让人非常头疼。究其原因，Linux 安装包的独立性较差，一个安装包可能还依赖其他包。作为 Linux 的普通用户，难以分辨谁具体依赖谁。这就需要 Linux 官方解决这一问题，而其给出的答案是让专业的工具做专业的事情。例如，Ubuntu 提供了 apt-get、CentOS 提供了 yum 等管理工具来简化软件的安装和卸载。

与上述解决方案相似，在 Python 中安装库时，每一个数据库之间也可能存在相互依赖的关系，版本之间也存在彼此冲突的可能性。为了解决这一问题，Python 社区提供了 Anaconda，这是一个非常方便的软件包管理工具，大大提升了 Python 的使用效率。

Anaconda 是一个用于科学计算的 Python 发行版，同时支持 Windows、Linux 及 Mac 系统。它提供了强大且便捷的库管理（提供超过 1 000 个的科学数据包）和环境管理（包依赖），能够轻松地解决多版本 Python 并存、切换和安装等各种第三方库问题。

Anaconda 通常利用 conda 进行类包和环境的管理。conda 把所有的工具、第三方包甚至 conda 自身，都当作包（Package）来对待。安装完 Anaconda 之后，conda 可以作为一个可执行命令在命令行使用。

conda 可以用 install 命令进行工具和包的安装。例如，若想安装上面提到的科学计算库 SciPy，可以在命令行输入如下命令：

```
conda install scipy
```

如果想查看已经安装的类库，可使用如下命令：

```
conda list
```

如果想卸载已经安装的类库，反向使用 uninstall 命令：

```
conda uninstall <类库名>
```

6）scikit-learn

机器学习是当下的研究热点，Python 社区更是在此领域引领潮流，scikit-learn 便是其中的佼佼者之一。它构建于 NumPy、SciPy 和 Matplotlib 之上，提供了一系列经典机器学习算法，如聚类、分类和回归等，并提供统一的接口供用户调用。近十多年来，先后有超过 40 位机器学习专家参与 scikit-learn 代码的维护和更新工作，它已成为当前相对成熟的机器学习开源项目。

事实上，除了上文中的几个常用类库和工具外，我们还需要其他 Python 中的实用库。如利用 Scrappy 进行网站数据抓取、利用 Pattern 进行网络挖掘、利用 NLTK 进行自然语言处理和用 Pytorch 进行深度学习等。

若读者是 Python 新手，建议先熟悉上面提到的 7 个库和工具，并逐步扩展自己对 Python 的理解。

3.1.2 Python的优缺点

1. Python的优点

我们选择Python作为实现机器学习算法的编程语言有3个原因：①有可执行伪代码；②应用极为广泛，可以处理大部分数据，且存在大量开发文档，是研发者的福音；③容易上手而且便于操作。

(1) 有可执行伪代码

Python语言的语法结构清晰，其被称作可执行伪代码(Executable Pseudo code)。默认安装的Python开发环境已经具备列表、元组、字典、集合等高级数据类型，这些数据类型的操作也非常简单，通过应用这些简单的操作，对抽象的数学概念进行实现。此外，读者能够使用他们熟悉的编程风格，如面向对象编程、面向过程编程或者函数式编程。

Python语言处理和操作文本文件较为简单，处理非数值数据也较为容易。此外，Python语言还使得开发者可以简单直观地从HTML中提取数据，这都归功于Python中丰富的正则表达式和可访问Web页面的函数库。

(2) 应用极为广泛

Python语言被广泛使用，并且有许多源码示例，读者能够很容易地快速学习和掌握。此外，在开发实际应用程序时，也可以利用丰富的模块库缩短开发周期。

Python广泛应用于科学和金融领域。许多科学函数库，如SciPy和NumPy，都实现了向量和矩阵运算。这些库增强了代码的可读性，因此任何学习过线性代数的人都能够看懂代码的实际功能。此外，科学函数库SciPy和NumPy是用底层语言(C和Fortran)编写的，提高了计算性能。

Python的科学计算工具与绘图工具Matplotlib相辅相成。Matplotlib能够绘制2D和3D图形，这些图形在工程学、生物学、物理学等方面都极为重要。同时这些工具也可以处理科学研究中经常使用的图形。

Python还提供了一个交互式shell环境，允许用户在程序开发时查看和检查程序内容。Python未来也将集成Pylab模块，将NumPy、SciPy和Matplotlib进行合并，将这些模块合并到一个开发环境中。在撰写本书时，Pylab还没有被整合到Python环境中，但今后一定会实现相关功能。

(3) 容易上手而且便于操作

MATLAB和Mathematica这样的高级程序语言也能够满足用户对于执行矩阵操作的需求。MATLAB不仅运算速度快，还有许多内嵌的特征，能够帮助计算机快速完成机器学习任务。然而，MATLAB的缺点是软件费用太高，一个软件许可证就会花费数千美元。虽然也有第三方的MATLAB插件，但是缺乏一个影响力很大的大型开源项目。

强类型编程语言(如Java和C)也有矩阵数学库，能够满足用户对于执行矩阵操作的需求。但是这些语言由于其复杂的语法要求，实现一个简单的操作都需要编写大量代码。例如，在Java语言中，对一个类的属性进行封装时，还需要实现获取和修改这个属性的方法。在实现子类时，就算不想使用子类也必须实现子类的方法。为了完成一项简单的工作，我们需要耗费时间编写许多无用而冗长的源码。Python语言与Java、C语言完全不同，它清晰、简洁、易于理解，容易上手而且便于操作，即使不是程序员也能理解程序的含义，而Java和C语言对于非程序员来说无异于天书。

虽然有些人觉得写代码很有趣,但对大多数人来说,编程只是完成其他任务的工具。Python 是一种高级编程语言,我们应该花更多的时间处理数据的潜在含义,而不是把时间花在弄清楚计算机如何获得数据结果上。Python 语言使人们很容易表达自己的目的。

2. Python 语言的缺点

Python 程序的运行效率比 Java 和 C 的代码的运行效率更低,且它在性能上有一些缺点。但是,我们可以通过 Python 来调用 C 语言编译的代码,通过结合这两个语言的优势,进行机器学习应用程序的开发;或者也可以先使用 Python 编写实验程序,进行调参等操作,再在后序开发中将程序转变为 C 语言程序。这种转化并不困难,逐步使用 C 语言代码对 Python 的部分核心模块进行替换,就可以改进程序的性能。C++的 Boost 库适合完成这个任务,其他类似于 Cython 和 PyPy 的工具也可以编写强类型的 Python 代码,改进一般 Python 程序的性能。

如果系统算法有缺陷或者思路有问题,那么无论系统的硬件条件再好、具备的性能再好,都无法得到正确的计算结果。如果思路有问题,仅仅通过提高代码的运行效率和扩大用户的规模,都无法解决问题。从这个方面出发,Python 的优势就在于能够快速实现系统,进而快速判断系统的算法和思路是否正确。如有需要,就可以对代码进行进一步优化。

3.1.3 Python 环境搭建

Windows 和 MacOS 是程序员比较常用的操作系统。我们将介绍这两种操作系统的 Python 环境配置。受限于篇幅,Linux 下的配置高度类似 MacOS,这里暂不涉及。

1. Windows 下 Python 的安装与配置

如果使用的 Windows 版本不同,那么安装配置过程也会不同。本书所使用的操作系统版本为 Windows10 英文版(64 位),选用的 Python 版本是 3.7.9。应选择和操作系统匹配的 64 位版本的 Python,可在 Python 的官方网站 https://www.python.org/downloads/windows/ 下载安装包,现在最新的 Python 版本为 3.10.0,如图 3-3 所示。

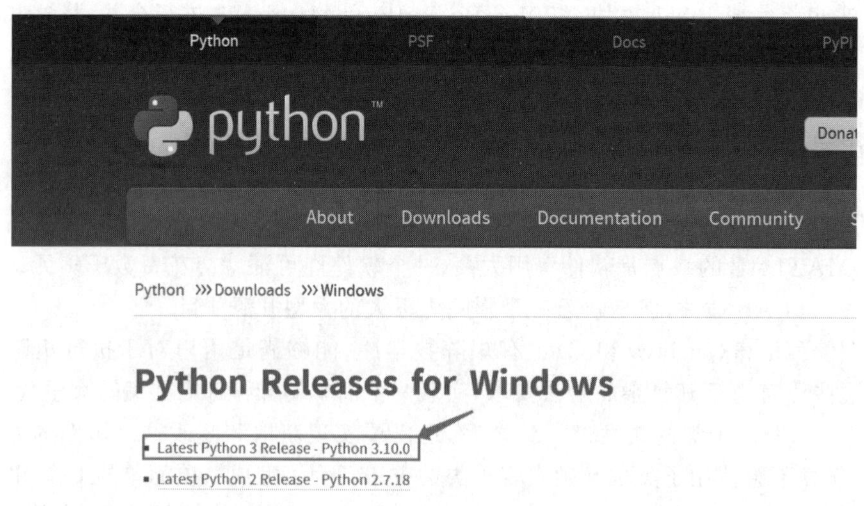

图 3-3 Python 的 Windows 版本下载

若想下载其他版本的 Python，可在 Python 官网主页下方查找所需版本，如图 3-4 所示。

- Python 3.5.10 - Sept. 5, 2020

  Note that Python 3.5.10 *cannot* be used on Windows XP or earlier.

  - No files for this release.
- Python 3.7.9 - Aug. 17, 2020

  Note that Python 3.7.9 *cannot* be used on Windows XP or earlier.

  - Download Windows help file
  - Download Windows x86-64 embeddable zip file
  - Download Windows x86-64 executable installer
  - Download Windows x86-64 web-based installer
  - Download Windows x86 embeddable zip file
  - Download Windows x86 executable installer
  - Download Windows x86 web-based installer
- Python 3.6.12 - Aug. 17, 2020

  Note that Python 3.6.12 *cannot* be used on Windows XP or earlier.

  - No files for this release.

图 3-4 Python 3.7.9 版本的安装

下载完毕后，双击 Python 的可执行 exe 文件(python-3.7.9-amd64.exe)进行安装。若想指定安装目录，选择“自定义安装(Customize installation)”即可，如图 3-5 所示。

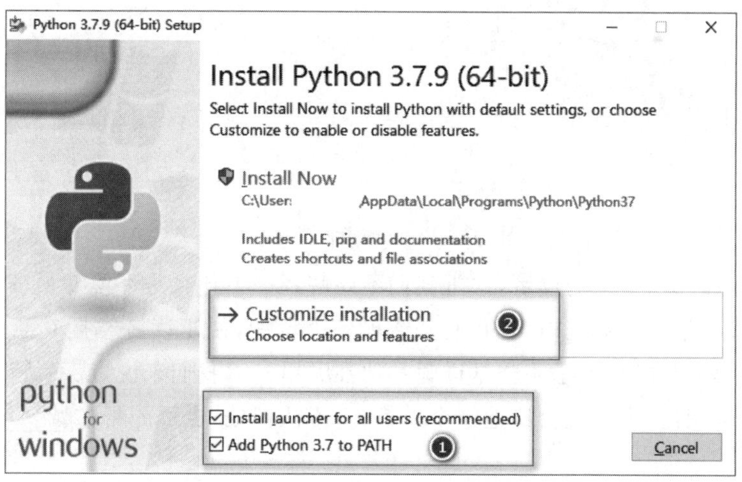

图 3-5 自定义安装界面

选择“自定义安装”后，在“自定义安装位置(Customize install location)”单击“浏览(Browse)”寻找指定文件目录或手动输入安装位置(如 C:\python)。最后单击“安装(Install)”即可，如图 3-6 所示。

按照指引进行接下来的安装步骤，直至出现“Setup was successful”界面，则表示安装成功，如图 3-7 所示。

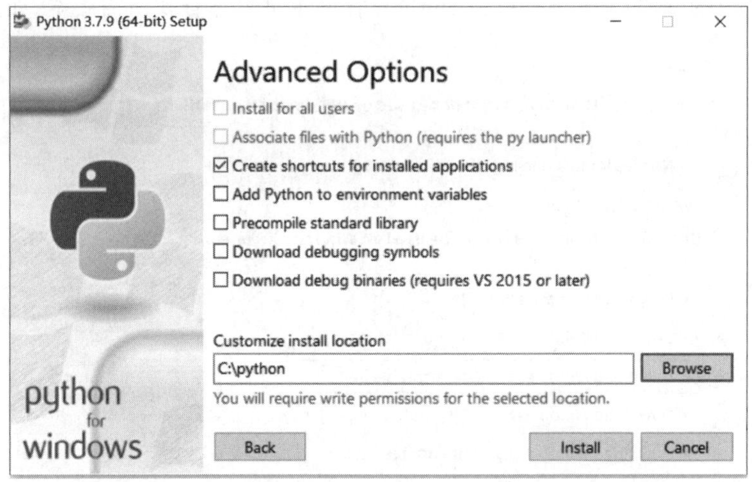

图 3-6　配置自定义安装路径

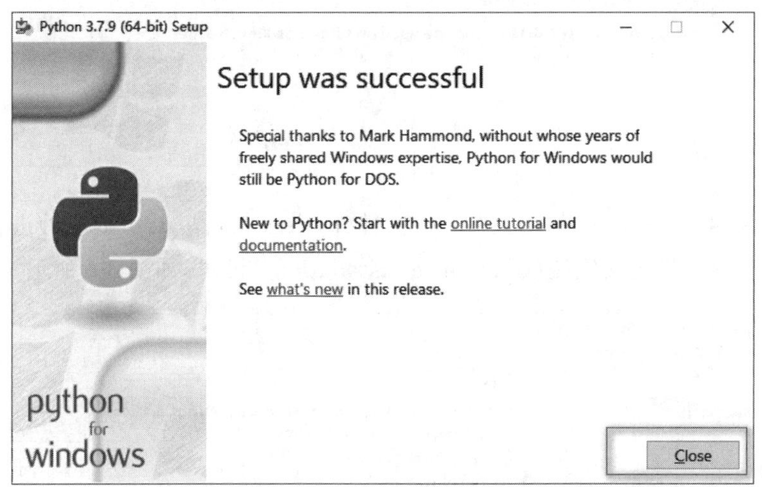

图 3-7　Python 安装成功界面

既然本书是面向零基础的读者，这里我们不妨解释一下什么是环境变量(Path)。

在介绍环境变量的含义之前，让我们先给出一个示例，便于读者掌握其意义。例如，若有人大喊："小李，出来玩啦！"但是小李是谁呢？他在哪里？对我们来说，认不认识小李都能给出一定的回应：若认识他，可能就会给他带个口信；若不认识他，也可能帮忙喊一句"小李，快点回家吧！"。

但是，对于操作系统来说，假设"小李"表示一个命令，若它不知道"小李"是谁，也不知道"它"来自哪里，那么就会"无趣"地说，不认识"小李"——"not recognized as an internal or external command(错误的内部或外部命令)"，然后拒绝下一步服务。

为了让操作系统"认识"小李，我们必须向操作系统提供关于小李的精确信息，例如"小李，X 省 Y 县 Z 镇"。然而，其他问题又出现了。若用户经常应用"小李"表示的命令，每次用户使用"小李"时，都会在终端输入"小李，X 省 Y 县 Z 镇"，这个程序非常烦琐。那问题来了，有没有更简单的方法呢？

当然有！聪明的系统设计人员想出了一个简单的方法，那就是引入环境变量。用户可以将“X 省 Y 县 Z 镇”设置为常见的“环境”，当在终端输入“小李”时，系统自动检测“小李”是否已在环境变量集合中，若在“X 省 Y 县 Z 镇”中发现了“小李”，就会把“小李”自动替换为精确地址“X 省 Y 县 Z 镇小李”，然后为用户继续服务。若整个环境变量集合中不包含“小李”，那么此时再拒绝服务也为时不晚，如图 3-8 所示。

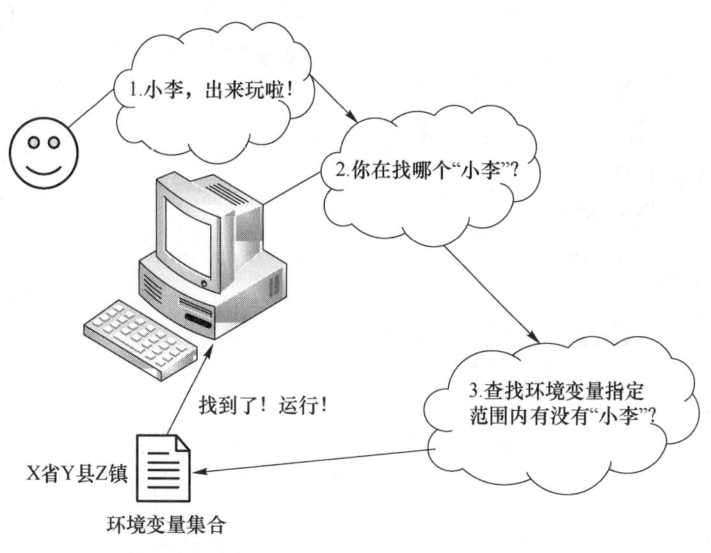

图 3-8　环境变量的比喻

对“X 省 Y 县 Z 镇”这条定位路径，操作可以用“门”来区分不同级别的文件夹，即 X 省/Y 县/Z 镇，而“小李”就像这条路径下的可执行文件。

环境变量的定义是：操作系统指定的运行环境中的一组参数，包含一个或多个应用程序使用的信息。一个环境变量能够有多个值。在 Windows 系统中，每个值之间用半角分号（“;”）分隔。在 Mac 和 Linux 等系统中，每个值之间用半角冒号（“:”）分隔。

在 Windows 等操作系统中，通常有一个名为 Path（路径）的系统级环境变量。当用户请求操作系统运行某个应用程序却没有完整路径时，操作系统首先在当前路径中查找该应用程序。若找不到，则在环境变量“Path”指定的路径中寻找。若找到了，则执行它；否则，返回错误提示。用户能够设置环境变量来指定程序运行的位置。

例如，我们需要运行“python. exe”命令去编译 Python 程序，而这个命令不是 Windows 系统自带的命令，而是外部命令。所以如果用户不想在任意目录下使用该命令时，都输入该命令所在的全部路径，就必须要在环境变量中添加这个命令的位置。需要注意的是，在 Windows 下，命令和路径是不区分大小写的，所以将路径“C:\python”写作“C:\Python”是一样的。但大小写在类 UNIX 系统（UNIX、Linux、Mac 等）下则不同，它们严格区分大小写，一个字母的输入错误就会造成巨大的差异。

那么，如何在 Windows 中配置 Path 环境变量呢？首先双击桌面上的“我的电脑”图标，再单击“系统属性”，打开图 3-9 所示的对话框。

在图 3-9 所示窗口的右边栏单击“高级系统设置”。然后在弹出的对话框中，选择“高级”选项卡，单击“环境变量”按钮，如图 3-10 所示。

图 3-9 “我的电脑”属性对话框

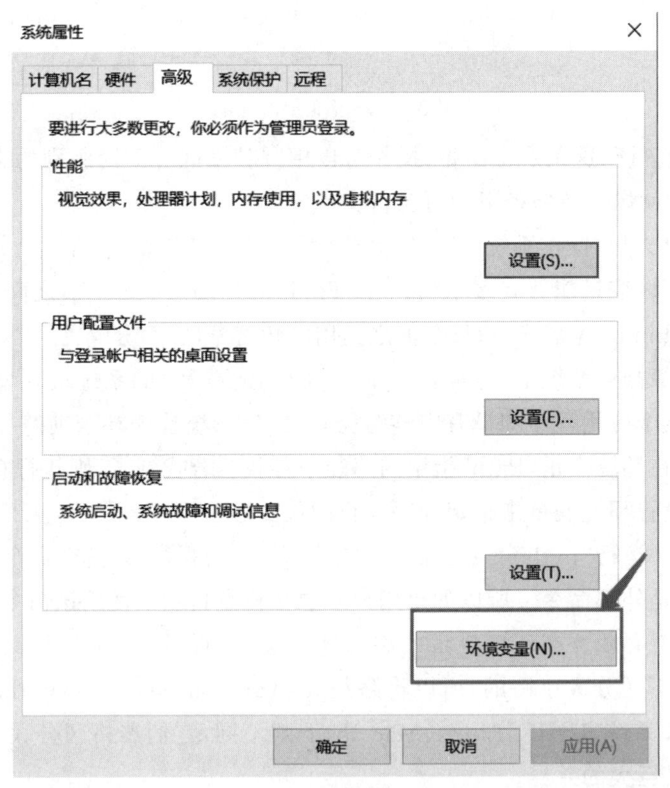

图 3-10 系统属性界面

弹出的对话框中既有 admin 的用户变量，也有系统变量。拖动系统变量的滚动条，单击选中环境变量“Path”，再单击“编辑”按钮，如图 3-11 所示。

在弹出对话框的右边栏单击“新建”，添加路径“C:\python”，如图 3-12 所示。

图 3-11　环境变量对话框

图 3-12　编辑系统环境变量

这里有两点需要注意：①读者要根据自己的 Python 安装位置来设置环境变量，而不是完全按照书中的路径一模一样地配置；②路径前面的半角分号（“;”）是一个与前一个环境变量的分隔符，不能省略。

此外，Python 安装目录下的 Scripts 文件夹中有类库安装工具 pip3 和 easy-install 等，使用这些工具能使我们便捷地在控制台模式安装类库。如图 3-13 所示。所以建议将这个文件夹的路径也添加至“Path”环境变量中，在本书中的路径为“C:\python\Scripts”。

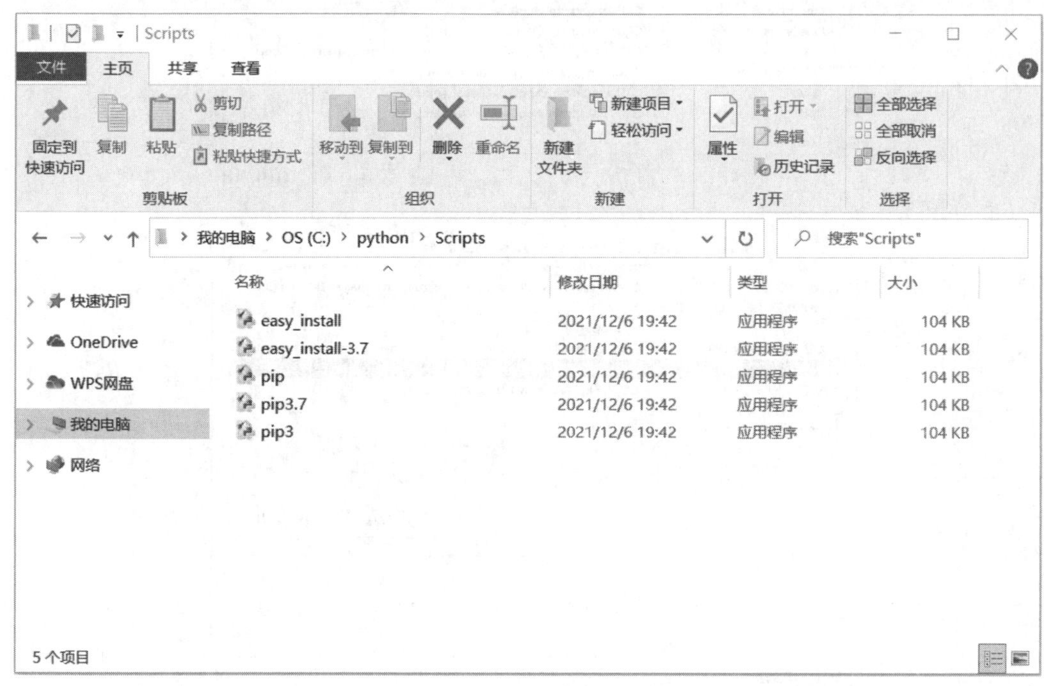

图 3-13　Python 安装目录 Scripts

最后，在 Windows 运行窗口中输入“CMD”命令，进入 DOS 控制台状态，然后在控制台输入“python”(后缀名.exe 可省略)，检查一下是否出现 Python 特有的命令提示符“>>>”。如果出现，则说明环境变量配置成功，如图 3-14 所示。配置好环境变量，在控制台的任何路径下直接输入“python”都可调出这个解释器。

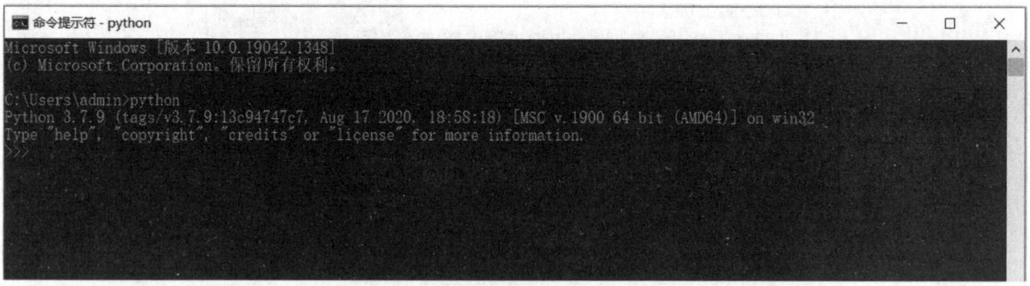

```
命令提示符 - python
Microsoft Windows [版本 10.0.19042.1348]
(c) Microsoft Corporation。保留所有权利。

C:\Users\admin>python
Python 3.7.9 (tags/v3.7.9:13c94747c7, Aug 17 2020, 18:58:18) [MSC v.1900 64 bit (AMD64)] on win32
Type "help", "copyright", "credits" or "license" for more information.
>>>
```

图 3-14　Python 解释器的运行界面

在 Windows 命令行中，先按 Ctrl+Z 组合键，然后按回车键即可退出 Python 解释器，或者也可以通过输入 exit()函数以杀掉进程的方式退出。

在配置环境之后，若想安装前面提到的库(如 NumPy)，可在 DOS 控制台中输入如下命令：

```
pip3 install numpy
```

若想安装其他库,只需将命令参数“numpy”替换为另一个库名。

如图 3-14 所示,控制台下的 Python 解释器确实有点简陋。细心的读者可能已经发现,Python 官方向一个特别的人——Mark Hammond 送出了一个特别感谢。因为他为 Windows 用户提供了一个更加好用的集成研发环境(Integrated Development Environment,IDE)——IDLE。

IDLE 是一个较为友好的开发环境。比如,它有智能的语法提示(输入部分代码,然后按 Tab 键提示补全),还提供源码颜色的差异显示等。我们可从 Windows 10 左下角的 Windows 图标→All Programs(所有程序)→Python 3.7.× 中找到它。打开后,IDLE 的界面如图 3-15 所示。

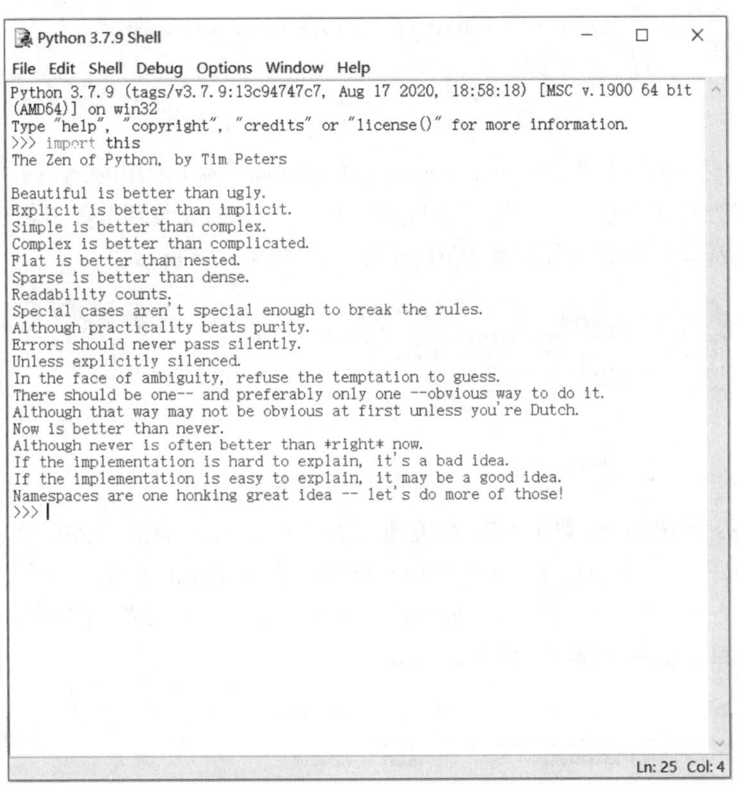

图 3-15 Python3.7 的 IDLE 界面

尝试在输入提示符“>>>”下输入“import this”,这时就能输出《Python 之禅》小短文。“import”是 Python 导入类库的关键词,后面我们还会讲到它,这里暂不展开介绍。

当然,除了默认安装的 IDLE 开发环境之外,市面上还有许多更专业的第三方 IDE 开发环境供程序员选择,如 Eclipse、VSCode 和 PyCharm。所有的 IDE 都对 Python 的解释器“python.exe”进行了封装。严格地说,这些 IDE 实质上都是好用的代码编辑器,能节省很多时间,大大提高开发效率。因此,有些代码编辑器被程序员们戏称为“编程神器”。

2. Mac 下 Python 的安装与配置

Mac OS 因其卓越的性能在程序员世界中广泛应用。接下来简单介绍 Mac OS 版本的 Python 的安装配置。

1）Python 3 的安装与环境变量配置

通常，Mac OS 默认安装 Python 2. x 的解释环境。在终端输入“python（全部小写）”，系统显示如图 3-16 所示。再次强调，类 UNIX 系统不像 Windows 系统，它是区分大小写的。所以，上述指令不可写成“Python”。

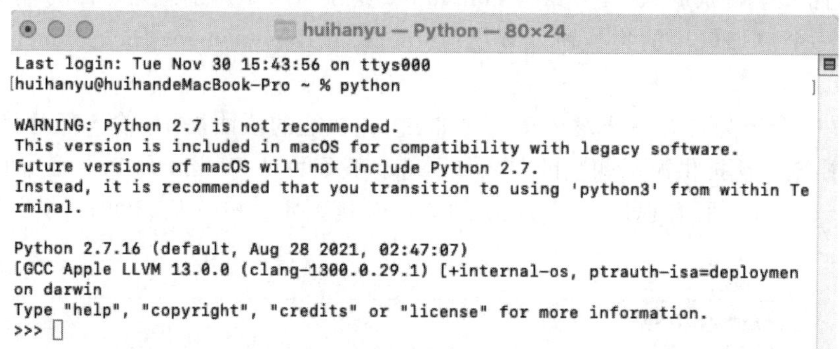

图 3-16　Mac 终端显示默认的 Python 解释器

在控制台中，按 Ctrl+D 组合键退出 Python 解释器界面。本书使用的 Python 版本是 3. 7. 9，需要从 Python 官方网站下载。该安装环节与 Windows 系统的安装环节类似，此处不再赘述。

安装完成后，单击 IDE 图标启动 Python 3. 7. 9，如图 3-17 所示。

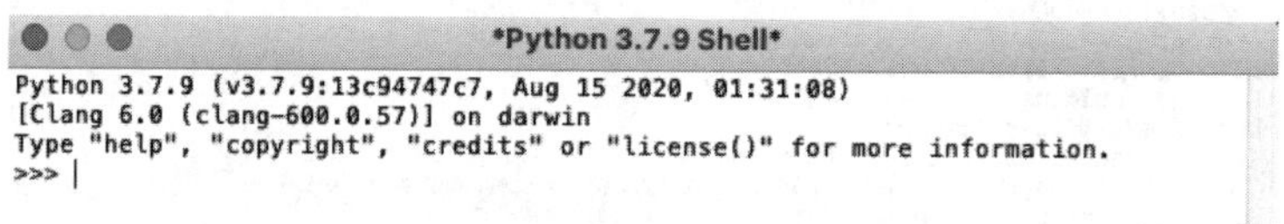

图 3-17　Mac 中的启动解释器 IDLE

与 Windows 系统不同，类 UNIX 系统通常利用控制台终端安装大部分软件（特别是类库），这样更容易安装。我们接下来介绍 MAC 终端上安装类库的方法。

要在 Mac 上安装 Python 类库，通常使用的工具是 pip3。可在终端使用“pip3--version”来查询 Python 3 和 pip3 的版本号，如图 3-18 所示。

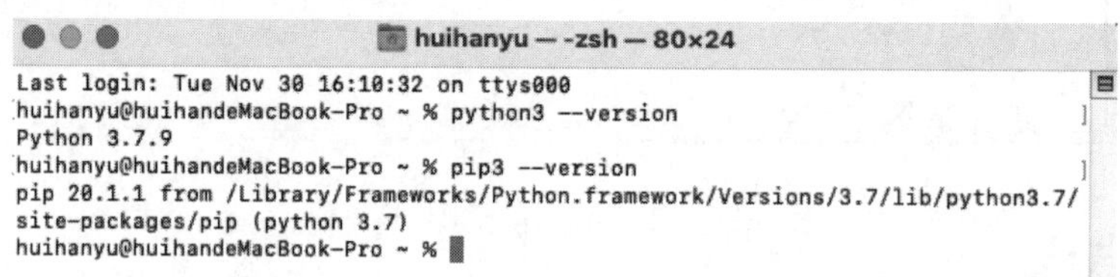

图 3-18　查询 Python3 和 pip3 的版本号

若查询失败，可检查家目录（即路径/user/home/username）中的“. bash_profile”配置是否正确，并查看环境变量“PATH”是否涵盖 Python 3 的安装路径。“bash_profile”文件用于配置个人的环境变量，类似于前面介绍的 Windows 环境变量配置。

区别在于 Windows 提供了一个更友好的图形界面配置环境，而 Mac 提供的是更加高效的字符配置环境。在 Mac 和 Linux 系统中，如果一个文件或文件夹第一个字母是“. ”，则表示隐藏状态，且无法通过“ls”命令显示。它们能够用“ls -a”来显示，其中“a”代表“所有（all）”文件。

在 Mac 终端输入“vim . zprofile”，进入图 3-19 所示的界面。

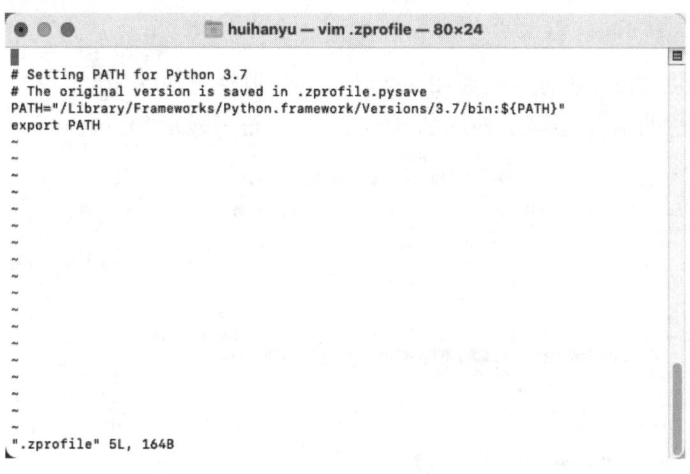

图 3-19 个人环境变量配置文件“. bash_profile”

在这个打开的文件中，输入第 15 行所示的内容——“PATH＝"/Library/Frameworks/Python. framework/Versions/3. 7/bin：＄{PATH}"”，即可将 Python 3. 7 的安装路径添加进“PATH”环境变量。这里，需要注意如下几点。

① Mac 系统严格区分大小写，这里的“PATH”必须大写。

② 按照 Python 3. 7 的实际安装路径来配置“PATH”环境变量(不必跟本书一模一样)。

③ “PATH”路径中的冒号(“:”)类似 Windows 中的分号(“;”)，用于区分不同路径的值。

④ 用美元符号“＄”作为开头并用花括号括起来的部分，如“＄{PATH}”，表示一个名为 PATH 的环境变量，它代表先前配置的路径值，不可省略。

⑤ 配置完成后，不要忘记应用 export 导出平台变量(如图 3-19 所示)。

⑥ 要使修改的环境变量文件生效，就必须重新启动窗口，让 shell 窗口重新加载一次“. bash _profile”，或者直接在终端输入“source . bash_profile”，手动刷新环境变量。

2）利用 pip3 安装工具包

如上文所说，我们必须安装一些工具类库，以便于编写特定的应用程序。如编写机器学习程序，需要安装 NumPy、SciPy、Pytorch、Tensorflow 及 Matplotlib 等类库。下面我们将演示利用 pip3 命令安装工作类库的实例。

首先要确认 pip3 是否安装成功。在 Mac 终端输入“which pip3”命令。“which”命令会在环境变量“PATH”设置的目录里查找符合条件的文件。

```
which pip3
```

执行上述命令后，若系统显示如下信息，说明存在安装工具 plp3。

```
/Library/Frameworks/Python.framework/Versions/3.7/bin/pip3
```

如果系统没有默认安装 pip3，可在控制台输入“sudo easy_install pip3”进行安装。通过如下指令即可安装 Python 3 类库：

```
sudo pip3 install [类库名称]
```

sudo 的含义是，以系统管理者的身份执行后面的指令。即由 sudo 执行的命令就像 root 亲自执行一样。回车后(即执行 sudo 命令)需要输入管理员密码以进行进一步的操作。

例如，要安装 NumPy 科学计算库，输入以下命令：

```
sudo pip3 install numpy
```

在 Mac 下安装 NumPy 的过程如图 3-20 所示，需要注意的是，出于安全考虑，在类 UNIX 系统下输入密码时，屏幕不会显示输入的任何字符（甚至不显示“ * ”）。

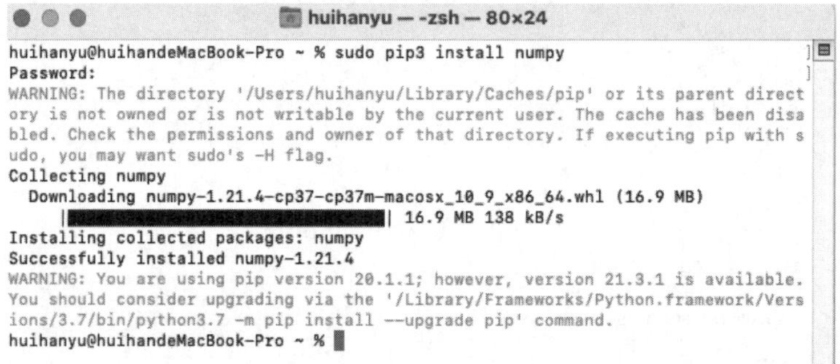

图 3-20　在 Mac 下安装 NumPy 的过程

除此之外还需注意，在描述某个类库时，通常使用驼峰命名（每个单词的首字母大写）来增强可读性。例如，SciPy 中的 S 和 P 大写，但它当作为类库名称时，通常统一为小写“scipy”。但 Mac/Linux 系统是区分大小写的。因此，要安装一个库时，应先去搜索一下该类库的真正类库名。

还有一点需要说明，某些库名使用缩写，比如，对于经常使用的 scikit-learn 库，当其被用作库名时，它被缩写为“sklearn”。因此，需要执行如下命令安装 scikit-learn 库。

```
sudo pip3 install sklearn
```

pip3 会把 sklearn 以及它所依赖的类库一并下载下来，并自动安装这些类库，如图 3-21 所示。

图 3-21　在 Mac 下安装 scikit-learn 的过程

3.1.4 Python 编程基础

编程基础是熟练使用 Python 语言进行数据处理、数据分析的必要前提。本章主要介绍使用 Python 进行数据分析时必备的编程基础知识，主要涉及 Python 的基本数据类型、基本数据结构、程序控制、函数与模块、数据读取等内容。

对于新手而言，需要注意的是，Python 与其他语言不同，代码块的标识并不是花括号等字符，而是缩进。Python 缩进一般会使用一个 tab 或 4 个空格，这种方式呈现的代码具有更高的可读性。

1. Python 的数据类型

1）基本数据类型

Python 的基本数据类型包括 5 种，如表 3-1 所示。

表 3-1 Python 的基础数据类型

名称	解释	示例
str	字符串	'appl'、'123'
float	浮点数	1.35、9.0
int	整数	1、100
bool	布尔值	True、False
complex	复数	1+4j

下面一一对上述 4 种基本数据类型进行详述(此处不介绍复数，因为该类型不常用)。

(1) 字符串(str)

Python 中，单引号、双引号、三引号包围的都是字符串，如下所示：

```
>>> 'spam eggs'
'spam eggs'
>>> "spam eggs"
'spam eggs'
>>> '''spam eggs'''
'spam eggs'
>>> type('spam eggs')
str
```

此外，Python 中的字符串也支持一些格式化输出，如换行符“\n”和制表符“\t”：

```
>>> print('First line.\nSecond line.')
First line.
second line.
>>> print('1\t2')
12
```

当然，有时候为避免混淆，也会使用转义字符“\”，用于转义“\”后一位的字符为原始输出。

```
>>> "\"Yes,\" he said."
'"Yes," he said.'
```

此外还可以通过在引号前加“r”来表示原始输出：

```
>>> print ('C:\some\name')# 有换行符的输出
C:\some
Ame
>>> print (r'C:\some\name')# 原始输出
C:\some\name
```

Python 中的字符串支持加运算，其表示字符串拼接：

```
>>>'pyt' + 'hon'
'python'
```

(2) 浮点数和整数(float、int)

Python 可以处理任意大小的整数，当然包括负整数，其在程序中的表示方法和其在数学上的写法一模一样。

```
>>> 1 + 1
2
```

Python 支持数值的四则运算，如下所示：

```
>>> 1 + 1        # 加法
2
>>> 1 - 1        # 减法
0
>>> 1 * 1        # 乘法
1
>>> 2 * * 2      # 2 的 2 次方
4
>>> 2/3          # 除法
0.6666666666666666
>>> 5//2         # 除法(整除)
2
>>> 5 % 2        # 余数
1
```

Python 可以处理双精度浮点数，这可以满足绝大部分数据分析的需求，要精确空值数字精度的话，还可以使用 Numpy 扩展库。

此外，可以使用内置函数进行数值类型转换，如将数值字符转换为数值：

```
>>> float (" 1 ")
1.0
>>> int ("1")
1
```

(3) 布尔值(bool)

Python 里的布尔值一般通过逻辑判断产生，只可能有两个结果：True/False。

整型、浮点型的“0”和复数 0+0j 也可以表示 False，其余整型、浮点型、复数数值都被判断

为 True,如下代码通过逻辑表达式创建 bool 逻辑值:

```
>>> 1 == 1
True
>>> 1 > 3
False
>>>'a' is 'a'
True
```

当然,Python 中提供了逻辑值的运算,即"且""或""非"运算:

```
>>> True and False        # 且
False
>>> True or False         # 或
True
>>> not True              # 非
False
```

布尔逻辑值转换可以使用内置函数 bool(),除数字 0 外,其他类型用函数 bool()的转换结果都为 True。

```
>>> bool(1)
True
>>> bool ( "0" )
True
>>> bool(0)
False
```

Python 中的对象类型转换可参考表 3-2。

表 3-2 Python 中的对象类型转换

数据类型	中文含义	转换函数
str	字符串	str( )
float	浮点类型	float( )
int	整型	int( )
bool	布尔型	bool( )
complex	复数	complex( )

2) 其他数据类型

Python 中,还有一些特殊的数据类型,如无穷值、nan(非数值)、None 等。可以通过以下方式创建:

```
>>> float ('- inf')  # 负无穷
- inf
>>>  float ('+ inf')  # 正无穷
inf
```

下面是无穷值的一些运算,注意正负无穷相加返回 nan(not a number),表示非数值:

```
>>> float ('- inf') + 1
- inf
>>> float ('- inf')/ - 1
inf
>>> float (' + inf') + 1
inf
>>> float ('+ inf')/ - 1
- inf
>>> float ('- inf') + float ('+ inf')
nan
```

非数值 nan 在 Python 中与任何数值的运算结果都会产生 nan,nan 甚至不等于自身,如下所示。这样的特性使 nan 能够作为缺失值的表示。

```
>>> float ( 'nan' ) == float ('nan')
False
```

此外,Python 中提供了 None 来表示空,其仅仅支持判断运算,如下所示:

```
>>> x = None
>>> x is None
True
```

2. Python 的基本数据结构

Python 的基本数据类型包括以下 4 种:列表(list)、元组(tuple)、集合(set)、字典(dict)。这些数据类型表示了自身在 Python 中的存储形式。可以通过输入 type(对象)来查看数据类型。

1) 列表

(1) 列表简介

列表是 Python 内置的一种数据类型,是一种有序的集合,用来存储一连串元素(元素的数据类型可不相同)。列表用"[ ]"来表示。

```
>>> list1 = [1,'2',3,4]
>>> list1
[1,'2',3,4]
```

除了使用"[ ]"来创建列表外,还可以使用 list()函数:

```
>>> list ([1 ,2 ,3])
[1 ,2 ,3]
>>> list ('abc')
['a' , 'b' , 'c']
```

可以通过索引访问或修改列表相应位置的元素,使用索引时,通过"[ ]"来指定位置。在 Python 中,索引的起始位置为 0,如取 list1 的第一个位置的元素:

```
>>> list1[0]
1
```

可以通过“:”符号选取指定序列位置的元素，如取第 1 个到第 3 个位置的元素，注意这种索引取数是“前包后不包的”(包括 0 位置，但不包括 3 位置，即取 0,1,2 位置的元素)：

```
>>> list1[0:3]
[1 ,'2',3]
```

此外，Python 中的负索引表示倒序位置，如－1 代表 list1 最后一个位置的元素：

```
>>> list1[-1]
4
```

列表支持加法运算，其加法运算表示两个或多个列表合并为一个列表，如下所示：

```
>>> [1 ,2 ,3] + [4 ,5 ,6]
[1, 2 ,3 ,4 ,5 ,6]
```

(2) 列表的方法

Python 中，列表对象内置了一些方法，这里介绍 append 方法和 extend 方法。append 方法表示在现有列表中添加一个元素，在循环控制语句中，append 方法使用较多，以下是示例：

```
>>> list2 = [1 ,2]
>>> list2.append (3)
>>> list2
[1 ,2 ,3]
```

extend 方法类似于列表加法运算，表示将两个列表合并为一个列表：

```
>>> list2 = [1 ,2]
>>> list2.extend ([3 ,4 ,5])
>>> list2
[1 ,2 ,3 ,4 ,5]
```

2) 元组(tuple)

元组与列表类似，两者区别在于，在列表中，任意元素可以通过索引进行修改。而元组中，元素不可更改，只能读取。下面展示了元组和列表的区别，列表可以进行赋值，而同样的操作应用于元组则报错。

```
>>> list0 = [1 ,2 ,3]
>>> tuple0 = (1 ,2 ,3)
>>> list0[1] = 'a'
>>> list0
[1,'a',3]
>>> tuple0[1] = 'a'
TypeError  Traceback (most recent call last)
<ipython - input - 35 - 2bfd4 f0eedf9 > in < module > ()
----> 1 tuple0[1] = 'a'
TypeError: 'tuple' object does not support item assignment
```

这里通过“()”创建元组，Python 中，元组类对象一旦定义了，就无法修改，但可以进行加运算，即合并元组。

```
>>> (1 ,2 ,3) + (4 ,5 ,6)
(1 ,2 ,3 ,4 ,5 ,6)
```

元组也支持像列表那样通过索引方式进行访问。

```
>>> t1 = (1 ,2 ,3)
>>> t1[0]
1
>>> t1[0:2]
(1,2)
```

3）集合

Python 中，集合是一组 key 的集合，其中 key 不能重复。可以通过列表、字典或字符串等创建集合，也可以通过"{}"符号创建集合。Python 中的集合主要有两个功能：一个功能是进行集合操作；另一个功能是消除重复元素。

```
>>> basket = {'apple', 'orange', 'apple', 'pear', 'orange', 'banana'}
>>> basket
{'apple', 'banana', 'orange', 'pear'}
>>> basket = set (['apple', 'orange', 'apple', 'pear', 'orange', 'banana'])
>>> basket
{ 'apple', 'banana', 'orange', 'pear')
>>> basket = set ( ( 'apple', 'orange', 'apple', 'pear', 'orange', 'banana' ) )
>>> basket
('apple', 'banana', 'orange', 'pear')
```

Python 支持数学意义上的集合运算，如差集、交集、补集、并集等。例如，如下集合：

```
>>> A = {1 ,2 ,3}
>>> B ={3 ,4 ,5}
```

A、B 的差集即集合 A 的元素去除 A 和 B 共有的元素：

```
>>> A - B
{1 ,2}
```

A、B 的并集即集合 A 与集合 B 的全部唯一元素：

```
>>> A | B
{1 ,2 ,3 ,4 ,5}
```

A、B 的交集即集合 A 和集合 B 共有的元素：

```
>>> A & B
{3}
```

A、B 的对称差即集合 A 与集合 B 的全部唯一元素去除集合 A 与集合 B 的公共元素：

```
>>> A ^ B
{1 ,2 ,4 ,5}
```

需要注意集合不支持通过索引访问指定元素。

4）字典

Python 内置了字典，在其他语言中其也称为 map，使用键-值（key-value）存储，具有极快的查找速度，其格式是用"{}"括起来 key 和 value，用"："进行对应。例如，以下代码创建了一个字典；

```
>>> dict1 ={'Nick':28,'Lily':28,'Mark':24}
>>> dict1
{'Lily': 28,'Mark': 24,'Nick': 28 }
```

字典本身是无序的，可以通过方法 keys 和 values 取字典键值对中的键和值，如下所示：

```
>>> dict1.keys ()
['Nick','Lily','Mark']
>>> dict1.values ()
[ 28,28,24 ]
```

字典支持按照键访问相应值的形式，如下所示：

```
>>> dict1['Lily']
28
```

3. Python 的程序控制

程序控制结构是编程语言的核心基础，Python 的程序控制结构有 3 种，即顺承结构、分支结构和循环结构，如图 3-22 所示。下面将详细介绍这 3 种结构。

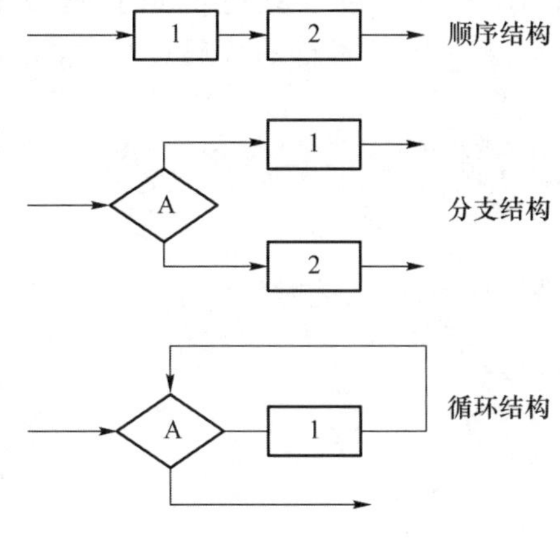

图 3-22 程序执行结构

① 顺序结构的程序特点是依照次序执行代码并返回相应结果，这种结构较为简单且易于理解。

② 分支结构的程序相比于顺序结构多了一个条件判断，若满足这个条件就继续执行，否则跳转到其他条件再判断执行。

③ 通过对可迭代对象进行循环处理，每一个对象执行程序并产生结果。如果要进行多次迭代，采用顺序结构会写出很长的代码，而采用循环结构就比较简单。

上述 3 种结构中，分支结构要用 if、else 等条件判断的语句进行控制，而循环结构要用循环语句 for 进行控制。如果要将循环结构和分支结构混合，就需要运用条件循环语句 while 进行控制。

下面我们具体讲解一下这几个结构的程序。

1) 顺序结构

(1) 顺序结构示意

现在创建一个列表 a：

```
>>> a = [1 ,2 ,3 ,4 ,5 ]
```

需要打印列表 a 中的所有元素,可以有如下写法,这种写法虽然烦琐但完成了任务。这种顺序执行的编程结构就是顺承结构。

```
>>> print (a[0])
>>> print (a[1])
>>> print (a[2])
>>> print (a[3])
>>> print (a[4])
1
2
3
4
5
```

(2) 逻辑行与物理行

Python 中,代码是逐行提交给解释器进行编译的,这里的一行称为逻辑行,实际代码也确实是一行,那么代码的物理行就只有一行,如上述的 print 代码,逻辑行和物理行是统一的。

但在某些情况下,编写者写入一个逻辑行的代码过长时,可以分拆为多个物理行执行,例如：

```
>>> tuple (set (list ([1 ,2 ,3 ,4 ,5 ,6 ,7 ,8])))
(1 ,2 ,3 ,4 ,5 ,6 ,7 ,8)
```

可以写为如下方式,符号"\"是换行的标识,此时代码还是一个逻辑行,但有两个物理行。

```
>>> tuple (set (list ([1 ,2 ,3, \
                    4 ,5 ,6 ,7 ,8])))
(1 ,2 ,3 ,4 ,5 ,6 ,7 ,8)
```

当多个逻辑行代码过短时：

```
>>> x = 1
>>> y = 2
>>> z = 3
>>> print (x ,y ,z)
(1,2,3)
```

可以使用";"将多个逻辑行转化为一个物理行执行：

```
>>> x = 1; y - 2; z = 3; print (x ,y ,z)
(1 ,2 ,3)
```

2）分支结构

分支结构的分支用于进行条件判断，Python 中，使用 if、elif、else、冒号与缩进表达。详细语法可见以下示例，下面语法的判断逻辑为：若数值 x 小于 0，令 x 等于 0，并打印信息 ' Negative changed to zero '；若第一个条件不成立，判断 x 是不是 0，x 为 0 则打印' Zero '；若第一个、第二个条件不成立，再判断 x 是不是 1，x 为 1 则打印' Single '；若第一个、第二个、第三个条件都不成立，则打印 ' More '。

以 x = −2 测试结果：

```
>>> x = -2
>>> if x < 0:
>>>     x = 0
>>>     print ('Negative changed to zero')
>>> elif x == 0:
>>>     print ('Zero')
>>> elif x == 1:
>>>     print ('Single')
>>> else:
>>>     print ('More')
'Negative changed to zero'
```

这里，if、elif、else 组成的逻辑是一个完整的逻辑，即程序执行时，任何条件成立，都会停止后面的条件判断。这里需注意当多个 if 存在时条件判断的结果。若把上述代码中的 elif 改为 if 后，程序执行的结果会发生变化，如下所示：

```
>>> x = -2
>>> if x < 0:
>>>     x = 0
>>>     print ('Negative changed to zero')
>>> if x == 0:
>>>     print ('Zero')
>>> if x == 1:
>>>     print ('Single')
>>> else:
>>>     print ('More')
'Negative changed to zero'
'Zero'
'More'
```

在这里需要注意，此程序中，多个 if 语句是串行关系。前面的 if 语句判断结果即使是成立的，那下面的 if 语句也不会跳过，依旧要进行条件判断。因此，x 在第一个 if 语句后会被赋值为 0 再继续执行。第二个 if 判断是真，第三个 if 判断是假，然后跳到 else 语句执行。编写条件判断结构的程序时要注意这一点。

3）循环结构

这里介绍 Python 中的 for 循环结构和 while 循环结构，循环语句用于遍历枚举一个可迭代对象的所有取值或其元素，每一个被遍历到的取值或元素执行指定的程序并输出。这里可迭代对象指可以被遍历的对象，如列表、元组、字典等。

（1）for 循环

下面举一个 for 循环的例子：

```
>>> a = [1 ,2 ,3 ,4 ,5]
>>> for i in a:
>>>     print (i)
1
2
3
4
5
```

i 是可迭代对象 a 中的一个元素，for 循环在条件写好后，以冒号结束，并且换行缩进。第 3 行是针对每次的循环执行的语句，要求是打印列表 a 中的所有元素。

这个循环遍历操作还可以用索引下标来完成。a 列表共 5 个元素，range(len(a))生成列表 a 的索引序列，最后打印索引及列表 a 的索引取值。

```
>>> a = ['Mary','had','a','little','lamb']
>>> for i in range (len(a)):
>>>      print (i, a[i])
(0,'Mary')
(1,'had')
(2,'a')
(3,'little')
(4,'lamb')
```

（2）while 循环

while 循环一般会设定一个终止条件，条件会随着循环的运行而发生变化，当条件满足时，循环终止。while 循环可以通过条件制订循环次数，如通过计数器来终止循环，如下所示。计数器 count 每循环一次自增 1，但 count 为 5 时，while 条件为假，终止循环。

```
>>> count = 1
>>> while count < 5:
>>>     count = count + 1
>>>     print (count)
2
3
4
5
```

以下是一个比较特殊的示例，演示如何按照指定条件循环而不考虑循环的次数，例如，编写循环，使 x 不断减少，当 x 小于 0.000 1 时终止循环，如下所示，循环了 570 次，最终 x 取值满足条件，循环终止。

```
>>> x = 10
>>> count = 0
>>> while True:
>>>     count = count + 1
>>>     x = x - 0.02 * x
>>>     if x < 0.0001:
>>>         break
>>> print (x, count)
(9.973857171889038e - 05, 570)
```

(3) break、continue、pass

上例中 while 循环代码中使用了 break,break 表示满足条件时终止循环。此外,也可通过 continue、pass 对循环进行控制。continue 表示继续进行循环,例如,如下代码可实现打印 10 以内能够被 3 整除的整数。

```
>>> count = 0
>>> while count < 10:
>>>     count = count + 1
>>>     if count % 3 == 0:
>>>         print (count)
>>>         continue
3
6
9
```

上述代码中的"continue"使用"break"代替后得到的结果如下:

```
>>> count = 0
>>> while count < 10:
>>>     count = count + 1
>>>     if count % 3 == 0:
>>>         print (count)
>>>         break
3
```

注意 continue 和 break 的区别。

pass 语句一般是为了保持程序的完整性而作为占位符使用,如以下代码中的 pass 没有任何操作。

```
>>> count = 0
>>> while count < 10:
>>>     count = count + 1
>>>     if count % 3 == 0:
>>>         pass
>>>     else:
```

```
>>>         print(count)
1
2
4
5
7
8
10
```

(4) 表达式

在 Python 中,诸如列表、元组、集合、字典都是可迭代对象,Python 为这些对象的遍历提供了更加简洁的写法。例如,可以用如下形式对列表对象 x 进行遍历,且让每个元素的取值除以 10:

```
>>> x = [1 ,2 ,3 ,4 ,5]
>>> [i/10 for i in x]
[0.1 ,0.2 ,0.3 ,0.4 ,0.5]
```

上述"[i/10 for i in x]"的写法被称为列表表达式,这种写法比 for 循环更加简便。此外对于元组对象、集合对象、字典对象,这种写法依旧适用,最终可产生一个列表对象。

```
>>> x = (1 ,2 ,3 ,4 ,5)        #元组
>>> [ i /10 for i in x]
[0.1 ,0.2 ,0.3 ,0.4 ,0.5]
>>> x = set((1 ,2 ,3 ,4 ,5))  #集合
>>> [ i /10 for i in x]
[0.1 ,0.2 ,0.3 ,0.4 ,0.5]
>>> x = {'a':2 ,'b':2 ,'c':5}  #字典.
>>> [i for i in x.keys()]
['a','c','b']
>>> [i for i in x.values()]
[1 ,3 ,2]
```

此外 Python 还支持用集合表达式与字典表达式创建集合、字典,如可以用如下形式创建集合:

```
>>> {i for i in [1 ,1 ,1 ,2 ,2]}
{1 ,2}
```

字典可以用如下方式创建:

```
>>> {key:value for key,value in[{'a',1} ,{"b',2} ,{'e',3}]}
{'a':1, b':2, 'e':3}
```

4. Python 的函数与模块

1) Python 的函数

函数是用来封装特定功能的实体,可对不同类型和结构的数据进行操作,达到预定目标。例如,上文所提到的 str()、float()等就是数据类型转换函数。我们不仅可以利用 Python 内置函数以及第三方库函数完成指定任务,还能够通过自定义函数完成指定任务。

(1) 自定义函数示例

例如，自定义求一个列表对象均值的函数 avg()，下列代码中的 sum()函数和 len()函数是 Python 的内置函数，分别表示求和与长度：

```
>>> def avg(x):
>>>     mean_ x = sum(x)/len(x)
>>>     return (mean_x)
```

运行完毕后，就可以调用该函数进行运算了：

```
>>> avg ([23 ,34 ,12 ,34 ,56 ,23])
30
```

(2) 函数的参数

函数的参数可以分为形式参数与实际参数。

形式参数作用于函数的内部，不是一个实际存在的变量，当接受一个具体值时(实际参数)，负责将具体值传递到函数内部进行运算。例如，对于之前定义的函数 avg()，其形式参数为 x，如下加粗部分。

```
>>> def avg(x):
>>>     mean_x = sum(x) /len (x)
>>>     return (mean_ x)
```

实际参数即具体值，通过形式参数传递到函数内部参与运算并输出结果。在如下示例中，实际参数为一个列表，即如下加粗部分：

```
>>> avg ([23 ,34 ,12 ,34 ,56 ,23])
```

函数参数的传递有两种方式：按位置传递和按关键字传递。当函数的形式参数过多时，一般采用按关键字传递的方式，通过形式参数名 = 实际参数的方式传递参数，如下所示，函数 age()有 4 个参数，可以通过指定名称的方式使用，也可按照位置顺序进行匹配：

```
>>> def age(a,b,c,d) :
>>>     print (a)
>>>     print (b)
>>>     print (c)
>>>     print (d)
>>> age(a = 'young' ,b = 'teenager' ,c = 'median' ,d = 'old') #按关键字指定名称
young
teenager
median
old
>>> age ('young','teenager','median','old') #按位置顺序匹配
young
teenager
median
old
```

函数的参数中，亦可以指定形式参数的默认值，此时该参数称为可选参数，表示使用时可以不定义实际参数，如下所示，函数 f()有两个参数，其中参数 L 指定了默认值 None：

```
>>> def f (a, L = None):
        if L is None:
            L = []
        L. append (a)
        return L
```

使用该函数时，只需指定 a 参数的值，该函数返回一个列表对象，若未给定初始列表 L，则创建一个列表，再将 a 加入列表：

```
>>> f (3)
[3]
```

也可指定可选参数 L 的取值：

```
>>> f (3 ,L = [1,2])
[1, 2, 3]
```

(3) 匿名函数 lambda

Python 中设定了匿名函数 lambda，简化了自定义函数定义的书写形式，使得代码更简洁。例如，通过 lambda 函数定义一个函数 g：

```
>>> g = lambda x:x + 1
>>> g (1)
```

该函数相当于如下自定义函数：

```
>>> def g(x):
>>>     return(x + 1)
```

2) Python 的模块

为了编写可维护的代码，可以把很多函数分组，分别放到不同的文件里，这样每个文件包含的代码就相对较少，很多编程语言都采用这种组织代码的方式。在 Python 中，一个. py 文件就称为一个模块(Module)，其内容形式是文本，可以在 IDE 中或者使用常用的文本编辑器进行编辑。

(1) 自定义模块

使用文本编辑器创建一个 mod. py 文件，其中包含一个函数，如下所示：

```
# module
def mean(x):
    return (sum(x)/len(x))
```

使用自定义模块时，将 mod. py 放置在工作目录下，通过“import 文件名”命令载入：

```
>>> import mod
```

在使用该模块的函数时，需要加入模块名的信息：

```
>>> mod. mean ([1 ,2 ,3])
```

载人模块还有很多方式,如下所示(注意别名的使用):

```
>>> import mod as m # as 后表示别名
>>> m.mean ([1 ,2 ,3])
>>> from mod import mean # 从 mod 中载入指定函数 mean
>>> mean ([1 ,2 ,3])
2
>>> from mod import * # 从 mod 中载入所有函数
>>> mean ([1 ,2 ,3])
```

(2) 载入第三方库的方法

import 命令还可以载入已经下载好的第三方库,使用方式与上面所展示的一致。例如,载入 Numpy 模块:

```
>>> import numpy as np
```

此时就可以使用 Numpy 模块中的函数了,如 Numpy 中提供的基本统计函数:

```
>>> x = [1 ,2 ,3 ,4 ,5]
>>> np.mean(x)       # 均值
3.0
>>> np.max(x)        # 最大值
5
>>> np.min(x)        # 最小值
1
>>> np.std(x)        # 标准差
1.41421356237
>>> np.median(x)     # 中位数
3.0
```

Numpy 提供了强大的多维数组、向量、稠密矩阵、稀疏矩阵等对象,支持线性代数、傅里叶变换等科学运算,提供了 C/C++及 Fortron 代码的整合工具。Numpy 的执行效率比 Python 自带的数据结构要高效得多。在 Numpy 的基础上,研究者们开发了大量用于统计学习、机器学习等科学计算的框架。基于 Numpy 的高效率,这些计算框架具备了较好的实用性。可以说,Numpy 库极大地推动了 Python 在数据科学领域的发展。

若不太清楚如何使用 Python 中(含第三方包和库)的方法和对象,可以查阅相关文档或使用帮助功能,代码中获取帮助信息的方式有多种,比如如下几种:

```
>>> ? np. mean
>>> ?? np. mean
>>> help (np. mean)
>>> np. mean??
```

5. Python 的数据读取

Numpy 中的多维数组、矩阵等对象具备极高的执行效率,但是在商业数据分析中,我们不仅需要一堆数据,还需要了解各行、列的意义,同时我们会需要进行针对结构化数据的相关计算,这些是 Numpy 不具备的功能。为了方便分析,研究者们开发了 Pandas 用于简化对结构化数据的操作。

能够便捷地处理序列、面板数据以及截面数据(二维表)的 Pandas 提供了 DataFrame、Series、Panel 等数据结构,是在 Numpy 基础上开发的更高级的结构化数据分析工具。DataFrame 一般称作数据框,也就是常见的二维数据表,含多个样本(行)和变量(列);Series 作为一维结构序列,可以视作 DataFrame 中的一列或一行,操作办法与其非常类似,包含指定的索引信息;Panel 一般称为面板数据,包含序列及截面信息的三维结构,利用截取的方式可以获得相应的 Series 或 DataFrame。

由于这些对象的常用操作方法是十分相似的,本节进行的读取与保存数据的操作都主要使用 DataFrame 进行演示。

1) 读取数据

(1) 使用 Pandas 读取文件

Python 的 Pandas 库提供了便捷读取本地结构化数据的方法,这里主要以 csv 数据为例。pandas. read_csv()函数可以实现读取 csv 数据,读取方式见如下代码,其中"'data/sample. csv'"表示文件路径:

```
>>> import pandas as pd
>>> csv = pd.read_ csv('data/sample.csv')
>>> csv
id  name    scores
0   1   小明 78.0
1   2   小红 87.0
2   3   小白 99.0
3   4   小青 99999.0
4   5   小兰 NaN
```

按照惯例,Pandas 会以 pd 作为别名,pd. read_csv 可以读取指定路径下的文件,然后返回一个 DataFrame 对象。如果在命令行中打印 DataFrame 对象,则其可读性可能会略差一些,如果在 jupyter notebook 中执行的话,则 DataFrame 的可读性会大幅提升,如表 3-3 所示。

表 3-3 jupyter notebook 中的 DataFrame 展现

	id	name	scores
0	1	小明	78.0
1	2	小红	87.0
2	3	小白	99.0
3	4	小青	99999.0
4	5	小兰	NaN

打印出来的 DataFrame 包含了索引(Index,第一列)、列名(Column,第一行)及数据内容(Value,除第一行和第一列之外的部分)。

此外,read. _csv()函数有很多参数可以设置,表 3-4 列出了其中的常用参数。

表 3-4 read_csv()中的参数

参数	说明
filepath_or_buffer	csv 文件路径
sep = ','	分隔符,''内为 str,默认为','
header = 0	int 或 list of ints,0 代表第一行为列名,None 将使用数值列名
names = [...]	list,重新定义列名
usecols = [...]	list,读取指定列
dtype = [...]	dict,设置读取的数据类型
nrows = None	int,设置读取多少行
na_values	str、list、dict,用于替换 NA/NaN 的值
na_filter	bool,判断是否检查丢失值(空字符串或者空值)。对于大文件来说,数据集中没有空值,将其设定为 False 可以提升读取速度
encoding	str,指定字符集类型,通常将其指定为'utf-8',支持切换其他格式
keep_default_na	bool,如果指定 na_values 参数,无论 keep_default_na 等于 False 还是 True,那么指定的 na_values参数都将被 NaN 覆盖

Pandas 不仅能够通过进行 Excel、csv、html、json 等文件的直接读取生成 DataFrame,还能根据一些数据结构构建 DataFrame,这些数据结构包括列表、元组和字典等。

(2) 读取指定行和指定列

使用参数 usecol 和 nrows 读取指定的列和前 n 行,这样可以加快数据读取速度。如下所示,读取原数据的两列、两行:

```
>>> csv = pd.read_csv ('data/sample.csv', \
                   usecols = ['id', 'name'], \
                   nrows = 2)  #读取'id'和'name'两列,仅读取前两行
>>> csv
id   name
0    1    小明
1    2    小红
```

(3) 使用分块读取

参数 chunksize 可以指定分块读取的行数,此时返回一个可迭代对象,这里的 big.csv 是一个 4 500 行 4 列的 csv 数据,这里设定 chunksize = 900,分 5 块读取数据,每块 900 行,4 个变量,如下所示:

```
>>> csvs = pd.read_csv ('data/big.csv', chunksize = 900)
>>> for i in csvs:
>>>     print (i.shape)
(900,4)
(900,4)
(900,4)
(900,4)
(900,4)
```

可以使用 pd. concat()函数读取全部数据：

```
>>> csvs = pd.read_csv ( 'data/big.csv' , chunksize = 900 )
>>> dat = pd .concat (csvs , ignore_index = True)
>>> dat.shape
(4500,4)
```

(4) 进行缺失值操作

使用 na_values 参数指定预先定义的缺失值，在数据 sample. csv 中，“小青”的分数有取值为 99 999 的情况，这里令其读取为缺失值，操作如下：

```
>>> csv = pd.read_csv ( " data/sample.csv ',
                    na_values = '99999')
>>> csv
id  name    scores
0  1  小明  78.0
1  2  小红  87.0
2  3  小白  99.0
3  4  小青  NaN
4  5  小兰  NaN
```

(5) 文件编码

读取数据时，常遇到乱码的情况，这里需要先弄清楚原始数据的编码形式是什么，再以指定的编码形式进行读取。例如 sample. csv 的编码为' utf-8 '，这里以指定编码读取：

```
>>> csv = pd.read_csv ('data/sample.csv',
                    encoding - 'utf-8')
>>> csv
id  name    scores
0  1  小明   78.0
1  2  小红   87.0
2  3  小白   99.0
3  4  小青   99999.0
4  5  小兰   NaN
```

2) 写出数据

Pandas 的数据框对象有很多方法，其中方法 to_csv 可以将数据框对象以 csv 格式写入本地中。to_csv 方法中的常见参数如表 3-5 所示。

表 3-5　pandas. to_csv 方法中的常见参数

参数	解释
path_or_buf	写到本地 csv 文件的路径
sep = ','	分隔符，默认','
na_rep = ''	缺失值写入符号，默认''
header = True	bool，设置是否写入列名
index = True	bool，设置是否将行数写入指定列
encoding = str	str，以指定编码写入
cols =[…]	list，写入指定列

例如，以如下方式写出，其中' data/write. csv '表示写出的路径，encoding ＝ ' utf-8 '表示以' utf-8 '编码方式输出，' index ＝ False '表示不写出索引列。

```
>>> csv.to_csv ('data/write. csv', encoding = 'utf - 8',index = False)
```

3.1.5 机器学习"四剑客"

1. Numpy

Numpy(Numerical Python)是高性能科学计算和数据分析的基础包。Numpy 的部分功能如下。

① 其中的 ndarray 是一个具有矢量算术运算和复杂广播能力的多维数组，相较于 Python 原生列表，ndarray 存储效率高，计算速度快。

② 能够对整组数据实行快速运算操作，而不需要手动编写循环。

③ 可作为读写磁盘数据的工具以及操作内存映射文件的工具。

④ 具有线性代数运算、随机数生成以及傅里叶变换功能。

⑤ 可作为集成由 C、C＋＋、Fortran 等语言编写的代码的工具。

1）ndarray

① 想要创建一个 ndarray 数组，最简单的办法就是使用 array()函数。array()函数可以接受所有序列型对象，然后产生一个新的含有传入数据的 numpy 数组。其中，嵌套序列将会被转换为一个多维数组。

② 除函数 np. array()外，还存在一些能够新建数组的函数，如 Empty()能够创建不包括任何具体值的数组，ones()、zeros()则可以创建指定长度或形状的全一或者全零数组。

```
>>> import numpy as np
>>> a = [1,2,3,4]            #创建简单的列表
>>> b = np.array(a)          #将列表转换为数组
>>> b
array([1,2,3,4])

# 创建 10 行 10 列的数值为浮点 0 的矩阵
array _zero = np.zeros([10,10])

# 创建 10 行 10 列的数值为浮点 1 的矩阵
array_one = np.ones([10,10])
```

③ 创建随机数组的方法如下。

a. 创建均匀分布数组：

```
>>> np.random.rand(10,10)      #创建指定形状(示例为 10 行 10 列)的数组(范围在 0 至 1 之间)
>>> np.random.uniform(0,100)   #创建指定范围内的一个数
>>> np.random.randint(0,100)   #创建指定范围内的一个整数
```

b. 创建正态分布数组：

```
>>> np.random.normal(1.75,0.1,(2,3)) #给定均值/标准差/维度的正态分布
```

④ 查看数组属性的用法如表 3-6 所示。

表 3-6 查看数组属性的用法

用法	说明
a. size	查看数组元素个数
a. shape	查看数组形状
a. dtype	查看数组元素类型
a. ndim	查看数组维度

2）数组和标量之间的运算

数组能够帮助我们在不编写循环结构的条件下批量运算数据，这就是矢量化(Vectorization)。如果有大小相等的两个数组，那他们之间的算数运算会应用到元素级。同样，数组与标量的算术运算也会将标量值传播到各个元素。

```
>>> arr = np.array([[1.,2.,3.],[4.,5.,6.]])
>>> arr
array([[1.,2.,3.],
    [4.,5.,6.]])
>>> arr - arr
array([[0.,0.,0.],
    [0., 0.,0.]])
>>> arr * arr
array([[ 1.,4.,9.],
    [16.,25.,36.]])
>>> arr * 0.5
array([[1.,1.41421356,1.73205081],
    [2.,2.23606798,2.44948974])
>>> 1 / arr
array([[1.,0.5, 0.33333333],
    [0.25,0.2,0.16666667]])
```

3）基本的索引和切片

Numpy 中的数组索引包含非常丰富的内容，这是由于有很多方法来选取数据子集或单个元素。一维数组十分简单，表面上一维数组就像 Python 的列表。不过一维数组与列表最大的区别是，一维数组切片其实是原始数组的视图，意味着视图上的任何修改都会直接反映到原始数组上，也就是说，数据不会被复制。如果将标量值赋值给一个切片，那么这个值将会自动传播到整个选区上。

```
>>> arr = np.arange(10)
array([0,1,2,3,4,5,6,7,8, 9])
>>> arr[5]
5
>>> arr[5:8]
array([5,6,7])
```

```
>>> arr[5:8] = 12
>>> arr
array([ 0, 1, 2, 3, 4, 12, 12, 12, 8, 9])
>>> arr_slice = arr[5:8]
>> arr_slice[1] = 12345
>> arr
array([0, 1, 2, 3, 4, 12, 12345, 12, 8, 9])
>>> arr_slice[:] = 64
>>> arr
array([0, 1, 2, 3, 4, 64, 64, 64, 8, 9])
```

在二维数组中，各索引位置上的元素不再是标量而是一维数组。可以对各个元素进行递归访问，但是这样有点麻烦。还有一种方式是传入一个以逗号隔开的索引列表来选取单个元素。在多维数组中，如果省略了后面的索引，则返回对象会是一个维度低一点的 ndarray。

```
>>> arr3d = np.array([[[1,2,3],[4,5, 6]],[[7,8, 9],[10,11,12]]])
>>> arr3d
array([[[ 1, 2, 3],
        [4, 5, 6]],
       [[ 7, 8, 9],
        [10, 11, 12]]])
>>> arr3d[0]
array([[1,2,3],
       [4,5,6]])
>>> arr3d[0][1]
array([4,5,6])
>>> arr3d[0,1]
array([4,5,6])
```

4）数学和统计方法

我们可以把聚合计算用作数组的实例方法当成顶级 Numpy 函数，利用数组上某一组特定的数字函数，对某个轴向甚至整个数组的数据进行统计计算平均值(mean)、和(sum)及标准差(std)等。

```
>>> arr = np.random.randn(5,4)    # 返回一个符合标准正态分布的数组
>>> arr.mean()
 -0.022341797127577216
>>> np.mean(arr)
 -0.022341797127577216
>>> arr.sum()
 -0.44683594255154435
```

① mean 和 sum 这类的方法可以接受一个 axis 参数(用于计算该轴向上的统计值)，最终结果是一个一维的数组。

```
>>> arr.mean(axis = 1)
array([ - 0.11320162 , - 0.032351 , - 0.24522299 ,0.13275031 ,0.14631631])
>>> arr.sum(0)
array([ - 1.71093252 ,3.4431099 , - 1.78081725 , - 0.39819607])
```

② 其他如 cumsum 和 cumprod 之类的方法则不聚合，而是产生一个由中间结果组成的数组。

```
>>> arr = np.array([[0,1 ,2], [3,4,5], [6,7,8]])
>>> arr.cumsum(0)
array([[ 0 ,1 ,2],
[ 3 ,5 ,7],
[ 9 ,12 ,15]], dtype = int32)
>>> arr.cumprod(1)
array([[ 0 ,0 ,0],
      [ 3 ,12 ,60],
      [ 6 ,42 ,336]], dtype = int32)
```

③ 表 3-7 展示了基本的数组统计方法。

表 3-7 基本的数组统计方法

方法	说明
sum	对数组中全部或某轴向的元素求和
mean	求数组中元素的算术平均数
std、var	分别求数组中元素的标准差和方差
min、max	分别求数组中元素的最小值和最大值
argmin、argmax	分别求数组中最小和最大元素的索引
cumsum	求数组中所有元素的累加
cumprod	求数组中所有元素的累积

5）线性代数

线性代数（如矩阵乘法、矩阵分解、行列式以及其他方阵数学等）是每一个数组库的重要组成部分。Numpy 提供了一个用于矩阵乘法的 dot()函数（既是一个数组方法，也是 Numpy 命名空间中的一个函数）。

```
>>> x = np.array([[1.,2.,3.],[4.,5.,6.]])
>>> y = np.array([[6.,23.], [ - 1,7],[8, 9]])
>>> x
array([[1.,2.,3.],
      [4.,5.,6.]])
>>> y
array([[ 6.,23.],
      [ - 1.,7.],
      [ 8.,9.]])
>>> x.dot(y)   # 相当于 np.dot(x,y)
array([[ 28.,64.],
      [ 67.,181.]])
```

numpy.linalg 中有一组标准的矩阵分解运算以及求逆和行列式等运算，它们跟 MATLAB 和 R 等语言一样使用的是行业标准级 Fortran 库，常用的 numpy.linalg 函数如表 3-8 所示。

表 3-8 常用的 numpy.linalg 函数

函数	说明
diag()	以一维数组的形式返回方阵的对角线（或非对角线）元素，或将一维数组转换为方阵（非对角线元素为 0）
dot()	矩阵点乘
trace()	计算对角线元素之和
det()	计算矩阵行列式
eig()	计算方阵的特征值和特征向量
inv()	计算方阵的逆
pinv()	计算矩阵的 Mooer-Penrose 的逆
qr()	计算 OR 分解
svd()	进行奇异值分解（SVD）
solve()	解线性方程组 Ax=b，其中 A 为一个方阵
lstsq()	计算 Ax=b 的最小二乘解

2. Pandas

Pandas 可提供性能优越的数据类型以及分析工具，是 Python 的第三方库。它基于 Numpy 实现，常与 Numpy 和 Matplotlib 一同使用。Pandas 中有两大核心数据结构：Series 和 DataFrame，前者是一维数据，后者是同时拥有行索引和列索引的多特征数据，如图 3-23 所示。

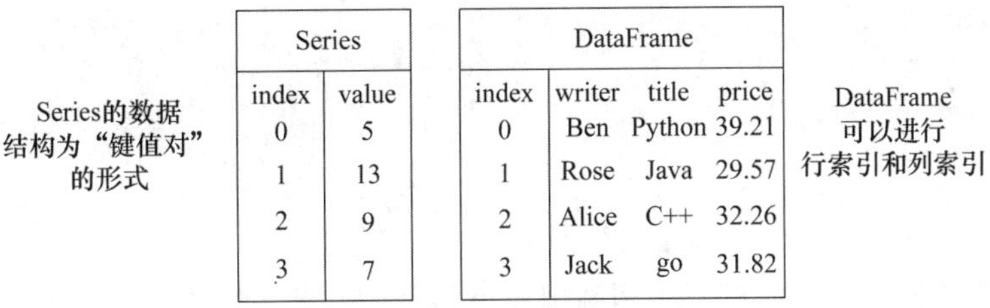

Series的数据结构为“键值对”的形式

Series	
index	value
0	5
1	13
2	9
3	7

DataFrame			
index	writer	title	price
0	Ben	Python	39.21
1	Rose	Java	29.57
2	Alice	C++	32.26
3	Jack	go	31.82

DataFrame 可以进行行索引和列索引

图 3-23 Pandas 中两大核心数据结构

1）两大核心数据结构

（1）Series

Series 是一种类似于一维数组的对象，它由一维数组（各种 numpy 数据类型）以及一组与之相关的数据标签（即索引）组成。Series 可以使用 Python 数组创建，也可以使用 numpy 数组创建，还可以使用 Python 字典创建。与字典不同的是，Series 允许索引重复。

```
>>> import pandas as pd
>>> import numpy as np
>>> pd.Series([11, 12], index = ["北京", "上海"])
北京    11
上海    12
dtype: int64
```

```
>>> pd.Series(np.arange(3,6))
0    3
1    4
2    5
dtype: int32
>>> pd.Series({"北京": 11, "上海": 12, "深圳": 14})
北京     11
上海     12
深圳     14
dtype: int64
```

Series 的字符串中,值在右侧,索引在左侧。在没有为数据指定索引时,Series 会自动创建一个从 0 到 $N-1$ 的整数型索引,其中 N 为数据长度。数组表示形式以及索引对象能够利用 Series 的 values 属性和 index 属性获取。所以,相比于普通 numpy 数组,Series 能够利用索引,选取一组或者单个值。

```
>>> obj = pd.Series([4, 7, -5, 3])
>>> obj.values
array([ 4, 7, -5, 3], dtype=int64)
>>> obj.index
RangeIndex(start=0, stop=4, step=1)
>>> obj[2]
-5
>>> obj[1] = 8
>>> obj[[0, 1, 3]]
0    4
1    8
3    3
dtype: int64
```

可以在算术运算中自动地对齐不同索引数据是 Series 最关键的一个功能。

```
>>> obj2 = pd.Series({"Ohio": 35000, "Oregon": 16000, "Texas": 71000, "Utah": 5000})
>>> obj3 = pd.Series({"California": np.nan, "Ohio": 35000, "Oregon": 16000, "Texas": 71000})
>>> obj2 + obj3
California        NaN
Ohio          70000.0
Oregon        32000.0
Texas        142000.0
Utah              NaN
dtype: float64
```

Series 对象本身及其索引都有一个 name 属性,该属性跟 Pandas 其他的关键功能关系非常密切。它的索引可以通过赋值的方式就地修改。

```
>>> obj3.name = 'population'
>>> obj3.index.name = 'state'
>>> obj3
state
California         NaN
Ohio           35000.0
Oregon         16000.0
Texas          71000.0
Name: population, dtype: float64
>>> obj = pd.Series([4, 7, -5, 3])
>>> obj.index = ['Bob', 'Steve', 'Jeff', 'Ryan']
>>> obj
Bob      4
Steve    7
Jeff    -5
Ryan     3
dtype: int64
```

(2) DataFrame

DataFrame 是一个表格型的数据结构,它含有一组有序的列,每列可以是不同的值类型(数值、字符串、布尔值等)。DataFrame 既有行索引也有列索引,它可以被看作由 Series 组成的字典(两者共用同一个索引)。跟其他类似的数据结构相比(如 R 语言的 data.frame),DataErame 中面向行和面向列的操作基本上是平衡的。DataFrame 中的数据是以一个或多个二维块存放的(而不是列表、字典或别的一维数据结构)。

构成 DataFrame 的方法很多,最常用的一种方法是直接传入一个由等长列表或 Numpy 数组组成的字典。DataFrame 会自动加上索引(跟 Series 一样),且全部会被有序排列。

```
>>> data = {'state': ['Ohio', 'Ohio', 'Ohio', 'Nevada', 'Nevada'], 'year': [2000, 2001, 2002, 2001,
2002], 'pop': [1.5, 1.7, 3.6, 2.4, 2.9]}
>>> frame = pd.DataFrame(data)
>>> frame
    state  year  pop
0   Ohio   2000  1.5
1   Ohio   2001  1.7
2   Ohio   2002  3.6
3   Nevada 2001  2.4
4   Nevada 2002  2.9
```

如果指定了列顺序,则 DataFrame 的列就会按照指定顺序进行排列。跟原 Series 一样,如果传入的列在数据中找不到,就会产生 NAN 值。

```
>>> pd.DataFrame(data, columns = ['year', 'state', 'pop'])
   year   state   pop
0  2000   Ohio    1.5
1  2001   Ohio    1.7
2  2002   Ohio    3.6
3  2001   Nevada  2.4
4  2002   Nevada  2.9
>>> frame2  =  pd.DataFrame(data, columns = ['year', 'state', 'pop', 'debt'],\
    index = ['one', 'two', 'three', 'four', 'five'])
>>> frame2
        year   state   pop  debt
one     2000   Ohio    1.5  NaN
two     2001   Ohio    1.7  NaN
three   2002   Ohio    3.6  NaN
four    2001   Nevada  2.4  NaN
five    2002   Nevada  2.9  NaN
>>> frame2.columns
Index(['year', 'state', 'pop', 'debt'], dtype = 'object')
```

通过类似字典标记的方式或属性的方式,可以将 DataFrame 的列获取为一个 Series,返回的 Series 拥有原 DataFrame 相同的索引,且其 name 属性也已经被相应地设置好了。

```
>>> frame2['state']
one        Ohio
two        Ohio
three      Ohio
four       Nevada
five       Nevada
Name: state, dtype: object
>>> frame2['year']
one        2000
two        2001
three      2002
four       2001
five       2002
Name: year, dtype: int64
```

列可以通过赋值的方式进行修改。例如,给空的"delt"列赋上一个标量值或一组值。

```
>>> frame2['debt']  =  16.5
>>> frame2
        year   state   pop  debt
one     2000   Ohio    1.5  16.5
```

```
two     2001   Ohio   1.7   16.5
three   2002   Ohio   3.6   16.5
four    2001   Nevada 2.4   16.5
five    2002   Nevada 2.9   16.5
>>> frame2['debt'] = np.arange(5.)
>>> frame2
        year   state  pop  debt
one     2000   Ohio   1.5  0.0
two     2001   Ohio   1.7  1.0
three   2002   Ohio   3.6  2.0
four    2001   Nevada 2.4  3.0
five    2002   Nevada 2.9  4.0
```

将列表或数组赋值给某个列时,其长度必须跟 DataFrame 的长度相匹配。如果赋值的是一个 Series,就会精确匹配 DataFrame 的索引,所有空位都将被填上缺失值。

```
>>> val = pd.Series([-1.2, -1.5, -1.7], index=['two','four','five'])
>>> frame2['debt'] = val
>>> frame2
        year   state   pop   debt
 one    2000   Ohio    1.5   NaN
 two    2001   Ohio    1.7   -1.2
three   2002   Ohio    3.6   NaN
 four   2001   Nevada  2.4   -1.5
 five   2002   Nevada  2.9   -1.7
```

为不存在的列赋值会创建出一个新列,关键字 del 用于删除列。

```
>>> frame2['eastern'] = frame2.state == 'Ohio'
>>> frame2
        year   state   pop   debt   eastern
 one    2000   Ohio    1.5   NaN    True
 two    2001   Ohio    1.7   -1.2   True
three   2002   Ohio    3.6   NaN    True
 four   2001   Nevada  2.4   -1.5   False
 five   2002   Nevada  2.9   -1.7   False
>>> del frame2['eastern']
>>> frame2.columns
Index(['year','state','pop','debt'], dtype='object')
```

将嵌套字典(也就是字典的字典)传给 DataFrame,它就会被解释为:外层字典的键作为列,内层键则作为行索引。

```
>>> pop = {'Nevada': {2001: 2.4, 2002: 2.9}, 'Ohio': {2000: 1.5, 2001: 1.7, 2002
: 3.6}}
>>> frame3 = pd.DataFrame(pop)
>>> frame3
      Nevada  Ohio
2000    NaN    1.5
2001    2.4    1.7
2002    2.9    3.6
```

也可以对上述结果进行转置：

```
>>> frame3.T
          2000  2001  2002
Nevada     NaN   2.4   2.9
 Ohio      1.5   1.7   3.6
```

如果设置了 DataFrame 的 index 和 columns 的 name 属性，则这些信息也会被显示出来。

```
>>> frame3.index.name = 'year'
>>> frame3.columns.name = 'state'
>>> frame3
state  Nevada  Ohio
year
2000   NaN   1.5
2001   2.4   1.7
2002   2.9   3.6
```

跟 Series 一样，values 属性也会以二维 ndarray 的形式返回 DataFrame 中的数据。如果 DataFrame 各列的数据类型不同，则数组的数据类型就会选用能兼容所有列的数据类型。

```
>>> frame3.values
array([[nan, 1.5],
       [2.4, 1.7],
       [2.9, 3.6]])
>>> frame2.values
array([[2 000, 'Ohio', 1.5, nan],
        [2001, 'Ohio', 1.7, -1.2],
        [2002, 'Ohio', 3.6, nan],
        [2001, 'Nevada', 2.4, -1.5],
        [2002, 'Nevada', 2.9, -1.7]], dtype = object)
```

2) 索引对象

Pandas 的索引对象负责管理轴标签和其他元数据(如轴名称等)。构建 DataFrame 时，所用到的任何数组或其他序列的标签都会被转换成一个 Index，Index 对象是不可修改的，因此用户不能对其进行修改。

```
>>> obj = pd.Series(range(3), index=['a','b','c'])
>>> index = obj.index
>>> index
Index(['a','b','c'], dtype='object')
>>> index[1:]
Index(['b','c'], dtype='object')
```

在 Pandas 中,索引都有方法和属性,能够用在逻辑设置中,而且可以回答有关该索引包含的数据的一些常见问题。Index 的方法及属性如表 3-9 所示。

表 3-9 Index 的方法和属性

方 法	说 明
append	连接另一个 Index 对象,产生一个新的 Index
diff	计算差集并得到一个新的 Index
intersection	计算交集
union	计算并集
isin	计算一个指示各值是否都包含在参数集合中的布尔型数组
delete	删除索引处的元素,并得到新的 Index
drop	删除传入的值,并得到新的 Index
insert	将元素插入索引处,并得到新的 Index
is_monotonic	当各元素均大于或等于前一个元素时,返回 True
is_unique	当 Index 没有重复值时,返回 True
unique	计算 Index 中唯一值的数组

3. PIL

第三方库 PIL 具有很优秀的图像处理能力。其在命令行下的安装方法为:pip install pillow。其在使用过程中的引入方法为:from PIL import Image。Image 是 PIL 中代表一个图像的类(对象)。

图像是一个由像素组成的二维矩阵,一个 RGB 值对应一个元素。

下列示例是 Image 模块中的一个简单的例子:读取图像,并将其进行 45°旋转,然后进行可视化。

```
>>> from PIL import Image
>>> im = Image.open('test.png')    # 读取图像
>>> im.rotate(45).show()           # 将图像旋转,并用系统自带的图像工具显示图像
```

创建缩略图时,缩略图不能直接双击打开,要使用 PIL.Image 的 open 读取,然后使用 show 方法进行显示。

```
>>> from PIL import Image
>>> import glob, os
>>> size = 128, 128
>>> for infile in glob.glob('*.jpg')               # glob的作用是文件搜索,返回一个列表
...     file, ext = os.path.splitext(infile)  # 将文件名和扩展名分开,用于之后的重命名保存
...     im = Image.open(infile)
...     im.thumbnail(size, Image.ANTIALIAS)   # 等比例缩放
...     im.save(file + '.thumbnail', 'JPEG')
```

常用图像的融合或者合成函数如下:

```
>>> PIL.image.alpha_composite(im1,im2)
>>> PIL.image.blend(im1,im2,alpha)
>>> PIL.Image.composite(im1,im2,mask)
```

上述方法要求im1和im2的mode和size要一致;alpha代表图片占比的意思;mask代表给图片加掩膜mode可以为“1”、“L”或者“RGBA”。

将图像进行灰度化处理的方法如下:

```
Image.convert(mode = None,matrix = None,dither = None,palette = 0,color = 256)
```

使用下面的方式也可以实现图像的灰度化处理:

```
Image.copy()   # 将读取的图像复制一份
>>> from PIL import Image
>>> im = Image.open('test.png')
>>> im = im.convert("L")
>>> im.show()
```

获取图像基本信息的方式如下:

```
>>> from PIL import Image
>>> im = Image.open('test.png')        # 读取图像
>>> bands = im.getbands()              # 显示该图像的所有通道,返回一个tuple
>>> bands
('R', 'G', 'B', 'A')
>>> bboxs = im.getbbox()               # 返回一个像素坐标
>>> bboxs
(0, 0, 238, 295)
```

图像粘贴操作如下:

```
>>> Image.paste(im, box = None, maske = None) # 使用im将图像粘贴到原图像中,两个图像的mode
和size要求一致,若不一致可以使用convert()和resize()函数进行调整
```

4. Matplotlib

Matplotlib库由各种可视化类构成,内部结构复杂。受MATLAB的启发,matplotlib.pylot是绘制各类可视化图形的命令字库,相当于绘制各类可视化图形的快捷方式。

```
plt.plot()
plt.savefig() # 将输出图形存储为文件,默认 PNG 格式,可以通过 dpi 修改输出质量
>>> import matplotlib.pyplot as plt
>>> plt.plot([2, 5, 3, 2, 1, 4, 3])
[<matplotlib.lines.Line2D object at 0x0000016DA87F2940>]
>>> plt.ylabel("Number")
Text(0,0.5,'Number')
>>> plt.savefig("picture", dpi = 500)   # PNG 文件
>>> plt.show()
```

上述代码输出的图像如图 3-24 所示。

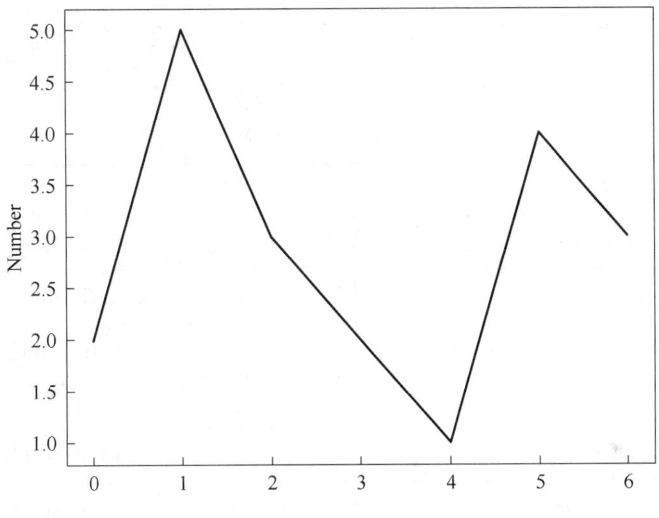

图 3-24 折线图(不指定 x 轴数据)

```
>>> plt.plot(x, y) # 当有两个以上参数时,按照 x 轴和 y 轴顺序绘制数据点
>>> import matplotlib.pyplot as plt
>>> plt.plot([0, 1, 2, 3, 4], [3, 1, 4, 5, 2])
[<matplotlib.lines.Line2D object at 0x0000016DA13FC6A0>]
>>> plt.ylabel("Number")
Text(0,0.5,'Number')
>>> plt.axis([-1, 10, 0, 6])
[-1,5, 0, 6]
>>> plt.show()
```

上述代码输出的图像如图 3-25 所示。

pyplot 的绘图区域:plt.subplot(nrows, ncols, plot_number)可以在全局绘图区域中创建一个分区体系,并定位到一个子绘图区域。

pyplot 的基础图标函数如表 3-10 所示。

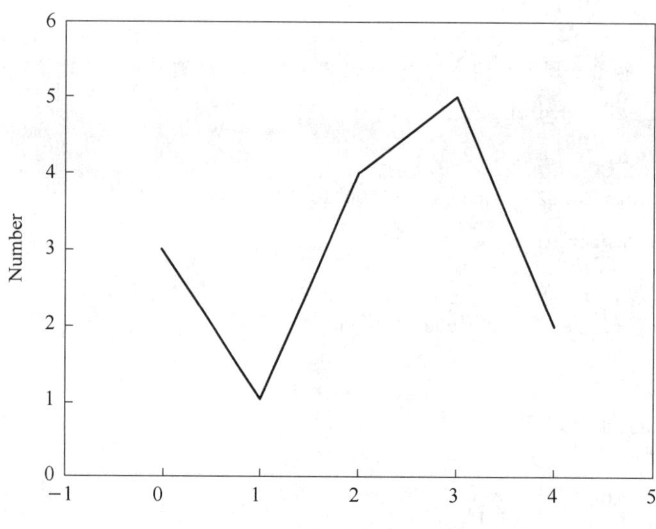

图 3-25 折线图(指定 x 轴数据)

表 3-10 pyplot 的基础图标函数

函数	说明
plt.plot(x, y, fmt, ...)	绘制坐标图
plt.boxplot(data, notch, position)	绘制箱型图
plt.bar(left, height, width, bottom)	绘制条形图
plt.barh(width, bottom, left, height)	绘制横向条形图
plt.polar(theta, r)	绘制极坐标图
plt.pie(data, explode)	绘制饼图
plt.psd(x, NFFT=256, pad_to, Fs)	绘制功率谱密度图
plt.specgram(x, NFFT=256, pad_to, F)	绘制谱图
plt.cohere(x, y, NFFT=256, Fs)	绘制 X-Y 的相关性函数
plt.scatter(x, y)	绘制散点图,其中 x 和 y 的长度相同
plt.step(x, y, where)	绘制步阶图
plt.hist(x, bins, normed)	绘制直方图
plt.contour(X, Y, Z, N)	绘制等值图
plt.vlines()	绘制垂直图
plt.stem(x, y, linefmt, markerfmt)	绘制柴火图
plt.plot_date()	绘制数据日期

（1）饼图的绘制

```
>>> import matplotlib.pyplot as plt
>>> labels = 'Cats','Pandas','Dogs','Brids'
>>> sizes = [20, 30, 40, 10]
>>> explode = (0, 0.1, 0, 0)
>>>plt.pie(sizes, explode = explode, labels = labels, autopct = '%1.1f%%', shadow = False,
    startangle = 90)
>>> plt.axis('equal')
>>> plt.show()
```

上述代码输出的图像如图 3-26 所示。

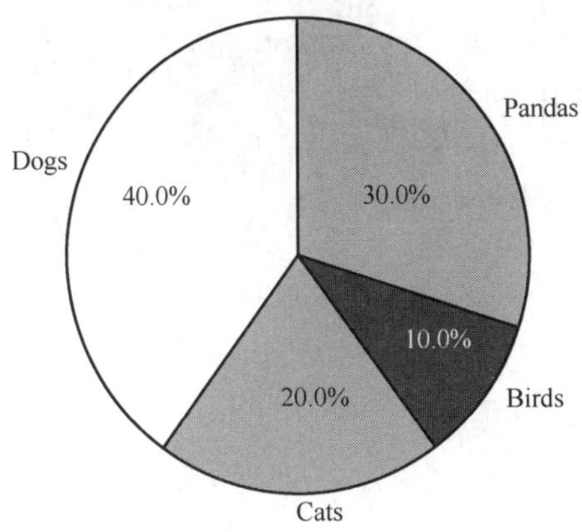

图 3-26　饼图

（2）直方图的绘制

直方图绘制示例如下：

```
>>> import matplotlib.pyplot as plt
>>> import numpy as np
>>> np.random.seed(0)
>>> mu, sigma = 100,10   # 均值和标准值
>>> a = np.random.normal(mu, sigma, size = 100)
>>> plt.hist(a, 20, histtype = 'stepfilled', facecolor = 'b', alpha = 0.8)
>>> plt.title('Histogram')
>>> plt.show()
```

（3）极坐标图的绘制

```
>>> import numpy as np
>>> import matplotlib.pyplot as plt
>>> N = 20
>>> theta = np.linspace(0.0, 2 * np.pi, N, endpoint = False)
>>> radii = 10 * np.random.rand(N)
>>> width = np.pi / 4 * np.random.rand(N)
>>> ax = plt.subplot(111, projection = 'polar')
>>> bars = ax.bar(theta, radii, width = width, bottom = 0.0)
>>> for r, bar in zip(radii, bars):
```

```
...         bar.set_facecolor(plt.cm.viridis(r / 10.))
...         bar.set_alpha(0.5)
...
>>> plt.show()
```

上述代码输出的图像如图 3-27 所示。

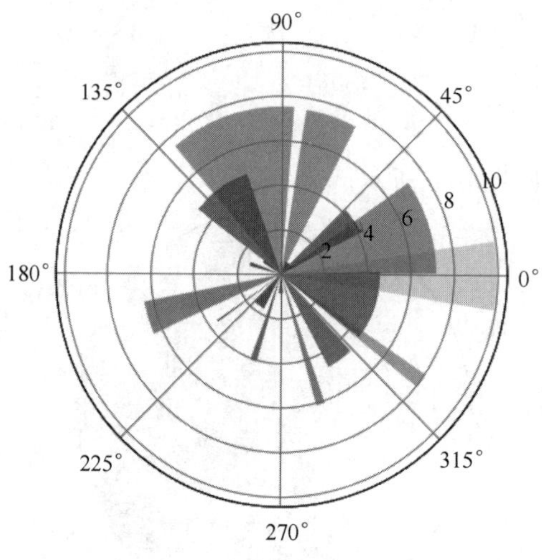

图 3-27　极坐标图

（4）散点图的绘制

```
>>> import numpy as np
>>> import matplotlib.pyplot as plt
>>> fig, ax = plt.subplots()
>>> ax.plot(10 * np.random.randn(100), 10 * np.random.randn(100), 'o')
>>> ax.set_title('Simple Scatter')
Text(0.5, 1.0, 'Simple Scatter')
>>> plt.show()
```

上述代码输出的图像如图 3-28 所示。

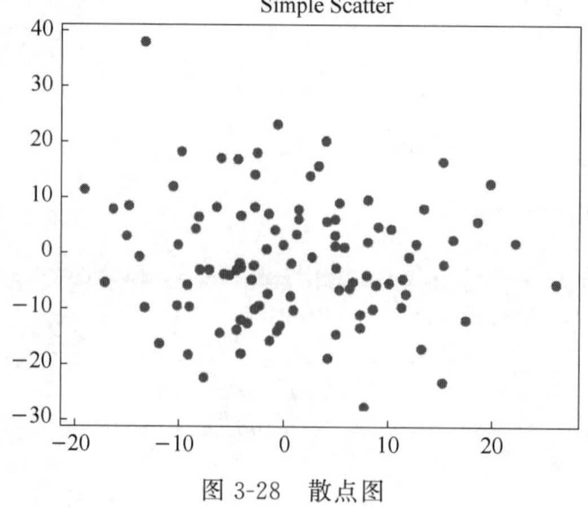

图 3-28　散点图

深度学习框架

3.2 深度学习框架

3.2.1 深度学习框架简介

对于深度学习而言，选择合适的框架非常关键，一个合适的框架能够达到事半功倍的效果。

举一个形象的例子，深度学习的框架就是完整的一套积木，积木的各个部分就是你所要构建的模型或者算法的一部分，你能够根据自己的设计堆砌符合数据集的积木。这样做的好处就是你不必重复生产积木，你可以根据你的图纸(数据集)直接使用已有的模型搭建出你想要的结构。

框架的出现降低了深度学习入门的门槛，从此之后，研究者不必艰难地从神经网络起步一行一行地编写代码，而是可以直接根据需要，利用目前已有的模型，模型的参数可以自行训练，还能够在已经有的模型中添加层，或者在顶端根据需要选择分类器。不过有利就有弊，就好像一套积木中可能并没有你所需要的那一块积木一样，也不存在一个完美的可以适用于所有要求的框架，不同的框架所适用的领域是不一样的。

深度学习的研究者开发不同的框架以应用于不同的领域。目前流行的框架包括Tensorflow、Caffe、Theano、MXNet、Pytorch 以及 PaddlePaddle(飞桨)。下面将逐一介绍。

1. Tensorflow

谷歌开源的 Tensorflow 是一款使用数据流图(Data Flow Graph)进行计算的开源数学计算软件，是使用 C++开发的。Tensorflow 是研究人员和 Google Brain 团队为研究机器学习和深度神经网络而开发的，但在开源后，它几乎适用于各个领域。Tensorflow 架构的灵活性可以保证其部署于一个或多个 CPU、GPU 的计算机和服务器中，甚至可以使用单一的 API 应用在手机等移动设备中。

作为全球使用人数非常多及社区非常庞大的框架，相应的教程非常完善，Google 对其进行频繁的维护和升级。它同时存在 C++和 Python 接口，很多论文的第一个复现版本都使用了 Tensorflow 框架。

2. Caffe

在深度学习领域，与 Tensorflow 名气相当的是一个高效清晰的开源框架——Caffe。它由加州大学伯克利分校的博士贾扬清开发，英文全称为 Convolutional Architecture for Fast Feature Embedding，由伯克利视觉中心进行维护。

从名字就可以看出 Caffe 对卷积网络有良好的支持，它也采用 C++进行编写，不过它只提供 C++接口，而没有提供 Python 接口。

Caffe 流行的原因在于，以前举办的很多 ImageNet 比赛中使用的网络都是用 Caffe 编写的，如果想要利用这些比赛的模型，就必须使用 Caffe，这一点直接影响了许多人的框架选择。

Caffe 的缺陷在于占用了较大的内存，灵活性不够高，而且只有 C++的接口。如今，作为升级版本的 Caffe2 已经开源，其工程水平进一步提高，且完成了部分问题的修复。

3. Theano

Theano由蒙特利尔综合理工学院开发，自2008年诞生以来，衍生出了数量众多的Python深度学习软件包，包括赫赫有名的Blocks以及Keras。这个框架的核心是一个数学表达式编译器，它可以将获取的结构转化为一个能够使用Numpy的、高效的本地库代码。设计Theano的初衷是解决大型神经网络算法的计算问题。作为这类库的首创之一，Theano在深度学习研究领域被视为行业标准。

不过这款框架的研发者绝大多数去了谷歌进行Tensorflow的研发，因此从这个角度讲，Tensorflow就像是Theano的后代。

4. MXNet

MXNet几乎可以满足任何语言的开发者，因为它占用的显存低，性能非常好，有良好的分布式支持。它提供的语言接口有C++、JavaScript、R、Python、Scala、MATLAB等。

那么这款框架的缺陷在于哪里呢？首先是其教程不完善，而且使用的开发者不多，相关的社区规模不够大，其次很少有比赛或者论文是基于MXNet的，因此其知名度不高。

5. Pytorch

作为一个已经诞生10年的、有许多机器学习算法支持的科学计算框架，Torch直到Facebook(现更名为Meta)开源了大量深度学习拓展模块后才真正流行起来。这个框架非常灵活，但是其采用了Lua这个小众编程语言，导致了在如今广泛使用Python作为编程语言的大环境下，新手学习Torch框架的成本比较高。

在Torch底层框架的基础上，Torch7团队使用Python重新编写了大量内容后，Pytorch诞生了。Pytorch更加灵活，提供了Python接口，且支持动态图，完成了强大GPU的加速。与上文介绍的Tensorflow等主流深度学习框架不同的是，Pytorch还支持动态神经网络。

简单来说，我们既可以把PyTorch视为有GPU支持的Numpy，又可以把它当作可以实现自动求导的深度神经网络。目前Facebook、CMU、Twitter以及Salesforce等多家机构都使用了PyTorch。

6. 飞桨

飞桨是百度研发的开源深度学习平台，集服务平台、工具组件以及深度学习核心框架为一体，拥有涵盖推荐引擎、计算机视觉以及自然语言处理等多个领域的工业级应用模型，在中国企业中广泛应用，开发者社区规模很大。

飞桨已经实现了API的稳定，并且向后兼容，拥有优秀的预测性能，能够支撑起移动端、服务器端等各种异构硬件设备的高速推理，其完善的中英双语文档能帮助全球的研究者快速上手。同时，飞桨支持稠密参数和稀疏参数场景的大规模深度学习并行训练，可以实现数百个结点、千亿规模的参数高效并行训练。3.2.3节将重点介绍飞桨。

3.2.2 深度学习框架的主要优势

深度学习自出现以来，凭借其强大的性能和优异的表现，引起了研究者的广泛关注和学习。对于深度学习新手来说，硬件(GPU)的基础环境及与开发相关的软件资源缺一不可。在深度学习的热潮下，许多高校、公司都开源了自己使用的深度学习框架，其在自然语言处理、语音识别、计算机视觉等领域广泛应用。本节将介绍深度学习框架的主要优势。

1. 可简化计算图搭建流程

第一个优势是深度学习框架可简化计算图搭建流程。作为描述函数的语言,计算图(Computation Graph)可以对大部分基础表达式进行建模。它的本质是一个有向无环图,结点表示函数输入,边表示函数操作。

深度学习的框架中存在多种多样的张量和基于张量的操作,随着操作种类的增多,操作间执行关系的复杂程度加深,手动编写代码来构建计算图会耗费很多时间,而且对程序员的要求很高。但是通过使用深度学习框架,计算图搭建就变得简单了起来,计算图对网络里参数的传播也更加精确。这就是为什么人们会选择深度学习框架进行开发。

2. 可简化求导计算

第二个优势是深度学习框架可以使求导计算简便化。在深度学习模型构建过程中,损失函数的计算需要进行大量的微分运算。在深度学习框架中,人工编写微分计算的复杂代码已经成为历史。我们知道,神经网络从某种角度上可以当成,由大量的非线性过程组成的复杂函数体,而计算图的作用就是通过模块化的方式表现这一复杂函数体的内部逻辑体系,所以求这个复杂函数体模型梯度的过程,就转化为在计算图中从输入至输出进行一次遍历的过程。显而易见,计算图的方法与传统方式相比极大地简化了计算流程。所以近十年间,大部分深度学习框架都选择了基于计算图的声明式求解。

3. 运行高效

第三个优势是研究者可以在几乎不修改代码的前提下,把同一份代码部署在 GPU 或 CPU 上。这种灵活的移植性节约了人工处理内存转移等问题上所耗费的精力。当前,进行大规模的深度学习时,数据量的庞大常常会使单机花费很长的时间进行训练。如此一来,多卡 GPU 计算或者集群分布式并行计算就有了用武之地,因此使用具有分布式性能的深度学习框架可以使模型训练更加高效。

3.2.3 PaddlePaddle 简介

PaddlePaddle 是由百度开发的中国第一个开源、功能完善、技术成熟的深度学习平台,PaddlePaddle 以百度多年的深度学习产业技术和相关研究为根基,集深度学习核心训练和预测框架、基础模型库、端到端开发套件、工具组件和服务平台于一体,是中国唯一功能完备、成熟稳定的深度学习平台。如今在中国丰富的高校人才基础支持下,已经有 6 万多家企业、150 多万开发者在 PaddlePaddle 上构建了超过 16 万个模型。

PaddlePaddle 相较于其他开源深度学习框架平台的优势在于:第一,开发接口便捷,灵活性高,性能好,不仅支持声明式编程,还支持命令式编程;第二,支持产业级超大规模的深度学习模型训练,能够支持数百结点、千亿特征、万亿参数规模级别的训练,此外还支持 TensorFlow、PyTorch 等技术领先且开源的大规模参数服务器;第三,支持多端多平台的高性能推理部署,兼容其他开源框架训练的模型,还可以轻松部署到不同架构的平台设备上,在推理速度上全面领先,对国产硬件的支持能力也超过传统框架 PyTorch 和 TensorFlow;第四,提供多领域的产业开源模型库,支持一百多个经过实践打磨的主流模型,开源两百多个预训练模型,包括在国际竞赛中夺得二十多个第一的计算机视觉、强化学习以及自然语言处理模型。

飞桨官网为 http://paddlepaddle.org,其代码参考 https://github.com/PaddlePaddle/Paddle。

PaddlePaddle 作为中国开发的首个深度学习领域框架，支持整个流程的模型开发、训练以及部署，简单好用，效率较高，安全性可靠。它提供的深度学习工具组件丰富，包括 PARL、PaddleHub、VisualDL、AutoDL Design 等。此外，PaddlePaddle 还具备针对不同层次深度学习需求的服务平台 AI Studio 以及 EasyDL。图 3-29 展示了 PaddlePaddle 的生态结构。

<table>
<tr><td>服务平台</td><td colspan="4">EasyDL零基础定制化训练和服务平台</td><td colspan="2">AI Studio一站式开发平台</td></tr>
<tr><td rowspan="2">工具组件</td><td colspan="2">PaddleHub
(通过10行代码完成迁移学习)</td><td>PARL
(深度强化学习框架)</td><td>AutoDL Design
(网络结构自动化设计)</td><td>VisualDL
(训练可视化工具)</td><td>EDL
(弹性深度学习计算)</td></tr>
<tr><td colspan="6">模型库</td></tr>
<tr><td rowspan="5">核心框架</td><td colspan="2">PaddleRec</td><td colspan="2">PaddleNLP</td><td colspan="2">PaddleCV</td></tr>
<tr><td colspan="2">开发</td><td colspan="2">训练</td><td colspan="2">部署</td></tr>
<tr><td rowspan="3">动态图</td><td rowspan="3">静态图</td><td rowspan="3">多机多卡</td><td rowspan="3">大规模稀疏参数服务器</td><td>Paddle Serving</td><td>Paddle Mobile</td></tr>
<tr><td colspan="2">PaddleSlim</td></tr>
<tr><td colspan="2">安全与加密</td></tr>
</table>

图 3-29　PaddlePaddle 的生态结构

PaddlePaddle 来源于百度互联网企业的长期实践，具有强大的超大规模并行深度学习处理能力。其核心竞争力在于：支持高性价比的多机 GPU 参数服务器训练；全面支持大规模异构计算集群；支持稠密参数和稀疏参数场景的超大规模深度学习并行训练；支持数百个结点、千亿规模参数的高效并行训练。

3.3　机器学习 Python 实战：KNN 算法

机器学习
KNN 算法代码

3.3.1　KNN 算法

KNN 算法即最近邻域法，也有人将其称作 K-近邻算法，是一种用于分类和回归的非参数统计方法。此处重点介绍 KNN 算法的原理及其如何在 Python 中实现。

1. KNN 算法原理

KNN 算法属于惰性算法，可以不必事先建立全局的判别公式或规则。如果新样本需要分类，KNN 就可以根据每个新样本与原样本的间距，取最近 K 个样本点的众数（Y 为分类变量的情形）或均值（Y 为连续变量的情形）作为新样本的预测值。

KNN 算法对解释变量的类型没有限制，其最主要的就是超参数 K（即取多少个邻近点合适）和计算距离的方式。在使用 KNN 算法时需要注意以下 3 点。

① 依据解释变量进行观测距离计算时，我们通常使用欧氏距离，当然也可以使用曼哈顿距离。欧氏距离以及曼哈顿距离都是明可夫斯基距离的特例。如果连续变量占比较小，我们一般采用曼哈顿距离（分类变量要转变成虚拟变量），否则使用欧氏距离。

欧氏距离：

$$d_2(x_r,x_s)=[(x_r-x_s)'(x_r-x_s)]^{+}=\left[\sum_{j=1}^{p}(x_{rj}-x_{sj})^2\right]^{+}$$

明可夫斯基距离：

$$d(x,y)=\left[\sum_{j=1}^{p}|x_r-y_r|^m\right]^{\frac{1}{m}}$$

② 对于连续变量，我们应当进行数据标准化操作来消除量纲不一的影响。而对于无序分类变量，我们需要进行生成虚拟变量的操作。

极差标准化：

$$X_{\text{new}}=\frac{X-\min(X)}{\max(X)-\min(X)}$$

中心标准化：

$$X_{\text{new}}=\frac{X-\mu}{\sigma}=\frac{X-\min(X)}{\max(X)-\min(X)}$$

生成哑变量(m-1 principle)：

$$\text{male}=\begin{cases}1, & x=\text{male}\\ 0, & \text{其他}\end{cases}$$

③ 在 K 值的选取方面，我们需要利用遍历的方法来选取最合适的 K 值。这是因为，K 值越小，模型越依赖最近的样本点取值，越不稳健；K 值增大后虽然模型稳健性增强了，但是敏感度下降了。

这里可以使用 AUC 值选取 K 值，遍历结果如表 3-11 所示。

表 3-11 不同 *K* 值下 KNN 的模型表现

K	AUC
2	0.69
3	0.75
4	0.79
5	0.76
10	0.79
15	0.83
20	0.81
25	0.81
30	0.81

AUC 值最大时，K 取值为 20，所以 20 可以选为最佳的 K 值。在实际应用中，还有许多 AUC 指标以外的指标可以用于寻找最佳 K 值。因此，在 KNN 算法实际应用时，依据不同的侧重点选择指标，包括召回率、准确率、F1-score 等。

2. 在 Python 中实现 KNN 算法

在这里举一个 KNN 算法实际应用的例子。某男士想要知道他在婚恋网站上进行登录后，与他喜欢的女性是否能够成功约会。现在他已经收集到了这个网站所有注册男士的基本信息，以及他们约会是否成功的信息，他想要知道的是在自己注册后能否与喜欢的女性成功约会。

KNN 算法可以帮助这位男士解决他的烦恼,原理就是根据那些与该男士条件非常相似的男士约会成功率来判断其是否能约会成功。

这里使用的数据集包含表 3-12 所示的变量。

表 3-12　相关变量说明

字段	含义	类型
income	收入	连续变量
attractive	吸引力评分	连续变量
assets	财产	连续变量
edueduclass	受教育程度	有序分类变量
Dated	是否约会成功	无序分类变量(因变量)

首先进行数据读取并查看基本信息,代码为

```
import pandas as pd

orgData = pd.read_csv ('date_data2.csv')
orgData.describe ()
```

输出结果如表 3-13 所示。

表 3-13　婚恋网站数据集的部分数据

	income	attractive	assets	edueduclass	Dated	income_rank
count	100.000000	100.000000	100.000000	100.000000	100.000000	100.000000
mean	9010.000000	50.500000	96.006300	3.710000	0.500000	1.550000
Std	5832.675288	28.810948	91.082226	1.225116	0.502519	1.140397
min	3000.000000	1.000000	3.728400	1.000000	0.000000	0.000000
25%	5000.000000	28.000000	31.665269	3.000000	0.000000	1.000000
50%	7500.000000	51.000000	70.746924	4.000000	0.500000	2.000000
75%	11500.000000	68.875000	131.481061	4.000000	1.000000	3.000000
max	34000.000000	99.500000	486.311758	6.000000	1.000000	3.000000

然后进行自变量与因变量的提取,自变量包括收入 income、吸引力评分 attractive、受教育程度 edueduclass,以及财产 assets,因变量为是否成功约会 Dated,在这里我们先不考虑其他的变量。在我们所列出的这些自变量里,教育程度 edueduclass 并不连续,但是有序,且分类水平相对较多。所以在婚恋信息数据集的样本量不是特别大的条件下,可以把受教育程度 edueduclass 视作连续变量处理,对受教育程度 edueduclass 进行标准化操作后,就能够利用距离计算公式。而对于那些无序变量或者是某些分类水平相对较少的连续变量,可以在执行哑变量变换之后再进行处理。关于哑变量变换及更多其他数据预处理的内容,可参考本书2.2.2节特征工程。本案例中提取因变量和自变量的代码如下:

```
X = orgData.ix[ : , :4]
Y = orgData[['Dated']]
```

我们知道对距离的计算会受数据尺度、量纲的影响。为了降低这种影响,我们要对数据执

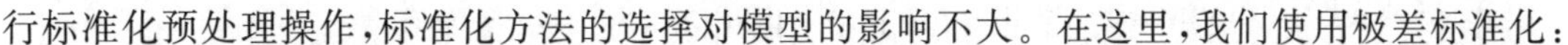

行标准化预处理操作，标准化方法的选择对模型的影响不大。在这里，我们使用极差标准化：

```
from sklearn import preprocessing
min_max_scaler = preprocessing.MinMaxScaler ( )
X_scaled = min_max_scaler.fit_transformm(X)
X_scaled[1:5]
```

对数据集进行标准化后，部分数据如下：

```
array ([ [ 0.        ,  0.13705584,  0.07649535,  0.6     ],
[ 0.        ,  0.05076142,  0.00293644,  0.       ],
[ 0.        ,         0.,  0.00691908,  0.       ],
[ 0.01612903,0.13705584,  0.         ,  0.2     ]])
```

观察标准化后的数据集，发现数据都是在 0 到 1 之间。然后划分训练集和测试集：

```
from sklearn.model_selection import train_test_split
train_data,  test_data,  train_target,test_target = train_test_split(
X_scaled,Y, test_size = 0.25,train_size = 0.75,random_state = 123)
```

需要注意的是，我们是在划分训练集和测试集之前进行标准化操作的，尽管有很多教科书都是这样做的，但这并不规范。这是因为测试数据集对于我们来说应当是完全未知的，包括数据集中每个变量的最小值和最大值。很可能测试集中某个变量的最小值，会小于训练集中这个变量的最小值，从而造成模型的预测精度降低。

数据预处理和训练集划分完成后，使用 KNN 算法进行建模：

```
from sklearn.neighbors import KNeighborsClassifier


model = KNeighborsClassifier (n_neighbors = 3)  # 默认欧氏距离
model.fit (train_data,train_target.values.flatten ())
test_est = model .predict (test_data)
```

最后在测试集上评估模型的效果：

```
import sklearn.metrics as metrics
print (metrics.classification_report (test_target, test_est))
```

KNN 模型的决策类评估指标如下：

```
             precision   recall   f1-score   support
           0      0.92     0.92       0.92        12
           1      0.92     0.92       0.92        13
avg / total      0.92     0.92       0.92        25
```

可以看到模型的整体表现是不错的，fl-score 达到了 0.92。

模型的平均准确度可以使用 score 方法进行计算：

```
model .score (test_data, test_target)
```

得到平均准确率为 0.92：

```
0.9200000000000004
```

至此，建模与评估完成。

在 KNN 算法中除了距离计算方法外，唯一需要确定的参数就是 K 的取值。当 K 较小时，样本寻找与自己最接近的少数几个邻居，这样的模型很容易不稳定，产生过度拟合，在极端情况 $K=1$ 时，样本的标签仅依赖离其最近的那个已知样本。同时，如果 K 值非常大，则预测结果可能会有较大偏差。本例中，我们使用 K 值分别取 1 到 9 的训练模型，然后看它们在测试集上的表现效果。

```
for k in range (1, 10):
    k_model = KNeighborsClassifier(n_neighbors = k)
    k_model.fit (train_data, train_target.values.flatten ( ) )
    score = k _model.score(test_data, test_target)
    print ('when k = %s , the score is %.4f' % (k, score))
```

KNN 算法的参数调优如下：

```
when k = 1 , the score is 0.9200
when k = 2 , the score is 0.8800
when k = 3 , the score is 0.9200
when k = 4 , the score is 0.9200
when k = 5 , the score is 0.8800
when k = 6 , the score is 0.8800
when k = 7 , the score is 0.9200
when k = 8 , the score is 0.8800
when k = 9 , the score is 0.9200
```

我们发现，由于样本量较小，K 的取值与模型得分之间并没有显著规律。当样本量较小时，利用交叉验证来评估模型是非常合适的。所以，接下来通过设定参数搜索空间，交叉验证搜索最优参数：

```
from sklearn.model_selection import ParameterGrid,GridSearchCV


grid = ParameterGrid ({'n_neighbors':[range(1,15)]})
estimator = KNeighborsClassifier()
knn_cv = GridSearchCV(estimator, grid, cv = 4, scoring = 'roc_auc')
knn_cv.fit(train_data, train_target.values.flatten () )


knn_cv.best_params_
```

通过交叉验证，发现 K 的取值为 7 时，效果最优：

```
{ 'n_neighbors' : 7}
```

此时模型的最优得分如下：

```
knn_cv.best_score_
```

最优得分为 0.948 148：

```
0.94814814814814818
```

即训练集上模型交叉验证的 ROC_ AUC 面积为 0.948 148。

在测试集中进行模型评估：

```
metrics.roc_auc_score (test_target, knn_cv.predict (test_data) )
```

在测试集中,模型的 ROC 曲线下的面积 AUC 为 0.919871：

```
0.91987179487179482
```

3.3.2 基于 KNN 算法的婚恋网站数据分析

苏菲一直在线上婚恋网站中寻找合适的约会对象。尽管婚恋网站会推荐各种类型的男性,但她始终没有找到自己喜欢的人。苏菲通过总结发现,自己交往过的人可以分为 3 种类型。

① 不喜欢的人。

② 魅力一般的人。

③ 极具魅力的人。

尽管总结了以上规律,苏菲依旧很难将婚恋网站推荐的对象进行恰当的归类。她想在工作日约会那些魅力一般的人,而在休息日约会那些极具魅力的人。所以苏菲希望我们的模型可以帮她对网站推荐的男性进行更好的分类。除此之外,苏菲还收集到了一些约会网站没有记录过的数据信息,她认为这些信息有助于建立模型。

下面展示在婚恋网站上使用 KNN 算法的关键步骤。

1. 准备数据:使用 Python 解析文本文件

苏菲已经进行了一段时间的婚恋网站以外的数据收集,所收集的这些数据位于文本文件 datingTestSet.txt 中,共有 1 000 行,每个样本数据为一行。每个样本包含如下 3 个特征。

① 每年获得的飞行常客里程数。

② 玩视频游戏所消耗时间百分比。

③ 每周消费的冰淇淋公升数。

我们需要把上述待处理数据的格式转换为分类器能够接受的格式,才能将特征数据输入到分类器。在 kNN.py 中创建 file2matrix()函数来处理格式转换问题。file2matrix()函数的输入数据为文件名字符串,输出数据为训练样本矩阵和类标签向量。

程序清单 1:将文本记录转换为 NumPy 的解析程序。

将下面的代码增加到 kNN.py 模块中。

```
def file2matrix(filename) :
    fr = open (filename)
    arrayOLines = fr.readlines ()
    NumberOfLines = len ( arrayOLines)
    returnMat = zeros ((numberofLines , 3))
```

```
        classLabelVector = []
        index = 0
        for line in arrayOLines:
            line = line .strip()
            listFromLine = line .split ('\t')
            returnMat [index, : ] = listFromLine [0 :3]
        classLabelVector.append (int (listFromLine [ - 1]))
        index += 1
    return returnMat , classLabelVector
```

利用 Python 来处理文本文件非常方便。首先需要打开文件,得到这个文本文件的行数。其次创建一个用零进行填充的矩阵 NumPy。为了简化处理,把这个矩阵的另一个维度设定为固定值 3,根据实际需求,可以增加相应代码以适应变化的输入值。最后循环处理文件中的每行数据。我们需要利用函数 line. strip()截取掉所有数据中的回车字符,再利用 tab 字符\t 将上一步操作获得的整行数据分割为一个元素列表,将前三个元素存储到特征矩阵中。Python 中的索引值-1 代表列表中的最后一列元素,通过索引值-1,将列表最后一列元素存入向量 classLabelVector。为了避免 Python 将这些元素当作字符串处理,必须告知解释器,其列表中存储的元素值是整型。NumPy 函数库可以帮我们自动处理这些变量值类型问题。

在 Python 命令提示符下输入如下命令:

```
>>> reload (kNN)
>>> datingDataMat , datingLabels = kNN. file2matrix ('datingTestSet. txt')
```

使用函数 file2matrix()读取文件数据,必须确保文件 datingTestSet. txt 存储在我们的工作目录中。此外在执行这个函数之前,我们重新加载了 kNN. py 模块,以确保更新的内容可以生效,否则 Python 将继续使用上次加载的 kNN. py 模块。

成功导入 datingTestSet. txt 文件中的数据之后,进行简单的数据内容检查。Python 的输出结果如下:

```
>>> datingDataMat
array ([[7.29170000e + 04,7.10627300e + 00,2.23600000e - 01],
        [1.42830000e + 04,2.44186700e + 00,1.90838000e - 01].
        [7.34750000e + 04,8.31018900e + 00,8.52795000e - 01],
        …,
        [1.24290000e + 04,4.43233100e + 00,9.24649000e - 01].
        [2.52880000e + 04,1.31899030e + 01,1.05013800e + 00],
        [4.91800000e + 03,3.01112400e + 00,1.90663000e - 01]])
>>> datingLabels [o:20]
[ 3,2,1,1,1,1,3,3,1,3,1,1,2,1,1,1,1,1,2,3 ]
```

现在已经从文本文件中导入了数据,并将其格式转为想要的格式,接着我们需要了解数据的真实含义。当然我们可以直接浏览文本文件,但是这种方法非常不友好,一般来说,我们会采用图形化的方式直观地展示数据。下面就用 Python 工具以图形化的方式展示数据内容,以便辨识出一些数据模式。

2. 分析数据:使用 Matplotib 创建散点图

首先我们使用 Matplotib 制作原始数据的散点图,在 Python 命令行环境中,输入下列命令:

```
>>> import matplotlib
>>> import matplotLib. pyplot as plt
>>> fig = plt. figure ()
>>> ax = fig. add_ subplot (111)
>>> ax. scatter (datingDataMat [:,1], datingDataMat [:,2])
>>> plt. show()
```

其输出效果如图 3-30 所示。散点图使用 datingDataMat 矩阵的第二、第三列数据,分别表示特征值"玩视频游戏所耗时间百分比"和"每周消费的冰淇淋公升数"。

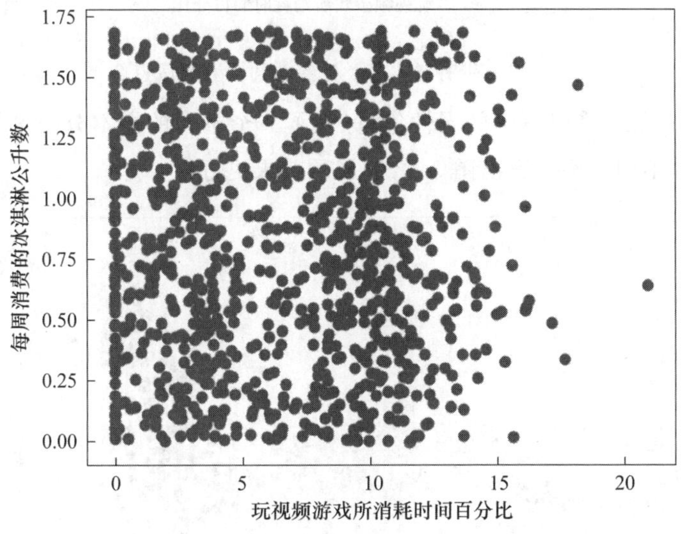

图 3-30 没有样本类别标签的约会数据散点图

由于没有使用样本分类的特征值,难以辨识图 3-30 中的点究竟属于哪个样本分类,很难看到任何有用的数据模式信息。

一般来说,我们会采用色彩或其他的记号来标记不同的样本分类,以便更好地理解数据信息。Matplotlib 库提供的 scatter()函数支持个性化标记散点图上的点。重新输入上面的代码,调用 scatter()函数时使用下列参数:

```
>>> ax. scatter (datingDataMat[:,1], datingDataMat[:,2],
15.0 * array (datingLabels), 15 .0 * array (datingLabels))
```

上述代码利用变量 datingLabels 存储的类标签属性,在散点图上绘制了色彩不同、尺寸不同的点。你可以看到一个与图 3-30 类似的散点图。从图 3-30 中,我们很难看到任何有用的信息,然而由于图 3-31 利用颜色及尺寸标识了数据点的属性类别,因而我们基本上可以从图 3-31 中看到数据点所属 3 个样本分类的区域轮廓。

本节我们学习了如何使用 Matplotlib 库图形化展示数据,图 3-31 中使用了矩阵属性列 0

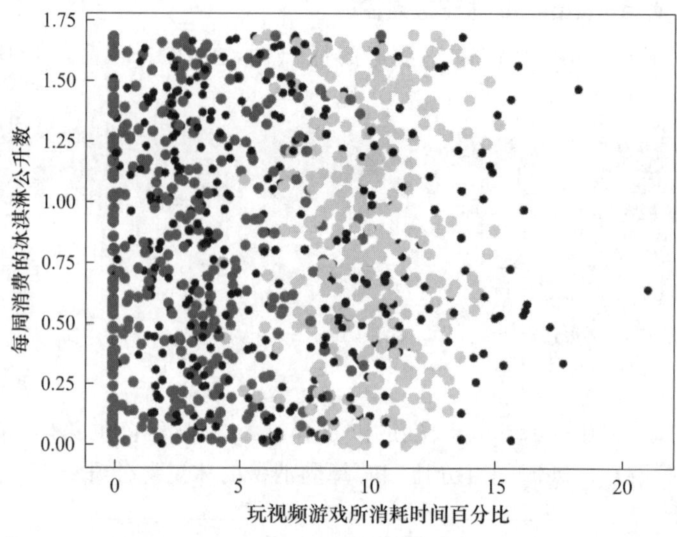

图 3-31　带有样本分类标签的约会数据散点图

和 1 展示数据。图 3-32 采用不同的属性值，标识了 3 个不同的样本分类区域，具有不同爱好的人的类别区域也不同。可以看出图 3-32 的展示效果更好。

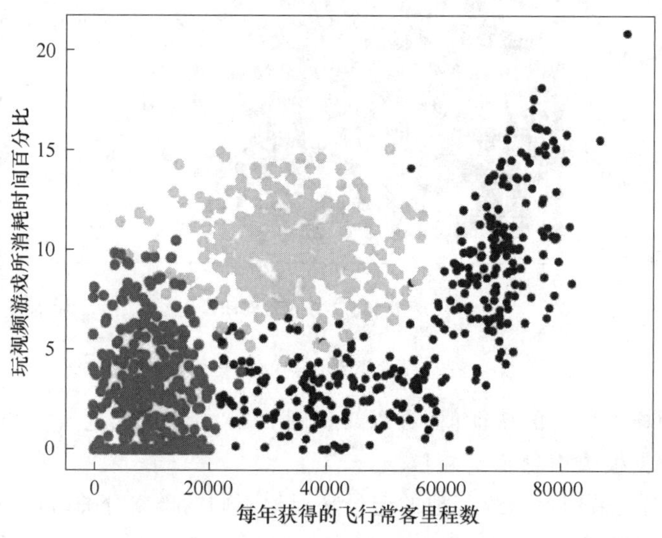

图 3-32　每年获得的飞行常客里程数与玩视频游戏所消耗时间百分比的约会数据散点图

3. 准备数据：归一化数值

表 3-14 给出了提取的 4 组数据，使用如下方法计算样本 3 和样本 4 之间的距离：

$$\sqrt{(0-67)^2+(20\,000-32\,000)^2+(1.1-0.1)^2}$$

上面方程中数字差值最大的属性对计算结果的影响最大，也就是说，每年获得的飞行常客里程数对计算结果的影响远远大于另外两个特征。产生这种现象的原因仅仅是飞行常客里程数远大于其他特征值。但苏菲认为这 3 种特征同等重要，因此将其作为 3 个等权重的特征之一，飞行常客里程数对计算结果的影响不该这么大。

表 3-14 约会网站原始数据改进之后的样本数据

序号	玩视频游戏所消耗时间百分比	每年获得的飞行常客里程数	每周消费的冰淇淋公升数	样本分类
1	0.8	400	0.5	1
2	12	134 000	0.9	3
3	0	20 000	1.1	2
4	67	32 000	0.1	2

如何处理这种取值范围不同的特征值呢？一般而言，数值归化法(如把取值范围规定到[0,1]或者[−1,1]区间)可以解决该问题。下面我们给出将任意取值范围的特征值转换到[0,1]区间的公式：

```
newValue = (oldValue - min) / (max - min)
```

min、max 是数据集的最小特征值和最大特征值。尽管这样增加了分类器的复杂度，但为了得到准确的结果，还是应该执行这样的操作。接下来我们要在 kNN. py 中增加一个能够自动将数字特征值转化到[0,1]区间的函数 autoNorm()。

程序清单 2：归一化特征值的程序。

程序清单 2 提供了函数 autoNorm()的代码。

```
def autoNorm (dataSet)
    minVals = dataSet.min (0)
    maxVals = dataSet.max (0)
    ranges = maxVals - minVals
    normDataSet = zeros (shape (dataSet) )
    m = dataSet.shape [0]
    normDataSet = dataSet - tile(minVals,(m,1))
    normDataSet = normDataSet/tile (ranges, (m,1))
    return normDataSet, ranges, minVals
```

在这个函数中，每一列的最小值放在变量 minVals 中，每一列的最大值放在变量 maxVals 中。注意，dataSet. min(0)中，参数 0 能够让函数从当前列选取最小值，不是从当前行中选取最小值。接下来函数计算可能的取值范围，并创建新的返回矩阵。为了归一化特征值，我们必须使用当前值减去最小值，然后除以取值范围。注意，minVal 和 range 的值均为 1 × 3，而特征值矩阵含 1 000×3 个值。为了解决这个问题，我们使用 NumPy 库中的 tile()函数将变量内容复制成与输入矩阵同样大小的矩阵，注意这是具体特征值相除，而对于某些数值处理软件包，“/”可能意味着矩阵除法，但在 NumPy 库中，矩阵除法需要使用函数 linalg. solve (matA, matB)。

重新加载 kNN. py 模块，然后执行函数 autoNorm()，检测结果如下：

```
>>> reload (kNN)
>>> normMat, ranges, minVals = kNN.autoNorm (datingDataMat)
>>> normMat

Array( [ [ 0.33060119, 0.58918886, 0.69043973],
       [ 0.49199139, 0.50262471, 0.13468257],
```

```
        [ 0.34858782, 0.68886842, 0.59540619],
        …,
        [ 0.93077422, 0.52696233, 0.58885466],
        [ 0.76626481, 0.44109859, 0.88192528],
        [0.0975718, 0.02096883, 0.2443895]])
>>> ranges
array( [8. 78430000e+04,     2.02823930e+01,     1.69197100e+00])
>>> minVals
array([ 0.     ,0.     ,      0.0018181)
```

这里我们也可以只返回 normMat 矩阵，但是接下来我们将需要取值范围和最小值归一化测试数据。

4. 测试算法：用完整程序验证分类器

前面我们按照苏菲的需求对数据进行了处理，下面将检测分类器的效果，如果其正确率满足要求，那么苏菲就能够利用此模型处理婚恋网站所推荐的约会对象了。对于机器学习算法而言，评估算法的正确率非常关键。在一般情况下，我们会用 10%的数据来测试，而用 90%的数据来训练。注意 10%的测试数据应当是随机选择的，因为苏菲所提供的原始数据并没有排序，因此可以选择任意的 10%的数据。

在上文中我们提过，分类器的性能可以用错误率来检测。顾名思义，错误率就是分类器进行错误分类的次数除以测试总次数。错误率是 1.0 的分类器不会进行任何正确的分类，而错误率为 0 的分类器就是完美分类器。我们可以在代码中定义一个计数器变量，如果分类器分类错误，则计数器自动加 1。在程序执行完毕后，计数器数值除以所有数据点的总数就是错误率。为了测试分类器效果，在 kNN. py 文件里创建自包含函数 datingClassTest()。在任何 Python 环境中，我们都可以利用这个函数来进行分类器效果的测试。

程序清单 3：分类器针对约会网站的测试代码。

在 kNN. py 文件中输入如下代码：

```
def datingClassTest ():
    hoRatio = 0.10
    datingDataMat , datingLabels = file2matrix( 'datingTestSet .txt')
    normMat, ranges, minVals = autoNorm (datingDataMat)
    m = normMat. shape [0]
    numTestVecs = int (m * hoRatio)
    errorCount = 0.0
    for i in range (numTestVecs):
        classifierResult = classify0 (normMat [i, :] , normMat[numTestVecs:m,:],\
                datingLabels [numTestVecs:m] ,3)
        print "the classifier came back with: %d,the real answer is: %d"\
                % (classifierResult, datinglabels[i])
        if (classifierResult != datingLabels[i]): errorCount += 1.0
print "the total error rate is: %f" % (errorCount/float (numTestVecs) )
```

程序清单 3 展示了 datingClassTest()函数，首先使用 file2matrix()函数进行数据读取，

autoNorm()函数将读取的数据转化成归一化特征值。然后计算测试向量的数量,划分测试集和训练集,将测试数据和训练数据输入原始 kNN 分类器函数 classify()。最后,classify()函数计算错误率并输出结果。需要注意的是,我们这里使用的是原始分类器,本章花了大量的篇幅讲解数据处理方法,以及把数据转化为分类器可以使用的特征值的方法。但是获得可靠的数据也同样关键,本书的后续章节将对其进行介绍。

在 Python 命令提示符中重新加载 kNN 模块,并输入 kNN. datingClassTest(),测试分类器。

```
>>> kNN.datingClassTest()
the classifier came back with: 1, the real answer is: 1
the classifier came back with: 2, the real answeris: 2
the classifier came back with: 1, the real answer is: 1
the classifier came back with: 2, the real answer is: 2
the classifier came back with: 3, the real answer 1s: 3
the classifier came back with: 3,the real answer is: 1
the classifier came back with: 2, the real answer 1s: 2
the total error rate is: 0.024000
```

上述结果表明分类器的错误率为 2.4%,这个结果相当不错。我们可以通过改变函数 datingClassTest()的内变量 hoRatio 和变量 k 的值,检测变量值对错误率的影响。分类器的输出结果依赖分类算法、数据集和程序设置。

在本案例中,2.4%的错误率表明我们能够帮助苏菲正确预测约会对象匹配的分类结果。苏菲可以在该模型中输入匹配对象的特征属性,然后让该模型帮助执行分类操作。

5. 使用算法:构建完整可用系统

在上述步骤中,我们完成了在数据上测试分类器的任务。接下来我们就能够使用这个分类器,帮助苏菲对匹配对象进行分类。苏菲可以利用我们给她的一小段程序来输入信息,这个程序会自动给出她对匹配对象喜欢程度的预测值。

程序清单 4:约会网站预测函数的程序。

把下列代码添加于 kNN. py 文件,然后重新载入 kNN 模块。

```
def classifyPerson ():
    resultList = ['not at all','in small doses','in large doses']
    percentTats = float(raw_input(\
            "percentage of time spent playing video games?"))
    ffMiles = float(raw_input ("frequent flier miles earned per year?") )
    icecream = float (raw_input ( "liters of ice cream consumed per year?" ) )
    datingDataMat , datingLabels = file2matrix ( 'datingTestSet2.txt')
    normMat , ranges, minVals = autoNorm(datingDataMat)
    inArr = array ( [ffMiles, percentTats, icecream] )
    classifierResult = classify0 ((inArr-\
            minVals)/ranges , normMat , datingLabels, 3 )
    print "You will probably like this person: " ,\
            resultList[classifierResult - 1]
```

上述程序清单中的大部分代码我们在前文都见过。唯一新加入的代码是函数 raw_input()。

该函数允许用户输入文本行命令并返回用户所输入的命令。为了解程序的实际运行效果，输入如下命令：

```
>>> kNN.classifyPerson [)
percentage of time spent playing video games? 10
frequent flier miles earned per year? 10000
liters of ice cream consumed per year? 0 .5
You will probably like this person: in small doses
```

目前为止，我们已经学习了如何在数据上构建分类器。

第 4 章

机器学习分类算法

4.1 分类算法简述

分类算法简述

分类归属于预测任务，是利用学习训练数据集，获得目标函数 f（构建模型），将每一个属性集 x 映射至目标属性 y（分类），而且 y 必须是离散的，如果 y 连续，则该分类归属于回归算法。一个简单的分类举例如图 4-1 所示。

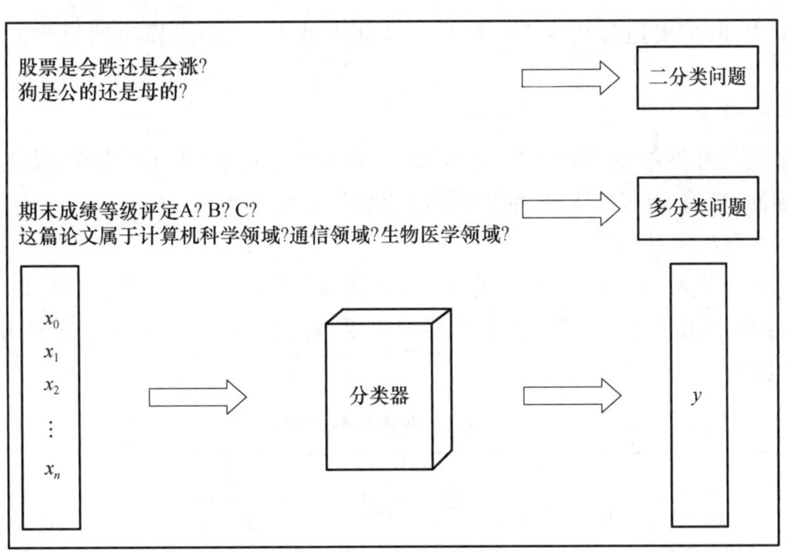

图 4-1　二分类及多分类问题

分类的基本流程主要分为模型建立、分类算法选择。

1. 模型建立

分类过程首先需要将生活的数据转换为计算机能够理解的数据，这些数据常常以表的形式出现。以阿里云天池大数据竞赛题目为例，已知客户行为信息以及商品内容，预测推荐给客户的哪件商品会被客户购买。

人的每一个行为都可以抽象成属性，如是否购买过同类产品，买东西的频率是多少，从进去网页到将产品放进购物车的平均时间是多少，从将产品放入购物车到下单的时间是多少，是否曾经把购物车的东西拿出来过，有无评论买过东西的习惯，有无退货习惯，买过最贵的东西是什么价位，买过最便宜的东西是什么价位……

如表 4-1 所示，真实生活中数据可能有很多属性，需要我们决定保留哪个属性(特征选择)，如“买过的最便宜商品是多少钱”这个属性可以去掉，“上次买东西是多久前”与“买东西的频率”这两个属性可以只保留一个。接着我们需要将数据转换为计算机可以理解的格式(属性转换与模型建立)，如将“买东西频率”→“3 天一次”转换为“买东西的频率(每月)”→“10 次”。

表 4-1　生活中各种数据的属性

数据名	属性
客户 ID	1
是否购买过同类产品	是
买东西的频率	3 天一次
有无退货习惯	有
买过的最贵商品是多少钱	799
买过的最便宜商品是多少钱	32
买过的商品平均是多少钱	78
上次买东西是多久前	3 天前

(1) 特征选择

在这一步中，我们要通过减少特征数量以及降维的方法，加强模型的泛化能力，尽可能减少过拟合的发生。

(2) 数据类型

数据对象的集合能够视为数据集，数据对象也就是记录、向量、点、事件、模式、实体、样本；属性也就是特性、变量、特征、字段、维；而属性的数量也就是维度。

(3) 属性类型与属性转换

首先确定你所选取的特征是什么类型，再将其通过属性转换为计算机可以理解的格式。例如，人名属于标称属性，但有时候人名可能会重复，可以将其转换为不重复的 ID。属性类型区分如表 4-2 所示。

表 4-2　属性类型区分

属性类型		描述	例子	操作
分类的(定性的)	标称	标称属性的值仅仅只是不同的名字，即标称值只是提供足够的信息以区分对象(=、≠)	邮政编码、雇员 ID、眼球颜色、性别	众数、熵、列联相关、χ^2 检验
	序数	序数属性的值提供足够的信息确定对象的序(<、>)	矿石硬度(好、较好、最好)、成绩、街道号码	中值、百分比、秩相关、游程检验、符号检验
数值的(定量的)	区间	对于区间属性，值之间的差是有意义的，即存在测量单位(+、−)	日历日期、摄氏或华氏温度	均值、标准差、皮尔逊相关、t 检验和 F 检验
	比率	对于比率变量，差和比率都是有意义的(*、/)	绝对温度、货币量、计数、年龄、质量、长度、电流	几何平均、调和平均、百分比差异

其次根据值的个数，将属性区分为离散属性或者连续属性。离散属性中每个值的价值相同，如“皮肤颜色”这个属性中，“黑”“白”“黄”3 个值的价值相同。而“是不是黑人”这个属性中，“是”“否”的价值不相同，可能“是”在实际应用中的价值更大。“皮肤颜色”属性称为对称属性，“是不是黑人”属性称为非对称属性。

2. 分类算法选择

常用分类算法有贝叶斯(Bayes)分类算法、决策树(Decision Tree，DT)算法、K-近邻算法、支持向量机。

选择算法时应权衡算法的如下能力。

① 准确率：能够正确预测未见过的或者新数据的类标号能力，是模型最重要的指标。若这个模型的分类准确率低于 50%，那这个模型的结果就是没有意义的。在其他条件相等的前提下，我们首先要选择准确率高的分类算法。

② 速度：模型运行的时间复杂度。模型训练所需的实验数据集常常是很大的，在通常情况下数据集大小与准确率成正比。在实际应用过程中，过长的模型训练或推理时间过长会对用户的使用体验造成极大的影响。

③ 稳健性：在有噪声数据或者空缺值的条件下，依旧能够给出正确预测的能力。在实际应用过程中，数据库往往会有噪声，有的时候噪声还会特别大。而一个不善于消除噪声影响的分类算法，会对分类准确率造成巨大的影响。

④ 可伸缩性：在给定大量数据的条件下，能够有效建造模型的能力。应用过程中部分分类算法可以在数据量很小的前提下依旧能够建造有效模型，不过数据量的增大，将导致难以高效构筑新的模型，这一点也会对分类准确率造成巨大的影响。

4.2 决策树算法

4.2.1 信息熵与信息增益

对于 ID3 算法，需要利用信息增益，选取最具解释力度的变量。我们如果想要明白什么是信息增益，就要先了解信息熵的(Entropy)定义。对于一个取有限个值的高散随机变量 D，信息熵的计算公式为

$$\text{Info}(D) = -\sum_{i=1}^{m} p_i \log_2 p_i \tag{4-1}$$

其中 m 代表随机变量 D 里面水平的个数，p 代表随机变量 D 取水平 i 的概率。

如果随机变量 D 的混乱程度较低，水平较少，信息熵会比较小，如果其混乱程度高，水平较高，信息熵会比较大，这就是信息熵的特点。一个随机变量的纯净程度或者混乱程度，就可以根据这个特点来进行衡量。

对于这个随机变量 D，如果引入另一个变量 A，变量 A 的水平分割变量 D 的水平。那么，对变量 A 的各水平之下随机变量 D 的加权信息熵求和，所得结果即表示引入 A 后随机变量 D 的混乱程度，也即条件熵：

$$\text{Info}_A(D) = \sum_{j}^{V} \frac{|D_j|}{|D|} \times \text{Info}(D_j) \tag{4-2}$$

其中，j 表示属于变量 A 的某水平；V 表示变量 A 的水平总数；D_j 表示变量 A 之中的 j 水平将随机变量 D 分割的观测数；D 表示随机变量 D 的水平总数；$\text{Info}(D_j)$表示随机变量 D 于 j 水平分割下的信息熵。

我们在获得随机变量 D 的信息熵及其加入变量 A 后的条件熵后，就可用信息熵与条件熵之差得到信息增益。信息增益的含义为，在变量 A 加入后，随机变量 D 的混乱程度发生的改变。明显，如果这种变化很大，那么变量 A 对随机变量 D 的影响也会增大，这就是信息增益的概念：

$$\text{Gain}(D|A) = \text{Info}(D) - \text{Info}_A(D) \tag{4-3}$$

$\text{Gain}(D|A)$代表随机变量 D 在引入变量 A 后的信息增益。$\text{Info}(D)$代表随机变量 D 的信息熵。$\text{Info}_A(D)$代表随机变量 D 引入变量 A 后的条件熵。

接下来以某商品销售数据(如表 4-3 所示)为例进行说明。

表 4-3 商品销售数据

age	income	student	credit_rating	buy
≤30	high	no	fair	no
≤30	high	no	excellent	no
31-40	high	no	fair	yes
>40	medium	no	fair	yes
>40	low	yes	fair	yes
>40	low	yes	excellent	no
31-40	low	yes	excellent	yes
≤30	medium	no	fair	no
≤30	low	yes	fair	yes
>40	medium	yes	fair	yes
≤30	medium	yes	excellent	yes
31-40	medium	no	excellent	yes
31-40	high	yes	fair	yes
>40	medium	no	excellent	no

在这个销售例子中，目标变量为 buy 的信息熵：

$$\text{Info}(\text{buy}) = -\frac{9}{14}\log_2\frac{9}{14} - \frac{5}{14}\log_2\frac{5}{14} = 0.940$$

此处加入变量 age，计算 buy 的条件熵：

$$\begin{aligned}\text{Info}_{\text{age}}(\text{buy}) = &\frac{5}{14}\times\left(-\frac{2}{5}\log_2\frac{2}{5} - \frac{3}{5}\log_2\frac{3}{5}\right) + \\ &\frac{4}{14}\times\left(-\frac{4}{4}\log_2\frac{4}{4} - \frac{0}{4}\log_2\frac{0}{4}\right) + \frac{5}{14}\times\left(-\frac{3}{5}\log_2\frac{3}{5} - \frac{2}{5}\log_2\frac{2}{5}\right) \\ = &0.694\end{aligned}$$

目标变量 buy 引入变量 age 后的信息增益：

$$\text{Gain}(\text{buy}|\text{age}) = \text{Info}(\text{buy}) - \text{Info}_{\text{age}}(\text{buy}) = 0.246$$

一样的道理，我们能够得到计算变量 income、student 以及 credit_ rating 分别对目标变量 buy 的信息增益：

$$\text{Gain}(\text{buy}|\text{income}) = 0.029$$

$$\text{Gain}(\text{buy}|\text{student}) = 0.151$$

$$\text{Gain}(\text{buy}|\text{credit\_rating}) = 0.048$$

很明显，对因变量有最大信息增益的是变量 age。其含义是当我们处于变量 age 的条件下时，有因变量下降最多的混乱程度，也就是说，age 为最关键自变量。

4.2.2 ID3 算法的原理

信息熵可用来衡量信息量的大小。

① 不确定性趋向于增大，那么信息量会变大，同时导致熵增大。

② 不确定性趋向于减小，那么信息量会变小，同时导致熵减小。

随构造树深度的增加，结点熵快速降低，这就是构造数的基本思路。我们期望获得最快的熵降低速度，以获得高度最矮的决策树。

构建决策树的基本过程如下。

① 把所有记录看作一个结点。

② 将剩余每个属性变量作为分割方式来遍历，根据信息增益最大的准则，找到最优的属性作为树的分割点。

③ 根据该属性的取值将根结点分割成若干个子结点 $N_1, N_2, \cdots$。

④ 继续执行第 2 步和第 3 步，每个子结点都包含在内，一直到每个结点的“纯”度达到要求。

信息增益最大的变量为首要变量，根据首要变量的水平建起决策树的第一层。以上述商品销售数据为例，其首要变量为 age，age 的 3 个水平分别为“＜30”“31-40”“＞40”，因此决策树的第一层如图 4-2 所示。

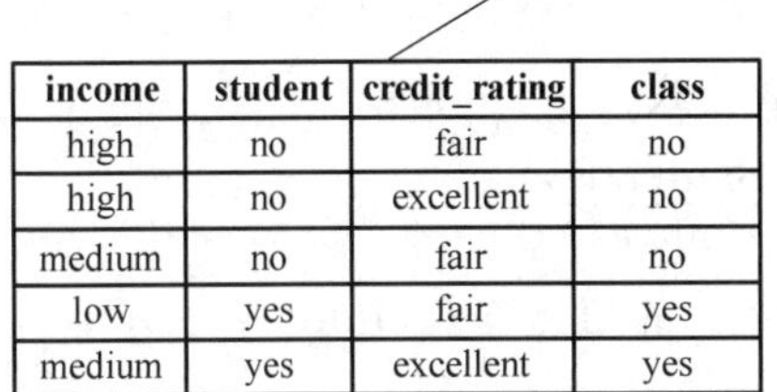

income	student	credit_rating	class
high	no	fair	no
high	no	excellent	no
medium	no	fair	no
low	yes	fair	yes
medium	yes	excellent	yes

income	student	credit_rating	class
medium	no	fair	yes
low	yes	fair	yes
low	yes	excellent	no
medium	yes	fair	yes
medium	no	excellent	no

income	student	credit_rating	class
high	no	fair	yes
low	yes	excellent	yes
medium	no	excellent	yes
high	yes	fair	yes

图 4-2 按照年龄的第一层划分

在第一层决策树的各个结点上，重新计算各个量，以此为根据建立第二层决策树。例如，当 age 水平为“<30”的时候，首先变量为 student，那么可以在“<30”这一结点上以 student 为根据建立第二层决策树。以此类推，第二层决策树的建树结果如图 4-3 所示。

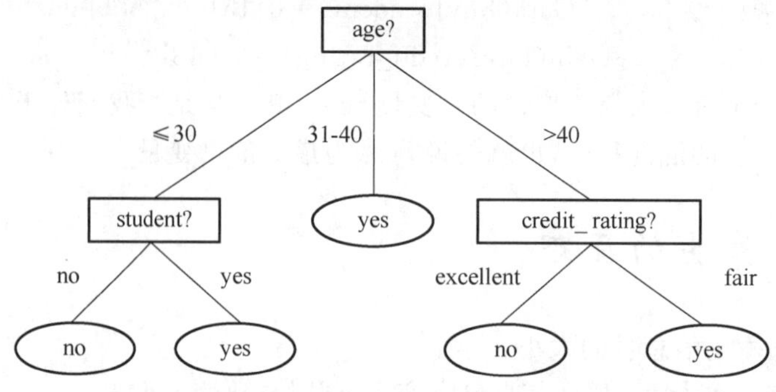

图 4-3　第二层决策树的建树结果

如此，决策树便可以不断地建树直到目标变量的纯净程度达到最大(目标变量在每个叶子内的信息熵为 0)。不过这会造成过度拟合，因此建树之后需要剪枝。

完成上述步骤之后，通过数据分析软件能够把决策树转化为规则代码，如：

```
IF age = "≤30" and student = "NO",then buy = "NO";
IF age = "> 40" and credit_rating = "excellent",then buy = "NO"。
```

4.2.3　其他几种决策树算法

1. C4.5 算法

ID3 算法的缺陷之处在于其具有选择水平数量多的变量作为最重要变量的倾向，同时要求输入变量的种类必须为离散变量(连续变量须离散化)。而 C4.5 算法的优势在于，在 ID3 算法的基础上，以信息增益率作为变量筛选的首要指标，而不是信息增益，同时还对连续变量的处理有着新的思路，不过实际上也就是不需要人工完成的自动离散化。

1) 信息增益率

顾名思义，信息增益率等于信息增益除以对应自变量的信息熵。这样当自变量水平多的时候，我们能利用除以该自变量信息熵的方法在一定程度上解决信息增益较大的问题。在自变量 A 的条件下，目标变量 D 的信息增益率的计算公式为

$$\mathrm{GainRate}(D|A)=\frac{\mathrm{Gain}(D|A)}{\mathrm{Info}(A)} \tag{4-4}$$

其中，$\mathrm{Gain}(D|A)$表示在自变量 A 条件下目标变量 D 的信息增益，$\mathrm{Info}(A)$表示自变量 A 的信息熵。

在实际应用过程中，我们可以利用良好的数据挖掘软件，如 SASEM，名义变量的水平被实施合并操作，使得变量熵增益率为最高。C4.5 算法能够通过遍历全部组合形式，来寻找能得到最大信息增益率的形式。对一个包含 3 个水平的名义变量 A 而言，存在 4 种组合方式。计算每一种组合方式的目标变量的信息增益率，最后找到对应信息增益率最大的分割方式。

综上所述，在分类变量条件下，C4.5 算法能够建出大于两个分支的决策树。在连续变量

的条件下，该算法的所采取的动作是寻找一个阈值对连续变量实行二分操作。连续变量如果包含 N 个观测，可能用于分割的阈值就存在 $N-1$ 个。接下来 C4.5 算法会先遍历 $N-1$ 个阈值，然后进行目标变量信息增益的计算，寻找最大信息增益点，将其作为二分域指点，达成连续变量离散化的目的（如图 4-4～4-6 所示）。

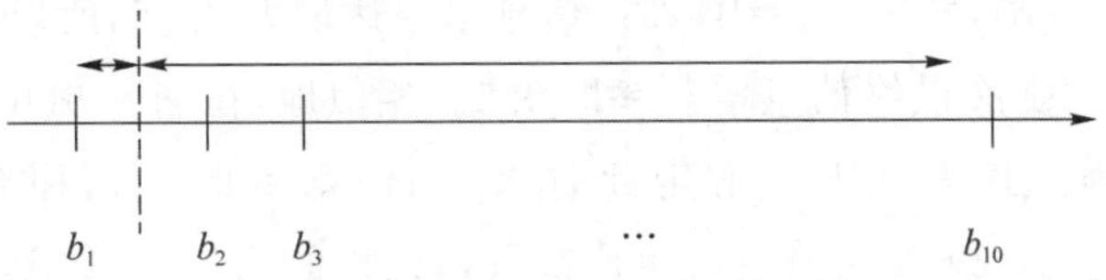

图 4-4　单连续变量的分割法

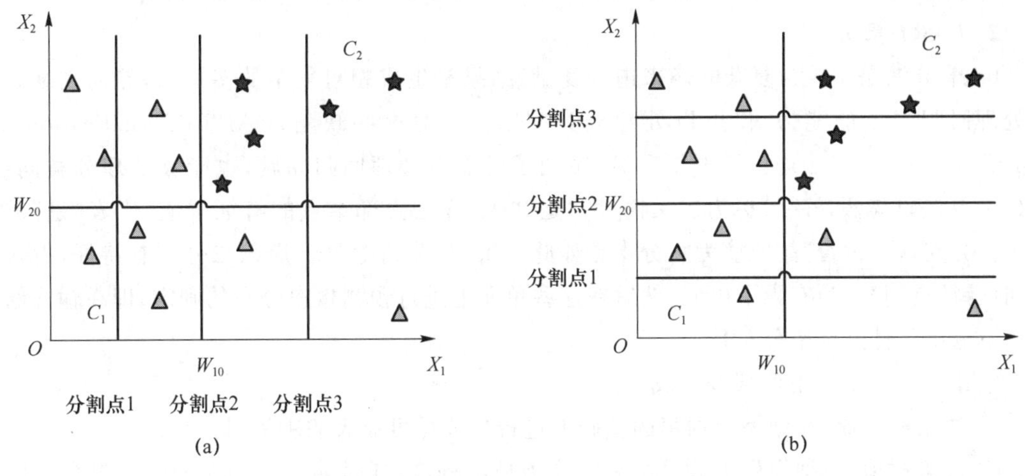

图 4-5　以重要性程度选择连续变量

变量	阈值	信息增益	信息增益率	重要性
X_1	W_{10}	0.35	0.5	选择
X_2	W_{20}	0.14	0.2	不选择

图 4-6　连续变量分割构建决策树结构的第 1 层

2）C4.5 算法建树的原理

在上一节已经阐述过对于名义变量的处理，C4.5 算法的建树原理很像 ID3 算法。在这一部分我们主要讲解在连续变量条件下 C4.5 算法的建树过程。假设目标变量 T 是一个二分类变量，自变量 x_1 和 x_2 均为连续变量。然而仅分类变量才可计算熵增益以及熵增益率，所以在决策树构建前，我们要对连续变量进行分割组合处理。如图 4-4 所示，假设输入变量被平分成

10份，第一次 b_1 归于一组，剩下的 $b_2 \sim b_{10}$ 归于一组，这就是二分类变量，能与被解释变量进行熵增益率计算。之后 $b_1 \sim b_2$ 归于一组，剩下的 $b_3 \sim b_{10}$ 归为一组，重复进行熵增益率计算。这样要进行10次熵增益率计算。寻找熵增益率最大时，对应的分割方式。

计算出所有变量的最高增益率后，就能首先选择出重要性最高的变量。如图4-5(a)所示，变量 X_1 遍历所有分割，发现 $X_1 = W_{10}$ 时，信息增益达最大0.35，所以于该点分割。假定此时 X_1 的信息熵是0.7，那么最终信息增益率即0.5。相似地，在图4-5(b)中变量 X_2 的分割点为 $X_2 = W_{20}$，信息增益达最大0.14。假定此时 X_2 的信息熵是0.7，那么最终信息增益率即0.2。因此首要变量是 X_1，以 X_1 为根据，生成决策树结构的第1层，如图4-6所示。

第2层决策树的构建方法与第1层类似：第1步依据信息增益来进行所有连续变量分割阈值的计算；第2步根据分割后的信息增益率来进行选择，完成第2层决策树的构建。

2. CART算法

C4.5算法是用较为复杂的熵来进行度量，结果是生成相对复杂的多叉树，然而它缺乏有效处理回归问题的能力，仅可以处理分类问题。针对这些缺陷，CART(Classification and Regression Tree)算法进行了更新升级，做到了既能够处理回归问题，也能够处理分类问题。CART算法首先假设决策树为二叉树，用“是”“否”作为内部结点的特征取值，代表“是”的取值为左分支，代表“否”的取值为右分支。如此一来，决策树等价于递归二分所有特征，把输入空间(特征空间)分为有限个单元，然后在这些单元上进行预测概率分布的确定，即在输入给定背景下输出条件的概率分布。

CART算法由以下两部分组成。

① 决策树生成：在训练数据集的基础上进行生成尽可能大的决策树。

② 决策树剪枝：把损失函数最小来当作剪枝的标准，通过输入带标签的数据集来测验准确率，并利用剪枝生成最优子树。

如上文所言，生成的CART决策树等价于递归构建二叉决策树，在分类问题和回归问题都有应用场景。在这里我们将讲解用于分类问题的CART决策树。针对分类树，CART算法要根据Gini系数最小化准则，完成特征选择的操作，进而生成二叉树。

CART算法流程如下。

输入：数据集 D。

训练数据集时，起点作为树的根结点。对每个结点进行递归操作，具体操作如下。

① 当前结点数据集为 D，若样本个数小于阈值或不存在特征，那么返回决策树子树，当前结点递归停止。

② 计算数据集基尼(Gini)系数，若基尼系数小于阈值，那么返回子树，当前结点递归停止。

③ 计算当前结点各特征的特征值对数据集 D 的基尼系数。

④ 在计算出来的各个基尼系数内，选择基尼系数最小的特征 A 及其特征值 a。据此，将数据集分为 D_1、D_2 两部分，其分别归属于当前结点的左、右结点。

⑤ 左、右子结点分别递归调用上述①～④操作，完成决策树构建。

输出：CART决策树。

如果我们要用生成的决策树进行预测操作，假设测试集中样本 A 落入某叶子结点，而其中含有多个训练样本，那么预测 A 类别时本结点中概率最大的类别将会被采用。

想要让算法停止计算，要满足如下条件：结点内含有的样本量小于预先设定的阈值；样本集的 Gini 系数小于预定阈值(属同一类样本)；不存在更多特征。

对于 CART 算法，可以通过 Gini 系数评估数据的不纯度或不确定性，也可以利用它来处理与类别变量最优二分值相关的切分问题。

对于分类问题，如果数据共有 K 类，样本属第 k 类的概率为 p_k，那关于概率分布的 Gini 系数的计算如下：

$$\text{Gini}(p)=\sum_{k=1}^{K}p_k(1-p_k)=1-\sum_{k=1}^{K}p_k^2 \tag{4-5}$$

对于一个二分类问题，样本属第一类的概率为 p，那么关于该概率分布的 Gini 指数的计算如下：

$$\text{Gini}(p)=2p(1-p) \tag{4-6}$$

对样本数据集 D，其数据个数为 $|D|$，假设数据集分为 K 类，属第 k 类别的数据个数为 $|C_k|$，那关于样本数据集 D 的 Gini 系数的表达式如下：

$$\text{Gini}(D)=1-\sum_{k=1}^{K}\left(\frac{C_k}{D}\right)^2 \tag{4-7}$$

对于样本 D，其数据个数为 $|D|$，依据特征 A 的特征值，将 D 分为 D_1、D_2，那么在特征 A 条件之下，样本数据集 D 的 Gini 系数为

$$\text{Gini}(D,A)=\frac{|D_1|}{|D|}\text{Gini}(D_1)+\frac{|D_2|}{|D|}\text{Gini}(D_2) \tag{4-8}$$

Gini 系数也就是 Gini(D,A)，代表特征 A 之下的不同分组数据的不确定性。与熵概念相似，这个指数的值越大，那么样本集合的不确定性也越大。比较基尼系数和熵模型的表达式，二次运算比对数运算简单很多。和熵模型的度量方式相比，基尼系数对应的误差有多大呢？对于二分类，基尼系数、熵之半和分类误差率的关系如图 4-7 所示。

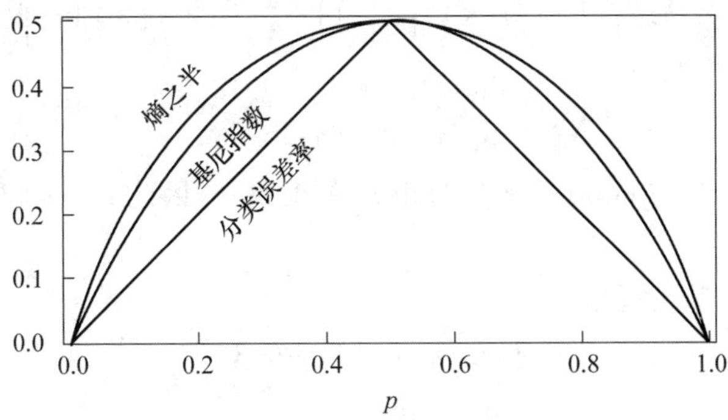

图 4-7　二分类中基尼系数、熵之半和分类误差率的关系

基尼系数和熵之半的曲线非常接近，因此，基尼系数可以作为熵模型的一个近似替代。

示例：依据表 4-4，利用 CART 算法构建决策树。

表 4-4　类别数据

ID	年龄	有工作	有自己的房子	信贷情况	类别
1	青年	否	否	一般	否
2	青年	否	否	好	否
3	青年	是	否	好	是
4	青年	是	是	一般	是
5	青年	否	否	一般	否
6	中年	否	否	一般	否
7	中年	否	否	好	否
8	中年	是	是	好	是
9	中年	否	是	非常好	是
10	中年	否	是	非常好	是
11	老年	否	是	非常好	是
12	老年	否	是	好	是
13	老年	是	否	好	是
14	老年	是	否	非常好	是
15	老年	否	否	一般	否

解　第 1 步是进行各个特征基尼指数的计算，寻找最优特征还有其最优切分点。分别用 K、L、M、N 代表Ⅰ年龄、Ⅱ有工作、Ⅲ有自己房子、Ⅳ信贷情况。然后用 1、2、3 代表年龄的值：Ⅰ青年、Ⅱ中年、Ⅲ老年。用 1、2 分别代表有工作以及有属于自己的房子之值为是和否。用 1、2、3 代表信贷情况的值：Ⅰ非常好、Ⅱ好、Ⅲ一般。

求特征 K 的基尼指数：

$$\text{Gini}(D,K=1)=\frac{5}{15}\left(2\times\frac{2}{5}\times\left(1-\frac{2}{5}\right)\right)+\frac{10}{15}\left(2\times\frac{7}{10}\times\left(1-\frac{7}{10}\right)\right)=0.44$$

$$\text{Gini}(D,K=2)=0.48$$

$$\text{Gini}(D,K=3)=0.44$$

由于 $\text{Gini}(D,K=1)$ 与 $\text{Gini}(D,K=3)$ 相等，同时最小，因此 $K=1$ 和 $K=3$ 都能够选作 K 的最优切分点。

求特征 L 和 M 的基尼指数：

$$\text{Gini}(D,L=1)=0.32$$

$$\text{Gini}(D,M=1)=0.27$$

由于 L 和 M 仅一个切分点，所以 L 和 M 即最优切分点。

求特征 N 的基尼指数：

$$\text{Gini}(D,N=1)=0.36$$

$$\text{Gini}(D,N=2)=0.47$$

$$\text{Gini}(D,N=3)=0.32$$

Gini(D,N=3)最小，所以 $N=3$ 为 N 的最优切分点。

在 K、L、M、N 几个特征里，Gini(D,M=1)=0.27 最小，所以最优特征选择 M，$M=1$ 为其最优切分点。于是根结点生出两个子结点，其中一个为叶子结点。对另一结点继续用以上方法，在 K、L、N 中选择最优特征及其最优切分点，该情况下 $L=1$。依此计算，所得的结点都为叶子结点。

对于这个案例，利用 CART 算法所构建的决策树与利用 ID3 算法所构建的一模一样。

CART 算法关于连续值的处理问题有与 C4.5 算法相同的思路，即是把连续的特征进行离散化操作。两者仅有的一个差异点在于选择划分点时，后者利用的是信息增益比，而前者利用的是基尼系数。

具体思路：m 个样本的连续特征 A 存在 m 个，按照由小到大的顺序排列 $a_1, a_2, \cdots, a_m$，那么 CART 算法取位置相邻两样本值的平均数当作划分点，共 $m-1$ 个，第 i 个划分点 T_i 表示为 $T_i=(a_i+a_{i+1})/2$。接下来逐个计算出当这些划分点为二元分类点时的基尼系数，选基尼系数最小的对应点作为这个连续特征的二元离散分类点。比如，若取到基尼系数最小的点为 a_t，那么基尼系数小于 a_t 的点属类别 1，基尼系数大于 a_t 的点属类别 2。这样，连续特征的离散化操作就完成了。

CART 算法处理离散值问题的灵感则是不停地进行二分离散特征的操作。

这个算法的思路是先将特征 A 分为{$A1$}和{$A2$,$A3$}、{$A2$}和{$A1$,$A3$}、{$A3$}和{$A1$,$A2$}这 3 种模式，然后寻找最小基尼系数组合，如{$A2$}和{$A1$,$A3$}，最后构建二叉树结点，第 1 个结点是 $A2$ 相关样本，第 2 个结点为{$A1$,$A3$}相关样本。由于这次没有把特征 A 的取值完全分开，后面还有机会对子结点继续进行特征选择，例如将 A 划分为 $A1$ 和 $A3$。这和 ID3 算法、C4.5 算法不同，在 ID3 算法或 C4.5 算法的一棵子树中，构建一次结点只会有离散特征参与一次。

4.2.4 决策树的剪枝

1. ID3 决策树剪枝

若是不在构建生成树过程中进行剪枝(Pruning)操作，那么会导致生成一个对训练集完全拟合的决策树，但这是对测试集非常不友好的，会导致模型泛化能力不行。因此，需要减掉一些枝叶，使得模型的泛化能力更强。

存在 3 种理想的决策树，分别是：①叶子结点数最少；②叶子结点深度最小；③叶子结点数最少，同时叶子结点深度最小。

(1) 预剪枝方法

可以利用停止生成树构建的方法，对树进行减值操作，这样操作结点就成为叶子，持有子集中最频繁的类。预剪枝的步骤如下：

- 定义一个决策树的高度阈值；
- 设定结点达到某个相同特征向量；
- 定义一个阈值(实例个数、系统性能增益等)。

(2) 后剪枝方法

后剪枝方法的过程：首先构建完整决策树，接下来利用叶子结点来代替置信度不够的那些结点，通过此结点中子树数量最多的类标记，对这些叶子进行类标号。这种方法比剪枝方法更常用，这是因为很难在预剪枝中准确估计什么时候能够停止树生长。

树的剪枝过程就是极小化决策树损失函数的过程。设树 T 叶子结点的数量为$|T|$，t 代表树 T 叶子结点。t 含 N_t 个样本点，其中样本属于第 k 类的个数是 N_{tk}，$k=1,2,\cdots,K$。$H_t(T)$ 是关于 t 的经验熵，$\alpha>0$ 为参数，那么决策树损失函数可表示如下：

$$C_\alpha(T) = \sum_{t=1}^{|T|} N_t H_t(T) + \alpha \mid T \mid \tag{4-9}$$

在损失函数中，将式(4-9)等号右端的第 1 项记作

$$C(T) = \sum_{t=1}^{|T|} N_t H_t(T) = -\sum_{t=1}^{|T|}\sum_{k=1}^{K} N_{tk} \log \frac{N_{tk}}{N_t} \tag{4-10}$$

则有

$$C(T)=C(T)+\alpha|T| \tag{4-11}$$

(3) 剪枝算法

ID3 决策树剪枝算法的流程如下。

① 计算每个结点的经验熵。

② 从叶子结点开始递归，向上进行回缩。设一组叶子结点回缩至父结点之后与之前的树分别为 T_B、T_A，其对应的损失函数值分别为 $C_\alpha(T_B)$、$C_\alpha(T_A)$，若 $C_\alpha(T_B)\leqslant C_\alpha(T_A)$，那么进行剪枝操作，也就是把父结点转换成新的叶子结点。

③ 返回第 2 步，一直到不能重复继续，这样我们就获得函数损失最小的子树 T_B。

2. C4.5 决策树剪枝

C4.5 算法依据误差执行剪树操作。其思路是依据区间估计思想，进行树结点错误率区间的估计，利用估计结果来思考结点到底是否可以展开，最终达成剪树的目标。能够不进行数据集的划分是这个算法的主要优点。这个算法的关键之处，在于结点错误率置信区间的计算。错误率的定义是结点中类的错误个数占观测总数的百分比。其过程可以简单地总结为：首先关于某结点，计算得到样本错误率 f，若错误概率就像投掷硬币正面向上的概率，那么它应该服从二项分布；接下来估计计算获得真实错误率置信区间 p。

具体而言，若决策树某一个结点错误率是 f，同时这个预测事件服从二项分布。对于二项分布，期望和方差分别为

$$E(x)=f \tag{4-12}$$

$$\mathrm{Var}=\frac{f(1-f)}{N} \tag{4-13}$$

由中心极限定理知，错误率均值是服从正态分布的，置信区间是错误率标准差的 z 倍：

$$p=f\pm z\times\sqrt{\frac{f(1-f)}{N}} \tag{4-14}$$

其中，N 为结点样本数。结点样本数和之前提前设定的置信水平相关。举一个简单的例子，如果是 95%置信水平，那么 z 对应的取值就是 2。对于 C4.5 算法，我们通常会使用 75%的置信水平，那么 z 对应取值就是 0.69。

图 4-8 所示为未剪枝的决策树。

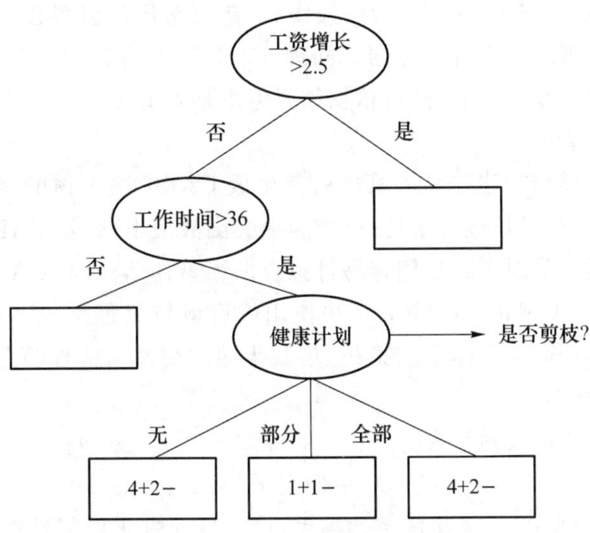

图 4-8 未剪枝的决策树示例

健康计划结点展开后，存在 3 个子结点。而其中对于“无”的结果，4 个结果为正例，两个结果为反例。如果健康计划结点均预测正例，不展开健康计划结点，结点错误总数是 5，结点总数是 14，此刻置信水平为 75%。我们可以算出该结点错误率的置信区间：

$$p=f\pm z\times\sqrt{\frac{f(1-f)}{N}}=\frac{5}{14}\pm 0.69\times\sqrt{\frac{\frac{5}{14}\times\frac{9}{14}}{14}}$$

该结点错误率的置信区间为(0.268,0.445)，取上限作为错误率估计：

$$p_{不展开}=0.445$$

如果不剪枝，则展开该结点，错误率估计通过 3 个子结点的错误率计算。

① 健康计划=“无”：

$$p=f\pm z\times\sqrt{\frac{f(1-f)}{N}}=\frac{2}{6}\pm 0.69\times\sqrt{\frac{\frac{2}{6}\times\frac{4}{6}}{6}}$$

健康计划=“无”的错误率区间为(0.200,0.466)。

② 健康计划=“部分”：

$$p=f\pm z\times\sqrt{\frac{f(1-f)}{N}}=\frac{1}{2}\pm 0.69\times\sqrt{\frac{\frac{1}{2}\times\frac{1}{2}}{2}}$$

健康计划=“部分”的错误率区间为(0.256,0.744)。

③ 健康计划=“全部”：

$$p=f\pm z\times\sqrt{\frac{f(1-f)}{N}}=\frac{2}{6}\pm 0.69\times\sqrt{\frac{\frac{2}{6}\times\frac{4}{6}}{6}}$$

健康计划= “全部”的错误率区间为(0.200,0.466)

下面一致将区间估计上限视为错误率，展开该结点后的错误率估计值为

$$p_{展开}=0.466\times\frac{6}{14}+0.744\times\frac{2}{14}+0.466\times\frac{6}{14}\approx 0.505$$

很明显，$p_{展开} > p_{不展开}$，在进行展开结点操作后，错误率估计值将会升高，所以决策树将进行剪枝，也就是不会不展开结点健康计划。同理，C4.5 算点将会对所有父结点进行计算同时对比展开、不展开的错误率估计值，然后依据结果考虑是否剪枝。

3. CART 决策树剪枝

根据训练数据集，递归构建二叉决策树就是生成 CART 决策树的过程，而通过验证数据集对构建的决策树剪枝且寻找最优子树(标准为损失函数最小)就是 CART 决策树剪枝。

决策树泛化能力差，是因为其特别容易过拟合训练集，所以要对 CART 决策树进行剪枝，即进行类似线性回归的正则化。CART 算法使用的后剪枝流程是：第一步生成决策树；第二步产生所有进行剪枝操作的 CART 决策树，第三步通过交叉验证检验上一步的成果，寻找剪枝策略中泛化能力最好的。

剪枝过程中，子树的损失函数为

$$C_\alpha(T_t)=C(T_t)+\alpha|T_t| \tag{4-15}$$

其中，α 为正则化参数，$C(T_t)$为子树的整体损失，$|T_t|$是子树 T 叶子结点数量。

当 $\alpha=0$ 时，即没有正则化，原始生成的 CART 决策树即最优子树。当 $\alpha=\infty$时，正则化强度最大，此时由原始生成的 CART 决策树的根结点组成的单结点树为最优子树。很明显这是两种很极端的情况，通常，α 的值越大，剪枝剪得越厉害，生成的最优子树相比原生决策树就越偏小。对于固定的 α，一定存在使得损失函数 $C_\alpha(T_t)$最小的唯一子树。

Léo Breiman 等学者提出如下结果：通过递归剪枝树，α 逐步增大，生成系列区间 $\alpha\in[\alpha_i, \alpha_{i+1})$。剪枝后的子树序列$(T_0, T_1, \cdots, T_n)$对应区间，序列里面的子树为嵌套。对于位于 t 结点的任意一颗子树 T_t，如果没有剪枝，则损失函数是

$$C_\alpha(t)=C(t)+\alpha \tag{4-16}$$

如果将其剪掉，仅保留根结点，损失函数是

$$C_\alpha(T_t)=C(T_t)+\alpha|T_t| \tag{4-17}$$

当 $\alpha=0$ 或 α 很小时，

$$C_\alpha(T_t)<C_\alpha(t) \tag{4-18}$$

当 α 增大到一定程度时，

$$C_\alpha(T_t)=C_\alpha(t) \tag{4-19}$$

当 α 继续增大时不等式反向，即满足式(4-20)：

$$\alpha=\frac{C(t)-C(T_t)}{|T_t|-1} \tag{4-20}$$

T_t 和 T 有相同的损失函数，但 T 结点数量更少，所以能够剪枝子树 T_t，即把它的所有子结点剪掉，将其转化成一个叶子结点 T。

交叉验证的过程：先计算获得每一个结点是否剪枝的对应值 α，接下来对不同剪枝后的最优子树进行交叉验证。通过此法我们可以寻找最好的 α，之后以其对应的最优子树为最终结果。

CART 决策树剪枝算法的过程如下。

① 初始化 $\alpha_{\min}=\infty$。

② 以叶子结点为始，按自下而上的顺序，计算各结点 t 训练误差损失函数 $C_\alpha(T_t)$以及正则化阈值。正则化阈值的计算公式如下：

$$g(t)=\frac{C(t)-C(T_t)}{|T_t|-1} \tag{4-21}$$

$$\alpha=\min(\alpha,g(t))$$

更新 $\alpha_{\min}=\alpha$。

③ 得出全部所有结点的 α 值，得集合 M。

④ 在集合 M 内部选最大值 α_k，按自下而上的顺序，访问子树 t 的全部结点。若 $g(t)=\alpha_k$ 则剪枝，同时决定叶子结点 t。如此得 α_k 相应的最优子树。

⑤ 最优子树集合 $\omega=\omega\cup T_k$，$M=M-\{\alpha_k\}$。

⑥ 若 M 非空，则返回步骤 4。

⑦ 采用交叉验证，选择最优子树 T_α。

4.2.5 ID 算法 Python 实战

表 4-5 中的前两列是属性，可以记为['no surfacing','flippers']。则可以简单地构建决策树，如图 4-9 所示。

表 4-5 决策树分类样本数据示例

不浮出水面是否可以生存	是否有脚蹼	是否属于鱼类
是	是	是
是	是	是
是	否	否
否	是	否
否	是	否

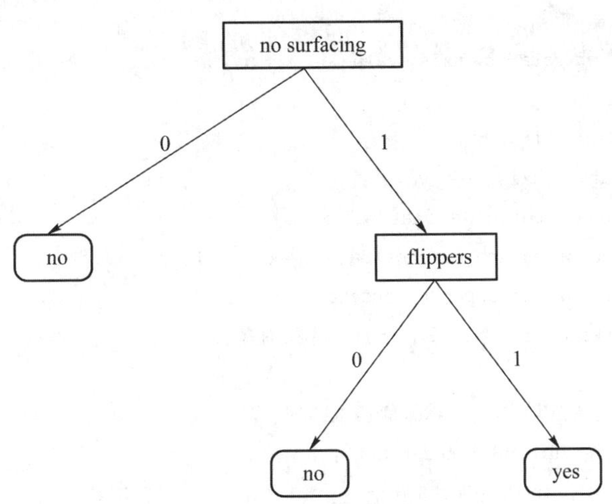

图 4-9 关于鱼的二分类决策树

根据上述两个属性可以判断是否属于鱼类。

Python 代码实现过程如下。

① 利用上面例子创建数据集：

```python
def createDataSet():
    dataSet = [[1, 1,'yes'], [1, 1, 'yes'], [1, 0, 'no'], [0, 1, 'no'], [0, 1, 'no']]
    labels = ['no sufacing', 'flippers']
    return dataSet, labels
```

② 计算信息熵，对应式(4-1)：

```python
def calcShannonEnt(dataSet):
    numEntries = len(dataSet)
    # 为分类创建字典
    labelCounts = {}
    for featVec in dataSet:
        currentLabel = featVec[-1]
        if currentLabel not in labelCounts.keys():
            labelCounts.setdefault(currentLabel, 0)
        labelCounts[currentLabel] += 1

    # 计算香农熵
    shannonEnt = 0.0
    for key in labelCounts:
        prob = float(labelCounts[key]) / numEntries
        shannonEnt += prob * math.log2(1 / prob)
    return shannonEnt
```

③ 计算最大信息增益，划分数据集：

```python
#定义按照某个特征进行划分的函数 splitDataSet
#输入3个变量(带划分数据集、特征、分类值)
def splitDataSet(dataSet, axis, value):
    retDataSet = []
    for featVec in dataSet:
        if featVec[axis] == value:
            reduceFeatVec = featVec[:axis]
            reduceFeatVec.extend(featVec[axis + 1:])
            retDataSet.append(reduceFeatVec)
    return retDataSet  #返回不含划分特征的子集

#定义按照最大信息增益划分数据的函数
def chooseBestFeatureToSplit(dataSet):
    numFeature = len(dataSet[0]) - 1
    print(numFeature)
    baseEntropy = calcShannonEnt(dataSet)
    bestInforGain = 0
    bestFeature = -1

```

```
    for i in range(numFeature):
        featList = [number[i]for number in dataSet] # 得到某个特征下的所有值
        uniqualVals = set(featList)# set 无重复的属性特征值
        newEntrogy = 0

        # 求和
        for value in uniqualVals:
            subDataSet = splitDataSet(dataSet, i, value)
            prob = len(subDataSet) / float(len(dataSet))# 即 p(t)
            newEntrogy += prob * calcShannonEnt(subDataSet)# 对各子集求香农熵

        infoGain = baseEntropy - newEntrogy# 计算信息增益
        print(infoGain)

        # 最大信息增益
        if infoGain > bestInforGain:
            bestInforGain = infoGain
            bestFeature = i
    return bestFeature
```

④ 测试：

```
if __name__ == '__main__':
    dataSet, labels = createDataSet()
    r = chooseBestFeatureToSplit(dataSet)
    print(r)
# 输出
# 2
# 0.41997309402197514
# 0.17
```

如上，可以看到共有两个属性['no surfacing','flippers']和其信息增益，因此选择较大的特征(下标为 0)对数据集进行划分(如图 4-9 所示)，重复步骤，直到只剩下一个类别。

⑤ 创建决策树构造函数：

```
# 投票表决代码
def majorityCnt(classList):
    classCount = {}
    for vote in classList:
        if vote not in classCount.keys():
            classCount.setdefault(vote, 0)
        classCount[vote] += 1
    sortedClassCount = sorted(classCount.items(), key=lambda i:i[1], reverse=True)
    return sortedClassCount[0][0]

```

```
def createTree(dataSet, labels):
    classList = [example[-1]for example in dataSet]
    # print(dataSet)
    # print(classList)
    # 类别相同,停止划分
    if classList.count(classList[0]) == len(classList):
        return classList[0]

    # 判断是否遍历完所有的特征,若是则返回个数最多的类别
    if len(dataSet[0]) == 1:
        return majorityCnt(classList)

    #按照信息增益最高选择分类特征属性
    bestFeat = chooseBestFeatureToSplit(dataSet)#分类编号
    bestFeatLabel = labels[bestFeat]#该特征的 label
    myTree = {bestFeatLabel: {}}
    del (labels[bestFeat]) #移除该 label

    featValues = [example[bestFeat]for example in dataSet]
    uniqueVals = set(featValues)
    for value in uniqueVals:
        subLabels = labels[:]#子集合
        #构建数据的子集合,并进行递归
        myTree[bestFeatLabel][value] = createTree(splitDataSet(dataSet, bestFeat, value), subLabels)
    return myTree
```

上述代码的测试部分如下：

```
if _name_ == '_main_':
    dataSet, labels = createDataSet()
    r = chooseBestFeatureToSplit(dataSet)
    # print(r)
    myTree = createTree(dataSet, labels)
    print(myTree)
#  --> {'no sufacing': {0: 'no', 1: {'flippers': {0: 'no', 1: 'yes'}}}}
```

可以看到输出结果是一个嵌套的字典,手动可以画出决策树,与图 4-9 相吻合。

⑥ 构建决策树分类函数：

```
def classify(inputTree, featLabels, testVec):
    """
    :param inputTree:决策树
    :param featLabels:属性特征标签
    :param testVec:测试数据
```

```
    :return:所属分类
    """
    firstStr = list(inputTree.keys())[0]#树的第一个属性
    sendDict = inputTree[firstStr]

    featIndex = featLabels.index(firstStr)
    classLabel = None
    for key in sendDict.keys():

        if testVec[featIndex] == key:
            if type(sendDict[key]).__name__ == 'dict':
                classLabel = classify(sendDict[key], featLabels, testVec)
            else:
                classLabel = sendDict[key]
    return classLabel
```

4.3 贝叶斯分类算法

4.3.1 条件概率与贝叶斯定理

拉普拉斯对贝叶斯分类的理解是:概率论仅仅是通过数学公式把常识进行表达,这就是贝叶斯流派的核心。所以,根据贝叶斯定理以及属性特征条件独立性进行分类的方法,就是贝叶斯公式。

有统计数学基础的学习者相信对概率公式、全概率公式有过了解。首先假设存在两个随机独立事件 A 和 B,以 B_i 代表 B 不同水平取值,条件概率公式如下:

$$P(A|B_i)=\frac{P(AB_i)}{P(B_i)} \tag{4-22}$$

其全概率公式如下:

$$P(A)=\sum_i P(A \mid B_i)P(B_i) \tag{4-23}$$

那么贝叶斯公式如下:

$$P(B_i \mid A)=\frac{P(AB_i)}{P(A)}=\frac{P(A \mid B_i)P(B_i)}{\sum_i P(A \mid B_i)P(B_i)} \tag{4-24}$$

接下来我们举一个例子,存在 8 支步枪,其中 3 支没有经过校准,5 只经过校准。一位警察使用校准过的枪射击,有 80%的中靶概率,而使用没有校准过的枪进行射击,有 0.3%的中靶概率。现在从 8 支枪中随机使用一支进行射击,若中靶,那么这把枪属于已校准的枪的概率是多少?

我们目前知道的是:

枪支已校准概率为 $P(G=1)=5/8$;

枪支未校准概率为 $P(G=0)=3/8$；

枪支校准条件下的中靶率为 $P(A=1|G=1)=0.8$；

枪支未校准条件下的中靶率为 $P(A=1|G=0)=0.3$。

接下来需要求 $P(G=1|A=1)$，根据贝叶斯公式转换，得到结论：

$$P(G=1\mid A=1)=\frac{P(A=1\mid G=1)P(G=1)}{\sum_{i=0}^{1}P(A=1\mid G=i)P(G=i)}=\frac{0.8\times\frac{5}{8}}{\frac{5}{8}\times 0.8+\frac{3}{8}\times 0.3}=0.816$$

4.3.2 朴素贝叶斯分类算法

假设输入数据集中，变量 $Y=\{y_1,y_2,y_3,\cdots,y_i\}$：目标变量的第 k 个取值，自变量集 $X=\{x_1,x_2,x_3,\cdots,x_i\}$，其中 x_i 表示自变量对应的第 i 个自变量。

我们的目标是求出

$$P(Y=y_k|X=x_1,X=x_2,X=x_3,\cdots,X=x_i) \tag{4-25}$$

其中 x_i 表示自变量 X 的某个观测值。式(4-25)所求的 P 也就是自变量集取对应的观测值时因变量取值 y_k 的概率，接下来进行比较，以最大概率取值为输出，来预测 $Y=y_k$ 的概率。

假设条件独立，自变量互相独立，概率公式为

$$P(Y=y_k\mid X_1=x_1,X_2=x_2,\cdots,X_i=x_i)=\prod_{i=1}^{n}P(Y=y_k\mid X_i=x_i) \tag{4-26}$$

所以若已知全部自变量对应因变量的取值，那么就可以很轻松地计算这个概率，即简单计算频数就行。不过，在不了解自变量 X 取值的条件下，因变量 Y 取值概率也不确定。仅了解因变量 Y 取值为 Y_k 的条件下，自变量 X 的取值概率为

$$P(X_1=x_1,X_2=x_2,\cdots,X_i=x_i\mid Y=y_k)=\prod_{i=1}^{n}P(X_i=x_i\mid Y=y_k) \tag{4-27}$$

能够利用贝叶斯公式转换，也就是

$$\begin{aligned}P(Y=y_k\mid X_1=x_1,\cdots,X_i=x_i)&=\frac{P(Y=y_k,X_1=x_1,\cdots,X_i=x_i)}{P(X_1=x_1,\cdots,X_i=x_i)}\\&=\frac{P(Y=y_k)\prod_{i=1}^{n}P(X_i=x_i\mid Y=y_k)}{\sum_k P(Y=y_k)\prod_{i=1}^{n}P(X_i=x_i\mid Y=y_k)}\end{aligned} \tag{4-28}$$

其中，$P(Y=y_k)$ 表示先验概率，$P(Y=y_k|X_1=x_1,\cdots,X_i=x_i)$ 表示后验概率。

先获得后验概率，然后就能计算出因变量在各自变量取值条件下的概率。显然，预测值也就是概率最大因变量取值：

$$Y=f(x_1,x_2,\cdots,x_i)=\arg\max_{y_i}\left(\frac{P(Y=y_k)\prod_{i=1}^{n}P(X_i=x_i\mid Y=y_k)}{\sum_k P(Y=y_k)\prod_{i=1}^{n}P(X_i=x_i\mid Y=y_k)}\right) \tag{4-29}$$

由于对于因变量的每一个取值，$\sum_k P(Y=y_k)\prod_{i=1}^{n}P(X_i=x_i\mid Y=y_k)$ 都不变，故此公式能够写为

$$Y = f(x_1, x_2, \cdots, x_i) = \arg\max_{y_i} \left(P(Y = y_k) \prod_{i=1}^{n} P(X_i = x_i \mid Y = y_k) \right) \tag{4-30}$$

用以下示例进行说明。有数据表格如表 4-6 所示。

表 4-6 打球数据记录

Day	Outlook	Temperature	Humidity	Wind	Play ball
D1	Sunny	Hot	High	Weak	No
D2	Sunny	Hot	High	Strong	No
D3	Overcast	Hot	High	Weak	Yes
D4	Rain	Mild	High	Weak	Yes
D5	Rain	Cool	Normal	Weak	Yes
D6	Rain	Cool	Normal	Strong	No
D7	Overcast	Cool	Normal	Strong	Yes
D8	Sunny	Mild	High	Weak	No
D9	Sunny	Cool	Normal	Weak	Yes
D10	Rain	Mild	Normal	Weak	Yes
D11	Sunny	Mild	Normal	Strong	Yes
D12	Overcast	Mild	High	Strong	Yes
D13	Overcast	Hot	Normal	Weak	Yes
D14	Rain	Mild	High	Strong	No

- 假设特征相互独立。例如,温度热不热跟湿度没有任何关系,天气是否下雨也不影响是否刮风。
- 每个特征都有相同的权重。

设 x=(Sunny,Hot,Normal,Weak),求 $P(C_i|x)$转化为求 $P(x|C_i)P(C_i)$。类别:C_1(yes)、C_2(no)。

$$P(C_1)=\frac{9}{14}=0.643$$

$$P(C_2)=\frac{5}{14}=0.357$$

$$\begin{aligned} P(x|C_1) &= P(x_1|C_1)P(x_2|C_1)P(x_3|C_1)P(x_4|C_1) \\ &= P(\text{Sunny}|C_1)P(\text{Hot}|C_1)P(\text{Normal}|C_1)P(\text{Weak}|C_1) \\ &= \frac{2}{9}\times\frac{2}{9}\times\frac{6}{9}\times\frac{6}{9}=0.022 \end{aligned}$$

$$P(x|C_1)P(C_1)=0.022\times0.643=0.014$$

$$\begin{aligned} P(x|C_2) &= P(x_1|C_2)P(x_2|C_2)P(x_3|C_2)P(x_4|C_2) \\ &= P(\text{Sunny}|C_2)P(\text{Hot}|C_2)P(\text{Normal}|C_2)P(\text{Weak}|C_2) \\ &= \frac{3}{5}\times\frac{2}{5}\times\frac{1}{5}\times\frac{2}{5}=0.019\,2 \end{aligned}$$

$$P(x|C_2)P(C_2)=0.019\,2\times0.357=0.006\,9$$

因为 $P(x|C_1)P(C_1)>P(x|C_2)P(C_2)$,所以 x=(Sunny,Hot,Normal,Weak)适合打球。

4.3.3 半朴素贝叶斯分类

朴素贝叶斯分类器在属性条件独立性假设之下，希望能更好地估计后验概率 $P(y|x)$，不过实际应用时，属性条件独立性假设通常难以成立。因此，在一定程度上放松假设后我们获得了半朴素贝叶斯分类器。

这种方法的思路是对少数属性间相互依赖信息进行适当考虑，这样一来，我们不必算出完全联合概率，也不至于忽略较强的属性依赖关系。在半朴素贝叶斯分类器中，最常用策略是"独依赖估计"。从这个名字我们就可以知道独依赖的定义是假设每个属性在其类别外，至多只依赖一个其他属性，也就是

$$P(y \mid x) \propto P(y)\prod_{i=1}^{d} P(x_i \mid y, \text{pa}_i) \tag{4-31}$$

其中，pa_i 表示属性 x_i 所依赖的属性，称为 x_i 的父属性。对于每一个属性 x_i，如果其父属性 pa_i 已知，那就能够求概率值 $P(x_i|y,\text{pa}_i)$。这样一来解决问题的关键点就转化成应该怎么样确定每个属性的父属性，采取不同的方法，就会生成不一样的独依赖分类器。

有一种最直接之法：假设所有属性均依赖同一属性——超父。接下来用交叉验证法确定超父属性，也就是 SPODE (Super-Parent ODE)。图 4-10(a)中的 x_1 为超父。

Friedman 等人于 1997 年提出 TAN (Tree Augmented Naive Bayes)，则根据最大带权生成树(Maximum Weighted Spanning Tree)算法，进行以下操作，把属性间的依赖关系表示为树形结构，如图 4-10(b)所示。

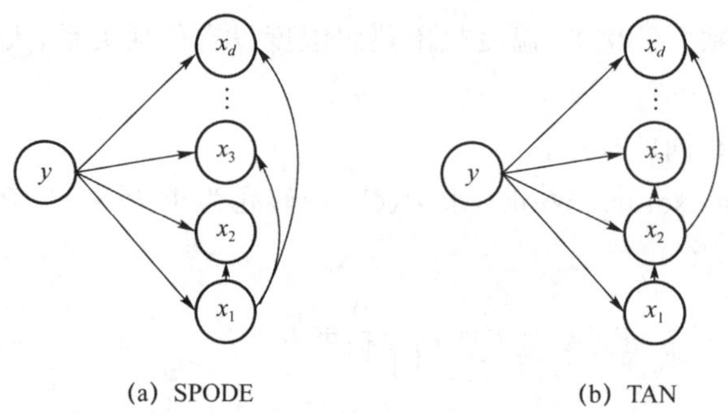

(a) SPODE (b) TAN

图 4-10 朴素贝叶斯分类器以及两种半朴素贝叶斯分类器所涉及的属性依赖关系

① 计算任意两个属性间的条件互信息：

$$I(x_i, x_j \mid y) = \sum_{x_i, x_j; y \in Y} P(x_i, x_j \mid y) \log \frac{P(x_i, x_j \mid y)}{P(x_i \mid y) P(x_j \mid y)} \tag{4-32}$$

② 将属性作为结点制作完全图，任意两结点间边的权重为 $I(x_i,x_j|y)$。

③ 生成这个完全图的最大带权生成树，选根变量，边是有向的。

④ 添加类别结点 y，添加从 y 起至每个属性的有向边。

很明显，条件互信息 $I(x_i,x_j|y)$ 刻画了属性 x_i 以及 x_j 在已知类别条件下的相关性，所以，用最大生成树算法，事实上 TAN 保存了强相关属性间的依赖性。

Webb 等人于 2005 年提出的 AODE (Averaged One-Dependent Estimator)建立在集成学习机制基石之上，功能更强。AODE 与 SPODE 确定超父属性的方法不同，它先把所有属性依

次当成超父来进行 SPODE 构建，接下来把有充足训练数据支撑的那些 SPODE 集成，当成最终结果：

$$P(y \mid x) \propto \sum_{\substack{i=1 \\ |D_{x_i}| \geqslant m'}}^{d} P(y, x_i) \prod_{j=1}^{d} P(x_j \mid y, x_i) \tag{4-33}$$

其中，$|D_{x_i}|$表示第 i 个属性上取值为 x_i 的样本集合，m'为阈值常数。AODE 需估计 $P(y,x_i)$ 和 $P(x_j|y,x_i)$。有：

$$\hat{P}(y,x_i)=\frac{|D_{y,x_i}|+1}{|D|+N_i} \tag{4-34}$$

$$\hat{P}(x_j|y,x_i)=\frac{|D_{y,x_i,x_j}|+1}{|D_{c,x_i}|+N_j} \tag{4-35}$$

其中，N_i 表示第 i 个属性可能的取值数；D_{c,x_i} 表示类别为 c 同时在第 i 个属性上取值为 x_i 的样本集合；D_{y,x_i,x_j} 表示类别为 c 同时在第 i 和第 j 个属性上取值分别为 x_i 和 x_j 的样本集合。

显然，AODE 与朴素贝叶斯分类器的思路类似，其训练过程同样为“计数”，也就是在训练数据集，计数符合条件的样本。AODE 也没有进行模型选择的必要，一方面可以利用预计算来完成预测时间的节省，另一方面可以通过懒惰学习方式，在进行预测操作的同时进行计数，而且更容易完成增量学习的实现。

4.3.4 朴素贝叶斯算法 Python 实战

某男士想要知道他在婚恋网站上进行登录后，与他喜欢的女性是否能够成功约会，现在他已经收集到了这个网站上所有注册男士的基本信息，以及他们约会是否成功的结果。他想要知道的是在自己注册后能否与喜欢的女性成功约会。

首先读取数据查看信息：

```
import pandas as pd
orgData = pd.read_csv('data_data2.csv')
orgData.describe()
```

其输出结果如表 4-7 所示。

表 4-7 婚恋网站部分数据集

	income	attractive	assets	edueduclass	Dated	income_rank
count	100.000000	100.000000	100.000000	100.000000	100.000000	100.000000
mean	9010.000000	50.500000	96.006300	3.710000	0.500000	1.550000
std	5832.675288	28.810948	91.082226	1.225116	0.502519	1.140397
min	3000.000000	1.000000	3.728400	1.000000	0.000000	0.000000
25%	5000.000000	28.000000	31.665269	3.000000	0.000000	1.000000
50%	7500.000000	51.000000	70.746924	4.000000	0.500000	2.000000
75%	11500.000000	68.875000	131.481061	4.000000	1.000000	3.000000
max	34000.000000	99.500000	486.311758	6.000000	1.000000	3.000000

利用朴素贝叶斯来进行离散型自变量的处理比较简单，而对于连续型自变量，从理论角度我们可以利用核密度估计，但是实际计算就很复杂，还需要大的样本量。所以在实际应用中，进行连续变量离散化分段是常用的操作。

然后直接使用等级变量作为自变量：

```
from sklearn.model_selection import train_test_split
orgData1 = orgData.ix[:, -3:]
Y = orgData[['Dated']]
train_data1, test_data1, train_target1, test_target1 = train_test_split(
    orgData, Y, test_size = 0.3, train_size = 0.7, random_state = 123)
# 使用朴素贝叶斯,进行训练模型:
from sklearn.naive_bayes import BernoulliNB
nb = BernoulliNB(alpha = 1)
nb.fit(train_data1, train_target1.values.flatten())
test_est1 = nb.predict(test_data1)
# 其中 alpha = 1 表明拉普拉斯平滑,predict 方法用在标签预测。模型评估报告:
metrics.classification_report(test_target1, test_est1)
```

4.4 支持向量机

4.4.1 SVM 简介

SVM 用于解决分类问题。示例：在某个情人节，一位侠客要去见爱人，不过拦路恶霸要求侠客通过他设置的游戏才能见到爱人，如图 4-11 所示，拦路恶霸于桌子摆放两种颜色的球（好像有规律），然后要求侠客用一个棍子分开这两种颜色的球，对棍子放置位置的要求为在尽可能放很多球后，其依然适用。

侠客进行图 4-12 所示的操作。

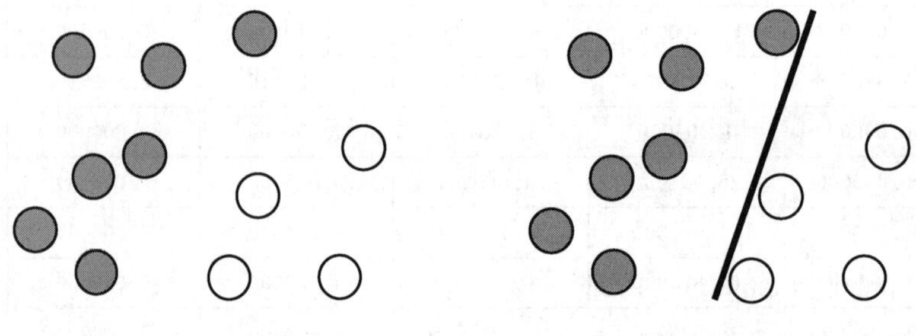

图 4-11　球摆放位置　　　图 4-12　棍子第一次摆放位置

接着拦路恶霸又放了更多球，不过好像有一个球放错了，所以，大侠需要调整棍子摆放的位置，如图 4-13 所示。

SVM 就是想把棍子放在最好的位置，这样能够让棍子的两边存在尽量大的间隙，间隙的含义就是球与棍子之间的距离，如图 4-14 所示。

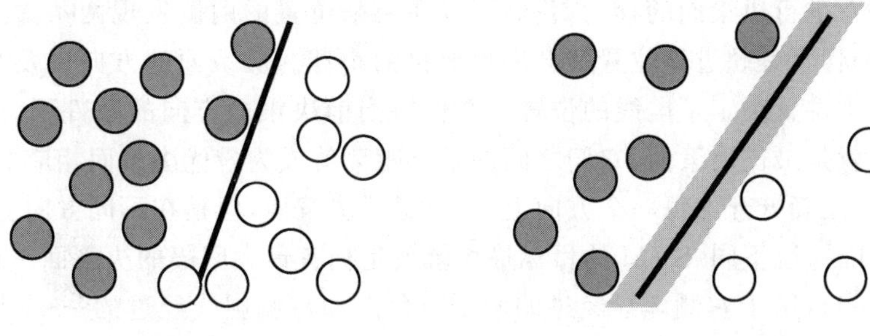

图 4-13 棍子第二次摆放位置　　图 4-14 间隙示意图

所以现在不管拦路恶霸放多少的球，棍子依旧是优秀的分界线，如图 4-15 所示。

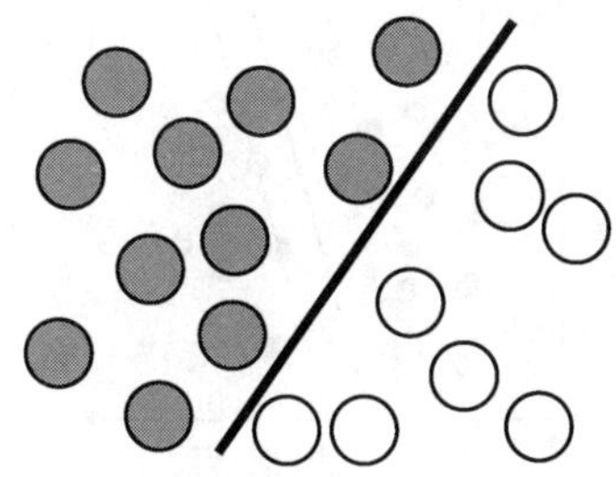

图 4-15 棍子最后的摆放位置

如果一个分类问题里面的数据是线性可分的，也就是这个案例中，我们能够利用一个棍子就把两种颜色的球分开操作，那么我们只需要把棍子放在使小球与棍子之间距离最大的位置就好了，这个过程就是最优化。

4.4.2 线性 SVM、函数间隔与几何间隔

图 4-16(a)展示了已有数据，灰色和黑色分别代表两种类别。很明显数据线性可分，但是能够区分两种颜色的直线不止一条。在图 4-16(b)和图 4-16(c)中，分别存在 A、B 两种方案，黑色的实线称为决策面的分界线，每个决策面与一个线性分类器相对应。尽管从结果考虑，A、B 方案的效果等同，不过 A、B 方案的性能还是有所差异的。

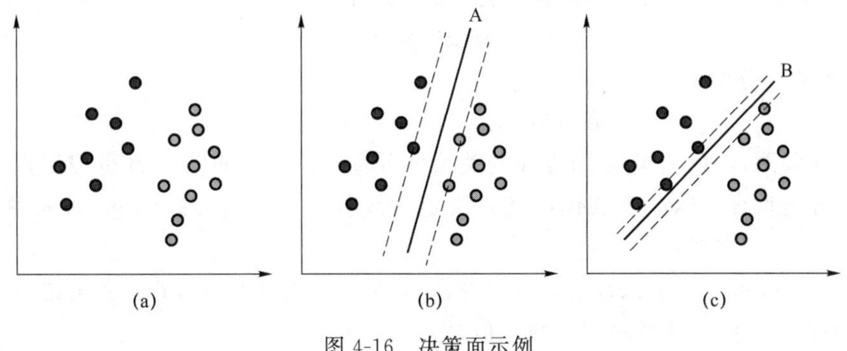

图 4-16 决策面示例

如果决策面不变，那么我们再增加一个黑色点后〔如图 4-17(a)所示〕，可以发现分类器 A 还是可以拥有比较好的分类结果〔如图 4-17(b)所示〕，不过 B 就出现了错误〔如图 4-17(c)所示〕。很明显，A 放置的位置要比 B 放置的位置要好，SVM 算法也这么想，理由就是分类器 A 所放置的位置可以获得比 B 所放置位置更大的间隔。在决策面方向不变，同时保证不会出现错分样本的条件下进行决策面的移动，我们可以在原来位置的两侧发现两条虚线表示的极限位置，极限位置的含义是超过该位置就会出现放错的小球。决策面的方向以及与原决策面距离最小的几个样本位置决定了虚线的位置。在保持当前决策面方向的条件下，这两条虚线最中间的分界线也就是最优决策面，它们之间的垂直距离就成为最优决策面相应的分类间隔，明显，在可把数据集正确分开的每一个方向上，都有最优决策面，但是在不同方向上，最优决策面相对应的分类间隔一般不同，SVM 的目标最优解就是拥有最大间隔的决策面。在最极限虚线上的样本，即图 4-17(b)上右侧虚线经过的两个灰色点和左侧虚线经过的一个黑色点，就是支持样本点(即支持向量)。

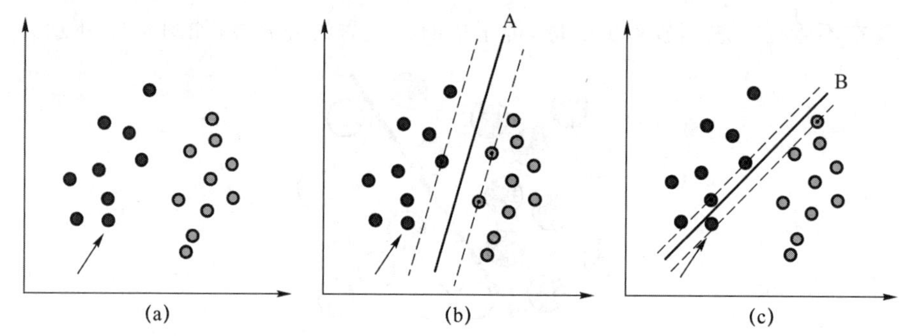

图 4-17　引入新数据的决策面示例

二维空间下一条直线的表示方式为

$$y=ax+b \tag{4-36}$$

我们做个小小的改变，让原来的 x 轴变成 x_1，让原来的 y 轴变成 x_2：

$$x_2=ax_1+b$$

移项得

$$ax_1-x_2+b=0$$

将上式向量化得

$$(a \quad -1)\begin{pmatrix}x_1\\x_2\end{pmatrix}+b=0$$

通过 $\boldsymbol{\omega}$ 列向量和 $\boldsymbol{x}$ 列向量和标量 γ 进一步向量化：

$$\boldsymbol{\omega}^{\mathrm{T}}\boldsymbol{x}+\gamma=0 \tag{4-37}$$

其中，向量 $\boldsymbol{\omega}$ 和 $\boldsymbol{x}$ 分别为

$$\boldsymbol{\omega}=(\omega_1,\omega_2)^{\mathrm{T}}, \quad \boldsymbol{x}=(x_1,x_2)^{\mathrm{T}}$$

通过坐标画图可得，向量 $\boldsymbol{\omega}$ 和直线的关系为垂直关系。表明向量 $\boldsymbol{\omega}$ 也控制直线方向，当然与此直线方向垂直。标量 γ 的作用还是决定直线截距。在这种条件下，$\boldsymbol{\omega}$ 被称为直线法向量。

这样我们已经推导好了二维空间直线方程，如果我们把这个方程推广到 n 维，就是超平面方程，而超平面在二维空间领域即直线。但是公式仍为

$$\boldsymbol{\omega}^{\mathrm{T}}\boldsymbol{x}+\gamma=0$$

推广之后的 $\boldsymbol{\omega}$ 和 $\boldsymbol{x}$ 分别为

$$\boldsymbol{\omega}=(\omega_1,\omega_2,\cdots,\omega_n)^{\mathrm{T}}$$

$$\boldsymbol{x}=(x_1,x_2,\cdots,x_n)^{\mathrm{T}}$$

若超平面方程可以正确地对样本点进行分类操作，就能够满足：

$$\begin{cases}\boldsymbol{\omega}^{\mathrm{T}}\boldsymbol{x}+b>0, & y_i=1\\ \boldsymbol{\omega}^{\mathrm{T}}\boldsymbol{x}+b<0, & y_i=-1\end{cases} \tag{4-38}$$

若超平面方程确定，$|\boldsymbol{\omega}\cdot\boldsymbol{x}+b|$ 就能相对地表示点 $\boldsymbol{x}$ 至超平面的距离。$\boldsymbol{\omega}\cdot\boldsymbol{x}+b$ 的符号与类标记 y 符号一致则代表分类正确。因此 $y(\boldsymbol{\omega}\cdot\boldsymbol{x}+b)$ 能够代表分类的正确性，即函数间隔。

超平面 $(\boldsymbol{\omega},b)$ 关于样本点的函数间隔为

$$\hat{\gamma}_i=y_i(\boldsymbol{\omega}^{\mathrm{T}}\cdot\boldsymbol{x}_i+b) \tag{4-39}$$

定义超平面 $(\boldsymbol{\omega},b)$ 关于训练集 T 的函数间隔，为超平面 $(\boldsymbol{\omega},b)$ 关于 T 中全部样本点的函数间隔的最小值：

$$\hat{\gamma}=\min_{i=1,\cdots,N}\hat{\gamma}_i \tag{4-40}$$

成比例地改变 $\boldsymbol{\omega}$ 和 b 后，超平面未发生变化，而函数间隔呈现相同比例的改变，这个现象告诉我们，能够通过约束分离超平面的法向量 $\boldsymbol{\omega}$ 来确定间隔。在这种情况下函数就是几何间隔。

超平面 $(\boldsymbol{\omega},b)$ 关于样本点的几何间隔为

$$\gamma_i=y_i\left(\frac{\boldsymbol{\omega}^{\mathrm{T}}}{\|\boldsymbol{\omega}\|}\cdot\boldsymbol{x}_i+\frac{b}{\|\boldsymbol{\omega}\|}\right) \tag{4-41}$$

定义超平面 $(\boldsymbol{\omega},b)$ 关于训练集 T 的几何间隔，为超平面 $(\boldsymbol{\omega},b)$ 关于 T 全部样本点的几何间隔的最小值：

$$\gamma=\min_{i=1,\cdots,N}\gamma_i \tag{4-42}$$

$\|\boldsymbol{\omega}\|$:$\boldsymbol{\omega}$ 二范数，求所有元素平方和的开方。在二维平面中二范数表示如下：

$$\|\boldsymbol{\omega}\|=\sqrt[2]{\omega_1^2+\omega_2^2}$$

若 $\|\boldsymbol{\omega}\|=1$，函数间隔就等于几何间隔。若 $\boldsymbol{\omega}$、b 成比例关系改变，函数间隔会以同比例改变，不过几何间隔不会变。

我们的目标是寻找分类效果好的超平面，把它当成分类器。什么是好的分类器呢？分类器的间隔越大，我们认为其拥有越好的分类效果。在这种情况下寻找超平面的问题就转化为寻找间隔最大化的问题，而间隔最大化即 γ 最大化。

4.4.3 对偶问题

我们的目标函数为

$$\max_{\boldsymbol{\omega},b}\ \frac{\hat{\gamma}}{\|\boldsymbol{\omega}\|} \tag{4-43}$$

$$\text{s.t.}\quad y_i(\boldsymbol{\omega}^{\mathrm{T}}\cdot\boldsymbol{x}_i+b)\geqslant\hat{\gamma},\quad i=1,2,3,\cdots,N$$

在求解间隔最大化时，函数间隔的取值并不影响求几何间隔最大化，所以我们可以取函数间隔为 1，而最大化$\frac{1}{\|\boldsymbol{\omega}\|}$与最小化$\frac{1}{2}\|\boldsymbol{\omega}\|^2$ 等价，因此目标函数改为

$$\begin{aligned}&\min_{\boldsymbol{\omega},b} \quad \frac{1}{2}\|\boldsymbol{\omega}\|^2\\&\text{s.t.} \quad y_i(\boldsymbol{\omega}^{\mathrm{T}}\cdot\boldsymbol{x}_i+b)-1\geqslant 0,\quad i=1,2,3,\cdots,N\end{aligned} \tag{4-44}$$

约束目标二次函数的条件为线性，因此这个目标函数属于凸二次规划。由于其结构特殊，我们还能够利用拉格朗日对偶性将式(4-44)转化为对偶变量问题，也就是利用求解对偶问题与原始问题等价，来寻求原始问题的最优解，即线性可分背景下的 SVM 对偶算法。其优势在于两点：一是对偶问题通常更容易求解；二是这样我们能够自然引入核函数，接下来就能够将其推广至非线性问题。利用每一约束条件加一拉格朗日乘子 $\alpha_i, i=1,2,\cdots,N$，来完成对拉格朗日函数的定义，利用拉格朗日函数把约束条件融合至目标函数，接下来我们就可以通过一个函数表达式来表达问题：

$$L(\boldsymbol{\omega},b,\alpha)=\frac{1}{2}\|\boldsymbol{\omega}\|^2-\sum_{i=1}^{n}\alpha_i(y_i(\boldsymbol{\omega}^{\mathrm{T}}\boldsymbol{x}_i+b)-1) \tag{4-45}$$

另令

$$\theta(\boldsymbol{\omega},b,\alpha)=\max_{\alpha_i\geqslant 0}L(\boldsymbol{\omega},b,\alpha) \tag{4-46}$$

若某个约束条件不满足，如 $y_i(\boldsymbol{\omega}^{\mathrm{T}}\boldsymbol{x}_i+b)<1$，很明显，有 $\theta(\boldsymbol{\omega})=\infty$（仅需要令 $\alpha_i=\infty$ 就行）。如果全部约束条件均满足，那么最优值是 $\theta(\boldsymbol{\omega})=\frac{1}{2}\|\boldsymbol{\omega}\|^2$，也就是最初要最小化的量。

所以在满足约束条件的背景下，最小化$\frac{1}{2}\|\boldsymbol{\omega}\|^2$，事实上也就是直接最小化 $\theta(\boldsymbol{\omega})$（明显，约束条件同样存在，即 α_i），因为若没有满足约束条件，则 $\theta(\boldsymbol{\omega})$无穷大，其当然就不是我们目的中的最小值。

目标函数即转化为

$$\min_{\boldsymbol{\omega},b}\theta(\boldsymbol{\omega})=\min_{\boldsymbol{\omega},b}\max_{\alpha_i\geqslant 0}L(\boldsymbol{\omega},b,\alpha)=p^* \tag{4-47}$$

此处 p^* 代表此问题最优质，和最初问题相等价。若要直接求解，我们就需要对 $\boldsymbol{\omega}$ 和 b 两个参数进行直接处理，而 α_i 是不等式约束，所以这个求解很难。不如交换最大和最小的位置：

$$\max_{\alpha_i\geqslant 0}\min_{\boldsymbol{\omega},b}L(\boldsymbol{\omega},b,\alpha)=d^* \tag{4-48}$$

这样我们得到的问题就是原始问题的对偶问题，即一个极大极小值问题，此问题的最优值以 d^* 代表。且 $d^*\leqslant p^*$，在某些条件下两者相等，此时我们就能够利用对偶问题的求解来完成原始问题的间接性求解。

我们之所以要把原始问题转为对偶问题，是因为对偶问题更容易求解并且 d^* 是 p^* 的近似解。出于解决对偶问题的考虑，我们要先行求 $L(\boldsymbol{\omega},b,\alpha)$极小，然后对 α 求出极大。

(1) 求$\min\limits_{\boldsymbol{\omega},b}L(\boldsymbol{\omega},b,\alpha)$

将拉格朗日函数，分别对 $\boldsymbol{\omega}$、b 求偏导数，并令偏导为 0。

$$\nabla_{\boldsymbol{\omega}}L(\boldsymbol{\omega},b,\alpha)=\boldsymbol{\omega}-\sum_{i=1}^{N}\alpha_i y_i\boldsymbol{x}_i=0$$

$$\nabla_b L(\boldsymbol{\omega},b,\alpha) = \sum_{i=1}^{N} \alpha_i y_i = 0$$

可得

$$\boldsymbol{\omega} = \sum_{i=1}^{N} \alpha_i y_i \boldsymbol{x}_i$$

$$\sum_{i=1}^{N} \alpha_i y_i = 0$$

将上面两式带入拉格朗日函数,得

$$L(\boldsymbol{\omega},b,\alpha) = \frac{1}{2}\sum_{i=1}^{N}\sum_{j=1}^{N}\alpha_i\alpha_j y_i y_j(\boldsymbol{x}_i \cdot \boldsymbol{x}_j) - \sum_{i=1}^{N}\alpha_i y_i\left(\left(\sum_{j=1}^{N}\alpha_j y_j \boldsymbol{x}_j\right)\cdot \boldsymbol{x}_i + b\right) + \sum_{i=1}^{N}\alpha_i$$

$$= -\frac{1}{2}\sum_{i=1}^{N}\sum_{j=1}^{N}\alpha_i\alpha_j y_i y_j(\boldsymbol{x}_i \cdot \boldsymbol{x}_j) + \sum_{i=1}^{N}\alpha_i$$

对偶问题即

$$\min_{\boldsymbol{\omega},b} L(\boldsymbol{\omega},b,\alpha) = -\frac{1}{2}\sum_{i=1}^{N}\sum_{j=1}^{N}\alpha_i\alpha_j y_i y_j(\boldsymbol{x}_i \cdot \boldsymbol{x}_j) + \sum_{i=1}^{N}\alpha_i \tag{4-49}$$

(2) 求$\min\limits_{\boldsymbol{\omega},b} L(\boldsymbol{\omega},b,\alpha)$对 α 的极大

$$\begin{aligned} &\max_{\alpha} -\frac{1}{2}\sum_{i=1}^{N}\sum_{j=1}^{N}\alpha_i\alpha_j y_i y_j(\boldsymbol{x}_i \cdot \boldsymbol{x}_j) + \sum_{i=1}^{N}\alpha_i \\ &\text{s. t.} \quad \sum_{i=1}^{N}\alpha_i y_i = 0 \end{aligned} \tag{4-50}$$

其中,$\alpha_i \geqslant 0, i=1,2,\cdots,N$。

此时式(4-50)中只有关于 α 的变量,求出 α 即可求出($\boldsymbol{\omega},b$)。

又因为

$$y_j(\boldsymbol{\omega}^* \cdot \boldsymbol{x}_j + b^*) - 1 = 0$$

所以

$$b^* = y_j - \sum_{i=1}^{N}\alpha_i^* y_i(\boldsymbol{x}_i \cdot \boldsymbol{x}_j)$$

超平面方程由 $\boldsymbol{\omega},b$ 确定。

4.4.4 核函数

在之前的学习中,我们已经明白了 SVM 会如何处理线性隔分的问题,而关于非线性的问题,SVM 会选择核函数 K,利用将函数据映射至高维空间的方法,解决原始空间中的非线性问题。此外,由于样例总以成对的内积形式出现,利用合适的核函数替代内积,能够隐式地把非线性可分的训练数据映射于高维空间,同时还能够不增加可调参数的数量。

如果线性不可分,SVM 会在完成低维空间计算后使用核函数,把输入数据映射至高维特征空间,最后是于高维特征空间内,建造最优的分离超平面,达成分离平面可分非线性数据的目标,如图 4-18 所示。

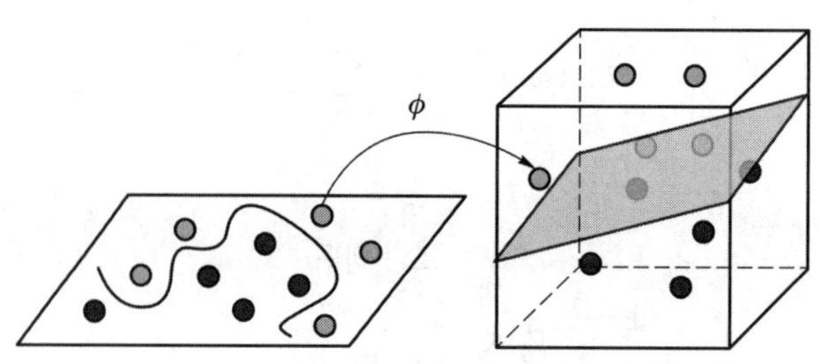

图 4-18 低维映射高维关系图

举一个核函数的例。图 4-19 中的两类数据表现为两个圆圈,线性不可分,那么我们该怎么样把这两类数据分开呢?

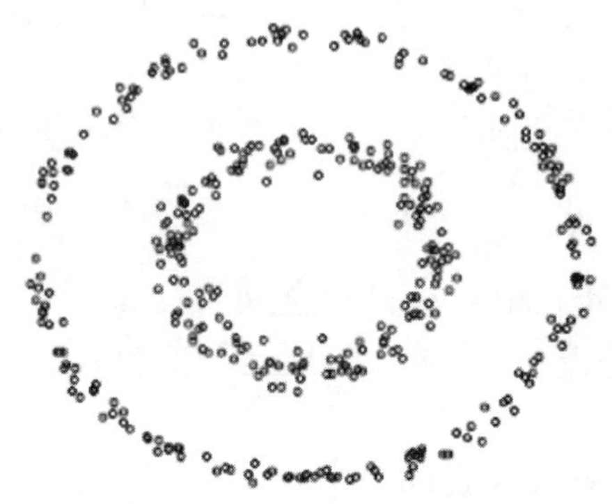

图 4-19 线性不可分的数据图

实际上这个数据集是通过两个不同半径的圆圈,再加上一些噪声获得的,因此立项的分解情况应该为一个圆圈,不是一条线。若用 x_1 和 x_2 代表此二维平面两个坐标,那么一个二次曲线方程为

$$a_1x_1+a_2X_1^2+a_3x_2+a_4X_2^2+a_5X_1X_2+a_6=0 \tag{4-51}$$

注意,若构造另一个五维空间,那么其内 5 个坐标的值为 Z_1、Z_2、Z_3、Z_4、Z_5,很明显,方程写作

$$\sum_{i=1}^{5}a_iZ_i+a_6=0 \tag{4-52}$$

所以我们需要做的操作是将图 4-20 中低维不可分的数据映射到图 4-20 所示的一个三维空间内,图 4-20 展示了映射后的结果,显然,数据能够通过一个平面将数据进行分开。

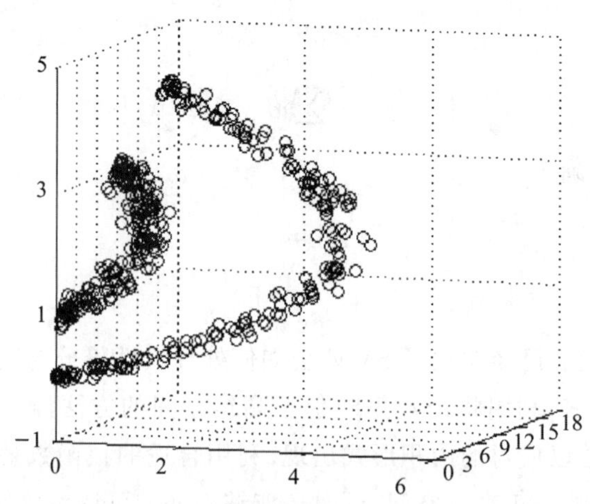

图 4-20 映射到三维的数据图

映射函数把原本的分类函数

$$f(\boldsymbol{x})=\sum_{i=1}^{N}\alpha_iy_i\langle\boldsymbol{x}_i,\boldsymbol{x}\rangle+b \tag{4-53}$$

映射成

$$f(\boldsymbol{x}) = \sum_{i=1}^{N} \alpha_i y_i \langle \phi(\boldsymbol{x}_i), \phi(\boldsymbol{x}) \rangle + b \tag{4-54}$$

α 能够利用求解此问题获得

$$\begin{aligned} &\max_{\alpha} \sum_{i=1}^{N} \alpha_i - \frac{1}{2} \sum_{i,j=1}^{N} \alpha_i \alpha_j y_i y_j \langle \phi(\boldsymbol{x}_i), \phi(\boldsymbol{x}_j) \rangle \\ &\text{s. t.} \quad \sum_{i=1}^{N} \alpha_i y_i = 0 \\ &\alpha_i \geqslant 0, \quad i = 1,2,\cdots,N \end{aligned} \tag{4-55}$$

不过在原本的案例,对二维空间进行映射,新空间为原空间一阶以及二阶的组合,结果是5个维度。若原空间为三维,结果是19维的新空间。可见空间维数呈爆炸增长,给计算增加了非常大的困难,再加上在无穷维的条件下,不可能进行计算,因此引申出核函数。

最后能够通过核函数直接进行低维空间内的计算,不必明显得出映射后的结果。

这里,在隐式映射后的空间,两向量内积的函数即核函数,它可以简单化映射空间内的内积运算。刚好SVM需计算的数据向量常表现为内积形式。所以用核函数替换式(4-55)的问题:

$$\begin{aligned} &\max_{\alpha} \sum_{i=1}^{N} \alpha_i - \frac{1}{2} \sum_{i,j=1}^{N} \alpha_i \alpha_j y_i y_j K(\boldsymbol{x}_i, \boldsymbol{x}_j) \\ &\text{s. t.} \quad \sum_{i=1}^{N} \alpha_i y_i = 0 \\ &\alpha_i \geqslant 0, i = 1,2,\cdots,N \end{aligned} \tag{4-56}$$

这样计算的难点就解决了,我们避免在高位空间中直接进行计算,并获得了等价的结果。不过很明显,我们所用的例子十分简单,因此能够凭自己构造对应的核函数。而想要构造对应任意映射的核函数一般很困难。

一般人们会在某些常用的核函数中选择(面对不同的问题和数据选择不同的参数,事实上我们就获得了不同核函数),如:

- 多项式核;
- 高斯核 $K(\boldsymbol{x}_1, \boldsymbol{x}_2) = \exp\left(-\frac{\|\boldsymbol{x}_1 - \boldsymbol{x}_2\|^2}{2\sigma^2}\right)$。

其中高斯核就是我们上文介绍的可以把原始空间映射成无穷维空间。但是,若 σ 取值很大,高次特征的权重会快速衰减,因此此时的高斯核函数本质上能够当成一个低维子空间的核函数(数值上近似);相反,若 σ 取值极小,则能把任意数据映射为线性可分的,由于严重过拟合的问题,这可能并不一定是好事。不过总体来说,实际上利用调控参数 σ 可使高斯核的灵活性相当高,其使用非常广泛。

4.4.5 噪声数据的松弛变量处理

在我们最开始讲述SVM之时,就假定数据线性可分,也就是我们能够找到一个把数据完全分开的可存在的超平面。再后面出于处理非线性数据的目的,通过Kernel方法对之前的线性支持向量机进行推广，这样一来非线性问题也得到了处理。尽管利用映射把原始数据映射至高维空间后，数据可以线性分隔的概率大幅提高，不过某些特定的问题还是很难解决。

举一个简单的例子，可能并不是由于数据本身非线性，而是由于数据含有噪声。我们把这种偏离正常的位置、距离很远的数据点称为 outlier，在之前的支持向量机模型，这种数据点可能会引起很大的影响，这是由于超平面的构成，本来就是利用少数几个支持向量，若 outlier 存在于这几个支持向量内，影响会很大。噪声如图 4-21 所示。

黑圈标记的黑色点就是一个 outlier，它偏离本身应该在的半空间，若直接将其忽略，之前的超平面还是很合适的，就是因为这个 outlier，分隔超平面被迫歪曲（黑色虚线），间隔也相应变小。更严重的情况是若这个 outlier 再向右上移动一段距离，那么可以把数据分开的超平面就不存在了。

对于这个问题，在某种程度上，我们可以允许数据点偏离超平面。在图 4-22 中，黑色粗线就代表了该 outlier 偏离距离，若能够使其恢复原位，让其恰好落于原超平面之上，那么超平面就不会弯曲变形。换句话说，有松弛条件下，outlier 也可作为支持向量。在该情况下，不同支持向量对应的拉格朗日参数的值也不一样，如图 4-22 所示。

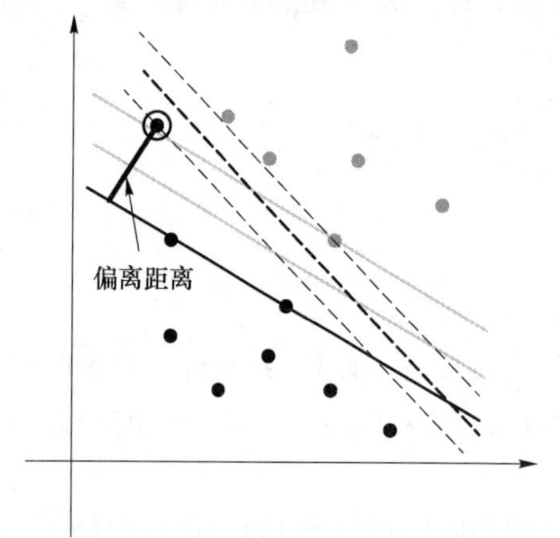

图 4-21　噪声示例图

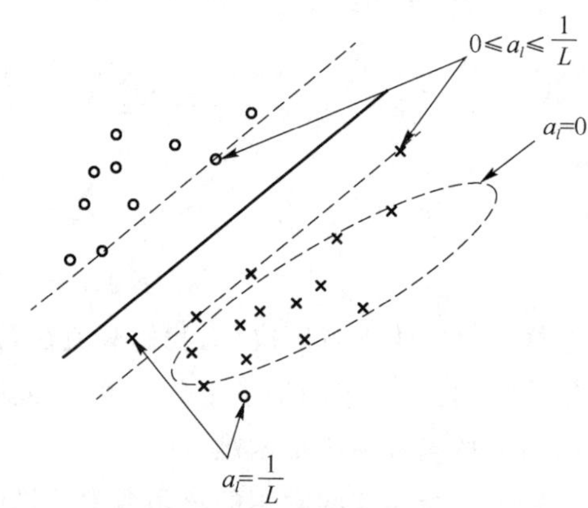

图 4-22　不同类型点的拉格朗日参数区别图

其中远离分类平面的样本参数值为 0，边缘上的样本参数值在$[0,1/L]$区间上，L 表示训练数据集个数。

原本我们问题的约束条件是

$$y_i(\boldsymbol{\omega}^{\mathrm{T}}\boldsymbol{x}_i+b)\geqslant 1,\quad i=1,2,\cdots,N \tag{4-57}$$

现在鉴于 outlier 问题，约束条件转化为

$$y_i(\boldsymbol{\omega}^{\mathrm{T}}\boldsymbol{x}_i+b)\geqslant 1-\xi_i,\quad i=1,2,\cdots,N \tag{4-58}$$

其中，$\xi_i\geqslant 0$，代表松弛变量，表示数据点 $\boldsymbol{x}_i$ 允许偏离函数间隔的大小。可想而知，ξ_i 任意大的话，所有平面就都符合要求。因此我们于原目标函数后增加一项，使这些 ξ_i 的总和最小：

$$\min \frac{1}{2}\|\boldsymbol{\omega}\|^2+C\sum_{i=1}^{N}\xi_i \tag{4-59}$$

其中，C 代表函数中两项之间的权重，这两项分别是求间隔最大的超平面和保证样本点偏离量最小。值得注意的是，ξ_i 属于需优化变量，C 则是预先设定好的常量。如此原始问题的表述

如下：

$$\min \frac{1}{2}\|\boldsymbol{\omega}\|^2 + C\sum_{i=1}^{N}\xi_i$$
$$\text{s.t.} \quad \xi_i \geqslant 0, i = 1,2,\cdots,N \tag{4-60}$$
$$y_i(\boldsymbol{\omega}^{\mathrm{T}}\boldsymbol{x}_i + b) \geqslant 1 - \xi_i, \quad i = 1,2,\cdots,N$$

将原始问题转换为对偶问题，得到新的拉格朗日函数：

$$L(\boldsymbol{\omega},b,\xi,\alpha,r) = \frac{1}{2}\|\boldsymbol{\omega}\|^2 + C\sum_{i=1}^{N}\xi_i - \sum_{i=1}^{N}\alpha_i(y_i(\boldsymbol{\omega}^{\mathrm{T}}\boldsymbol{x}_i + b) - 1 + \xi_i) - \sum_{i=1}^{N}r_i\xi_i \tag{4-61}$$

同前述方法一样，对 $\boldsymbol{\omega}$、b、ξ 求偏导：

$$\nabla_{\boldsymbol{\omega}} = 0 \Rightarrow \boldsymbol{\omega} = \sum_{i=1}^{N}\alpha_i y_i \boldsymbol{x}_i$$

$$\nabla_b = 0 \Rightarrow \sum_{i=1}^{N}\alpha_i y_i = 0$$

$$\nabla_{\xi_i} = 0 \Rightarrow C - \alpha_i - r_i = 0, i = 1,2,\cdots,N$$

将上式代入对偶问题，简化为

$$\max_{\alpha}\sum_{i=1}^{N}\alpha_i - \frac{1}{2}\sum_{i,j=1}^{N}\alpha_i\alpha_j y_i y_j \langle \boldsymbol{x}_i, \boldsymbol{x}_j \rangle$$

发现目标函数和以前是一样的，但是我们还得到 $C-\alpha_i-r_i=0$，其中 $r_i\geqslant 0$，所以整个问题写为

$$\max_{\alpha}\sum_{i=1}^{N}\alpha_i - \frac{1}{2}\sum_{i,j=1}^{N}\alpha_i\alpha_j y_i y_j \langle \boldsymbol{x}_i, \boldsymbol{x}_j \rangle$$
$$\text{s.t.} \quad 0 \leqslant \alpha_i \leqslant C, i = 1,2,\cdots,N \tag{4-62}$$
$$\sum_{i=1}^{N}\alpha_i y_i = 0$$

对比非噪声的对偶问题，可以发现上述问题与其的唯一区别就是 α 多了一个上限，而 Kernel 化的非线性形式也是一样的，只要把 $\langle \boldsymbol{x}_i, \boldsymbol{x}_j \rangle$ 换成 $K(\boldsymbol{x}_i, \boldsymbol{x}_j)$ 即可。

4.4.6 SVM 分类器 Python 实战

已知有表 4-8 所示的数据。

表 4-8 示例点坐标数据

示例点	Y	X1	X2
a	圆形	0	0
b	三角	0	1
c	圆形	1	1
d	三角	1	0

示例点位置如图 4-23 所示。

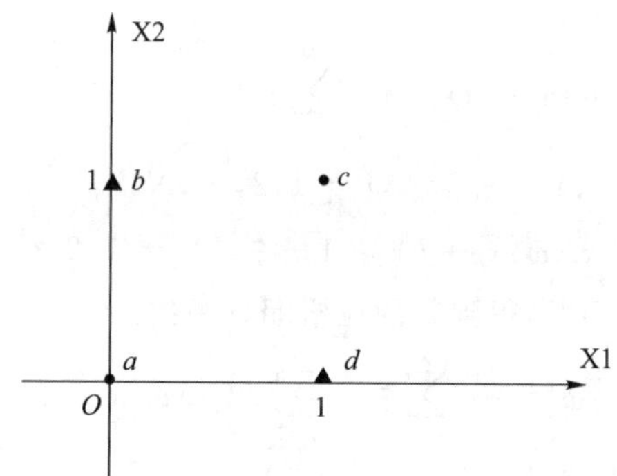

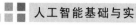

图 4-23 示例点位置

从坐标系能够发现，此数据集线性不可分，假设三角点对应分类结果 $y=-1$，圆形对应分类结果 $y=1$，有正例点 $a=(0,0)$，$c=(1,1)$，有负例点 $b=(0,1)$，$d=(1,0)$。尝试通过非线性支持向量机进行求解。核函数选二次多项式，也就是 $K(X1,X2)=(\langle X1,X2\rangle+1)^2$。

```
# 首先用数据集构造，用线性可分的支持向量机进行建模。选惩罚参数 3，二阶多项式 degree2，系数 1，建模：
x1 = [0,1,0,1]; x2 = [0,0,1,1]
y = [0,1,1,0]
model = svm.SVC(C = 3, kernel = 'poly', gamma = 1, coef0 = 1, degree = 2)
model.fit(list(zip(x1,x2)),y)
#模型构建，用 plot 进行输出：
z = model.predict(np.c_[xx.ravel(),yy.ravel()]).reshape(xx.shape)
plt.figure(figsize = [2,2])
plt.contourf(xx,yy,z,cmap = plt.cm.coolwarm.alpha = 0.5)
plt.show()
```

第5章

机器学习聚类算法

5.1 K-means 聚类算法

K-means 聚类算法的
Python 代码

标记训练样本的信息在无监督学习(Unsupervised Learning)中是未知的,我们的最终目标是学习无标记训练样本,从而展示出数据间的内在联系,为此后的分析数据打下基础。聚类(Clustering)是在无监督学习中应用以及研究范围很广泛的一个分支,它的终极目标之一是把集合分成若干个簇。由于学习策略的多样性,人们开发出许多种不同类型的聚类,在此我们将对多个有代表性的聚类算法做介绍。

5.1.1 聚类的概念

一直到今天,聚类也没有一个严格定义。简而言之,聚类就是把一个集合中的对象进行分类,分类的判别标准由这个集合中对象间的相似性来确定。这其中的关键就是我们要如何评估对象间的相似。

在实际应用中,什么是相似会引出很多的问题。举个例子,这里存在红、绿、蓝 3 个三角形,还有 3 个红、绿、蓝的方形。这 6 个对象,依据形状以及颜色,存在两种划分的方法。若把形状当成"相似"的度量,我们会获得两个聚类:三角类以及方类(类别的名称均是在"聚"后取的,之后也是)。若依据颜色进行度量,能够获得红、绿、蓝 3 个聚类。两种方法均可以,差别在于对"相似"的度量。因此,"主观"就是相似性最大困难之一。

比较常见的可以用于衡量对象之间相似度的特征有距离和密度等。聚类过程中生成的簇(Cluster)是指在一组对象的集合中,这些数据对象拥有如下特征 :一个簇中的各个对象间是相似度较高的,其他簇里面的对象与该簇中的对象不同,而且没有提前定义好的类,如图 5-1 所示。

聚类分析一般分为 4 个主要步骤,也就是数据表示、聚类判据确定、聚类算法设计以及聚类评估。对于第 1 步的数据表示,同一个类别的聚类算法仅仅可以利用一种数据表示,要不然的话无法度量相似性。可以把数据表示划分为外显以及内在两部分。前者的表现形式包括图像、语音还有文本等,而后者的表现形式就比较玄妙。于剑教授曾经提出一个很好的例子——

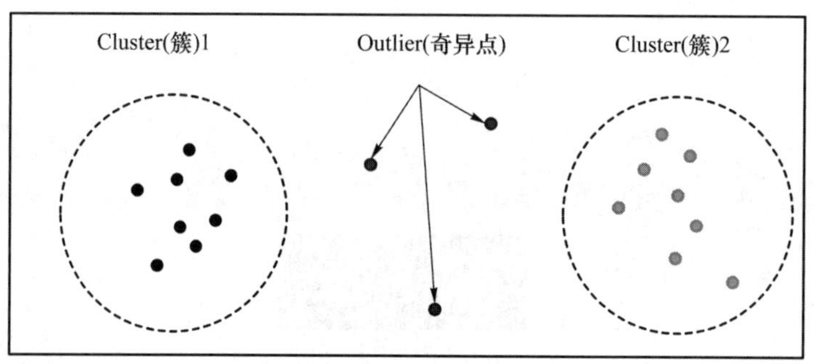

图 5-1　聚类示意图

《列子·汤问》里的高山流水：在高山流水的故事中，钟子期接受外在数据显示，也就是琴声，而其内在表示却是伯牙所要传递的“高山流水”。在一般情况下机器擅长感知外在数据表示，不擅长内在表示，因此对于数据的内在表示部分，还需要利用算法学习以及抽象。对于第 2 步的聚类判据确定，聚类的搜索方向就是由算法根据判据来确定的。而第 3 步就是聚类算法的设计。在前两步的基础上，也就是在数据表示以及聚类方向确定后，我们就能够通过各种方法来设定巧妙的聚类算法。第 4 步就是聚类算法的评估，聚类算法与分类算法的差异在于聚类算法的评估比较主观，而分类算法有很明显的外界标准，到底是什么分类，一目了然。

我们对于聚类做出如下的规定：同一簇的特征相似且有别于其他簇的特征。但簇的分类能保证直观可见吗？不一定。在图 5-2(a)中，存在明显的 4 个簇，我们可以很轻易地看出而在图 5-2(b)中，因为簇的特征不再那么明显，我们没有办法很轻易地看出。在这种情况下，我们就需要利用某种算法来实现划分簇的目的，其中最为常见的算法为 K-means(K 均值)聚类。

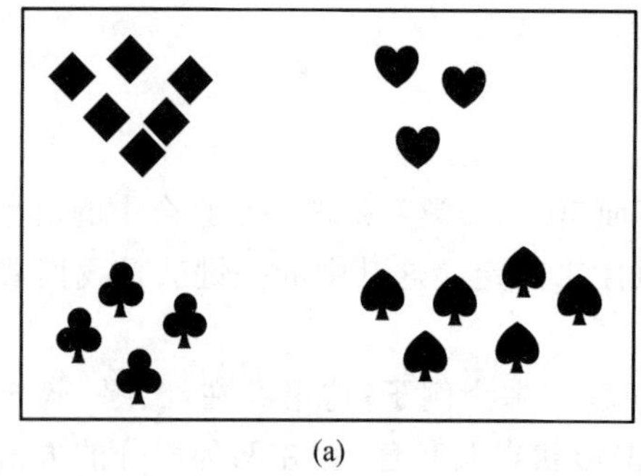

(a)

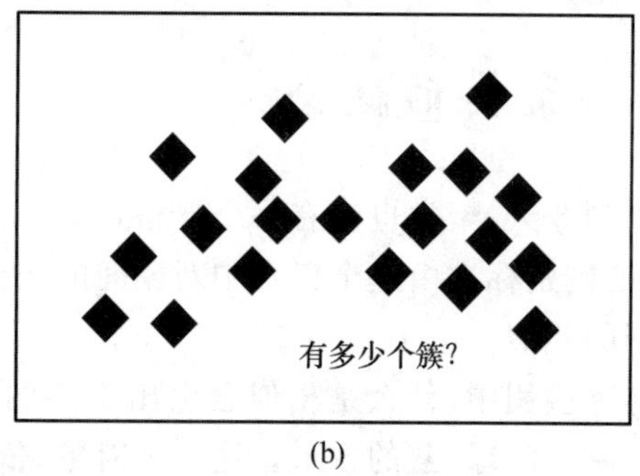

(b)

图 5-2　簇的划分

5.1.2　相似度与距离

对于聚类分析，我们首要做的是分析对象间的相似性，若两个对象相近，我们就倾向将它们归于一类，相反我们就倾向不将它们归为一类。因此这里就需要一个能够度量对象间相似、相异的指标，这就是相似度(或者说相异度)的概念。如果两个对象间的相似性越强，那么这两个对象间的相异度值就越小，如果相反，那么相异度值就越大。存在很多定义相应度指标的方式，我们要根据实际应用情境来进行挑选，最常用的办法就是使用“距离”。在这里我们将介绍对象间距离的计算方法。

(1) 数值型数据

如果研究对象为数值类型的数据，曼哈顿(Manhattan)距离、欧氏(Euclidean)距离、明考夫斯基(Minkowski)距离、切比雪夫(Chebyshev)距离、马氏(Mahalanobis)距离以及余弦(Cosine)距离等都是常用于距离衡量的准则。明考夫斯基距离简称明氏距离，定义了一组距离，由 p 取值的不同可分为曼哈顿距离($p=1$)、欧氏距离($p=2$)以及切比雪夫距离($p=\infty$)。欧氏距离比较常用，但存在一些缺点。首先，欧氏距离无法考虑到总体变异对于距离远近的影响，很明显对于一个变异程度比较大的总体，其可能和更多的样品相近，尽管其欧氏距离并不一定是最近的；其次，欧氏距离会受变量量纲的影响，故对于多元问题的处理，会产生一些问题。为了解决这些问题，可以采用马氏距离。对于 N 维空间的两个对象和，其在不同距离准则下的距离计算方法如下所示。

- 欧氏距离：$d(x,y)=\sqrt{\sum_{i=1}^{N}(x_i-y_i)^2}$。
- 曼哈顿距离：$d(x,y)=\sum_{i=1}^{N}\mid x_i-y_i\mid$。
- 切比雪夫距离：$d(x,y)=\max\limits_{1\leqslant i\leqslant N}(\mid x_i-y_i\mid)$。
- 明考夫斯基距离：$d(x,y)=\sqrt[p]{\sum_{i=1}^{N}\mid x_i-y_i\mid^p}$。
- 马氏距离：$d(\boldsymbol{x},\boldsymbol{y})=\sqrt{(\boldsymbol{x}-\boldsymbol{y})^{\mathrm{T}}\sum^{-1}(\boldsymbol{x}-\boldsymbol{y})}$，其中 $\boldsymbol{x}$、$\boldsymbol{y}$ 是来自均值向量为 $\boldsymbol{\mu}$，协方差矩阵为 $\boldsymbol{\Sigma}(>0)$ 的总体的 N 维数据对象。马氏距离又称广义欧氏距离，它与其他距离的主要不同在于它考虑了观测变量之间的相关性。如果各变量之间相互独立，即观测变量的协方差矩阵是对角矩阵，则马氏距离就退化为用各个观测指标的标准差的倒数作为权数的加权欧氏距离。马氏距离考虑了观测变量之间的变异性，且不再受各指标量纲的影响。将原始数据作线性变换后，马氏距离不变。
- 余弦距离：$\cos\theta=\dfrac{\sum_{i=1}^{N}x_iy_i}{\sqrt{\sum_{i=1}^{N}x_i^2}\sqrt{\sum_{i=1}^{N}y_i^2}}$。余弦距离同时也被称为余弦相似度，它是通过向量空间中两个向量夹角的余弦值来进行两个体之间差异的衡量的。向量：多维空间内有方向的线段。若两个向量的方向一致，那么夹角接近0，我们就称这两个向量相近。

(2) 分类型数据

先考虑二元变量，变量只有0或1两个值。定义 N 维空间中的两个对象 $\boldsymbol{x}=(x_1,x_2,\cdots,x_N)$ 和 $\boldsymbol{y}=(y_1,y_2,\cdots,y_N)$，其中 x_i、$y_i(i=1,2,\cdots,N)$ 取值0或1，它们之间的距离可以用表5-1所示的二维表来表示。

表5-1 二元变量数据对象 x 与 y 的分布矩阵

y	x		求和
	1	0	
1	q	r	$q+r$
0	s	t	$s+t$
求和	$q+s$	$r+t$	p

表 5-1 中的几个变量定义如下。

q:**x** 和 **y** 中取值都为 1 的变量个数。

r:仅在 **x** 中取值为 1,在 **y** 中取值为 0 的变量个数。

s:仅在 **x** 中取值为 0,在 **y** 中取值为 1 的变量个数。

t:**x** 和 **y** 中取值都为 0 的变量个数。

那么数据对象 x 和 y 的距离能够定义成

$$d(x,y)=\frac{r+s}{p}$$

下面我们将要介绍变量取值大于两类条件的情况,也就是名义变量。两个取值都是名义变量的数据对象 **x**、**y**,可以通过一种匹配方法来计算二者的相异程度:

$$d(x,y)=\frac{p-m}{p}$$

其中,m 表示匹配的数目,即数据对象 **x** 和 **y** 中取值相同的变量数目,p 表示总变量数。

(3) 有序数据

有序数据在日常生活中随处可见,比如说比赛结果的排名有金银铜,学习成绩的排序有优良及格不及格,等等。此外对于连续型数据,如果我们把它分为有限个区间,这样它的取值就会被离散化,从而获取了有序数据。一个连续的示数型变量可以当作一个连续数据的集合,数据的刻度是未知的,也就是说,重要的点在于相对顺序,并不需要那么关心它的实际大小。可以将一个有序数据的值映射成序列。例如,若一个变量具有 M 个状态,那么这些有序的状态就定义一个序列 $1,2,\cdots,M$。

对于有序数据对象相异度的计算思路是,把有序数据转化为[0,1]之上连续型的数据,在此基础上通过连续数据相异度的公式来进行计算。

① 对于 N 维空间的数据对象 $\boldsymbol{x}=(x_1,x_2,\cdots,x_N)$,它的第 $i(i=1,2,\cdots,N)$ 个变量的取值为 $x_i\in\{1,2,\cdots,M_i\}$;

② 令 $z_i=\frac{x_i-1}{M_i-1}$,也就是将每个变量的值域映射到[0,1]区间上,从而使得每个变量的权重相同;

③ 可以使用连续型变量描述的任意一种距离度量方法来计算 z_i 的相异度。

5.1.3 K-means 聚类算法的核心思想

“基于原型的聚类”之中一种很重要的算法就是 K-means 聚类,此处的原型代表样本空间内具有代表性的点,该算法于 1967 年由 James MacQueen 提出,它有一个突出的优势:时间复杂度低。因此,它被广泛应用于各种信息数据挖掘相关的业务中。一直到今天,K-means 聚类依旧是很多聚类模型的改进基础。

该算法的含义如下:设定期望的聚类个数为 K,一个包含 N 个数据对象的集合,依据距离方差最小的准则将它划分成 K 个类。

K-means 聚类的基本过程如下:首先,选出 K 个点分别作为初始 K 个簇的中心,此后按照距离簇中心最近的原则,将剩下的数据对象划分到不同的簇中去;其次,当所有的点都被划分至相应的簇中之后,计算簇中所有数据对象的平均值,将该点当作新的簇中心(更新一次簇的中心);最后,依据距离簇中心最近的原则把所有数据对象分配至相应簇中,更新簇中心。就像这样循环往复，计算停止的标志为满足了某种条件，一般来讲我们以函数收敛作为这个终止条件，例如，一个簇的中心接近到一定程度(前后两次迭代相比较)，或者迭代的次数达到一定值时，算法便自动终止。图 5-3 所示为 K-means 聚类算法的核心。

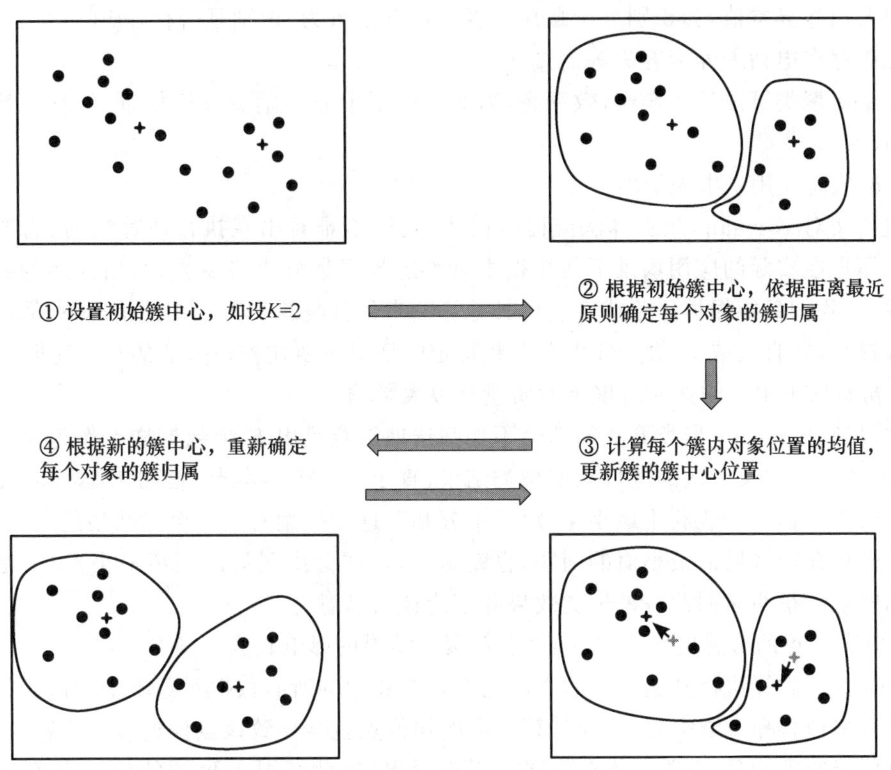

① 设置初始簇中心，如设K=2
② 根据初始簇中心，依据距离最近原则确定每个对象的簇归属
③ 计算每个簇内对象位置的均值，更新簇的簇中心位置
④ 根据新的簇中心，重新确定每个对象的簇归属

图 5-3　K-means 聚类示意图

就 K-means 聚类算法而言，有两个需要着重考虑的方面：初始的每个簇中心(质心)的选择以及距离的度量。一般来讲，我们会随机地、不加挑选地指定 K 个点，但这样会造成簇的质量偏低。故更为常用的方法是对质心进行挑选。

① 多次运行调优。依照最小平方误差的原则，从多组不同的随机选取的质心中选取出一组最优的质心。考虑到数据集的规模以及簇的数量 K，这种策略的效果比较难以估计。

② 根据先验知识(也就是历史经验)来决定 K 的大小。

对于另一个问题——如何确定对象之间的距离，这里主要根据 5.1.2 节中介绍的距离来衡量。

5.1.4　K-means 聚类算法的应用场景与优缺点

K-means 聚类算法不仅能够用在划分个案数据，还能够用在检测多维数据异常值。

① 划分个案数据。对于客户细分的聚类分析，一般来讲，最终的期望结果往往是可以将其均分为几个大类，由此需要进行数据转换，如利用原始变量的百分位秩、对数转换和 Turkey 正态评分等。就此类分析而言，我们更为关注的是数据之间的相对位置而非每一个数据本身的实际值。此方法的应用场景：客户行为消费聚类、客户积分使用行为聚类等。

② 检测异常值。倘若只以中心标准化或极差标准化为准则进行快速聚类，与此同时并不进行任何其他方式的数据转换的话，那么聚类的结果便可以通过数据的分布特征得出。该方法对于极端数据有着较强的敏感性，极端数据会被聚为几个类。常见的应用场景如下：侦测异常行为以及消除异常值，如识别一个账户是否存在洗钱行为、识别是否存在 POS 机套现、识别某终端是否存在电话卡养卡客户等。

K-means 聚类算法易于操作，效率高，因此获得了十分广阔的应用场景，但它依然存在着一些缺点。

(1) K 值需要用户事先给出

通过前文对 K-means 聚类算法流程的描述，我们不难看出在执行该算法前，需要获得聚类个数。用户在实际的应用场景下往往很难对给定数据集分成多少类，给出合适的要求。在这种条件下，我们只能根据经验或者利用其他算法来估计类簇个数。在此情况下，算法运算负荷会大幅提升，并且获取 K 值这件事在有些特定的情况下要比构建算法的难度还要大。

(2) 初始聚类中心的选取对聚类的质量有很大影响

前文提到，K-means 聚类算法初期会不加筛选地随意跳出 K 个数据样本作为初始的聚类中心，此后通过一次又一次的迭代获取聚类结果，直至每一个样本点“簇”的归属不再变化。这个方法的收敛评估法一般利用最小化“距离平方和”，这个模型对应一个非凸型的函数，这样就会引起聚类存在很多局部最小值的问题，也就是说，这样会出现局部距离最小，而不是全面距离最小的问题。很明显如此一来聚类效果并不能让人满意。

(3) 对噪声点的敏感度较高，故噪声点对聚类结果的影响较大

K-means 聚类算法得到簇中心的方法是对一个簇中的所有数据对象求平均值。问题出在当数据集合中包含噪声数据时，此时计算中心的均值点就会导致该点偏离实际位置，在极端情况下还有可能使得均值点偏向噪声数据。不难看出，在此情况下聚类的效果有着大幅度的降低。

(4) 对簇的形状要求高，仅能发现球形簇而无法发现其他形状的簇

K-means 聚类算法度量不同点之间的间距是以欧氏距离来判定的，这就导致 K-means 算法只适用于识别数据点分布比较均匀的球形簇。可以利用距离平方和评估函数将目标函数取到极小值，一般也可以将数据集合较大的类分为某些较小的类，而这种趋势也会使聚类效果降低。

5.1.5 K-means 聚类算法 Python 实战

本节给出了一个 K-means 聚类算法的 Python 实现示例。

```
from copy import deepcopy
import numpy as np
from matplotlib import pyplot as plt
from sklearn.datasets import make_blobs   #用于生成数据集

plt.rcParams['figure.figsize'] = (16, 9)

# 随机生成一个包含 3 个簇的数据集，数据维度为 2
```

```
X, y = make_blobs(n_samples = 900, n_features = 2, centers = 3)

# 将数据转换为二维数组,并绘出原始数据
f1 = X[:,0]
f2 = X[:,1]
plt.scatter(f1, f2, c = 'black', s = 7)

#定义计算欧氏距离的函数
def dist(a, b, ax = 1):
    return np.linalg.norm(a - b, axis = ax)

#给定聚类个数 K
k = 3
#任意选取 K 个点作为初始 K 个簇的中心
C_x = np.random.randint(np.min(f1), np.max(f1), size = k)
C_y = np.random.randint(np.min(f2), np.max(f2), size = k)
C = np.array(list(zip(C_x, C_y)), dtype = np.float32)
print("Initial Centroids")
print(C)
#标出 K 个初始簇中心
plt.scatter(C_x, C_y, marker = '*', s = 200, c = 'g')
#用于保存簇中心点更新前的坐标
C_old = np.zeros(C.shape)
#用于保存数据所属簇的标签
clusters = np.zeros(len(X))

#计算新旧簇中心点的距离
error = dist(C, C_old, None)
#若簇中心点位置不再变化则结束循环
while error != 0:
    #将每个数据划分给距离最近的簇
    for i in range(len(X)):
        distances = dist(X[i], C)
        cluster = np.argmin(distances)
        clusters[i] = cluster
    #保存旧的簇中心点
    C_old = deepcopy(C)
    #通过计算均值找到新的簇中心点
    for i in range(k):
        points = [X[j] for j in range(len(X)) if clusters[j] == i]
        C[i] = np.mean(points, axis = 0)
    #计算新旧簇中心点的距离
    error = dist(C, C_old, None)
```

```
#最终结果图示,不同的簇使用不同的颜色
colors = ['r', 'g', 'b', 'y', 'c', 'm']
fig, ax = plt.subplots()
for i in range(k):
    points = np.array([X[j] for j in range(len(X)) if clusters[j] == i])
    ax.scatter(points[:, 0], points[:, 1], s=7, c=colors[i])
ax.scatter(C[:, 0], C[:, 1], marker='*', s=200, c='#050505')

可以直接调用机器学习库 sklearn 中的函数实现 K-means 聚类:
import matplotlib.pyplot as plt
from sklearn.cluster import KMeans
from sklearn.datasets import make_blobs

plt.rcParams['figure.figsize'] = (16, 9)
#随机生成一个包含 3 个簇的数据集,数据维度为 2
X, y = make_blobs(n_samples=900, n_features=2, centers=3)
plt.figure()
plt.scatter(X[:, 0], X[:, 1])

#初始化 KMeans 函数
kmeans = KMeans(n_clusters=3)
# Fitting with inputs
kmeans = kmeans.fit(X)
# Predicting the clusters
labels = kmeans.predict(X)
# Getting the cluster centers
C = kmeans.cluster_centers_

plt.figure()
plt.scatter(X[:, 0], X[:, 1], c=y)
plt.scatter(C[:, 0], C[:, 1], marker='*', c='#050505', s=1000)
```

5.2 层次聚类算法

层次聚类算法的 Python 代码

基于连通模型的聚类算法即本节将要讲述的层次聚类(Hierarchical Clustering)算法,这个算法的核心思路是利用对象间距不同来进行聚类操作,两个离得近的对象要比两个离的远的对象更有可能属于同一簇。把数据集划分成一层一层的簇,后一层簇是在前一层簇的基础之上,这就是层次聚类算法。不难看出,层次聚类是基于对象间距进行聚类的,此处的关键就是怎样计算对象间距以及新构成的簇之间的距离。

5.2.1 层次聚类算法的原理与分类

层次聚类算法希望能够在不同的层次上完成数据集的划分，以达成最终的目的——构建树形聚类。一般来讲，我们有两种策略来划分数据集：第 1 种是“自底向上”的聚合策略，第 2 种是“自顶向下”的分拆策略。这样就形成了这两类算法。

① AGNES(AGglomerative NESting)层次聚类算法：即自底向上层次聚类，每一个对象开始时都是一个簇，按照一定的规则，新的簇由距离最近的两个簇合并而成。本小节主要关注此类算法。

② Divisive 层次聚类算法：又称自顶向下的层次聚类，最开始所有的对象均属于一个簇，每次按一定的准则将某个簇划分为多个簇，如此往复，直至达到预设的聚类簇个数。

给定数据集合 $X=\{x_1,x_2,\cdots,x_n\}$，AGNES 层次聚类算法的实现流程如下：

① 初始时每个样本为一个簇，计算距离矩阵 $\boldsymbol{D}$，其中元素 $D_{ij}(i,j=1,2,\cdots,n)$为样本点 x_i 和 x_j 之间的距离（距离计算方法见 5.2.2 节）；

② 遍历距离矩阵找出其中的最小距离（对角线上的除外），并由此得到拥有最小距离的两个簇的编号，将二者合成为一个新簇的同时根据 Lance-Williams 方法（见 5.2.2 节）进行距离矩阵 $\boldsymbol{D}$ 更新（也就是删除这两个簇相应的行、列，并把由新簇所算出来的距离向量插入 $\boldsymbol{D}$ 中），存储本次合并的相关信息；

③ 重复②的过程，直至最终只剩下一个簇。

图 5-4 简单地表示了 AGNES 层次聚类算法的过程和结果。图 5-4(a)所示空间内 6 个样本点编号依次是 1～6。计算后，1 和 3 间距最小，首先可以把他们聚成一个簇，同时在后面这个簇就一直被视为一个整体；其次，剩余的样本里面 2 和 5 间距最小，可以把其归为一个簇，后面这个簇就一直被视为一个整体；再次，计算后知道，4 和簇(2,5)的间距最小，可以把其归为一个簇；如此重复循环，所有的点都会和簇合并，一直到所有的点最后均属于一个簇。

此聚类的过程如图 5-4(b)所示的树形图，其中横轴表示样本编号，纵轴表示聚类簇距离，叶子表示各个样本点，树枝的高度表示左右结点间距。横线划分树形图，4 个子树分别表示 4 个簇，根据树的高度，各簇里面距离小，而簇间距大，说明聚类效果好。

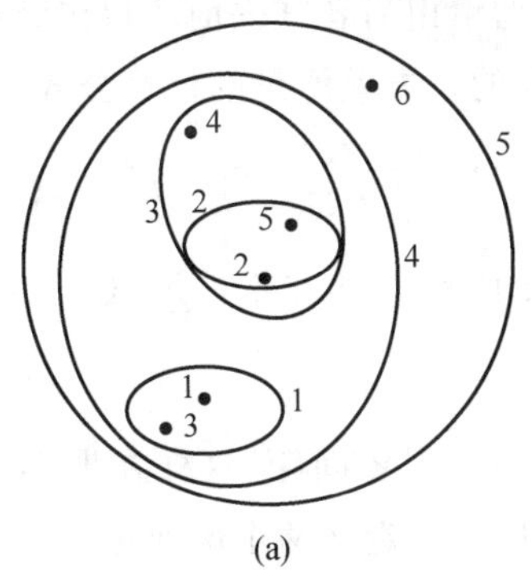

(a)

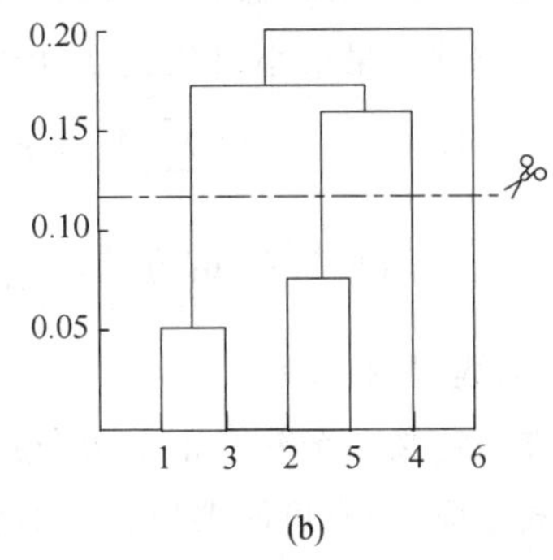

(b)

图 5-4 AGNES 层次聚类算法生成的树形图

5.2.2 层次聚类算法中的距离度量

对象之间的距离衡量可参考5.1.2节。

除了需要衡量对象之间的距离之外，层次聚类算法还需要衡量簇之间的距离，常见的簇之间距离的衡量方法有单链接(Single-link)方法、全链接(Complete-link)方法、UPGMA(Unweighted Pair Group Method Using Arithmetic Averages)方法、Centroid方法〔又称为UPGMC(Unweighted Pair Group Method using Centroids)〕、WPGMA(Weighted Pair Group Method Using Arithmetic Averages)方法、Median方法〔又称WPGMC(Weighted Pair Group Method Using Centroids)〕、Ward最小方差法。前四种方法是基于图的，因为在这些方法里面，簇是由样本点或一些子簇(这些样本点或子簇之间的距离关系被记录下来，可认为是图的连通边)所表示的；后三种方法是基于几何方法的(因而其对象间的距离计算方式一般选用欧氏距离)，因为它们都是用一个中心点来代表一个簇。假设和为两个簇，则前四种方法定义的和之间的距离如下所示。

- 单链接方法：$D(C_i,C_j)=\min\limits_{x\in C_i,y\in C_j} d(x,y)$。
- 全链接方法：$D(C_i,C_j)=\max\limits_{x\in C_i,y\in C_j} d(x,y)$。
- UPGMA方法：$D(C_i,C_j)=\dfrac{1}{|C_i||C_j|}\sum\limits_{x\in C_i}\sum\limits_{y\in C_j}d(x,y)$。
- Centroid方法给每一个簇计算一个质心，两个簇之间的距离即对应的两个质心之间的距离，一般计算方法如下：

  $$D(C_i,C_j)=\frac{1}{|C_i||C_j|}\sum_{x\in C_i}\sum_{y\in C_j}d(x,y)-\frac{1}{2|C_i|^2}\sum_{x\in C_i}\sum_{y\in C_i}d(x,y)-\frac{1}{2|C_j|^2}\sum_{x\in C_j}\sum_{y\in C_j}d(x,y)$$

  其中，当上式中的$d(x,y)$为平方欧氏距离时，$D(C_i,C_j)$为C_i和C_j的中心点(每个簇内所有样本点之间的平均值)之间的平方欧氏距离。

Median方法为每个簇计算质心时，引入了权重。Ward最小方差法能够计算两簇内观测点的方差，与此同时计算两簇合并后的大簇方差，方差增量由后者减去前者得出。若某两簇在所有簇中合并方差增量最小，那么表明两簇合并是正确的。方差增量的计算公式：

$$D(C_i,C_j)=\sum_{x\in C_{ij}}(x-r_{ij})^2-\sum_{x\in C_i}(x-r_i)^2-\sum_{x\in C_j}(x-r_j)^2$$

其中$\sum\limits_{x\in C_i}(x-r_i)^2$表示簇$C_i$的方差，$\sum\limits_{x\in C_j}(x-r_j)^2$表示簇$C_j$的方差，$\sum\limits_{x\in C_{ij}}(x-r_{ij})^2$表示$C_i$和$C_j$合并后的簇$C_{ij}$的方差。

单链接方法定义两个簇间距是两个簇间距最小的两个对象间距，这样在聚类的过程中就可能出现链式效应，即有可能聚出长条形状的簇；全链接方法定义两个簇间距是两个簇间距最大的两个对象间距，这样虽然避免了链式效应，但其对异常样本点(不符合数据集的整体分布的噪声点)却非常敏感，容易产生不合理的聚类；UPGMA方法则恰好为单链接方法与全链接方法的折中，定义两个簇间距是两个簇间两个对象间距的平均值；而WPGMA方法计算的是两个簇间两个对象之间距离的加权平均值，加权是为了使两个簇对距离的计算的影响在同一层次上，而不受簇大小的影响(其计算方法这里没有给出，因为在运行层次聚类算法时，我们并不会直接通过样本点之间的距离直接计算两个簇之间的距离，而是通过已有的簇之间的距离来计算合并后的新的簇和剩余簇之间的距离，这种计算方法将由接下来的 Lance-Williams 方法给出)。

在 AGNES 层次聚类算法中，一个迭代过程通常是先将两个簇合成为一个新的簇，然后再计算这个新的簇与其他当前未被合并的簇之间的距离，Lance-Williams 方法提供了一个通项公式，使得其对不同的簇之间的距离衡量方法都适用。具体地，对于 3 个簇 C_k、C_i 和 C_j，Lance-Williams 方法给出的 C_k 与 C_i 和 C_j 合并后的新簇 C_{ij} 之间距离的计算方法如下：

$$D(C_k,C_{ij})=\alpha_i D(C_k,C_i)+\alpha_j D(C_k,C_j)+\beta D(C_i,C_j)+\gamma|D(C_k,C_i)-D(C_k,C_j)|$$

其中，α_i、α_j、β、γ 均为参数，随簇之间的距离衡量方法的不同而不同，具体总结为表 5-2(注：n_i 为簇 C_i 中包含的对象个数)。

表 5-2

方法	参数 α_i	参数 α_j	参数 β	参数 γ
单链接方法	1/2	1/2	0	−1/2
全链接方法	1/2	1/2	0	1/2
UPGMA 方法	$n_i/(n_i+n_j)$	$n_j/(n_i+n_j)$	0	0
WPGMA 方法	1/2	1/2	0	0
Centroid 方法	$n_i/(n_i+n_j)$	$n_j/(n_i+n_j)$	$n_i n_j/(n_i+n_j)^2$	0
Median 方法	1/2	1/2	1/4	0
Ward 最小方差法	$(n_k+n_i)/(n_i+n_j+n_k)$	$(n_k+n_j)/(n_i+n_j+n_k)$	$n_k/(n_i+n_j+n_k)$	0

其中 Ward 最小方差法的参数仅适用于当样本点之间的距离衡量准则为平方欧氏距离时，其他方法的参数适用范围没有限制。

5.2.3 层次聚类算法需要注意的问题

关于层次聚类，有几点值得注意：一是在聚类之前我们没法知道合理的聚类数目或者最大的距离临界值，只有在得到全部的层次聚类信息同时通过对它进行分析后，我们才可以预估出一个合理的数值；二是对于比较简单的数据集，层次聚类算法的结果较好，但对于复杂的数据集(如非凸的、噪声点比较多的数据集)，层次聚类算法有其局限性。

5.2.4 层次聚类算法 Python 实战

本小节给出了一个 AGNES 层次聚类算法的 Python 实现示例，这里我们利用 SciPy (Python 中的一个用于数值分析和科学计算的第三方包，功能强大)中的层次聚类模块来实现。

```
from scipy.cluster.hierarchy import linkage, dendrogram, fcluster
from sklearn.datasets.samples_generator import make_blobs
import matplotlib.pyplot as plt

#随机生成 750 个样本,每个样本的特征个数为 2,并返回每个样本的真实类别
X, labels_true = make_blobs(n_samples = 750, n_features = 2, centers = 3, cluster_std = 0.4,
random_state = 0)
plt.figure(figsize = (10, 8))
plt.scatter(X[:, 0], X[:, 1], c = 'b')
plt.title('The dataset')
plt.show()
'''
直接调用 linkage()函数实现层次聚类,其中 method 参数可以为'single''complete''average'
'weighted''centroid''median''ward'中的一种,分别对应我们前面讲到的各种衡量簇之间距离的方法,而
对象间的距离衡量准则也可以由 metric 参数调整。
'''
Z = linkage(X,  method = 'ward', metric = 'euclidean')
'''
SciPy 中给出了根据层次聚类的结果绘制树形图的函数 dendrogram,由此画出本次实验中的最后 20 次
合并过程的树形图
'''
plt.figure(figsize = (10, 8))
dendrogram(Z, truncate_mode = 'lastp', p = 20, show_leaf_counts = False, leaf_rotation = 90, leaf_
font_size = 15, show_contracted = True)
plt.title('Dendrogram for the AGNES Clustering')
plt.xlabel('sample index')
plt.ylabel('distance')
plt.show()
#使用 fcluster 函数可以获取聚类结果
#根据聚类数目返回聚类结果
k = 3
labels_1 = fcluster(Z, t = k, criterion = 'maxclust')
#根据临界距离返回聚类结果
d = 15
labels_2 = fcluster(Z, t = d, criterion = 'distance')
print(len(set(labels_2)))   #显示在该临界距离下有几个簇
#聚类结果可视化,相同类用同一种颜色表示
plt.figure(figsize = (10, 8))
plt.title('The Result of the AGNES Clustering')
plt.scatter(X[:, 0], X[:, 1], c = labels_1, cmap = 'prism')
plt.show()
```

5.3 模糊聚类算法

在传统的聚类分析中，把所有待辨识的对象非常严格地划分至某一类，是一种硬划分，具有非黑即白、非此即彼的性质。不过事实上很多对象并不存在严格的属性，往往处于亦此亦彼的区域。所以想要进行更合理的聚类算法，我们可以把模糊数学的概念引入。

5.3.1 模糊理论

基于模糊集合理论的模糊理论的内容主要涵盖模糊集合理论、模糊推理、模糊逻辑，以及模糊控制等。模糊理论的思路是在明白存在模糊性现象的前提下，目标是处理不确定事物，同时把它严密量化为计算机能够处理的信息，不建议通过繁杂数学分析来完成模型的解决。很多事物的属性不能用经典集合（也就是论域U中某个元素到底是否属于集合A，能够通过一个数值表示）。与经典集合中要么0（不属于）或要么1（属于）的描述不同，这时需要用模糊性词语来判断，如天气冷热程度、人的胖瘦程度等。模糊数学和模糊逻辑把只取1或0（属于或者不属于）的普通集合概念推广至[0,1]区间内的多个取值（也就是隶属度），用这个概念来描述集合和元素之间的关系。

5.3.2 隶属度概念与传统硬聚类算法

对于传统的聚类算法，把所有需要辨识的对象划分到严格的类别中，具有非黑即白、非此即彼的性质，即某个样本只可以彻彻底底地属于某一个类别或者彻彻底底不属于某一个类别。不过在更多的情况下，数据集中的对象很难直接划分为明显不同的簇，强行把一个对象归为某一个簇会比较生硬，同时还容易导致错误的产生。

美国加州大学的L.A.Zadeh在他1965年出版的著作《模糊集》中提出：如果对论域（研究范围）U中的任一元素x，均有一个数$A(x)\in[0,1]$与之对应，那么称A为U上的模糊集，$A(x)$代表x对A的隶属度。若x在U中变动，那么$A(x)$为一个函数，代表A的隶属函数。隶属度$A(x)$越接近1，说明x属于A的程度越高，同时$A(x)$越接近0，说明x属于A的程度越低。可以通过取值于区间[0,1]的隶属函数$A(x)$表示x属于A的程度是怎么样的，用这样的方法来进行模糊性问题的描述比用经典集合更合理。

5.3.3 模糊C-均值聚类算法

在大量的模糊聚类算法中应用最广最成功的算法就是模糊C-均值（Fuzzy C-means，FCM）聚类算法，通过对目标函数的优化来获取每个样本点对于所有类中心隶属度，接下来按照隶属度值的大小来完成自动分类样本的操作。FCM聚类算法的原理如下。

假设存在有数据集$X=\{x_1,x_2,\cdots,x_n\}$，目的是对X中的数据完成分类，倘若将数据集内的所有数据划分成k个类簇，相应地便会有k个簇中心，记为$c_j(j=1,2,\cdots,k)$，每个数据样本$x_i(i=1,2,\cdots,n)$属于某一类簇c_j的隶属度定为u_{ij}，定义一个FCM聚类算法的目标函数及其约束条件如下：

$$J = \sum_{j=1}^{k} \sum_{i=1}^{n} u_{ij}^{m} \| x_i - c_j \|^2, 1 \leqslant m < \infty \tag{5-1}$$

$$\sum_{j=1}^{k} u_{ij} = 1, i = 1, 2, \cdots, n \tag{5-2}$$

每个样本到每个簇中心的距离与该样本的隶属度相乘便可以得出式(5-1)所示的目标函数;式(5-2)是约束条件,也就是每一个样本所属的类簇隶属度的加和要为 1。我们称式(5-1)中的 m 为一个隶属度因子,一般取值为 2,$\| x_i - c_j \|$代表 x_i 到中心点 c_j 的距离度量。FCM 聚类算法的本质就是一个对隶属度 u_{ij} 和簇中心 c_j 不停地进行迭代计算的过程,终止条件为它们达到最优状态,该过程往往会在目标函数的局部最小值或鞍点收敛。u_{ij} 的迭代公式为 $u_{ij} = \frac{1}{\sum_{l=1}^{k} \left(\frac{\| x_i - c_j \|}{\| x_i - c_l \|} \right)^{\frac{2}{m-1}}}$;$c_j$ 的迭代公式为 $c_j = \frac{\sum_{i=1}^{n} u_{ij}^{m} \cdot x_i}{\sum_{i=1}^{n} u_{ij}^{m}}$。

该算法一开始会随机生成一个 u_{ij},只要数值满足条件即可,然后开始迭代,通过 u_{ij} 计算出 c_j,有了 c_j 又可以计算出 u_{ij},循环往复,这个过程中目标函数一直在变化,逐渐趋向稳定,那么当目标函数不再变化(或隶属度不再变化)的时候,我们就可以认定算法收敛,获得了一个好的结果。

5.3.4 FCM 聚类算法 Python 实战

在此处展示 FCM 聚类算法的 Python 实现示例。

```
import copy
import numpy as np
from sklearn.datasets import make_blobs
from matplotlib import pyplot as plt

global Epsilon  #结束条件
Epsilon = 0.0000001

def end_conditon(U, U_old):
    #结束条件,当隶属度矩阵 U 随着连续迭代停止变化时,触发结束
    global Epsilon
    for i in range(0, len(U)):
        for j in range(0, len(U[0])):
            if abs(U[i][j] - U_old[i][j]) > Epsilon :
                return False
    return True

def FCM(data, n_clusters = 3, m = 2):
    #随机生成初始隶属度矩阵
```

```
    U = np.random.random((len(data),n_clusters))
    #使得隶属度矩阵满足约束条件
    U = np.divide(U, np.sum(U, axis = 1)[:,np.newaxis])
    while (True):
        U_old = copy.deepcopy(U)
        # 计算聚类中心
        C = []
        for j in range(0, n_clusters):
            current_cluster_center = []
            for i in range(0, len(data[0])):
                dummy_sum_num = 0.0
                dummy_sum_dum = 0.0
                for k in range(0, len(data)):
                    # 分子
                    dummy_sum_num += (U[k][j] ** m) * data[k][i]
                    # 分母
                    dummy_sum_dum += (U[k][j] ** m)
                # 第 i 列的聚类中心
                current_cluster_center.append(dummy_sum_num/dummy_sum_dum)
            #第 j 簇的所有聚类中心
            C.append(current_cluster_center)

        # 创建一个距离向量,用于计算 U 矩阵
        distance_matrix =[]
        #计算每个样本点与每个簇中心的距离
        for i in range(0, len(data)):
            current = []
            for j in range(0, n_clusters):
                dummy = 0.0
                for k in range(len(data[0])):
                    dummy += abs(data[i][k] - C[j][k]) ** 2
                    distance = np.sqrt(dummy)
                current.append(distance)
            distance_matrix.append(current)

    # 更新 U
    for j in range(0, n_clusters):
        for i in range(0, len(data)):
            dummy = 0.0
            for k in range(0, n_clusters):
                # 分母
                dummy += (distance_matrix[i][j] / distance_matrix[i][k]) ** (2/(m-1))
                U[i][j] = 1 / dummy
```

```
            if end_conditon(U, U_old):
                print ("结束聚类")
                break
    return np.argmax(U, axis = 1) #返回每个数据隶属度中最大值的索引即所属簇标签

if __name__ == '__main__':
    plt.rcParams['figure.figsize'] = (16, 9)
    #随机生成数据集
    data, y = make_blobs(n_samples = 900, n_features = 2, centers = 3)
    #绘制原始数据
    plt.scatter(data[:,0], data[:,1], c = 'black', s = 7)
    #聚类簇个数
    n_clusters = 3
    # FCM 聚类
    pre = FCM(data, n_clusters)
    #绘制聚类结果,同一类用同一颜色表示
    colors = ['r','g','b','y','c','m']
    fig, ax = plt.subplots()
    for i in range(n_clusters):
        points = np.array([data[j] for j in range(len(data)) if pre[j] == i])
        ax.scatter(points[:, 0], points[:, 1], s = 7, c = colors[i])
```

第 6 章

机器学习回归算法

6.1 线性回归

线性回归的 Python 代码

6.1.1 线性模型的基本形式

给定由 d 个属性描述的示例：

$$\boldsymbol{x}=(x_1,x_2,\cdots,x_d) \tag{6-1}$$

其中 x_i 是 x 在第 i 个属性上的取值，线性模型(Linear Model)是一种统计模型，它通过对已知属性的学习，得到一个能够完成预测功能的线性组合函数，也就是

$$f(\boldsymbol{x})=w_1x_1+w_2x_2+\cdots+w_dx_d+b \tag{6-2}$$

一般用向量形式写成

$$f(\boldsymbol{x})=\boldsymbol{w}^{\mathrm{T}}\boldsymbol{x}+b \tag{6-3}$$

其中 $\boldsymbol{w}=(w_1,w_2,\cdots,w_d)$，$\boldsymbol{w}$ 和 b 学得之后，模型就得以确定。

线性模型形式简单、易于建模，但却蕴涵着机器学习中一些重要的基本思想。同时，基于线性模型的非线性模型(Nonlinear Model)，通过额外引入层级结构或高维映射方法，获得了更强大的功能。除此之外，线性模型还有着很高的可解释度，这是因为 $\boldsymbol{w}$ 直观表达了各属性对预测的重要程度。

本章将介绍几种经典的线性回归模型，其中一元线性回归是回归分析模型中最基础的模型，是进行回归分析学习的必要根基。只有掌握好一元线性回归，才能更好地理解多元线性回归和非线性回归。我们先从回归任务开始，然后讨论二分类和多分类任务。

6.1.2 一元线性回归的参数估计

接下来介绍一元线性回归中的参数估计。

回归分析的目标：利用样本回归函数 SRF，对总体回归函数 PRF 做尽量准确的估计，也就是根据 $Y_i=\hat{Y}_i+e_i=\hat{\beta}_0+\hat{\beta}_1X_i+e_i$ 去估计 $Y_i=E(Y|X_i)+\mu_i=\beta_0+\beta_1X_i+\mu_i$，即利用 $\hat{\beta}_j(j=1,$

2)去估计 $\hat{\beta}_j(j=1,2)$。用来估计参数的方法有很多种,其中普通最小二乘法(Ordinary Least Squares, OLS)和极大似然估计法(Maximum Likelihood Estimation, MLE)被最广泛应用于各种算法中。

假设 1 自变量 X 是确定的,不是随机变量。

假设 2 随机误差项 μ 具有以下性质:①均值为零;②同方差;③无序列相关性。也就是

$$E(\mu_i)=0,\quad i=1,2,\cdots,n \tag{6-4}$$

$$\mathrm{Var}(\mu_i)=\sigma^2,\quad i=1,2,\cdots,n \tag{6-5}$$

$$\mathrm{Cov}(\mu_i,\mu_j)=0,\quad i\neq 1,i,j=1,2,\cdots,n \tag{6-6}$$

假设 3 随机误差项 μ 与自变量 X 之间不相关,即

$$\mathrm{Cov}(\mu_i,\mu_j)=0,\quad i=1,2,\cdots,n \tag{6-7}$$

假设 4 μ_i 服从正态分布,即

$$\mu_i\sim N(0,\sigma^2),\quad i=1,2,\cdots,n \tag{6-8}$$

以上假设也称线性回归模型的经典假设或高斯(Gauss)假设,满足该假设的线性回归模型称为经典线性回归模型(Classical Linear Regression Model, CLRM)。

普通最小二乘法求解参数 β,目的是使样本观测值与估计值二者之差的平方和达到最小,即

$$\min:Q=\sum_{i=1}^{n}(Y_i-\hat{Y})^2=\sum_{i=1}^{n}[Y_i-(\hat{\beta}_0-\hat{\beta}_1X_i)]^2 \tag{6-9}$$

式(6-8)对 $\hat{\beta}_0$ 和 $\hat{\beta}_1$ 分别求一阶导后可得正规方程组(Normal Equations):

$$\sum(\hat{\beta}_0+\hat{\beta}_1X_i-Y_i)X_i=0 \tag{6-10}$$

解方程组(6-10)可得

$$\hat{\beta}_0=\frac{\sum X_i^2\sum Y_i-\sum X_i\sum Y_iX_i}{n\sum X_i^2+\left(\sum X_i\right)^2} \tag{6-11}$$

$$\hat{\beta}_1=\frac{n\sum Y_iX_i-\sum Y_i\sum X_i}{n\sum X_i^2+\left(\sum X_i\right)^2} \tag{6-12}$$

为了方便,常常记为

$$\sum x_i^2=\sum(X_i-\overline{X})^2=\sum X_i^2-\frac{1}{n}\left(\sum X_i\right)^2 \tag{6-13}$$

$$\sum x_iy_i=\sum(X_i-\overline{X})(Y_i-\overline{Y})=\sum X_iY_i-\frac{1}{n}\sum X_i\sum Y_i \tag{6-14}$$

因此,上述参数估计量也可以写作

$$\hat{\beta}_0=\overline{Y}-\hat{\beta}_i\overline{X} \tag{6-15}$$

$$\hat{\beta}_1=\frac{\sum x_iy_i}{\sum x_i^2} \tag{6-16}$$

6.1.3 回归系数的显著性检验

检验回归系数显著性有很多种方法,事实上之后我们会看到,很多方法得到的结果相互等

价。这样的一个好处是，很多时候我们使用很少的已知数据就可以得到我们想要的结果。例如，计算一个统计量，一个方法需要提供3个量 a、b、c，另一个方法需要提供两个量 c，d，这个时候其实我们可以看出，如果只知道一个方法，那么很有可能就会因为数据的缺失而使得计算无法进行。具体的细节我们会在后面举例说。

1. $\hat{\beta}_1$ 的 t 检验

请注意：我们不会在这谈及假设检验相关的细节，如果没有学过假设检验的话就需要先了解统计学基础知识。

我们这里要做的假设检验就是 β_1 是否显著不为0。我们做线性回归在很多时候都是为了预测。如果我们知道 β_1 显著不为0，那么就说明确确实实，回归变量和响应变量(也就是 x、y)之间存在线性相关关系。反之，如果无法证明 β_1 不显著为0，那么统计学家就会认为这个回归其实是无效的。这是因为你没有足够大的概率说明 β_1 确确实实不为0。总结一下，我们的假设检验就是

$$H_0: \beta_1 = 0 \quad H_1: \beta_1 \neq 0 \tag{6-17}$$

在6.1.3节我们计算过它的分布，因此这应该不是难事。我们知道，在 H_0 的意义下，$\hat{\beta}_1 \sim N\left(0, \frac{\sigma^2}{L_{xx}}\right)$。那么怎么构造 t 分布呢？

由统计学相关知识，我们在直观上解释了 t 分布的构造，分子是一个正态分布，分母是一个标准化的卡方分布。显然这里 $\hat{\beta}_1$ 服从了一个正态分布，因此有理由相信 t 分布的分子是 $\hat{\beta}_1$。那么 t 分布的分母呢？

我们这里直接(之后说明原因)给出 σ 的估计。

$$\hat{\sigma}^2 = \frac{1}{n-2}\sum_{i=1}^{n} e_i^2 \tag{6-18}$$

残差服从的分布也是一个正态分布 $N(0, \sigma^2)$，我们也是不加证明地说它服从自由度为 $n-2$ 的卡方分布。那么，这个量也找到了，所以 t 分布的分母就是 $\sqrt{\frac{\hat{\sigma}^2}{\sigma^2}}$。整合之后，就可以得到我们如下结果：

$$\frac{\hat{\beta}_1}{\sqrt{\frac{\sigma^2}{L_{xx}}}} \sim t(n-2) \tag{6-19}$$

2. $\hat{\beta}_1$ 的 F 检验

提 F 检验之前需要先证明一个结果——平方和分解。其表达式为

$$\text{SST} = \text{SSE} + \text{SSR} \tag{6-20}$$

其中 $\text{SST} = \sum_{i=1}^{n}(y_i - \bar{y})^2 = L_{yy}$，一般叫作总平方和。另外，$\text{SSE} = \sum_{i=1}^{n}(y_i - \hat{y}_i)^2$，$\text{SSR} = \sum_{i=1}^{n}(\hat{y}_i - \bar{y})^2$ 分别叫作残差平方和及回归平方和。

我们证明一下这个结论，首先要注意到的是

$$\sum_{i=1}^{n}(y_i - \bar{y})^2 = \sum_{i=1}^{n}(y_i - \hat{y}_i + \hat{y}_i - \bar{y})^2 = \text{SSR} + \text{SSE} + 2\sum_{i=1}^{n}(y_i - \hat{y}_i)(\hat{y}_i - \bar{y}) \tag{6-21}$$

这一步变换就可以把两个平方和弄出来。于是最后归于证明式(6-21)第2个等号右边的式子的结果是0。

注意到 $\hat{y}_i$ 可以由一个方程表示,具体如下:

$$\sum_{i=1}^{n}(y_i-\hat{y}_i)(\hat{y}_i-\overline{y})=\sum_{i=1}^{n}e_i(\hat{\beta}_0+\hat{\beta}_1x_i-\hat{y})=\sum_{i=1}^{n}e_i\hat{\beta}_1(x_i-x)$$

$$=\hat{\beta}_1\Big(\sum_{i=1}^{n}e_ix_i-\sum_{i=1}^{n}e_i\overline{x}\Big)=0 \tag{6-22}$$

注意 $\sum_{i=1}^{n}e_ix_i-\sum_{i=1}^{n}e_i\overline{x}$ 满足“残差关系式”的形式,由于残差服从一个标准值为0的正态分布,因此可证明式(6-22)的结果为0。于是我们就完成了证明。

在使用 F 分布的时候也需要注意它的构造,分子和分母均为卡方分布除以各自的自由度。并且在这里,我们不加证明地表示,SSR服从自由度为1的卡方分布,且SSE为服从自由度为 $n-2$ 的卡方分布。那么组合在一起就可以得到 F 分布的表达式为

$$\frac{\mathrm{SSR}/1}{\mathrm{SSE}/(n-2)}\sim F(1,n-2) \tag{6-23}$$

6.1.4 一元线性回归的预测

对于拟合得到的一元线性回归模型 $E(Y|X)=\beta_0+\beta_1X$,给定样本以外的自变量观测值 X_0,可以得到因变量的预测值 $\hat{Y}_0$,并以此作为其条件均值 $E(Y|X)=X_0)$ 或个别值 Y_0 的一个近似估计,这称为点预测。在给定显著性水平情况下,可以求出 Y_0 的预测区间,称为区间预测。

(1) 点预测

对于总体回归函数,当 $X=X_0$ 时 $E(Y|X=X_0)=\beta_0+\beta_1X_0$。通过样本回归函数 $\hat{Y}=\hat{\beta}+\hat{\beta}_1X$,求得拟合值为 $\hat{Y}_0=\hat{\beta}_0+\hat{\beta}_1X_0$,于是两边取期望可得

$$E(\hat{Y}_0)=E(\hat{\beta}_0+\hat{\beta}_1X_0)=E(\hat{\beta}_0)+X_0E(\hat{\beta}_1)=\beta_0+\beta_1X_0=E(Y|X=X_0) \tag{6-24}$$

由此可见,$\hat{Y}_0$ 是 $E(Y|X=X_0)$ 的无偏估计。

对于总体回归模型 $Y=\beta_0+\beta_1X+\mu$,当 $X=X_0$ 时,$Y_0=\beta_0+\beta_1X_0+\mu$,两边取期望可得

$$E(Y_0)=E(\beta_0+\beta_1X_0+\mu)=\beta_0+\beta_1X_0+E(\mu)=\beta_0+\beta_1X_0 \tag{6-25}$$

而通过样本回归函数 $\hat{Y}=\hat{\beta}_0+\hat{\beta}_1X$,求得拟合值为 $\hat{Y}_0=\hat{\beta}_0+\hat{\beta}_1X_0$ 的期望为

$$E(\hat{Y}_0)=E(\hat{\beta}_0+\hat{\beta}_1X_0)=E(\hat{\beta}_0)+X_0E(\hat{\beta}_1)=\beta_0+\beta_1X_0\neq Y_0 \tag{6-26}$$

由此可见,$\hat{Y}$ 不是 Y_0 的无偏估计。

(2) 区间预测

由于 $\hat{Y}_0=\hat{\beta}_0+\hat{\beta}_1X_0$,$\hat{\beta}_1\sim N\left(\beta_1,\frac{\sigma^2}{\sum x_i^2}\right)$,$\hat{\beta}_0\sim N\left(\beta_0,\frac{\sum X_i^2\sigma^2}{n\sum x_i^2}\right)$,可以证明

$$\hat{Y}_0\sim N\left(\beta_0+\beta_1X_0,\sigma^2\left[\frac{1}{n}+\frac{(X_0-\overline{X})^2}{\sum_{i=1}^{n}x_i^2}\right]\right)$$

由于 σ^2 未知，将 $\hat{\sigma}^2$ 代替 σ^2，可构造 t 统计量：

$$t=\frac{\hat{Y}_0-(\beta_0+\beta_1 X_0)}{s_{\hat{Y}_0}}=\frac{\hat{Y}_0-(\beta_0+\beta_1 X_0)}{\sqrt{\hat{\sigma}^2\left[\frac{1}{n}+\frac{(X_0-\overline{X})^2}{\sum_{i=1}^{n}(X_i-\overline{X})^2}\right]}}\sim t(n-2) \tag{6-27}$$

于是，在给定的显著水平 α 情况下，总体均值 $E(Y_0|X_0)$ 的置信区间为

$$\hat{Y}_0-t_{1-\alpha/2}S_{\hat{Y}_0}<E(Y_0|X_0)<\hat{Y}_0+t_{1-\alpha/2}S_{\hat{Y}_0} \tag{6-28}$$

也称 $E(Y_0|X_0)$ 的区间预测。

由 $\hat{Y}_0=\hat{\beta}_0+\hat{\beta}_1 X_0+\mu$ 可得 $Y_0\sim N(\beta_0+\beta_1 X_0,\sigma^2)$，于是我们可以得到 $\hat{Y}_0-Y_0$ 的分布：

$$\hat{Y}_0-Y_0\sim N\left(0,\sigma^2\left[1+\frac{1}{n}+\frac{(X_0-\overline{X})^2}{\sum x_i^2}\right]\right) \tag{6-29}$$

由 $\hat{\sigma}^2$ 代替 σ^2，可构造 t 统计量：

$$t=\frac{\hat{Y}_0-Y_0}{s_{\hat{Y}_0-Y_0}}=\frac{\hat{Y}_0-Y_0}{\sqrt{\hat{\sigma}^2\left[1+\frac{1}{n}+\frac{(X_0-\overline{X})^2}{\sum_{i=1}^{n}(X_i-\overline{X})^2}\right]}}\sim t(n-2) \tag{6-30}$$

于是，在给定的显著水平 α 情况下，Y_0 的置信区间为

$$\hat{Y}_0-t_{1-\alpha/2}S_{\hat{Y}_0-Y_0}<Y_0<\hat{Y}_0+t_{1-\alpha/2}S_{\hat{Y}_0-Y_0} \tag{6-31}$$

也称 $\hat{Y}_0$ 的区间预测。

6.1.5 一元线性回归算法 Python 实战

对于包含 m 个样本的数据集 $D=\{(x_1,y_1),(x_2,y_2),\cdots,(x_m,y_m)\}$，这 m 个样本中每一个样本都存在 d 个属性，也就是 $x_i=(x_{i1},x_{i2},\cdots,x_{id})$。我们希望通过线性回归习得一个线性模型 $f(\boldsymbol{x})=w_1\cdot x_1+w_2\cdot x_2+\cdots+w_d\cdot x_d+b$，完成准确度尽量高的预测实值输出标记。其中 $\boldsymbol{w}=(w_1,w_2,\cdots,w_d)$，$\boldsymbol{w}$ 和 b 是模型通过学习之后确定的。

$\boldsymbol{w}$ 和 b 是通过损失函数确定的：

$$(\boldsymbol{w}^*,b^*)=\underset{(\boldsymbol{w},b)}{\arg\min}\sum_{i=1}^{m}(f(x_i)-y_i)^2 \tag{6-32}$$

用最小二乘法对 $\boldsymbol{w}$ 和 b 进行估计。把 $\boldsymbol{w}$ 和 b 重写为向量形式，$\boldsymbol{w}=(\boldsymbol{w};b)$，相应的数据集 D 表示为一个 $m\times(d+1)$ 的矩阵 $\boldsymbol{X}$，其中每一行对应一个示例。这一行中的前 d 个元素与示例中的 d 个属性值相对应，最后一个元素恒为 1。则对于式(6-32)有

$$\hat{\boldsymbol{w}}^*=\underset{\hat{\boldsymbol{w}}}{\arg\min}(\boldsymbol{y}-\boldsymbol{X}\hat{\boldsymbol{w}})^{\mathrm{T}}(\boldsymbol{y}-\boldsymbol{X}\hat{\boldsymbol{w}}) \tag{6-33}$$

对 $\hat{\boldsymbol{w}}$ 求导得

$$\frac{\partial E\hat{\boldsymbol{w}}}{\partial\hat{\boldsymbol{w}}}=2X^{\mathrm{T}}(\boldsymbol{X}\hat{\boldsymbol{w}}-\boldsymbol{y}) \tag{6-34}$$

令式(6-35)等于零(当 $\boldsymbol{X}^{\mathrm{T}}\boldsymbol{X}$ 为满秩矩阵或正定矩阵时可得)：

$$\hat{\boldsymbol{w}}^* = (\boldsymbol{X}^{\mathrm{T}}\boldsymbol{X})^{-1}\boldsymbol{X}^{\mathrm{T}}\boldsymbol{y} \tag{6-35}$$

令 $\hat{x}_i=(x_i,1)$则线性回归模型为

$$f(\hat{x}_i)=\hat{x}_i(\boldsymbol{X}^{\mathrm{T}}\boldsymbol{X})^{-1}\boldsymbol{X}^{\mathrm{T}}\boldsymbol{y} \tag{6-36}$$

核心公式 $\boldsymbol{Y}=\boldsymbol{X\theta}$,而 $\boldsymbol{\theta}=(\boldsymbol{X}^{\mathrm{T}}\boldsymbol{X})^{-1}\boldsymbol{X}^{\mathrm{T}}\boldsymbol{y}$,其 Python 实现如下:

```
import numpy as np
X_ = np.linalg.inv(X.T.dot(X))                #调用 numpy 里的求逆函数
theta = X.dot(X.T).dot(Y)                     #X.T 表示转置,X.dot(Y)表示矩阵相乘

具体实现如下:
'''
线性回归算法
'''
class LinearRegression_SelfDefined():
    def__init__(self):                        #1.新建变量
        self.w = None
    def fit(self, X, y):                       #2.训练集的拟合
        X = np.insert(X, 0, 1, axis = 1)       #增加一个维度
        print (X.shape)
        X_ = np.linalg.inv(X.T.dot(X))         #公式:求 X 的转置(.T)与 X 矩阵相乘(.dot(X)),再求
                                               #其逆矩阵(np.linalg.inv())
        self.w = X_.dot(X.T).dot(y)            #上述公式与 X 的转置进行矩阵相乘,再与 y 进行矩阵
                                               #相乘
    def predict(self, X):                      #3.测试集的测试反馈
        X = np.insert(X, 0, 1, axis = 1)       #增加一个维度
        y_pred = X.dot(self.w)                 #X 与 self.w 所表示的矩阵相乘
        return y_pred
```

6.2 逻辑回归

逻辑回归的 Python 代码

6.2.1 逻辑回归模型

逻辑(Logistic)回归模型是一种分析分类结果 y 与可能影响它的元素($x_1,x_2,\cdots,x_n$)之间的关系的有监督学习算法,常被用来解决二分类问题。其在实际生活的应用领域非常广泛。比如说,对于医学研究而言,如果想要研究某一种疾病的影响因素,然后通过这些影响因素判断某人患这个疾病的概率,那么我们就要用到 Logistic 回归模型。

为了方便本书读者更好地理解,我们以 Logistic 回归模型在肺部疾病分类的应用为例。比如说,若肺部疾病的分类结果是 y={患有肺部疾病,未患有肺部疾病},影响因素是 x={性别,年龄,吸烟与否},肺部疾病影响因素值的类型既可以为离散值,也可以为连续值。用

Logistic 回归分析能够了解在肺部疾病的感染过程中，哪些因素更关键，即确定各影响因素的权值，进而有助于完成 Logistic 回归模型构建。然后我们得到的 Logistic 回归模型就能够用于预测。预测的含义是输入一组影响因素特征后，我们就能够知道这个人患肺部疾病的概率有多大。

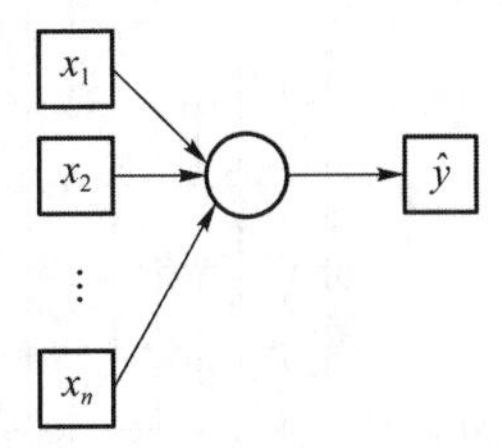

图 6-1 Logistic 回归模型

实际上，从结构上来看(如图 6-1 所示)，完全可以将 Logistic 回归模型看作仅含有一个神经元的单层神经网络。

上述结构可以描述为，给出一组特征向量 $\boldsymbol{x}=(x_1,x_2,\cdots,x_n)$，希望得到一个预测结果 $\hat{y}$，即

$$\hat{y}=P\{y=1|\boldsymbol{x}\} \tag{6-37}$$

其中，$\hat{y}$ 表示当特征向量 $\boldsymbol{x}$ 满足条件时，$y=1$ 的概率。应用在之前提到的肺部疾病的预测问题中，那么特征向量 $\boldsymbol{x}$ 表示一个人的年龄、性别、是否吸烟等数据值，特征向量 $\hat{y}$ 则表示这个人患有肺癌的概率。

典型的深度学习的计算过程包含 3 个部分：正向传播(Forward Propagation)过程、反向传播(Backward Propagation)和梯度下降(Gradient Descent)过程。这 3 个过程较为复杂，而理解这 3 个过程是理解深度学习的基础。首先是正向传播过程，目前我们可以将其理解成一个前向计算过程；然后是反向传播过程，简单来说，就是利用复合函数求导的链式法则层层地进行偏导数求解；最后是计算梯度下降的过程，我们可以将其理解为参数沿当前梯度方向的反向进行迭代搜索到最小值为止的过程。本书之前的章节中，我们已经详细地对这 3 个过程做出了介绍。而在这里我们所描述的最简单的深度学习中一层 Logistic 回归案例同样包含这 3 个过程。

对于只包含一层的 Logistic 回归，其正向传播过程最为简单，能够将其想象成以图 6-1 左侧向量 $\boldsymbol{x}$ 为起点，然后向右进行计算的过程。而这个计算过程内部由具有先后次序的两部分组成：第一部分是线性变换；第二部分是非线性变换。值得注意的是，这两个变换过程可以视作是一个整体单元，缺一不可，后面的更加复杂的计算就是多次反复使用这样的单元。第一部分的线性变换可以视作做了一次线性回归。可知，做一个简单的线性回归，其实只需要将输入的特征向量进行线性组合即可。假设输入的特征向量为 $\boldsymbol{x}\in\mathbf{R}^2$(二维向量)，则线性组合的结果表示为

$$z=w_1x_1+w_2x_2+b \tag{6-38}$$

其中 w_1、w_2 表示权重，b 表示偏置，z 表示线性组合的结果。进行线性回归时，最终目的为寻求最优 w_1、w_2 和 b。用向量表示上述公式：

$$z=\boldsymbol{w}^{\mathrm{T}}\boldsymbol{x}+b \tag{6-39}$$

对于第 2 部分的非线性变换，它是在第 1 部分的基础上完成的。而预测一个人是否患有肺部疾病，我们要根据算法输出的患病概率来进行判断。显然 Logistic 回归输出的概率值越大，那么患肺部疾病的风险越高。Logistic 回归输出值为一个概率 $\hat{y}=P\{y=1|\boldsymbol{x}\}$，其值介于 0 至 1，即 $0\leqslant\hat{y}\leqslant1$。在第一部分，我们得到的输出结果是进行一个线性变换后的实数值，现在我们需要把这个实数值转换成概率值，即让它在 0 到 1 范围内，第 2 部分非线性转换所需要进行的工作就是这个转换的过程。这个过程需要利用一个非线性函数，也就是我们要寻找一个函数 $g(z)$ 使 $\hat{y}=g(z)$。对深度学习而言，非线性函数 $g(z)$ 也称为激活函数(Activation

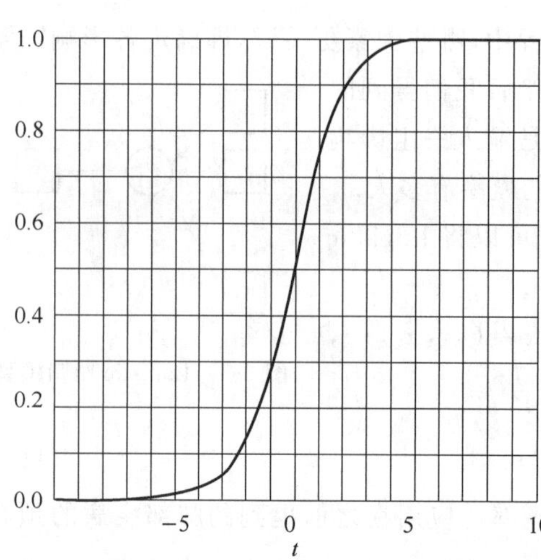

图 6-2 sigmoid()函数图像

Function)。在实际应用中，激活函数有许多形式，常用激活函数有 5～6 种。对于不同的应用场景，我们需要根据实际情况选择最合适的一种。在此介绍的 Logistic 回归算法使用的是 sigmoid()函数。sigmoid()函数的主要作用就是把某实数映射到区间(0,1)内，其公式为$\sigma(z)=\frac{1}{1+e^{-z}}$，其函数图像如图 6-2 所示。观察图像会发现 sigmoid()函数可以很好地完成这个工作：当值较大时，$\sigma(z)$趋近于 1；当值较小时，$\sigma(z)$趋近于 0。

Logistic 回归模型的求解思路与其他深度学习模型是一致的，在于训练一组最优参数值 w 和 b。这组最合适的 w 和 b 使得预测结果更加精确。那么怎样才能找到这样的参数呢？这就需要定义一个损失函数，通过不断优化这个损失函数最终训练出最优的 w 和 b。

6.2.2 逻辑回归模型中的损失函数

1. 损失函数

对 Logistic 回归模型，我们需要定义一个判断预测值与真实值之间差距的损失函数(Loss Function or Error Function)，以优化参数 w 及 b，而损失函数的选择需要具体问题具体分析，在不同问题场景下采用不同的函数。在通常情况下，会将损失函数定义为平方损失函数：

$$L(\hat{y},y)=\frac{1}{2}(\hat{y}-y)^2 \tag{6-40}$$

但对于 Logistic 回归模型，因为这种损失函数会使参数优化问题转换为非凸优化问题，所以我们一般不会利用这种形式。其中凸优化问题是指所求目标函数为凸函数，其局部最优解就是全局最优解。非凸优化问题恰巧相反，这是因为它有多个局部最优解，我们没有办法对全局最优解进行确定。

在 Logistic 回归模型中，我们一般选取对数损失函数(Logarithmic Loss Function)作为损失函数。对数损失函数也称为对数似然损失函数(Log-Likelihood Loss Function)。其公式如下：

$$L(\hat{y},y)=-[y\log \hat{y}+(1-y)\log(1-\hat{y})] \tag{6-41}$$

对数损失函数同样拥有计算预测值与实际值差异性的功能。对数损失函数的函数值越小，代表着模型的预测能力越好，也就意味着参数 w 和 b 越好。相较于一般的平方损失函数，对数损失函数的优点在于它可以把参数优化转化为凸优化问题，更有利于寻找全局的最优解。

想要证明对数损失函数可以作为 Logistic 回归模型的损失函数，并不困难。首先将其拆分成如下形式：

$$L(\hat{y},y)=\begin{cases}-\log \hat{y}, & y=1 \\ -\log (1-\hat{y}), & y=0\end{cases} \tag{6-42}$$

可以看到，损失函数根据值不同，分为两种情况。

① 假设对于一个样本，当 $y^{(i)}=1$ 时，此时 $L(\hat{y}^{(i)},y^{(i)})=-\log(\hat{y}^{(i)})$，如果想让损失函数越小，那么便要 $y^{(i)}$ 越大。不过由于 $0\leqslant\hat{y}^{(i)}\leqslant 1$，因此损失函数会使得 $\hat{y}^{(i)}$ 严趋近于 1：如果此时 $\hat{y}^{(i)}=1$ 那么 $L(\hat{y}^{(i)},y^{(i)})=-\log(\hat{y}^{(i)})=-\log(1-0)=0$。此时的损失函数等于零，则模型对于这个样本的预测完全准确。

② 同理，假设对于一个样本，当 $y^{(i)}=0$ 时，此时 $L(\hat{y}^{(i)},y^{(i)})=-\log(1-\hat{y}^{(i)})$，如果想让损失函数越小，则需要让 $\hat{y}^{(i)}$ 越小，但由于 $0\leqslant 0\leqslant\hat{y}^{(i)}\leqslant 1\leqslant 1$，所以损失函数会使得 $\hat{y}^{(i)}$ 趋近于 0；如果此时 $\hat{y}^{(i)}=0$，那么 $L(\hat{y}^{(i)},y^{(i)})=-\log(1-\hat{y}^{(i)})=-\log(1-0)=0$。这时，损失函数为零，回归模型对该样本的预测完全正确。

综上，当损失函数 $L(\hat{y}^{(i)},y^{(i)})\to 0$ 时，其等价于使预测结果 $\hat{y}^{(i)}\to y^{(i)}$。因此最小化损失函数，也就相当于最大化精确预测结果，考虑到 Logistic 回归模型凸优化的特点，我们就成功地证明了对数损失函数可以用作 Logistic 回归模型的损失函数。

2. 成本函数

类比损失函数在单训练样本上对模型的衡量，成本函数(Cost Function)则是在全体训练样本上定义的，其定义为

$$J(\boldsymbol{w},b)=\frac{1}{m}\sum L(\hat{y}^{(i)},y^{(i)})=-\frac{1}{m}\sum\left[y^{(i)}\log\hat{y}^{(i)}+(1-y^{(i)})\log(1-\hat{y}^{(i)})\right] \tag{6-43}$$

成本函数为所有样本损失函数总和的平均值。Logistic 回归模型训练的最终目标是希望能够寻找训练出一组能够让成本函数最小的参数 $\boldsymbol{w}$ 和 b，达成比较高的预测准确率。

在了解损失函数以及成本函数的定义后，我们如何在实际的应用中利用它们来对寻找的参数 $\boldsymbol{w}$ 和 b 进行优化？这里我们就要引入梯度下降(Gradient Descent)方法的观点。

6.2.3 逻辑回归的梯度下降

在开始具体讨论之前，首先介绍一个重要概念——计算图(Computation Graph)。图 6-1 是单层的 Logistic 回归的基本示意图。将其中的更多细节展示出来绘制成新图就可以得到图 6-3。可以观察到系统的输入值由两部分组成：样本的特征向量和算法参数。样本的特征向量为 $\boldsymbol{x}$，参数包含权重向量 $\boldsymbol{w}$ 和偏置 b。将这些数据进行两步运算：线性变换和非线性变换。首先是经过线性变换生成中间值 z，然后经过非线性变换得到预测值 $\hat{y}$。为了将 $\hat{y}$ 和 y 作区分，下面用 a 代替 $\hat{y}$ 表示预测值。最后将预测值 a 和真实值传给损失函数 L，求得二者的差值。像这样能够表明算法完整计算过程的图，我们把它称为计算图。

计算图有两点注意事项需要说明。首先，计算图中的每个矩形或者圆圈都称作一个结点，结点代表的是一个运算的结果，而箭头表示数据的流动方向同时也表示一个计算过程；其次，计算图只关心数据的流动和计算结果，不关心计算的复杂度。事实上图 6-1 也是一个计算图。

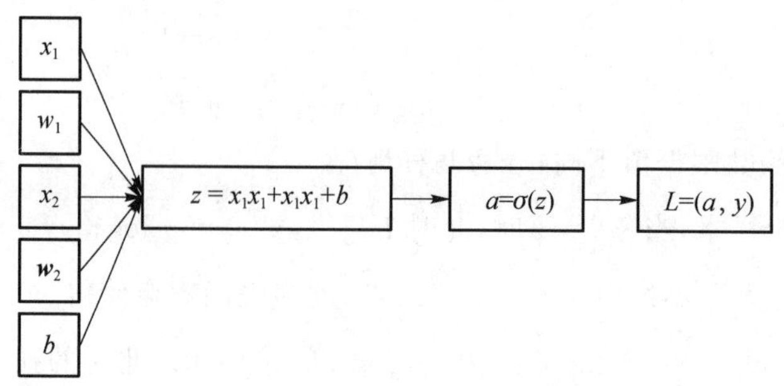

图 6-3 Logistic 回归计算图

1. 计算单个训练样本的梯度下降过程

通过求解偏导数的方式来执行梯度下降的过程,单个样本的梯度下降是比较容易理解的。回忆梯度下降过程中迭代更新的算法公式:

$$\boldsymbol{w}=\boldsymbol{w}-\alpha\frac{\mathrm{d}L(\boldsymbol{w})}{\mathrm{d}\boldsymbol{w}} \tag{6-44}$$

观察以上公式。其中包含表示成本函数对 $\boldsymbol{w}$ 的偏导数。为了更清楚地说明该过程,这里以 w_1 为例。先求出 $\mathrm{d}w_1$,然后根据公式 $\boldsymbol{w}=\boldsymbol{w}-\alpha\mathrm{d}\boldsymbol{w}$ 来更新参数根据链式法则(Chain Rule),可以得到梯度 $\mathrm{d}w_1$ 的计算公式:

$$\mathrm{d}w_1=\frac{\mathrm{d}L(a,y)}{\mathrm{d}w_1}=\frac{\mathrm{d}L(a,y)}{\mathrm{d}a}\cdot\frac{\mathrm{d}a}{\mathrm{d}z}\cdot\frac{\mathrm{d}z}{\mathrm{d}w_1} \tag{6-45}$$

式(6-45)中,将$\frac{\mathrm{d}L(a,y)}{\mathrm{d}w_1}$的计算分解为 3 个步骤,顺序求解 $\mathrm{d}a$、$\mathrm{d}z$ 和 $\mathrm{d}w_1$。经过计算可知

$$\mathrm{d}a=\frac{\mathrm{d}L(a,y)}{\mathrm{d}a}=\frac{-y}{a}+\frac{1-y}{1-a} \tag{6-46}$$

$$\mathrm{d}z=\frac{\mathrm{d}L(a,y)}{\mathrm{d}z}=\frac{\mathrm{d}L}{\mathrm{d}a}\cdot\frac{\mathrm{d}a}{\mathrm{d}z}=a(1-a)\mathrm{d}a=a-y \tag{6-47}$$

注意,以上公式的计算结果十分有用,记住它可以让许多梯度计算的步骤变得简单。最终得到

$$\mathrm{d}w_1=\frac{\mathrm{d}L(a,y)}{\mathrm{d}w_1}=\frac{\mathrm{d}L(a,y)}{\mathrm{d}a}\cdot\frac{\mathrm{d}a}{\mathrm{d}z}\cdot\frac{\mathrm{d}z}{\mathrm{d}w_1}=x_1\mathrm{d}z=x_1(a-y) \tag{6-48}$$

求解 $\mathrm{d}w_1$ 后,再更新参数 $w_1=w_1-\alpha\mathrm{d}w_1$,这样就利用梯度下降完成了参数 w_1 的一次更新。同理,也可以求得

$$\begin{gathered}\mathrm{d}w_2=x_2\mathrm{d}z,\quad w_2=w_2-\alpha\mathrm{d}w_2\\ \mathrm{d}b=\mathrm{d}z,\quad b=b-\alpha\mathrm{d}b\end{gathered} \tag{6-49}$$

现在我们通过上面的步骤成功地更新了一次单个样本,不过在梯度下降实际应用中,样本数量普遍庞大。接下来我们介绍梯度下降过程在包含多个训练样本的样本集中的计算方法。

2. 计算多个训练样本的梯度下降过程

计算多个训练样本的梯度下降过程本质上是计算单个样本过程的扩展,仍旧以参数 w_1 为例,求解梯度值 $\mathrm{d}w_1$,则

$$\mathrm{d}w_1=\frac{\mathrm{d}J(w,b)}{\mathrm{d}w_1}=\frac{1}{m}\sum\frac{\mathrm{d}L(a^{(i)},y^{(i)})}{\mathrm{d}w_1} \tag{6-50}$$

在此处我们要注意,这个 $\mathrm{d}w_1$ 与我们上面所讲的单训练样本的梯度值并不完全相同,此 $\mathrm{d}w_1$ 是全局梯度值,是各训练样本 w_1 梯度值的和的平均值。求解 $\mathrm{d}w_1$ 后,继续利用公式 $w_1=w_1-\alpha\mathrm{d}w_1$ 迭代更新参数 w_1。一样的道理我们能够计算得出全局梯度值 $\mathrm{d}w_2$ 和 $\mathrm{d}b$,然后

将其更新：

$$\mathrm{d}w_2 = \frac{\mathrm{d}J(w,b)}{\mathrm{d}w_2} = \frac{1}{m}\sum \frac{\mathrm{d}L(a^{(i)},y^{(i)})}{\mathrm{d}w_2}, \quad w_2 = w_2 - \alpha \mathrm{d}w_2$$

$$\mathrm{d}b = \frac{\mathrm{d}J(w,b)}{\mathrm{d}b} = \frac{1}{m}\sum \frac{\mathrm{d}L(a^{(i)},y^{(i)})}{\mathrm{d}b}, \quad b = b - \alpha \mathrm{d}b \tag{6-51}$$

总结一下，计算多个训练样本的梯度下降过程本质上是计算各参数对成本函数 J 的全局梯度值，然后再利用这个全局梯度完成参数更新的操作。其基本的思路和上文我们讲过的计算单个训练样本的梯度下降过程是一样的，只是差异之处在于多训练样本的梯度下降是各样本参数梯度值的和的平均值。这种计算方法本质上是对多训练样本整体情况的思考，通俗地说，能够把它理解成多训练样本的梯度下降，这时所进行的“考虑”会更多。完成多次的迭代更新之后，各参数会慢慢逼近全局最优解或者说我们会获得全局的最优解。

上文我们讲解了多训练样本梯度下降的计算过程，不过在实际上依旧存在很大优化空间，显然，对于多训练样本，梯度下降会存在两个循环：第1个循环的用处是遍历每一个训练样本，只有在我们完成所有训练样本梯度值的计算工作之后，我们才能够通过求和平均来获得全局梯度值；第2个循环的作用是遍历所有等待训练的参数，依次计算其梯度值，第1个循环和第2个循环相互嵌套。

在现实应用场景中梯度学习算法往往会需要大量的训练数据，大量的未知参数需要我们去训练。在计算机中需要对大量数据进行处理，如果我们要利用循环，那么算法效率会特别低，不过幸运的是，我们能够利用向量化（Vectorization）完成消除或者替代它们的作用，完成工作效率的保证。在下面的内容，我们会利用向量化的方式对上述计算过程进行优化调整。

3. Logistic 回归的向量化

拥有提高计算效率能力的向量化，即使用矩阵相乘代替循环，可以使串行计算变为并行计算，从而大大减少运算所需时间，所以在深度学习领域有广泛的应用。显然缩短单次训练时间有十分深远的意义，在同样的时间内，我们可以训练更多的轮次，工作人员也能够获得更多的测试机会，从而对神经网络结构以及参数进行更早更好的调整。

在上述内容中，我们提及的两个循环中的第1个循环的作用是遍历每一个训练样本，第2个循环的作用是遍历所有参数，很明显这两个循环作为耗时的主要部分，利用向量化代替循环来提升计算机处理效率是提高计算速度的关键。

第一，我们将每一个参与循环的参数依照循环的顺序依次添加到向量中。若使用循环，要计算各参数的全局梯度值，就要循环累加各参数的梯度值 $\mathrm{d}w_1, \mathrm{d}w_2, \cdots, \mathrm{d}w_n$。向量化则是引入向量 $\mathrm{d}\boldsymbol{w}$ 代表的所有梯度值 $\mathrm{d}w_1, \mathrm{d}w_2, \cdots, \mathrm{d}w_n$，$\mathrm{d}\boldsymbol{w}$ 为 $n_x \times 1$ 维向量，是样本的特征维度，即除去参数 b 之外参数的数量。如此，我们就可以直接用向量操作 $\mathrm{d}\boldsymbol{w} += \boldsymbol{x}^{(i)}\mathrm{d}\boldsymbol{z}^{(i)}$ 代替前文所提到的逐个求和的复杂计算。在这种情况下，我们就通过向量化替代之前的循环，不用显示遍历每一个样本特征，而且对硬件来说，利用矩阵运算，GPU 的并行计算能力得到充分发挥，代码运算效率得到提高。

接下来，我们的关注点就是我们应当如何利用向量化来进行第1个循环的消除。

第一步，把线性变换过程改写成向量化。对所有样本都有 $\boldsymbol{z}^{(i)} = \boldsymbol{w}^{\mathrm{T}}\boldsymbol{x}^{(i)} + b$，其中，$\boldsymbol{z}^{(i)}$ 为计算过程的中间值，是单次循环计算的结果；$\boldsymbol{w}^{\mathrm{T}}$ 为一个权重向量；$\boldsymbol{x}^{(i)}$ 为一个输入样本的特征向量；b 为偏置。现在我们关注所有的样本，这样公式就可以改成 $\boldsymbol{Z} = \boldsymbol{W}\boldsymbol{X} + \boldsymbol{b}$，其中：$\boldsymbol{Z} = (\boldsymbol{z}^{(1)}, \boldsymbol{z}^{(2)}, \cdots, \boldsymbol{z}^{(i)}, \cdots, \boldsymbol{z}^{(n)})$，是由计算的中间值依次组合成的向量，代表所有循环的结果；$\boldsymbol{Z} = (\boldsymbol{z}^{(1)}, \boldsymbol{z}^{(2)}, \cdots, \boldsymbol{z}^{(i)}, \cdots, \boldsymbol{z}^{(n)})$ 为一个矩阵，里面的每个向量为一个输入样本的特征向量相应的权重向量；$X = (\boldsymbol{x}^{(1)}, \boldsymbol{x}^{(2)}, \cdots, \boldsymbol{x}^{(i)}, \cdots, \boldsymbol{x}^{(n)})$ 为一个矩阵，里面的每个向量为一个输入样本的特征向量 $\boldsymbol{b} = (\boldsymbol{b}^{(1)}, \boldsymbol{b}^{(2)}, \cdots,$

$\boldsymbol{b}^{(i)},\cdots,\boldsymbol{b}^{(n)}$)，为每一个线性变换运算过程的偏值量组合成的向量。

第二步，完成激活函数的向量化输出。所有的参数在经过线性变化以后(即经过一系列乘法和加法以后)得到相应的值，这些值通过作为激活函数的输入完成非线性变换，以向量形式输出。对所有的样本都有 $a^{(i)}=\text{sigmoid}(\boldsymbol{z}^{(i)})$，$a^{(i)}$ 表示该样本的预测值。如果此时我们关注所有的样本，就能够将公式改写成 $\boldsymbol{A}=\text{sigmoid}(\boldsymbol{Z})$，$\boldsymbol{A}=(a^{(1)},a^{(2)},\cdots,a^{(i)},\cdots,a^{(n)})$，其中向量 $\boldsymbol{A}$ 中的每一个分量都代表一个输入值相对应的预测值。进行改写向量化操作后，用一行代码完成所有样本的激活过程就得以实现。

第三步，进行偏导数的向量化。通过上述内容，只考虑单个样本，公式可写作 $\text{d}z^{(i)}=a^{(i)}-y^{(i)}$。而对于所有的样本，我们能够把多个 dz 向量组为一个矩阵 $\text{d}z=(\text{d}z^{(1)},\text{d}z^{(2)},\cdots,\text{d}z^{(i)},\cdots,\text{d}z^{(n)})$。同理，我们把每一个样本真实值组为一个向量 $\boldsymbol{Y}=(y^{(1)},y^{(2)},\cdots,y^{(i)},\cdots,y^{(n)})$。这样一来 dz 就能够通过 $\boldsymbol{A}$ 和 $\boldsymbol{Y}$ 表示，$\boldsymbol{Z}=\boldsymbol{A}-\boldsymbol{Y}=(a^{(1)}-y^{(1)},a^{(2)}-y^{(2)},\cdots,a^{(i)}-y^{(i)},\cdots,a^{(n)}-y^{(n)})$。即我们完全能够利用向量 $\boldsymbol{A}$ 和向量 $\boldsymbol{Y}$ 来进行 dz 的计算。如果我们以代码实现的角度，那么我们只需要建造 $\boldsymbol{A}$ 和 $\boldsymbol{Y}$ 这两个向量，接下来就能够利用行代码进行 dz 的直接计算，并不需要再利用 for 循环进行逐个计算。

第四步，计算梯度中权值 $\boldsymbol{w}$ 的向量化表示。在回忆一下 $\text{d}\boldsymbol{w}$ 和 $\text{d}b$ 的计算过程，实际计算过程为

$$\begin{cases}\text{d}\boldsymbol{w}=0, & \text{d}b=0\\ \text{d}\boldsymbol{w}+=\boldsymbol{x}^{(1)}\text{d}z^{(1)}, & \text{d}b+=\text{d}z^{(1)}\\ \text{d}\boldsymbol{w}+=\boldsymbol{x}^{(2)}\text{d}z^{(2)}, & \text{d}b+=\text{d}z^{(2)}\\ \qquad\vdots & \\ \text{d}\boldsymbol{w}+=\boldsymbol{x}^{(m)}\text{d}z^{(m)}, & \text{d}b+=\text{d}z^{(m)}\\ \text{d}\boldsymbol{w}/=m, & \text{d}b/=m\end{cases} \tag{6-52}$$

显然这些计算过程我们能够利用向量做完全的代替，对于 $\text{d}\boldsymbol{w}$ 的计算过程实际上就是矩阵 $\boldsymbol{X}$ 与梯度矩阵 $\text{d}\boldsymbol{Z}$ 的转置相乘，把计算结果除以训练样本数 m 获得平均值，如此我们就获得了全局梯度值 $\text{d}\boldsymbol{w}$，计算过程如下：

$$\begin{aligned}\text{d}\boldsymbol{w}&=\frac{1}{m}\boldsymbol{X}\text{d}\boldsymbol{Z}^{\text{T}}\\ &=\frac{1}{m}[\boldsymbol{x}^{(1)}\boldsymbol{x}^{(2)}\cdots\boldsymbol{x}^{(m)}]\times[\text{d}z^{(1)}\text{d}z^{(2)}\cdots\text{d}z^{(m)}]^{\text{T}}\\ &=\frac{1}{m}[x^{(1)}\text{d}z^{(1)}\boldsymbol{x}^{(2)}\text{d}z^{(2)}\cdots\boldsymbol{x}^{(m)}\text{d}z^{(m)}]\end{aligned} \tag{6-53}$$

第五步，计算梯度中向量化表示的偏置 b。观察 $\text{d}b$ 的计算过程，把每一个训练样本的 dz 相加除以 m，我们就获得了全局梯度值 $\text{d}b$。对于 Python 语言，我们可以使用 Numpy 扩展库中的 numpy. sum()函数，只需一行简单代码，就能够计算 $\text{d}b$：

$$\text{d}b=\frac{1}{m}\sum\text{d}z^{(i)}=\frac{1}{m}\text{numpy. sum}(\text{d}\boldsymbol{Z}) \tag{6-54}$$

第六步，对梯度 $\text{d}\boldsymbol{w}$ 和 $\text{d}b$ 求平均，在 Python 中把向量 $\text{d}\boldsymbol{w}$ 和向量 $\text{d}b$ 除以 m 就行，也就是说，对于 $\text{d}\boldsymbol{w}/m$ 和 $\text{d}b/m$，Python 能够自动用广播机制，让向量 $\text{d}\boldsymbol{w}$ 中的值统一除以 m。

第七步，依据全局梯度 $\text{d}\boldsymbol{w}$ 和 $\text{d}b$，迭代更新参数 $\boldsymbol{w}$ 和 b。同时，Python 也提供了十分方便和简洁的操作向量化 $\boldsymbol{w}=\boldsymbol{w}-u\text{d}\boldsymbol{w}$ 和 $b=b-u\text{d}b$，其中 u 为学习率。

上面我们所讲解的第七步就是利用向量化的方法简化 Logistic 回归梯度下降算法，简化后的算法不仅更加简洁，也具有更加高的运行效率。

第2部分

深度学习理论基础与实践

第 7 章
深度神经网络基础

深度神经网络基础

7.1 深度学习的基本概念

7.1.1 深度学习的定义

深度学习是机器学习的一个分支，在很多领域都有着惊人的表现，也是实现人工智能的关键技术之一。深度学习能够自动提取输入数据的特征，并经过中间层的抽取变换从简单特征中学习到更复杂的特征，并使用这些特征解决问题，这相对于传统机器学习依赖人工进行特征提取的方式有着革命性的进展。

在神经科学的启发下，早期的深度学习可以看作传统神经网络的延伸。如图 7-1 所示，深度学习中的系统是一个包括输入层、隐藏层、输出层的多层网络，这与传统神经网络中的分层结构类似。

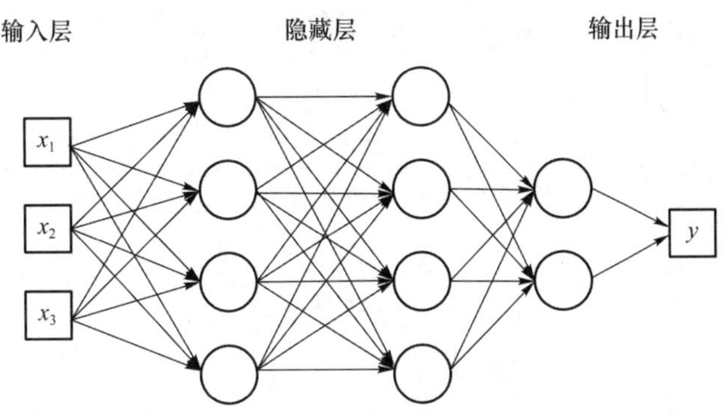

图 7-1　深层学习的多层网络结构

从上面的描述可以认为，深度学习是以海量数据为输入的、基于多层神经网络的一种规则自学习的方法。但是为什么是深度？深层神经网络相比浅层神经网络的优势是什么？

通过对中间层神经元的重复利用，深度学习可以大大减少对参数的设置。深度学习通过训练一种非线性的深层神经网络结构,只需构造简单的神经网络结构就可以实现对复杂函数的近似表示,展示了深度学习从大量无标注的数据集中学习数据集本质特征的强大能力。此外,由于采用了深层次、表达能力强的神经网络模型,深度学习能够处理大规模数据,同时深度学习对于数据特征的表示也有更好的方法。对于那些直接特征不明显的问题,比如图像、语音(很多特征没有明确的物理含义且需要人工设计特征),深度学习可以在训练数据规模比较大的基础上获得更好的效果。

当然,深度学习也有一定的局限性,因为神经网络如同"黑箱"一样,很难解释它为什么能取得好的效果。深度学习的可解释性不强,难以有针对地进行改进,而这有可能阻碍它的进一步发展。此外,像大部分方法一样,深度学习也依赖特定领域的先验知识,需要和其他方法结合才能取得最好的效果。

7.1.2 深度学习的发展与范畴

了解深度学习的一种简单方式就是了解它的历史背景,深度学习的发展史和神经网络技术的发展息息相关。在深度学习兴起之前,神经网络的发展经历了两次由高潮到低谷的过程,本节将从神经网络发展过程中的起起落落开始,介绍深度学习的发展历程。

1) 神经网络发展的第一次高潮

1958 年,Frank Rosenblatt 提出了感知机的概念,带来了神经网络发展的第一次高潮,感知机也为今后支持向量机和神经网络的发展打下了基础。感知机本质上是一种用于线性分类的模型,是一种基于算法构建的分类器,核心思想就是通过试错的方法来寻找一个合适的能把数据区分开的超平面。1958 年,Rosenblatt 撰写了一篇名为"Electronic 'Brain' Teaches Itself"的文章发表于《纽约时报》,在文中正式把他设计的算法命名为"感知机"。如图 7-2 所示,现在看来感知机就是由单层神经元组成的网络。Rosenblatt 对自己的研究成果给予了非常高的评价,他认为感知机能够自我感知学习周围环境并作出决策。Rosenblatt 等人的研究有着美国海军经费的支持,受到当时众多媒体的关注,引领了神经网络发展的第一次高潮。

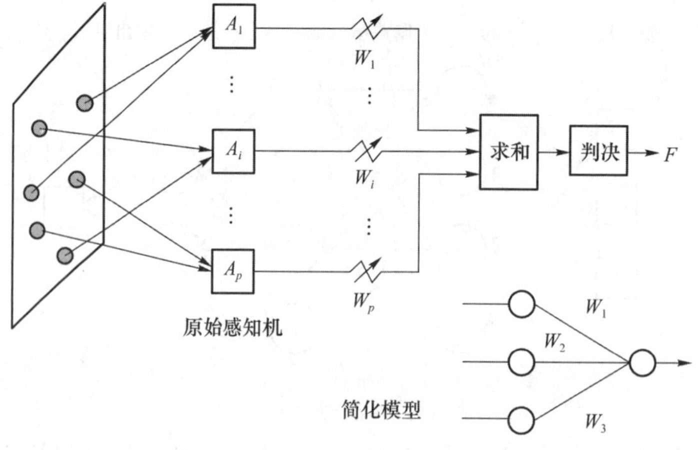

图 7-2 感知机模型

2）神经网络发展的第一次寒冬

感知机的结构很简单，只能处理线性可分的分类问题，对于简单的异或问题都无法解决。首先说一下什么是线性问题，以二维平面数据为例，简单来说就是用一条直线就能准确地将数据分类。以逻辑与和逻辑或问题为例，如图 7-3 所示，可以用一条直线来区分平面的“0”“1”。

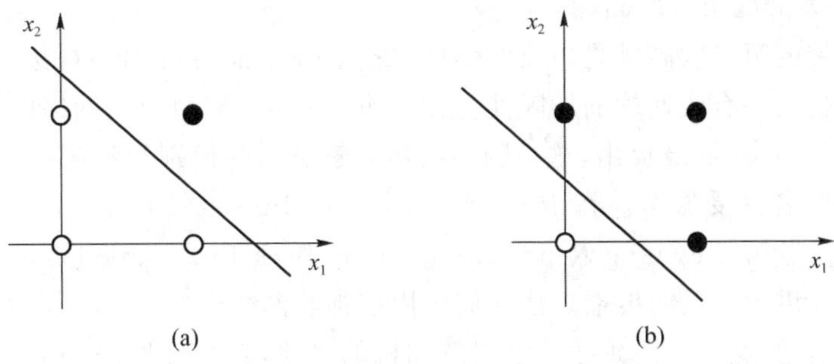

图 7-3 逻辑与和逻辑或的二维样本分类图

Marvin Minsky 在 1969 年详细阐述了感知机这类单层神经网络系统的局限性，证实了感知机无法处理线性不可分问题，如简单的异或（如图 7-4 所示）问题等，并表示大部分关于感知机的研究都是没有科学价值的。此时已经是感知机兴起的第 10 年，而感知机的能力并不能满足人们的期待，人们对于单层感知机已经彻底不抱希望。

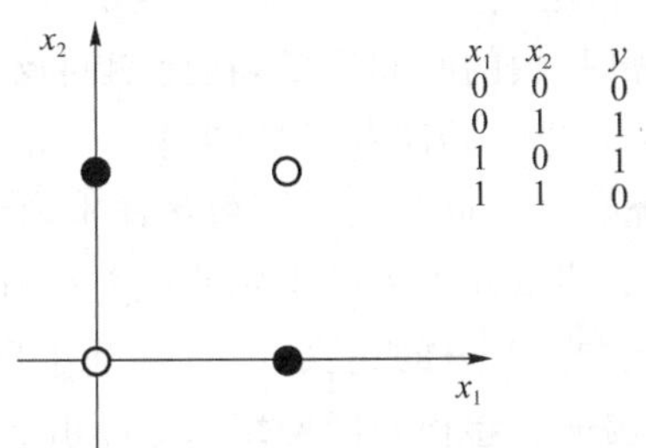

图 7-4 逻辑异或的非线性不可分

既然单层感知机无法解决非线性问题，人们尝试通过增加隐藏层的方式构造多层感知机，从图 7-5 能够看出，多层感知机与神经网络的结构非常相像，它就是最简单的前馈神经网络。

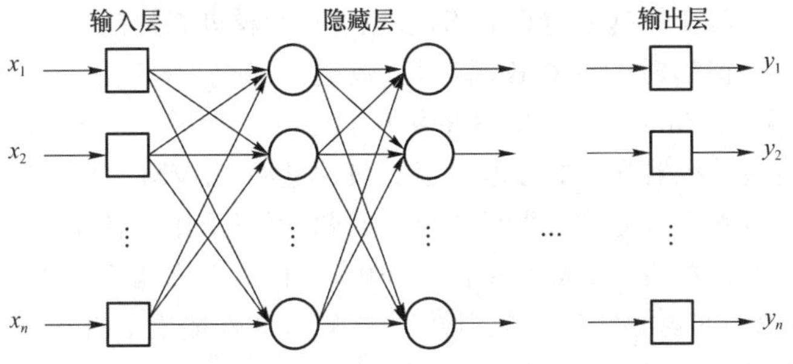

图 7-5 多层感知机

研究表明，对于多层感知机而言，随着隐藏层层数的增加，可以在区域内形成任意的形状，因此对于任何复杂的分类问题都可以解决。事实上，苏联数学家 A. N. Kolmogorov 表示双隐藏层的感知机就能够处理任何复杂的分类问题。虽然作为分类器，多层感知机确实非常优秀，但是还有一个问题需要解决，那就是如何训练隐藏层的权值。对于中间隐藏层的节点而言，并没有期望的输出与之对应，所以单层感知机的训练方法并不适用于多层感知机，人们也一直没有找到有效的训练方法来解决这一问题。Marvin Minsk 对感知机局限性的批判和多层感知机无法有效训练的难题，使人工神经网络的发展陷入了第一个低谷。

3）神经网络发展的第二次高潮

神经网络发展的第二次高潮是由反向传播(Back Propagation，BP)算法带来的，该算法的提出解决了感知机无法有效训练的局限性。1982 年，一种反馈型神经网络由加州理工学院的生物物理学家 John Hopfield 提出，这一网络结构对解决一些识别和约束优化的问题很有效，研究神经网络的学者深受振奋。在 1986 年，Geoffrey Hinton 和 David Rumelhart 在《自然》杂志上合作发表了题为“Learning Representations by Back-Propagating Errors”的论文，在文中首次简洁系统地讲述了反向传播算法如何应用在神经网络模型上。为了解决感知机无法处理线性不可分的问题，这一算法延续了多层感知机的思路，在神经网络的输入、输出之间增加了一个隐藏层。一些简单的分类任务(如形状识别等)在使用了反向传播算法的神经网络后，效率得到了极大的提高。得益于计算机运算速度的提升，多层神经网络能够进行实际应用。C. R. Rcsenberg 和 T. J. Sejnowski 基于反向传播神经网络做了一个实验，把它用来进行英语课文阅读，实验中模型成功学会了 26 个英文字母的发音，再通过语音合成装置输出，有力地证明了反向传播神经网络拥有很强的学习能力，使得社会上再次关注神经网络的研究。

4）神经网络发展的第二次寒冬

神经网络发展的第二次高潮持续的时间很长，在此期间反向传播神经网络被研究人员应用到各种场景中，同时期深度学习也开始萌芽。1989 年，Yann LeCun 完成了一个手写数字识别的实验，他使用美国邮政系统提供的近万个手写数字样本训练了一个神经网络模型，训练好的模型在独立于训练样本之外的测试样本中的识别错误率只有 5%，LeCun 发表了题为《反向传播算法在手写邮政编码识别上的应用》的论文。之后，基于反向传播算法，他提出了第一个真正意义上的深度学习网络结构——卷积神经网络(Convolutional Neural Networks，CNN)，这也是目前处理深度学习任务时使用最广泛的神经网络结构之一。同时他还设计出了用于读取银行支票上手写数字的商业软件系统。

虽然神经网络在反向传播算法的助力下得以实际应用，但仍然存在很多问题无法解决。首先是浅层网络的训练问题，人们发现神经网络那些距离输出层越远的网络层的参数越难以训练，且随着层数的加深变得越来越难训练，这也被称为梯度爆炸问题。其次是深层网络的训练需要较大的数据集，但当时的计算资源不足，数据集都很小，无法满足这一要求。同时期，Yann LeCun 的同事 Vladimir Vapnik 一直致力于 SVM 算法的研究。就在神经网络的发展速度逐渐放缓时，传统的机器学习算法取得了突破性进展。SVM 算法除了可以处理基础的线性分类任务外，对于线性不可分的数据样本分类问题，可以采用一种非线性映射算法，通过“核机制”将线性不可分的样本映射到高维特征空间中，使样本在高维空间中可分。1998 年，这一算法能将手写数字识别问题的错误率降到 0.8%以下，其性能大大优于同时期神经网络算法的性能，迅速成了研究的主流方向。和 SVM 算法相比，神经网络的理论基础也不够清晰，因此，神经网络的发展进入了第二次寒冬。

5）深度学习的来临

虽然神经网络再一次进入低谷，投资公司也不再对该领域抱有期望，社会对这一领域也仿佛彻底失去了耐心，甚至与神经网络相关的文章屡屡被拒，但 Hinton 等人并没有放弃研究。

终于在2006年，Hinton发表了一篇题为“A Fast Learning Algorithm for Deep Belief Nets”的突破性论文，在这篇论文中提出了一种方法能够有效训练多层神经网络，并称这种神经网络为深度信念网络。这篇论文中提出的深度信念网络以及模型训练的改进方法突破了反向传播神经网络发展的限制，实验表明深度信念网络的性能表现优于SVM算法，这使得许多研究者又回归到神经网络的研究上。Hinton提出了两个观点：①多层人工神经网络模型有很强的特征学习能力，深度学习模型得到的特征数据相对原始数据有更本质的代表性，这将大大提高分类识别的能力；②对于深度神经网络很难通过训练达到最优的问题，可以采用逐层训练的方法解决，将上层训练好的结果作为下层训练过程中的初始化参数。因此，神经网络实现了最新的突破——深度学习。从目前的研究成果来看，只要数据足够大，隐藏层足够深，即使不进行预处理，深度学习也能取得很好的结果，这体现了大数据与深度学习之间的内在互补关系。

6）深度学习崛起的时代背景

深度学习的诞生伴随着更优化的算法、更高的性能计算能力(GPU)和更大的数据集，其自出现以来就引起了巨大的轰动。从Hinton在2006年提出深度信念网络和成功训练多层神经网络开始，后来的研究者在这一领域不断创新，提出了越来越多的优秀模型，并将其应用到各种场景中。深度学习兴起的一个条件是强大计算能力的出现。以前提到高性能计算，人们会想到CPU集群，而现在GPU被用于深度学习的研究。使用GPU集群可以将一个月训练的网络在几个小时内完成。硬件的进步使深度学习成为可能，大数据也推动了深度学习的发展。虽然与传统神经网络相比，我们确实简化了深度学习算法的训练过程，但最重要的发展是，我们拥有成功训练这些算法的资源。可以说，只有在数据的驱动下，人工智能才能实现深度学习，不断迭代模型，变得越来越智能。因此，深度学习技术的可持续发展离不开算法、硬件和大数据。

7.2 深度前馈网络

深度前馈网络实验

7.2.1 感知机的局限性

Rosenblatt给出的感知器学习定理表明感知器可以学习任何它能表达的东西。就像人类的大脑一样，表达和学习的能力是不同的。表示指的是感知器模拟特定函数的能力，而学习则需要存在一个调整连接权重以产生具体表示的过程。显然，如果感知器不能表达相应的问题，就没有办法考虑它是否能学习这个问题。所以，“它能表达”在这里就成了问题的关键。换句话说，是否存在感知器无法表达的问题?

如前所述，1969年Minsky就指出，感知机甚至不能解决异或这种简单的问题。那么，这些是什么样的问题呢？它的特点是什么？除了异或问题，还有哪些这样的问题？这些问题是有限的吗？下面从异或问题出发进行相应的分析，希望能找出这类问题的特点，从而找到相应的解决方案。

异或运算是计算机最基本的运算之一，这意味着计算机可以解决的大量问题都无法用感知机来处理，所以它的功能是极其受限的。那么，为什么感知机无法解决异或问题呢？首先看一下异或运算的定义：

$$g(x,y)=\begin{cases}0, & x=y\\1, & 其他\end{cases}$$

相应的真值表如表 7-1 所示。

表 7-1 异或运算的真值表

运算对象 x	运算对象 y	$g(x,y)$
0	0	0
0	1	1
1	0	1
1	1	0

从定义来看这是一个双输入、单输出的问题，要想用感知机来表示这个问题，那么此感知机应该输入一个二维向量，输出则是一个标量。因此，该感知机可以只包含一个神经元。为了方便，用(x,y)表示输入向量，输出用 o 表示，θ 表示神经元阈值。图 7-6 是单层感知机示意图，图 7-7 是异或问题的图像。很明显，a、b、θ 的值无论如何选择，都没有办法找到直线将点(0,0)和点(1,1)(对应函数值为 0)与点(0,1)和点(1,0)(对应函数值为 1)区分开来，就算使用 S 形函数，也很难做到这一点。这种单层感知机不能表达的问题被称为线性不可分问题。

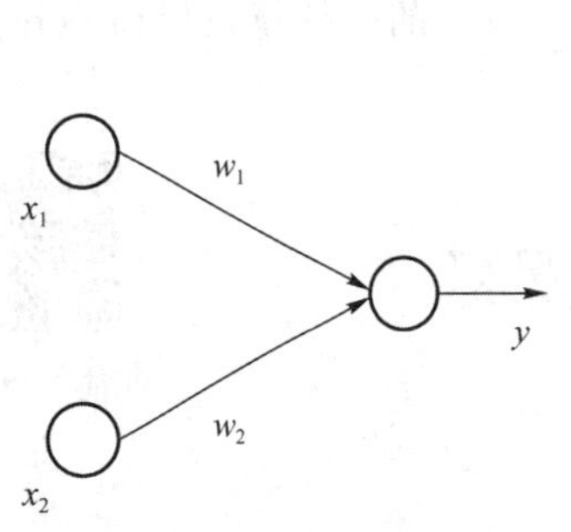

图 7-6 单层感知机

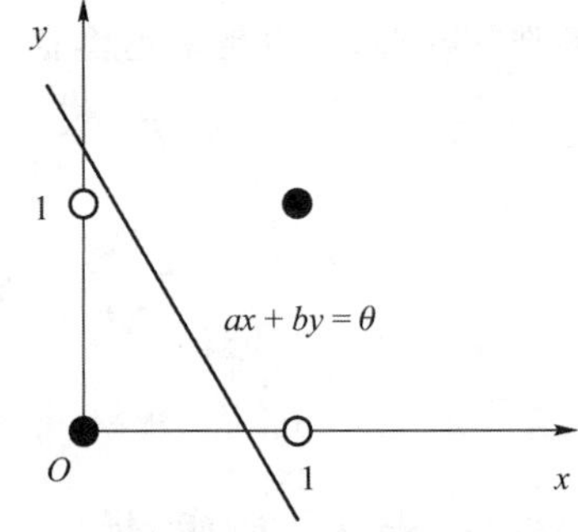

图 7-7 异或问题的图像

基于以上思路来观察只有两个自变量且自变量取值为 0 或 1 的二值函数的基本情况，表 7-2 给出了这种函数所有可能的定义，其中只有 f_7、f_{10} 是非线性可分的，其他都是线性可分的。但是，当存在较多的变量时，很难判断一个函数是不是线性可分的。实际上，随着变量数目的增加，这类线性不可分的函数数量也快速增长，甚至远远多于线性可分函数的数目。假设函数中有 n 个自变量，每个自变量取值只能是 0 或 1，那么函数的输入一共有 2^n 种可能，每个输入的输出也在 0 或 1 中取，所以不同的函数总共有 2^{2^n} 种。表 7-3 是 R. O. Windner 在 1960 年的研究结果，给出了自变量 n 为 1～6 时二值函数的数目以及其中线性可分函数的数目。可以看到当 n 大于或等于 4 时，线性不可分函数的数目远远多于线性可分函数的数目，而且这种差距会随着 n 的增大在数量级上越来越大。这说明感知机能表达的问题数量很少，远远少于不能表达的问题数量。

表 7-2 含两个自变量的所有二值函数

自变量		函数及其值															
x	y	f_1	f_2	f_3	f_4	f_5	f_6	f_7	f_8	f_9	f_{10}	f_{11}	f_{12}	f_{13}	f_{14}	f_{15}	f_{16}
0	0	0	0	0	0	0	0	0	0	1	1	1	1	1	1	1	1
0	1	0	0	0	0	1	1	1	1	0	0	0	0	1	1	1	1
1	0	0	0	1	1	0	0	1	1	0	0	1	1	0	0	1	1
0	1	0	1	0	1	0	1	0	1	0	1	0	1	0	1	0	1

表 7-3 二值函数与线性可分函数的个数

自变量 n 个数	二值函数的个数	线性可分函数的个数
1	4	4
2	16	14
3	256	104
4	65 536	1 882
5	4.3×10^{9}	94 572
6	1.8×10^{19}	5 028 134

7.2.2 多层前馈神经网络

1）单隐层前馈神经网络

神经网络是基于神经元的数学模型来构建的，由网络拓扑、节点特点和学习规则来表示，其吸引力主要有以下 4 点：

- 具有并行式分布处理能力；
- 具有高度鲁棒性和容错能力；
- 具有分布存储及学习能力；
- 能充分逼近复杂的非线性关系。

根据神经元的生物学功能和特性可以知道，神经元是一个多输入、单输出的信息处理单元，并且它基于非线性的方式进行信息处理，如图 7-8 所示，将其抽象为一个简单的数学模型。

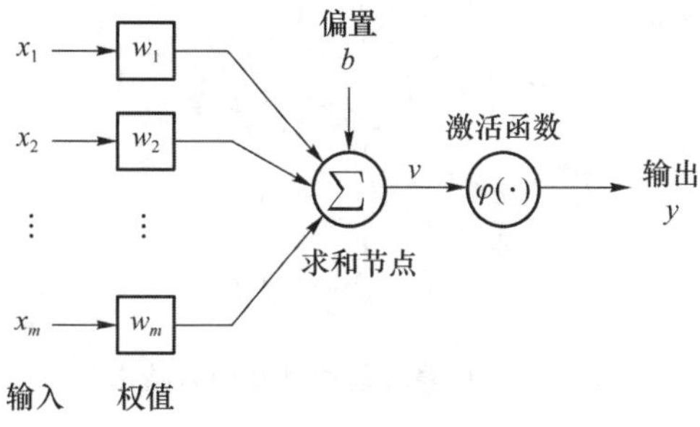

图 7-8 神经元的数学模型

具体的数学公式如下：

$$\begin{cases} v = \sum_{i=1}^{m} x_i w_i + b \\ y = \varphi(v) \end{cases} \tag{7-1}$$

常用的激活函数有 sigmoid 函数、tanh 函数、修正线性单元(ReLU)、softplus 函数、径向基函数、小波函数等,前 4 种函数的相应计算公式如下:

$$\begin{cases} \text{sigmoid}(x) = \dfrac{1}{1+\mathrm{e}^{-x}} \\ \tanh(x) = \dfrac{\mathrm{e}^{x}-\mathrm{e}^{-x}}{\mathrm{e}^{x}+\mathrm{e}^{-x}} \\ \text{ReLU}(x) = \max(0,x) \\ \text{softplus}(x) = \log(1+\mathrm{e}^{x}) \end{cases} \tag{7-2}$$

值得一提的是,神经科学家发现神经元具有宽兴奋边界、单侧抑制、稀疏激活等特点,修正线性单元与其他激活函数相比具有生物上的可解释性。此外,softplus 函数的导数是 logistics 函数,它的名称源自它是修正线性单元的平滑形式,它虽然也具有宽兴奋边界和单侧抑制特性,但是没有稀疏激活特性。

根据网络连接的拓扑结构和神经元的数学模型,神经网络模型可以分为前馈网络和反馈网络。对于反馈网络,网络模型的稳定性与记忆联想关系密切,玻尔兹曼机网络、Hopfield 网络都属于这种类型。前馈网络来自简单非线性函数的多次嵌套,网络结构简单、易于实现。接下来首先主要介绍单隐层前馈神经网络,图 7-9 展示了其网络结构,对应的数学公式如下:

$$\begin{cases} \boldsymbol{h}^{(1)} = \varphi^{(1)}\left(\sum_{i=1}^{m} \boldsymbol{x}_i \cdot \boldsymbol{w}_i^{(1)} + \boldsymbol{b}^{(1)}\right) \\ y = \varphi^{(2)}\left(\sum_{j=1}^{n} \boldsymbol{h}_j^{(1)} \cdot \boldsymbol{w}_j^{(2)} + \boldsymbol{b}^{(2)}\right) \end{cases} \tag{7-3}$$

其中输入 $\boldsymbol{x} \in \mathbf{R}^m$,隐藏层输出 $\boldsymbol{h} \in \mathbf{R}^n$,输出 $\boldsymbol{y} \in \mathbf{R}^K$,$\boldsymbol{w}^{(1)} \in \mathbf{R}^{m \times n}$ 与 $\boldsymbol{b}^{(1)} \in \mathbf{R}^n$ 分别为输入到隐藏层的权值连接矩阵和偏置,$\boldsymbol{w}^{(2)} \in \mathbf{R}^{n \times K}$ 与 $\boldsymbol{b}^{(2)} \in \mathbf{R}^K$ 分别为隐藏层到输出层的权值连接矩阵和偏置,$\varphi^{(1)}$ 和 $\varphi^{(2)}$ 是对应的激活函数。

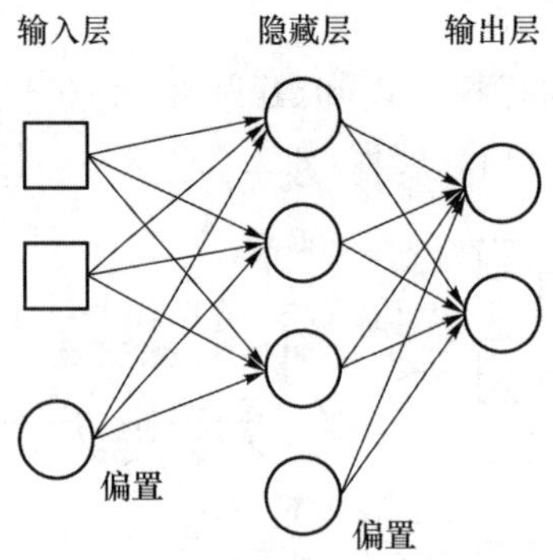

图 7-9　单隐层前馈神经网络结构

在实际应用中,假设训练数据集为

$$\begin{cases} \{\boldsymbol{x}^{(n)}, \boldsymbol{y}^{(n)}\}_{n=1}^{N} \\ \boldsymbol{x}^{(n)} \in \mathbf{R}^m \\ \boldsymbol{y}^{(n)} \in \mathbf{R}^K \end{cases} \tag{7-4}$$

输入与输出之间的模型根据式(7-3)展开可得

$$y = T(x,\theta) = \varphi^{(2)}\left(\sum_{j=i}^{n}\varphi^{(1)}\left(\sum_{i=1}^{m}\boldsymbol{x}_i \cdot \boldsymbol{w}_i^{(1)} + \boldsymbol{b}^{(1)}\right)\cdot \boldsymbol{w}_j^{(2)} + \boldsymbol{b}^{(2)}\right) \tag{7-5}$$

其中参数 $\theta=(\boldsymbol{w}^{(1)},\boldsymbol{b}^{(1)};\boldsymbol{w}^{(2)},\boldsymbol{b}^{(2)})$,优化目标如下(由损失项和正则项构成):

$$\min_{\theta} L(\theta) = \frac{1}{N}\sum_{n=1}^{N}\|\boldsymbol{y}^{(n)} - T(\boldsymbol{x}^{(n)};\theta)\|_F^2 + \lambda\sum_{l=1}^{2}\|\boldsymbol{w}^{(l)}\|_F^2 \tag{7-6}$$

根据梯度下降的方法求解参数 θ,即

$$\begin{cases}\theta^{(k)} = \theta^{(k-1)} - \alpha \cdot \nabla\theta|_{\theta=\theta^{k-1}} \\ \nabla\theta|_{\theta=\theta^{k-1}} = \left.\dfrac{\partial L(\theta)}{\partial\theta}\right|_{\theta=\theta^{k-1}}\end{cases} \tag{7-7}$$

随着迭代次数 k 的增加,参数将收敛〔可通过可视化目标函数 $L(\theta_k)$ 进行观察〕,即

$$\lim_{k\to\infty}\theta^k = \theta^* \tag{7-8}$$

收敛是因为上述优化目标是凸函数。值得注意的是,对于式(7-6)中的优化目标是可以直接求出闭式解的,但是数据量比较大的时候,读取和计算耗时很久,所以往往使用随机梯度下降的方法来求解。关于神经网络拓扑结构,Hornik 等人已证明,若输出层采用线性激活函数,隐藏层采用 sigmoid 函数,则单隐层神经网络能够以任意精度逼近任何有理函数。

2) 多隐层前馈神经网络

当隐藏层数目多于 2 个(包括两层)时,称为多隐层前馈神经网络或深度前馈神经网络,其网络结构如图 7-10 所示。

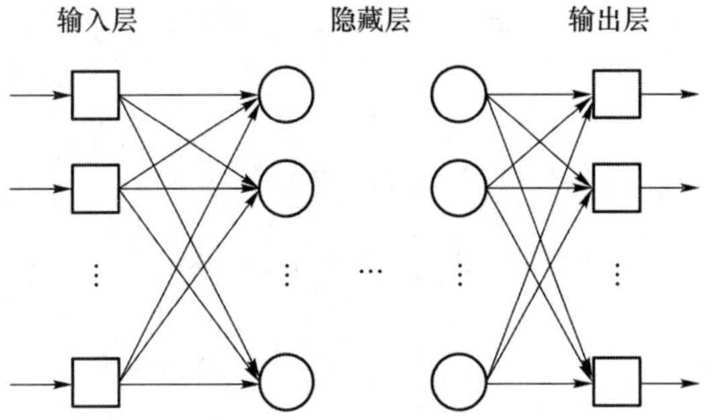

图 7-10 多隐层前馈神经网络结构

深度前馈神经网络的拓扑结构是多隐层、全连接且有向无环的。根据图 7-10,使用以下符号给出网络输入与输出之间的关系。

输入 $\boldsymbol{x}\in\mathbf{R}^m$,输出 $\boldsymbol{y}\in\mathbf{R}^s$,隐藏层的输出记为

$$\begin{cases}\boldsymbol{h}^{(l)} = \varphi^{(l)}\left(\sum_{i=1}^{n_{l-1}}\boldsymbol{h}_i^{(l-1)}\boldsymbol{w}_i^{(l)} + \boldsymbol{b}^{(l)}\right) \\ l = 1,2,\cdots,L \\ \boldsymbol{h}^{(0)} = \boldsymbol{x} \\ \boldsymbol{h}^{(L)} = \boldsymbol{y}\end{cases} \tag{7-9}$$

值得注意的是,除去输入层 $\boldsymbol{h}^{(0)}$ 与输出层 $\boldsymbol{h}^{(L)}$,隐藏层的个数是 $L-1$,对应的超参数(层数、隐单元个数、激活函数)为

$$\begin{cases} L+1 \rightarrow \text{层数(包含输入与输出)} \\ [n_0, n_1, n_2, \cdots, n_{L-1}, n_L] \rightarrow \text{每一层上的维数} \\ [\varphi^{(1)}, \varphi^{(2)}, \cdots, \varphi^{(L-1)}, \varphi^{(L)}] \rightarrow \text{激活函数} \end{cases} \tag{7-10}$$

注意 $n_0=m$ 和 $n_L=s$,并且待学习的参数记为

$$\begin{cases} \theta=(\theta_1, \theta_2, \cdots, \theta_L) \\ \theta_l=(\boldsymbol{w}^{(l)} \in \mathbf{R}^{n_{l-1} \times n_l}, \boldsymbol{b}^{(l)} \in \mathbf{R}^{n_l}) \\ l=1,2,\cdots,L \end{cases} \tag{7-11}$$

那么输入与输出的关系为

$$\begin{aligned} \boldsymbol{y} = \boldsymbol{h}^{(L)} &= \varphi^{(L)}\left(\sum_{i_L=1}^{n_L} \boldsymbol{h}_{i_L}^{(L-1)} \cdot \boldsymbol{w}_{i_L}^{(L)} + \boldsymbol{b}^{(L)}\right) \rightarrow \text{记为 } \varphi^{(L)}(h^{(L-1)}, \theta_L) \\ &= \varphi^{(L)}\left(\sum_{i_L=1}^{n_L} \varphi^{(L-1)}\left(\sum_{i_{L-1}=1}^{n_{L-1}} \boldsymbol{h}_{i_{L-1}}^{(L-2)} \cdot \boldsymbol{w}_{i_{L-1}}^{(L-1)} + \boldsymbol{b}^{(L-1)}\right) \boldsymbol{w}_{i_L}^{(L)} + \boldsymbol{b}^{(L)}\right) \rightarrow \text{记为 } \varphi^{(L)}(\varphi^{(L-1)}(h^{(L-2)}, \theta_{L-1}), \theta_L) \\ &= \cdots = \varphi^{(L)}(\varphi^{(L-1)}(\cdots \varphi^{(1)}(x, \theta_1) \cdots, \theta_{L-1}), \theta_L) \rightarrow \text{记为 } f(x, \theta) \end{aligned} \tag{7-12}$$

在实际应用中,对于训练数据集

$$\begin{cases} \{\boldsymbol{x}^{(n)}, \boldsymbol{y}^{(n)}\}_{n=1}^{N} \\ \boldsymbol{x}^{(n)} \in \mathbf{R}^m \\ \boldsymbol{y}^{(n)} \in \mathbf{R}^s \end{cases} \tag{7-13}$$

所得到的优化目标函数是(由损失项和正则项构成):

$$\min_{\theta} J(\theta) = L(\theta) + \lambda R(\theta) \tag{7-14}$$

其中 $\hat{\boldsymbol{y}}_n = f(\boldsymbol{x}_n, \theta)$ 以及

$$\begin{cases} l(\boldsymbol{y}_n, \hat{\boldsymbol{y}}_n) = \|\boldsymbol{y}_n - \hat{\boldsymbol{y}}_n\|_F^2 \\ L(\theta) = \dfrac{1}{N} \sum_{n=1}^{N} l(\boldsymbol{y}_n, \hat{\boldsymbol{y}}_n) \\ R(\theta) = \sum_{l=1}^{L} \|\theta_l\|_F^2 = \sum_{l=1}^{L} \|\boldsymbol{w}^{(L)}\|_F^2 \end{cases} \tag{7-15}$$

注意损失函数 $L(\cdot)$ 有很多形式,如交叉熵损失、均方误差损失等。

7.2.3 损失函数与梯度

1) 损失函数

在神经网络中,使用损失函数(Loss Function)来衡量真实值 $\boldsymbol{y}$ 与网络预测结果 $\hat{\boldsymbol{y}}=F(x)$ 之间的差别,神经网络的预测结果越接近真实值,损失函数值越小。在很多时候,神经网络并不会因为权重 $\boldsymbol{W}$ 和偏置 $\boldsymbol{b}$ 的微小变化而输出我们所期望的结果,这给我们评价权重和偏置的优化效果带来了很大的困难。所以,为了达到更好的效果,需要借助于损失函数这一指标来更好地指导我们如何改变权重和偏置。

神经网络的训练过程就是不断更新权重 $\boldsymbol{W}$ 和偏置 $\boldsymbol{b}$ 的值以得到尽量小的损失函数值,随着训练的进行,损失函数值将渐渐收敛,训练终止条件是损失函数值小于设定的阈值,此时得到的权重 $\boldsymbol{W}$ 和偏置 $\boldsymbol{b}$ 是一组使得神经网络能拟合真实模型的参数。具体来说,训练开始时神

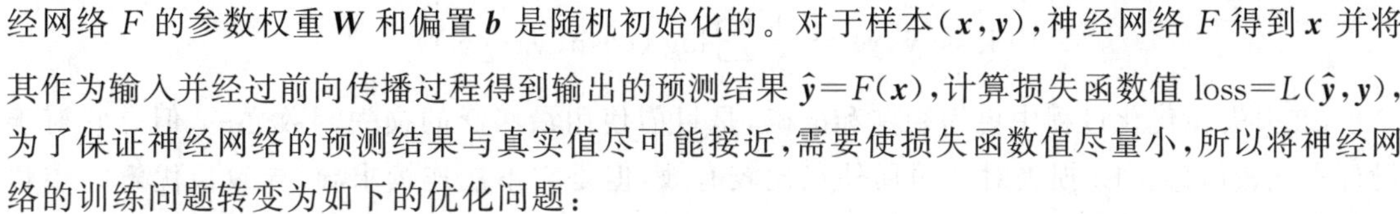

经网络 F 的参数权重 $\boldsymbol{W}$ 和偏置 $\boldsymbol{b}$ 是随机初始化的。对于样本($\boldsymbol{x},\boldsymbol{y}$)，神经网络 F 得到 $\boldsymbol{x}$ 并将其作为输入并经过前向传播过程得到输出的预测结果 $\hat{\boldsymbol{y}}=F(\boldsymbol{x})$，计算损失函数值 $\text{loss}=L(\hat{\boldsymbol{y}},\boldsymbol{y})$，为了保证神经网络的预测结果与真实值尽可能接近，需要使损失函数值尽量小，所以将神经网络的训练问题转变为如下的优化问题：

$$\max_{\boldsymbol{W},\boldsymbol{b}}\{\text{loss}(F(x;\boldsymbol{W},\boldsymbol{b}),y)\} \tag{7-16}$$

主要使用神经网络处理的问题有两类：回归和分类。在回归问题中，输入和输出变量都是连续变量，希望找到最优的函数拟合输入、输出之间的函数关系。比如，对第二天股票市场指数的预测就属于回归问题。分类问题是希望找到一个决策边界能将输入数据区分开，是具有有限数量离散变量的预测问题。比如，判断一个手写数字是不是 2 是一个二分类问题，判断一种动物是狗、猫还是其他动物是一个多分类的问题。使用神经网络处理回归和分类任务时会用到多种不同的损失函数，一些常用的损失函数如下。

(1) 分类损失函数

Logistic 损失(Logistic Loss)：

$$\text{loss}(\hat{\boldsymbol{y}},\boldsymbol{y})=\prod_{i=1}^{N}\hat{y}_i^{y_i}\cdot(1-\hat{y}_i)^{1-y_i}$$

负对数似然损失(Negative Log Likelihood Loss)：

$$\text{loss}(\hat{\boldsymbol{y}},\boldsymbol{y})=-\sum_{i=1}^{N}y_i\cdot\log\hat{y}_i+(1-y_i)\cdot\log(1-\hat{y}_i)$$

交叉熵损失(Cross Entropy Loss)：

$$\text{loss}(\hat{\boldsymbol{y}},\boldsymbol{y})=-\sum_{i=1}^{N}\sum_{j=1}^{M}y_{ij}\cdot\log\hat{y}_{ij}$$

Logistic 损失在二分类任务中使用；负对数似然损失方便将数据的最大似然转化为负对数似然；交叉熵损失从两个类别扩展到多个类别，其在二分类任务中就是负对数似然损失。

(2) 回归损失函数

均方误差也称 L2 损失(Mean Squared Error，MSE)：

$$\text{loss}(\hat{\boldsymbol{y}},\boldsymbol{y})=\frac{1}{N}\sum_{i=1}^{N}(\hat{y}_i-y_i)^2$$

平均绝对值误差也称 L1 损失(Mean Absolute Error，MAE)：

$$\text{loss}(\hat{\boldsymbol{y}},\boldsymbol{y})=\frac{1}{N}\sum_{i=1}^{N}|\hat{y}_i-y_i|$$

均方对数差损失(Mean Squared Log Error，MSLE)：

$$\text{loss}(\hat{\boldsymbol{y}},\boldsymbol{y})=\frac{1}{N}\sum_{i=1}^{N}(\log\hat{y}_i-\log y_i)^2$$

Huber 损失(Huber Loss)：

$$\text{Huber}(\hat{\boldsymbol{y}}_i,\boldsymbol{y}_i)=\begin{cases}\frac{1}{2}(\hat{y}_i-y_i)^2, & |\hat{y}_i-y_i|\leqslant\delta\\ \delta|\hat{y}_i-y_i|-\frac{1}{2}\delta, & \text{其他}\end{cases}$$

$$\text{loss}(\hat{\boldsymbol{y}},\boldsymbol{y})=\frac{1}{N}\sum_{i=1}\text{Huber}(\hat{y}_i-y_i)$$

Log-Cosh 损失(Log-Cosh Loss)：

$$\text{loss}(\hat{\boldsymbol{y}},\boldsymbol{y})=\frac{1}{N}\sum_{i=1}^{N}\log\left(\cosh(\hat{y}_i-y_i)\right)$$

L2 损失在优化过程中更为稳定和准确，是目前使用最广泛的损失函数之一，但是它对于局外点比较敏感。LI 损失对惩罚局外点比较有效，但是它不能连续求导，导致最优解的求解效率低。L1 和 L2 损失合成了 Huber 损失，其在 δ 趋于无穷时就退化成 L2 损失，在 δ 趋于 0 时则退化成了 L1 损失。δ 是预测值与真实值之间的残差，代表了模型处理局外点的程度，L1 损失用于残差大于 8 的情况，残差很小时则使用 L2 损失来进行优化。Huber 损失克服了 L1 损失和 L2 损失的缺点，使得损失函数既是连续可导的，又能得到更精确的最小值。因为 L2 损失的梯度随误差减小，同时对局外点也有更好的鲁棒性。但是 Huber 损失想得到良好的表现依赖超参数 δ 的精心训练。Log-Cosh 损失在每一个点都是二次可导的，并且拥有 Huber 损失的所有优点，这在很多机器学习模型中是十分必要的。

2）梯度

众所周知，需要用到导数来对某个函数求极值，具体来说，对于某个连续函数 $y=f(x)$，通过令其导数 $f'(x)=0$，便可直接求得极值点。但是，这一方法并不是对所有函数有效。一方面，并不容易求得 $f'(x)=0$ 的显式解，尤其当函数很复杂或输入变量很多时，求解这一微分方程就更不容易了。另一方面，计算机其实并不擅长求解微分方程。计算机所擅长的是，依托强大的计算能力，通过插值等方法（如牛顿法、弦截法等），经过大量尝试逐步把函数的极值点找出来。为了快速找到这些极值点，研究者还设计了一种能让目标收敛到最佳解的近似值的启发式方法，将其命名为 delta 法则。使用梯度下降（Gradient Descent）的方法找到极小值是 delta 法则的核心思想。梯度下降策略的使用同样离不开导数的辅助。导数是一种用来分析函数“变化率”的度量，函数在某个特定点 x_0 处的导数就是 x_0 点的“瞬间斜率”，即切线斜率：

$$f'(x_0)=\lim_{\Delta x\to 0}\frac{\Delta y}{\Delta x}=\lim_{\Delta x\to 0}\frac{f(x_0+\Delta x)-f(x_0)}{\Delta x} \tag{7-17}$$

这个斜率越大，则函数在该点的上升趋势越陡峭，达到函数极值点时这个斜率会等于 0。在一元实值函数的情况下，梯度就是导数，或者在线性函数的情况下，梯度就是曲线在某一点的斜率。但对于多维变量函数，梯度的概念就不那么容易理解了，它涉及标量场的概念。

标量场的梯度在向量微积分中其实是一个向量场。假设使用∇f 或 grad f 来表示一个标量函数 f 的梯度，此处∇ 表示向量微分算子。那么，该函数的梯度∇f 在一个三维直角坐标系中就可以写成如下样子：

$$\nabla f=\left(\frac{\partial f}{\partial x},\frac{\partial f}{\partial y},\frac{\partial f}{\partial z}\right) \tag{7-18}$$

要求这个梯度值，需要用到“偏导”的概念。“偏导”的英文本意是“Partial Derivatives”，即“局部导数”。在多元变量函数中求某个变量的导数时，就是把其他变量当作常量，然后求该变量的导数（相比于全部变量，这里只求一个变量，即“局部”）。然后，对每个变量都按照这种方式求一遍导数，再写成向量场的形式，就得到了这个函数的梯度。举个例子，一个含有 3 个变量的函数为 $f=x^2+3xy+y^2+z^2$，它的梯度可以按如下方法求得。

① 把 y、z 视为常量，求 x 的“局部导数”：

$$\frac{\partial f}{\partial x}=2x+3y$$

② 然后把 x、z 视为常量，求 y 的"局部导数"：

$$\frac{\partial f}{\partial y}=3x+2y$$

③ 最后把 x、y 视为常量，求 z 的"局部导数"：

$$\frac{\partial f}{\partial z}=3z^2$$

最后，函数 f 的梯度可以表示为

$$\nabla f=\text{grad } f=(2x+3y, 3x+2y, 3z^2)$$

对于某个特定的点，如点 $A(1,2,3)$，带入相应的值就可得到函数在该点处的梯度，示意图如图 7-11 所示。

$$\nabla f=\text{grad } f=(2x+3y, 3x+2y, 3z^2)\big|_{x=1,y=2,z=3}=(8,7,27)$$

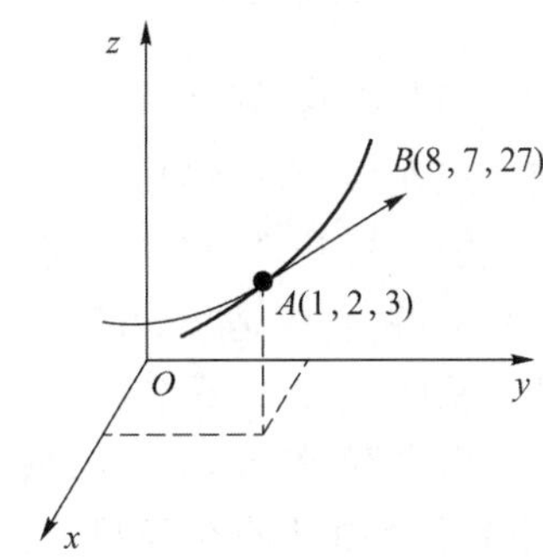

图 7-11　梯度概念示意图

函数某点处的梯度表示从该点出发，函数值增长最快的方向。对于图 7-11 所示的案例，梯度可以理解为，站在点 A (1,2, 3)，朝着点 B (8,7,27)的方向前进，能使得函数 f 的值增长得最快。

7.2.4　梯度下降与反向传播算法

1) 梯度下降

这里先给出一个形象的案例来辅助解释说明，为了便于读者理解梯度下降的概念。爬过山的人都会有这样的感觉，越平缓的山坡(相当于斜率较小)到达山顶(函数峰值)的过程就越慢，如果不考虑爬山过程中的重力(这样的重力对计算机而言不存在)，顺着越陡峭的山坡(相当于斜率越大)爬山越能更快地到达山顶(对于函数而言，就是越能快速收敛到极值点)。

把上山换成下山，把爬到山顶换成走到谷底(对应求函数的极小值)，这时与找最陡峭的山坡爬山的方法没有本质区别，只是走的方向相反而已。如果把爬山过程中某点斜率最大的方向称为梯度，那找谷底的方法就可称为梯度下降，示意图为图 7-12。

按照梯度下降方法，一直沿着最陡峭的方向探索着前进。如果把直接让损失函数的导数等于 0 来求最小值看作一种相对宏观的做法，那么梯度下降就是站在微观的角度，根据当前的状况调整参数值，通过多次迭代求得最低点。

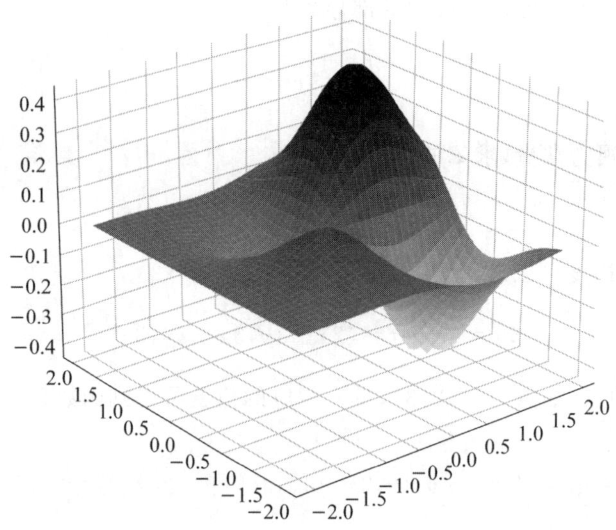

图 7-12　梯度下降求极小值

机器学习中的“学习”的内涵就体现在梯度下降的思想中，大名鼎鼎的 AlphaGo 也是这么“学习”得到的。“学习”的本质在于性能的提升，机器的性能在使用了梯度下降方法后可以得到很大程度的提升，所以，从这个意义上讲，它就是“学习”。

当然，梯度下降方法也存在缺陷，从图 7-12 中不难看出，梯度下降很容易收敛到局部最小值。就像爬山时，总会有“一山还比一山高”的情况，寻找谷底时，也会有“一谷还比一谷低”的情况。但在搜寻的过程中，当前的眼界很难让人有全局观，因为我们都没有“上帝视角”。就算存在这样的限制，在工程实践中还是有很多出色的案例应用，这就好像虽然在量子领域牛顿力学的解释很有限，但并不影响它在宏观世界中指导我们的生活。

根据之前的分析可知，神经网络的训练需要借助于损失函数，损失函数的最小值的求解就可以使用梯度下降方法。

下面介绍使用随机梯度下降法(Stochastic Gradient Descent，SGD)求解极小值的过程：随机位于函数上的某一点朝着比较陡的方向前进，通过多次迭代找到最低点，如图 7-13 所示。

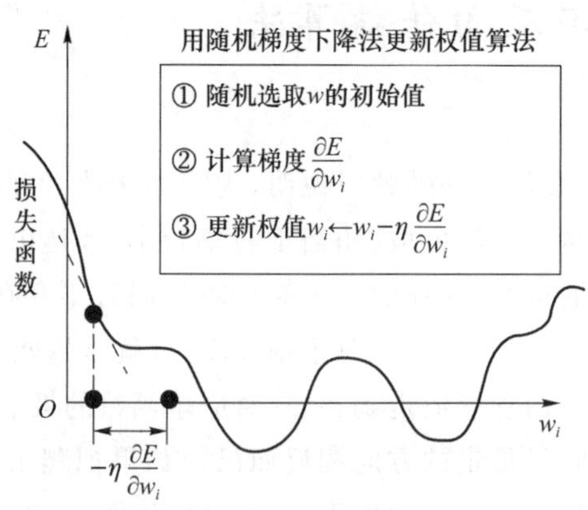

图 7-13　用随机梯度下降法更新网络权值

图 7-13 中决定梯度下降搜索步长的参数 η 称作学习率，它不能过大也不能过小。如果学习率过大，容易在极值点附近振荡，难以收敛；如果学习率过小，函数收敛太慢。因此，学习率

的大小需要根据情况调整。

在图 7-14 所示的示例中，假设 D 是最小值点，当参数 w_i 位于最小值点的右边，计算出来的斜率 $\Delta=\frac{\partial E}{\partial w_i}$ 是正的，根据由图 7-14 得出的更新公式，参数 w_i 的值会减少；反之，当参数 w_i 位于最小值点的左边，那么计算出来的斜率 $\Delta=\frac{\partial E}{\partial w_i}$ 是负的，根据图 7-14 所示的更新公式，w_i 的值会增加。由于曲线在越接近最小值点处越平缓，斜率的绝对值越小，所以在参数 w_i 逐渐靠近最低点时，参数每次更新的步长会越来越小，最终在最低点处收敛。

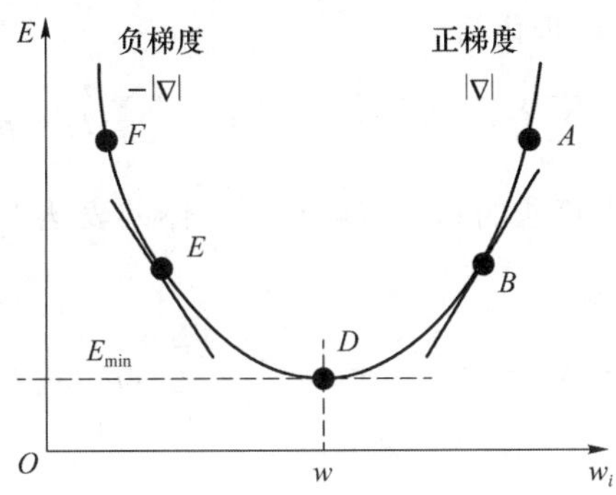

图 7-14　正、负梯度示意

图 7-14 只是单个权值变量 w_i 根据梯度下降法更新的示意图，实际情况中，神经网络中包含非常多的权值参数，损失函数 E 对整个权值向量 $\boldsymbol{w}$ 的梯度如下：

$$\nabla E(\boldsymbol{w})\equiv\left(\frac{\partial E}{\partial w_0},\frac{\partial E}{\partial w_2},\cdots,\frac{\partial E}{\partial w_n}\right) \tag{7-19}$$

此处损失函数 E 的梯度 $\nabla E(\vec{w})$ 本身也是一个向量，它在各个维度上的值分别由损失函数 E 对各个权值参数 w_i 求偏导而来。当梯度被认为是权值向量空间中的一个向量时，它就确定了损失函数下降最快的方向，如此梯度下降的训练规则如下：

$$w_i \leftarrow w_i+\Delta w_i \tag{7-20}$$

其中，

$$\Delta w_i=-\eta\frac{\partial E}{\partial w_i}$$

这里用负号来代表梯度 $\frac{\partial E}{\partial w_i}$ 的反方向，η 就是之前提到的学习率。如此一来，权值向量 $\boldsymbol{w}$ 中的每一个分量 w_i 的更新就可以根据梯度下降最快的方向按照 $\frac{\partial E}{\partial w_i}$ 的比例来实现。

如果更新权值的方式需要按照图 7-14 所示的算法来，重复计算每一个 w_i 的梯度需要一个更加实用的方法。所幸这个过程并不复杂，对于每个权值分量 w_i，更加简明的计算公式可以通过如下简易的数学推导得到：

$$\frac{\partial E}{\partial w_i}=\frac{\partial}{\partial w_i}\frac{1}{2}\sum_{d\in D}(t_d-o_d)^2=\frac{1}{2}\sum_{d\in D}\frac{\partial}{\partial w_i}(t_d-o_d)^2$$

$$= \frac{1}{2}\sum_{d\in D}2(t_d - o_d)\frac{\partial}{\partial w_i}(t_d - \boldsymbol{w}^{\mathrm{T}}\cdot \boldsymbol{x})$$

$$= \sum_{d\in D}(t_d - o_d)\frac{\partial}{\partial w_i}(t_d - \boldsymbol{w}^{\mathrm{T}}\cdot \boldsymbol{x}) \tag{7-21}$$

对于确定的训练集合，第 d 个样本的实际输出 o_d 和预期输出 t_d 都是确定了的常数，在求权值分量 w_i 的偏导的时候，可以保留的只有变量 w_i 的系数，其他的在求偏导时都可以忽略掉。此外，注意到

$$\boldsymbol{w}^{\mathrm{T}}\cdot \boldsymbol{x}_d = w_0x_{d0} + w_1x_{d1} + \cdots + w_ix_{di} + \cdots + w_nx_{dn} \tag{7-22}$$

因此，可将式(7-21)做进一步化简：

$$\frac{\partial E}{\partial w_i} = \sum_{d\in D}(t_d - o_d)(-x_{id}) = -\sum_{d\in D}(t_d - o_d)x_{id} \tag{7-23}$$

基于式(7-23)，图 7-13 中算法的第②步就有更具体的表达方式了，基于梯度下降的权值更新规则如下：

$$w_i \leftarrow w_i - \eta\frac{\partial E}{\partial w_i} = w_i + \eta\sum_{d\in D}(t_d - o_d)x_{id} \tag{7-24}$$

2）反向传播算法

Paul J. Werbos 博士在 1970 年代就提出了反向传播算法，但是反向传播算法比传统方法能更快地计算神经网络中各层参数的梯度是在 1986 年 David Rumelhart、Geoffrey Hinton 和 Ronald Williams 发表的论文中才有说明，这也解决了逐一求参数偏导效率低下的难题，使得原来不能解决的问题也可以用神经网络处理。

如何使反向传播算法能够快速地计算神经网络中各层参数的梯度呢？在用反向传播算法求参数的梯度之前，先来回忆一下前向传播过程：

$$\begin{aligned} \boldsymbol{z}^l &= \boldsymbol{W}^l\cdot \boldsymbol{a}^{l-1} + \boldsymbol{b}^l \\ \boldsymbol{a}^l &= f^l(\boldsymbol{z}^l) \end{aligned} \tag{7-25}$$

可由链式法则求出式(7-25)中权重 $\boldsymbol{W}$ 与偏置 $\boldsymbol{b}$ 的偏导数：

$$\begin{aligned} \frac{\partial \mathrm{loss}}{\partial w_{jk}^l} &= \frac{\partial \mathrm{loss}}{\partial z_j^l}\frac{\partial z_j^l}{\partial w_{jk}^l} \\ \frac{\partial \mathrm{loss}}{\partial b_j^l} &= \frac{\partial \mathrm{loss}}{\partial z_j^l}\frac{\partial z_j^l}{\partial b_j^l} \end{aligned} \tag{7-26}$$

可见损失公共项$\frac{\partial \mathrm{loss}}{\partial z_j^l}$在对权重 w_{jk}^l 与偏置 b_j^l 求得的偏导数中都有，定义误差项是损失关于神经元净输入的偏导数：

$$\delta_j^l = \frac{\partial \mathrm{loss}}{\partial z_j^l} \tag{7-27}$$

在反向传播过程中，将计算得到的 δ_j^l 分别与$\frac{\partial z_j^l}{\partial w_{jk}^l}$、$\frac{\partial z_j^l}{\partial b_j^l}$相乘，就能够获得损失函数对权重 w_{jk}^l 与偏置 z_j^l 的偏导数。

其中，

$$\frac{\partial z_j^l}{\partial w_{jk}^l} = \frac{\partial\left(\sum_k w_{jk}^l a_k^{l-1} + b_j^l\right)}{\partial w_{jk}^l} = a_k^{l-1}$$

$$\frac{\partial z_j^l}{\partial b_j^l} = \frac{\partial\left(\sum_k w_{jk}^l a_k^{l-1} + b_j^l\right)}{\partial b_j^l} = 1 \tag{7-28}$$

$$\delta_j^l = \frac{\partial \text{loss}}{\partial z_j^l} = \sum_k \frac{\partial \text{loss}}{\partial z_k^{l+1}} \cdot \frac{\partial z_k^{l+1}}{\partial z_j^l} = \sum_k \delta_k^{l+1} \cdot \frac{\partial z_k^{l+1}}{\partial z_j^l}$$

而 $z_k^{l+1} = \sum_j w_{kj}^{l+1} f(z_j^l) + b_k^{l+1}$，两边同时微分可得

$$\frac{\partial z_k^{l+1}}{\partial a_j^l} = w_{kj}^{l+1} \cdot f'(z_j^l) \tag{7-29}$$

将式(7-29)代入 δ_j^l 可得

$$\delta_j^l = \sum_k \delta_k^{l+1} \cdot \frac{\partial z_k^{l+1}}{\partial z_j^l} w_{kj}^{l+1} f'(z_j^l) \tag{7-30}$$

可见第 $l+1$ 层的误差 δ^{l+1} 参与到了第 l 层的误差项 δ^l 的计算中，这与神经网络前向传播的预测结果时正好相反，所以称为反向传播。计算 δ^l 时需要从神经网络的最后一层开始计算，逐渐计算到第一层，输出层 δ_j^L 的梯度还和最后的损失函数有关，计算方法有所不同，如下所示：

$$\delta_j^L = \frac{\partial \text{loss}}{\partial z_j^L} = \frac{\partial \text{loss}}{\partial a_j^L} \cdot \frac{\partial a_j^L}{\partial z_j^L} = \frac{\partial \text{loss}(\hat{y}_i, y_i)}{\partial a_j^L} \cdot f'(z_j^L) \tag{7-31}$$

依据上述公式，可以获得从 L 层开始，利用反向传播算法逐层计算各层权重 w_{jk}^l 与偏置 b_j^l 的梯度的 4 个关键方程：

$$\delta_j^L = \frac{\partial \text{loss}(\hat{y}_i, y_i)}{\partial a_j^L} \cdot f'(z_j^L)$$

$$\delta_j^l = \sum_k \delta_k^{l+1} \cdot \frac{\partial z_k^{l+1}}{\partial z_j^l} w_{kj}^{l+1} f'(z_j^l)$$

$$\frac{\partial \text{loss}}{\partial w'_{jk}} = a_k^{l-1} \delta_j^l$$

$$\frac{\partial \text{loss}}{\partial b_j^l} = \delta_j^l$$

用向量的形式重写上述 4 个关键方程，可得

$$\delta^L = \nabla_a L \odot f'(\boldsymbol{z}^L)$$

$$\delta^l = ((\boldsymbol{W}^{l+1})^{\mathrm{T}} \delta^{l+1}) \odot f'(\boldsymbol{z}^l)$$

$$\frac{\partial L}{\partial \boldsymbol{W}^l} = \delta^l (\boldsymbol{a}^{l-1})^{\mathrm{T}}$$

$$\frac{\partial L}{\partial \boldsymbol{b}^l} = \delta^l$$

其中⊙表示点乘运算，代表两个向量中对应位置的元素相乘。

反向传播算法的具体步骤可以根据反向传播的公式给出。

① 前向传播：输入 $\boldsymbol{x}$，根据 $z^l = \boldsymbol{W}^l \cdot \boldsymbol{a}^{l-1} + \boldsymbol{b}^l$ 和 $\boldsymbol{a}^l = f(z^l)$ 得到每层的净输入与激活值。

② 计算误差项：第 L 层误差项的计算公式为 $\delta^L = \nabla_a L \odot f'(z^L)$，根据反向传播得到每一层误差项的计算公式为 $\delta^l = ((\boldsymbol{W}^{l+1})^{\mathrm{T}} \delta^{l+1}) \odot f'(\boldsymbol{z}^L)$。

③ 计算每一层权重的偏导$\frac{\partial L}{\partial \boldsymbol{W}^l}=\delta^l(\boldsymbol{a}^{l-1})^{\mathrm{T}}$和偏置的偏导$\frac{\partial L}{\partial \boldsymbol{b}^l}=\delta^l$,并更新参数。

反向传播算法负责在梯度下降的每次迭代中计算参数的梯度,是梯度下降算法中的重要一环,可以提高神经网络的训练效率。反向传播算法的效率为什么高呢?首先来看一下传统的梯度计算方法,以权重为例,可以将神经网络看作权重w_{jk}^l的函数$\varphi(w_{jk}^l)$,对于权重w_{jk}^l的偏导数可使用如下方法近似得到:

$$\frac{\partial \varphi}{\partial w_{jk}^l}=\frac{\varphi(w_{jk}^l+\varepsilon)-\varphi(w_{jk}^l)}{\varepsilon} \tag{7-32}$$

其中ε是一个较小的正实数。式(7-32)看似简单,需要注意,$\varphi(w_{jk}^l+\varepsilon)$在对每一个参数$w_{jk}^l$求偏导时都需要计算一次,也就是进行一次前向传播,若是神经网络中存在几百万个参数,那便要进行几百万次的前向传播,这样的话计算开销太大了。基于链式法则的反向传播算法合并了很多重复的计算,所有参数的梯度只需要运行一次前向传播和一次反向传播就可以计算得到,尽管公式看起来比式(7-32)要复杂,但是计算梯度的速度得到了极大的提升。

第8章

卷积神经网络

8.1 卷积神经网络的基本概念

卷积神经网络基础

8.1.1 卷积神经网络概述

卷积神经网络(Convolutional Neural Network, CNN)是一种具有局部连接、权重共享等特性的前馈神经网络。卷积神经网络模仿了生物的感受野(Receptive Field)机制,即神经元只接受其所支配的刺激区域内的信号,例如,人类视网膜上的光感受器神经元受刺激兴奋时,只有大脑视觉皮层中特定区域的神经元才会接受这些神经冲动信号。卷积神经网络的人工神经元响应一部分覆盖范围内的对应单元,其隐藏层内的卷积核参数共享和层间连接的相对稀疏性,使得卷积神经网络能够以较小的计算量应对具有格点化(Grid-like Topology)特征的数据处理,在图像处理与语音识别等方面有大量的应用。

我们知道,所谓动物的"高级"特性,其表象体现在行为方式上。而更深层动物的"高级"特性会体现在大脑皮层的进化上。1968 年,神经生物学家大卫·休伯尔(David Hunter Hubel)与托斯坦·威泽尔(Torsten Nils Wiesel)在研究动物(先后以猫和人类的近亲——猴子为实验对象)的视觉信息处理时,发现两个重要而有趣的现象。

① 对于视觉的编码,动物大脑皮层的神经元实际上是存在局部感受域的,具体来说,它们是局部敏感的,且具有方向选择性(论文如图 8-1 所示)。

② 动物大脑皮层是分级、分层处理信息的。在大脑的初级视觉皮层中存在几种细胞:简单细胞(Simple Cell)、复杂细胞(Complex Cell)和超复杂细胞(Hyper-complex Cell)。这些不同类型的细胞承担着不同抽象层次的视觉感知功能。

这些重要的生理学发现,使得休伯尔与威泽尔二人获得了 1981 年的诺贝尔医学奖。其科学发现的意义并不仅局限于生理学,它也间接促成了人工智能在几十年后的突破性发展。

休伯尔等人的研究成果意义重大,它对人工智能的启发意义在于,人工神经网络的设计可以不必考虑使用神经元的"全连接"模式。如此一来,可以极大降低人工神经网络的复杂性。

J. Physiol. (1968), **195**, *pp.* 215–243 215
With 3 plates and 14 text-figures
Printed in Great Britain

RECEPTIVE FIELDS AND FUNCTIONAL ARCHITECTURE OF MONKEY STRIATE CORTEX

BY D. H. HUBEL AND T. N. WIESEL
From the Department of Physiology, Harvard Medical School, Boston, Mass., U.S.A.

(*Received* 6 *October* 1967)

SUMMARY

1. The striate cortex was studied in lightly anaesthetized macaque and spider monkeys by recording extracellularly from single units and stimulating the retinas with spots or patterns of light. Most cells can be categorized as simple, complex, or hypercomplex, with response properties very similar to those previously described in the cat. On the average, however, receptive fields are smaller, and there is a greater sensitivity to changes in stimulus orientation. A small proportion of the cells are colour coded.

图 8-1 休伯尔与威泽尔的经典论文

受到感受野等理念的启发，1980 年日本学者福岛邦彦（Fukushima）提出了神经认知机（Neocognitron，亦译为“新识别机”）模型，这是一个使用无监督学习训练的神经网络模型，其实也就是卷积神经网络的雏形，如图 8-2 所示。从图中可以看到，神经认知机借鉴了休伯尔等人提出的视觉可视区分层和高级区关联等理念。

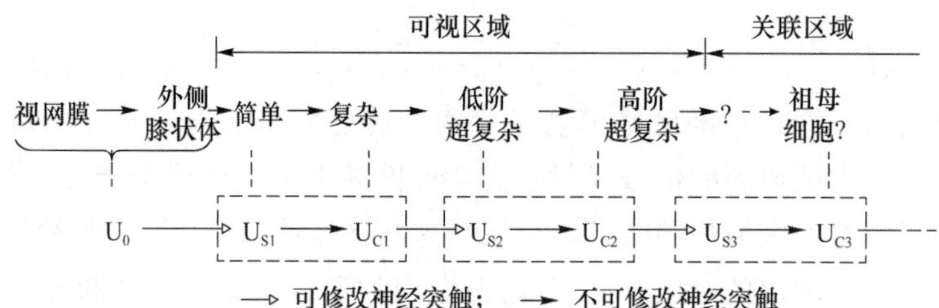

(a) 休伯尔与威泽尔的层级模型和神经认知机之间的对应关系

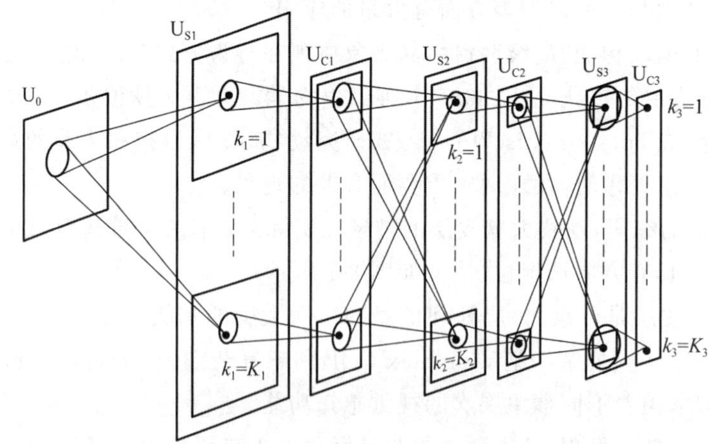

(b) 神经认知机中示意各层之间联系的原理图

图 8-2 神经认知机的结构

此后，很多计算机科学家先后对神经认知机做了深入研究和改进，但效果并不尽如人意。直到 1990 年，在 AT&T 贝尔实验室工作的 Yann LeCun 等人，把有监督的反向传播算法应用于福岛邦彦提出的架构中，从而奠定了现代 CNN 的结构基础。

8.1.2 局部连接与权值共享

卷积神经网络可以说是一种受生物学启发的多层感知器（Multilayer Perceptron，MLP）的变种。感受野机制使得卷积神经网络中的神经元共享权重，而不像 MLP 中的每个神经元对每个神经元都有一个单独的权重向量。这种权重的共享最终减少了可训练权重的总数，从而引入了稀疏性。

对于一个 1 000×1 000 的输入图像而言，如果下一个隐藏层的神经元数目为 10^6 个，采用全连接则有 $1\,000\times1\,000\times10^6 = 10^{12}$ 个权值参数，如此巨大数目的参数非常难以训练。如果采用局部连接，隐藏层的每个神经元仅与图像中 10×10 的局部图像相连接，那么此时的权值参数数量为 $10\times10\times10^6=10^8$，这将直接减少 4 个数量级。

尽管减少了几个数量级，但参数数量依然较多。寻求进一步减少的方法就是权值共享。在局部连接中，隐藏层的每一个神经元连接的是一个 10×10 的局部图像，因此有 10×10 个权值参数，将这 10×10 个权值参数共享给剩下的神经元，也就是说，隐藏层中 10^6 个神经元的权值参数相同，那么此时不管隐藏层神经元的数目是多少，需要训练的参数就是这 10×10 个权值参数〔也就是卷积核（也称滤波器）的大小〕。

全连接、局部连接和权值共享简化的示意图如图 8-3 所示，对于 3×3 的输入图像，利用全连接时，如果隐藏神经元数量是 4 个，则对应的权值参数是 36 个；利用局部连接后，每个神经元只有 2×2 的局部连接，参数变为 16 个；利用权值共享后，所有 2×2 局部连接所对应的权值参数都是一致的，参数变为 4 个。

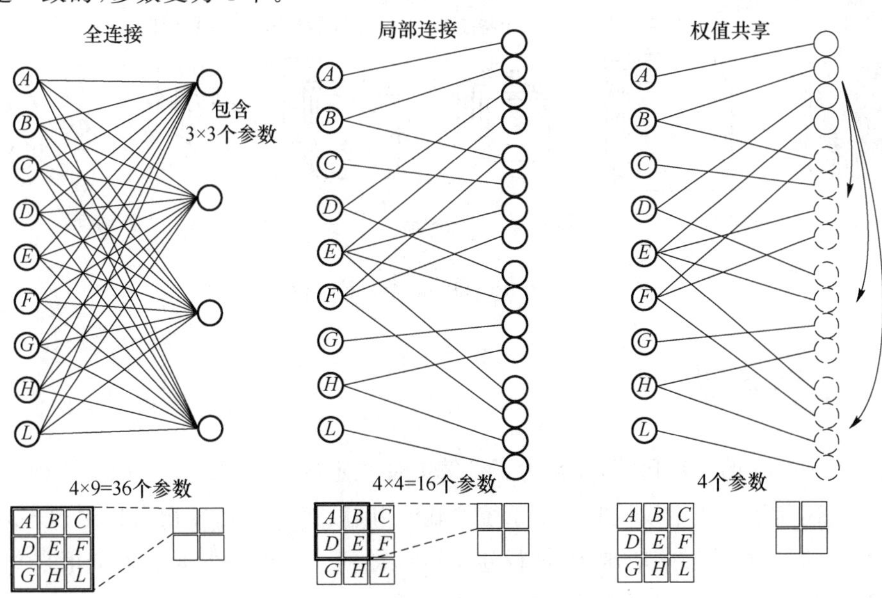

图 8-3 全连接、局部连接和权值共享

8.1.3 CNN的基本结构

卷积神经网络主要由卷积层(Convolutional Layer)、池化层(Pooling Layer)和全连接层(Full Connected Layer)3 种网络层构成,在卷积层与全连接层后通常会接激活函数,图 8-4 中将前馈神经网络〔如图 8-4(a)所示〕和卷积神经网络〔如图 8-4(b)所示〕进行了结构对比,与之前介绍的前馈神经网络一样,卷积神经网络也可以像搭积木一样通过不同的层来组装。

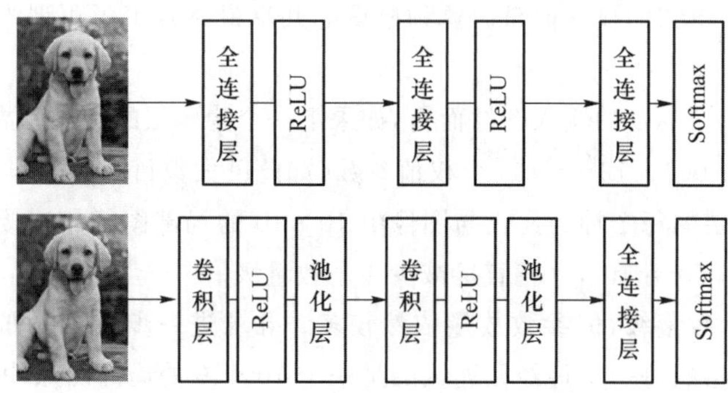

图 8-4　前馈神经网络和卷积神经网络的结构对比

卷积神经网络增加了卷积层和池化层,卷积层和池化层将在后文中详细介绍,这里我们暂且不管卷积层和池化层的具体操作,先理解成"全连接层+ReLU 层"组合被"卷积层+ReLU 层+池化层"组合代替(特殊情况下池化层可以省略),这种组合方式决定了卷积神经网络的 3 个重要特性:局部感知、权重共享和子采样。在卷积神经网络中,输入/输出数据被称为特征图(Feature Map)。图 8-5 中给出一个简单的用于猫与狗分类的卷积神经网络。

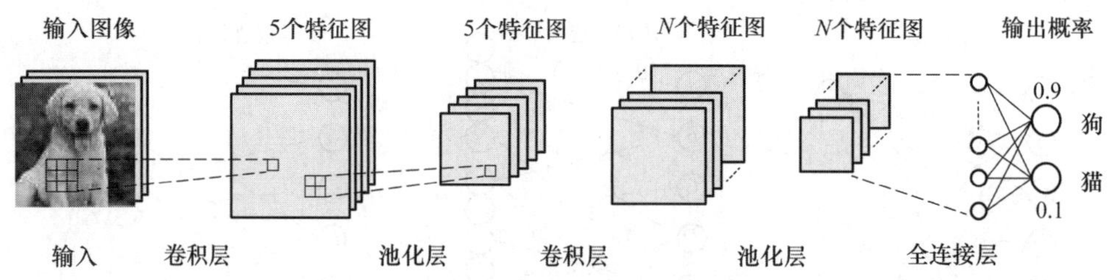

图 8-5　区分猫和够的卷积神经网络

8.1.4 卷积运算

卷积是人为定义的一种运算,就是为了计算方便规定的一种算法。卷积是一种积分运算,它可以用来描述信号系统中线性时不变系统的输入和输出关系,即输出可以通过输入和一个表征系统特性的函数(冲激响应函数)进行卷积运算得到。卷积在数据处理中用来平滑,卷积具有平滑效应和展宽效应,实质上是对信号进行滤波。

如果用一个通俗的例子来解释卷积运算的话,假设我们正在使用激光传感器追踪一艘宇宙飞船的位置。激光传感器会根据时刻 t，给出一个输出 $x(t)$，表示宇宙飞船在时刻 t 的位置。由于我们的传感器可能受到一定程度的噪声干扰，为了得到飞船位置的低噪声估计，我们对得到的测量结果进行平滑处理。显然，时间上越接近的测量结果越相关，所以我们采用一种加权平均的方法，对于最近的测量结果赋予更高的权重。如果我们对任意时刻都采用这种加权平均的操作，就得到了一个新的对于飞船位置的平滑估计函数 s：

$$s(t) = \int x(a)w(t-a)\mathrm{d}a \tag{8-1}$$

这种运算就叫作卷积(Convolution)，其中的 w 表示加权函数。卷积运算通常用“ * ”来表示：

$$s(t)=(x*w)(t) \tag{8-2}$$

在这个例子中，w 必须是一个有效的概率密度函数，否则输出就不再是一个加权平均。通常，卷积被定义在满足上述积分式的任意函数上，并且更多地被用于加权平均以外的目的。

在卷积网络的术语中，卷积的第一个参数(在这个例子中的函数 x)通常叫作输入(Input)，第二个参数(函数 w)叫作核函数(Kernel Function)，输出有时被称为特征图(Feature Map)。在本例中，激光传感器在每刻实时反馈测量结果的想法是不切实际的。一般来讲，当我们用计算机处理数据时，时间会被离散化，传感器会定期地反馈数据。所以在我们的例子中，假设传感器每隔一定时间间隔反馈一次测量结果是比较现实的。这样，如果间隔定义为 1 秒，则时刻 t 只能取整数值。如果假决 x 和 w 都定义在整数时刻上，就可以定义离散形式的卷积：

$$s(t) = (x*w)(t) = \sum_{a=-\infty}^{\infty} x(a)w(t-a) \tag{8-3}$$

扩展一下如上的离散卷积概念，它会应用到多维的情况中。首先是二维空间，如果把一个二维数组 I 作为输入，我们会使用一个二维的核函数 K，这正是我们在处理二维图像时常用到的，于是有

$$O(i,j) = (I*K)(i,j) = \sum_m \sum_n I(m,n)K(i-m,j-n) \tag{8-4}$$

卷积具有可交换(Commutative)的性质，我们可以等价地记为

$$O(i,j) = (K*I)(i,j) = \sum_m \sum_n I(i-m,j-n)K(m,n) \tag{8-5}$$

通常，式(8-5)在机器学习库中的实现更为简单，这是由于 m 和 n 的有效取值范围相对较小。

与传统的卷积运算相比，我们在卷积神经网络中所使用的卷积运算稍有变化，具体可参见图 8-6，图中左侧运算是传统的卷积，而右侧的运算是卷积神经网络中所使用的卷积。二者的卷积核是 180°翻转(Flip)的关系，尽管(i,j)位置也有偏移，但并不影响最后的结果。卷积神经网络中的卷积表达如下：

$$O(i,j) = (I*K)(i,j) = \sum_m \sum_n I(i+m,j+n)K(m,n) \tag{8-6}$$

这种卷积运算实际上实现的是一种互相关函数(Cross-correlation)。至于卷积核是否要进行翻转，就是由具体的运算方式决定的。

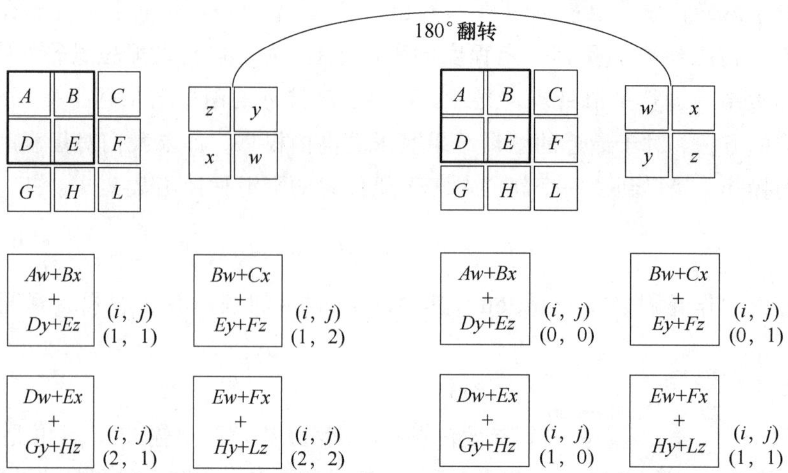

图 8-6　二维卷积例子

卷积运算可以提供一些跳跃性，实现方式是设置步长(Stride)，步长表示卷积核在输入图上每次运算所跳跃的步幅。图 8-7(a)展示的例子就是步长为 1 的情况，4×4 的输入图经过 2×2 卷积核的运算，得到 3×3 的输出图。我们通过图 8-7(b)来看步长不为 1 的情况，图 8-7(b)中设置的步长为 2，4×4 的输入图经过 2×2 卷积核的运算，得到 2×2 的输出图。注意，步长在输入图的横向和纵向上都是适用的。

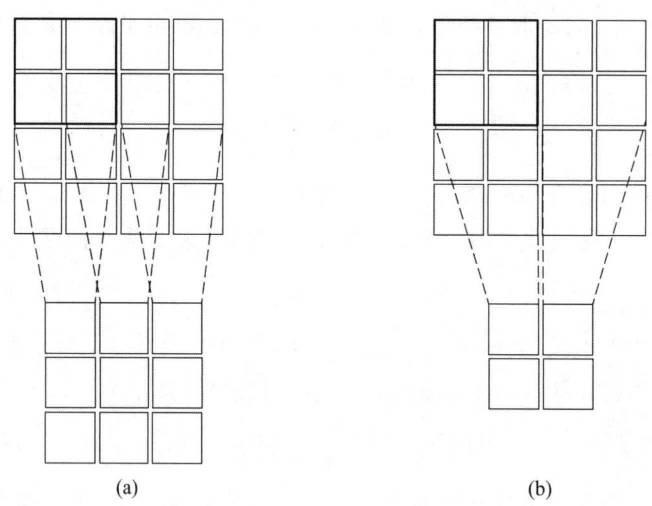

图 8-7　步长设置

于是，增加了步长的卷积运算表达如下：

$$O(i,j) = (I * K)(i,j) = \sum_{m} \sum_{n} I(si + m, sj + n) K(m,n) \tag{8-7}$$

另外，在卷积运算中，有时为保持输入图的边缘特性，还会涉及填充(Padding)的操作，通常在边缘以外的虚拟位置上填“0”。

对于有多个输入、输出通道的情况，如图 8-8 所示，卷积核的数量与输入的通道数和输出的通道数都有一定关系。卷积层的输出通道数等于该层卷积核的数量(组数 D)，而输入通道数等于每组卷积核的子卷积核数(C)。当然,为了简单起见,图 8-8 中简化了偏置参数部分,每组卷积核都会有对应的偏置参数。某个输出通道 v(对应的卷积核为 K_v)的具体计算过程如下:

$$O(v,i,j) = \sum_{l=1}^{C}\sum_{m=0}^{S-1}\sum_{n=0}^{T-1} I(l, si+m, sj+n)\, K_v(l,m,n) + B(v) \tag{8-8}$$

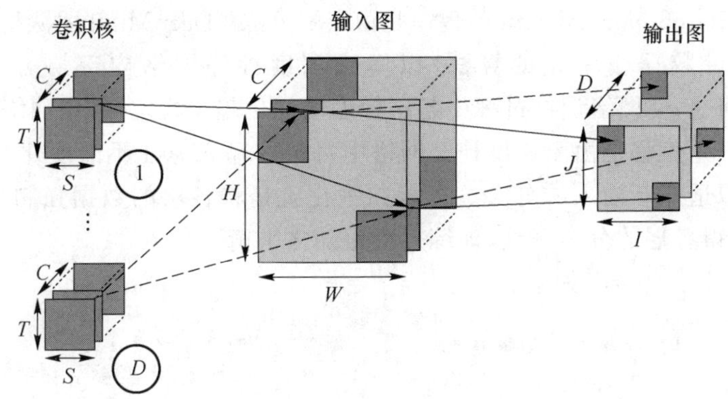

图 8-8 输入输出多通道卷积示意

8.1.5 池化操作

池化层(Pooling Layer)也叫子采样层(Subsampling Layer),该层的作用是对网络中的特征进行选择,降低特征数量,从而减少参数数量和计算开销。池化操作独立地作用在特征图的每个通道上,减少了所有特征图的尺寸。如图 8-9 所示,一个滑窗大小为 2×2,步长为 2 的池化操作,将(3,224,224)的特征图池化为(3,112,112)的特征图。池化层降低了特征图的宽度和高度,也能起到防止过拟合的作用。

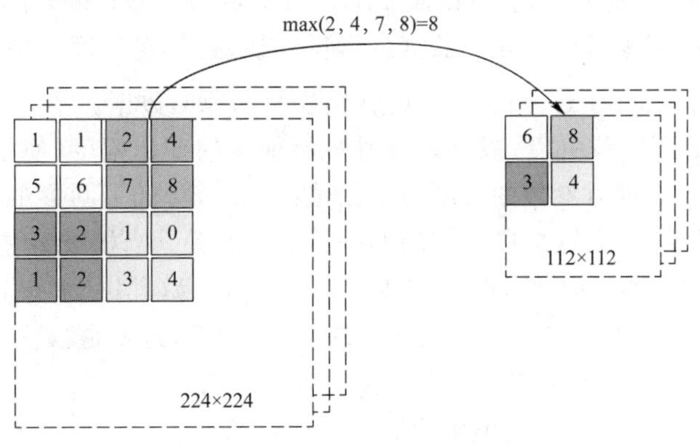

图 8-9 池化操作(最大池化)

设输入特征图为 $X \in \mathbf{R}^{C\times H\times W}$,输出特征图为 $Y \in \mathbf{R}^{C\times OH\times OW}$,每一个通道上特征图的池化(Pooling)是指将特定大小($S\times T$)滑窗中所有的值下采样(Downsampling)到一个值。最常见的池化操作为最大池化(MaxPooling),池化时取滑窗内所有神经元的最大值,其表达式为

$$y_{i,j} = \max_{u\in[1,S],\,v\in[1,T]} \{x_{i+u-1,j+v-1}\} \tag{8-9}$$

还有一种较为常用的池化操作为平均池化(AveragePooling),池化时取滑窗内所有神经

元的平均值,可写作

$$y_{i,j}=\underset{u\in[1,S],v\in[1,T]}{\text{average}}\{x_{i+u-1,j+v-1}\} \tag{8-10}$$

8.1.6 归一化

批量归一化(Batch Normalization,BN)是由 Google 的 DeepMind 团队提出的在深度网络各层之间进行批量数据归一化的算法,以解决深度神经网络内部协方差偏移(Internal Covariate Shift)问题,使网络训练过程中各层梯度的变化趋于稳定,并使网络在训练时能更快地收敛。内部协方差偏移是由于深度神经网络中每层的输入总在不断变化,这导致每层的参数需要不断更新以适应新输入的分布。批量归一化就是将各层的数据强制拉回均值为 0、方差为 1 的分布,使得各层的分布一致,训练过程也随之平衡。

BN 算法的基本实现步骤如下。

输入:每个 Mini-Batch 中输入 x 的值 $B=\{x_{1\cdots m}\}$,需要学习的参数 γ、β。

输出:BN 结果 $\{y_i=\text{BN}_{\gamma,\beta}(x_i)\}$。

$\mu_B \leftarrow \frac{1}{m}\sum_{i=1}^{m}x_i$　　// 计算批量数据的均值

$\sigma_B^2 \leftarrow \frac{1}{m}\sum_{i=1}^{m}(x_i-\mu_B)^2$　　// 计算批量数据的方差

$\hat{x}_i \leftarrow \frac{x_i-\mu_B}{\sqrt{\sigma_B^2+\varepsilon}}$　　// 归一化数据,ε 是很小的常数

$y_i=\gamma\hat{x}_i+\beta\equiv \text{BN}_{\gamma,\beta}(x_i)$　　// 缩放和平移

BN 算法总体可以分为两个过程:第一个过程是对数据进行批量归一化,这是为了使分布保持一致;第二个过程是对批量归一化后的数据进行一定的缩放和平移,执行这一步是因为批量归一化时神经元的激活值是均值为 0、方差为 1 的正态分布,此时一些激活函数(如 sigmoid)的输出数据分布发生变化,所以需要增加两个调节参数(缩放 γ 和平移 β),这两个参数是通过学习得到的,用来对归一化的数据进行反变换,这一定程度上提高了网络表达能力。当 $\gamma=\sqrt{\sigma_B^2+\varepsilon}$,$\beta=\mu_B$ 时,$y_i=x_i$,归一化后的数据恢复为原始数据。

此外 BN 的作用还体现在能够减少训练时每层梯度的变化幅度,使梯度稳定在比较合适的变化范围内,减少了梯度对参数的尺度与初始值的依赖,降低了调参难度。BN 可以使网络在训练时使用更大的学习率,这与归一化的伸缩不变性有关。当权重 W 按照常量 λ 进行伸缩时,得到的归一化后的值保持不变,即 $\text{BN}(W'x)=\text{BN}(Wx)$,其中 $W'=\lambda W$。这是因为,当权重 W 伸缩时,对应的均值和标准差均等比例伸缩,两者相抵,这就是权重伸缩不变性。

权重伸缩不变性可以有效地提高反向传播的效率。由于

$$\frac{\partial \text{BN}(W'x)}{\partial x}=\frac{\partial \text{BN}(Wx)}{\partial x} \tag{8-11}$$

因此,权重的伸缩变化不会影响反向梯度的 Jacobian 矩阵,因此也就对反向传播没有影响,避免了反向传播时因为权重过大或过小导致的梯度消失或梯度爆炸问题,从而加速了神经网络的训练。

权重伸缩不变性还具有参数正则化的效果,可以使用更高的学习率。由于

$$\frac{\partial \text{BN}(W'x)}{\partial W'}=\frac{1}{\lambda}\frac{\partial \text{BN}(Wx)}{\partial W} \tag{8-12}$$

因此，权重值越大，其梯度就越小。这样，参数的变化就越稳定，相当于实现了参数正则化的效果，避免了参数的大幅震荡，提高了网络的泛化性能。

BN在训练与推断时关于均值与方差的计算是有区别的。BN在训练时可根据Mini-Batch里的数据统计均值和方差，但在推断过程中，我们希望输出仅与输入相关，并且输入就只有一个实例，无法计算Mini-Batch的均值和方差，因此可以用从全体训练样本中获得的统计量来代替Mini-Batch里面样本的均值和方差统计量。全局的均值和方差可以通过各Mini-Batch的均值和方差来估计。

$$E[x] \leftarrow E_B[\mu_B] \tag{8-13}$$

$$\mathrm{Var}[x] \leftarrow \frac{m}{m-1} E_B[\sigma_B^2] \tag{8-14}$$

在实际使用中，BN算法一般作为独立的层灵活地镶嵌在深度神经网络的各层之间，在与卷积层结合时，一般位于卷积层与激活函数之间。BN算法的效果显著，在先进的卷积神经网络架构中广泛使用，本章后续小节中将有详细介绍。

然而BN算法也存在一些问题：①受限于Batch Size的大小，当Batch Size太小时作用不明显；②对RNN等动态网络作用不大；③训练时和推断时统计量不一致。针对BN算法的这些问题，研究者们相继提出了层归一化(Layer Normalization)、实例归一化(Instance Normalization)和组归一化(Group Normalization)等解决方案。

层归一化通过在单个训练样本中计算一层中所有神经元的响应的平均值与方差，然后对这些响应进行归一化操作。这样的层归一化在训练和测试时执行完全相同的计算，不存在统计量不一致的问题。并且层归一化在每个时间步骤中分别计算归一化统计量，这也更适用于循环神经网络等动态结构，在稳定循环网络中的隐藏状态方面非常有效。

实例归一化进一步缩小了归一化统计量的计算范围，在CNN中对一层特征的某一通道计算平均值与方差，然后对此通道的特征进化归一化操作，重复操作直到此层所有通道完成归一化。组归一化作为层归一化和实例归一化的折中方案，在CNN中对一层特征图在通道维度进行分组。计算组内所有特征的均值与方差，然后对此组特征进行归一化操作，重复直到所有组完成归一化操作。

组归一化在批量大小(Batch Size)比较小时的作用比BN明显，在COCO数据集上的目标检测与Kineties数据集上的视频分类等应用中也取得了优于BN的效果。

图8-10对以上归一化方法的计算进行总结，将特征图(N, C, H, W)中的H、W展成一维向量以便观察，N为批量大小，图中深色部分表示不同归一化方法计算统计量时所选取的不同特征。

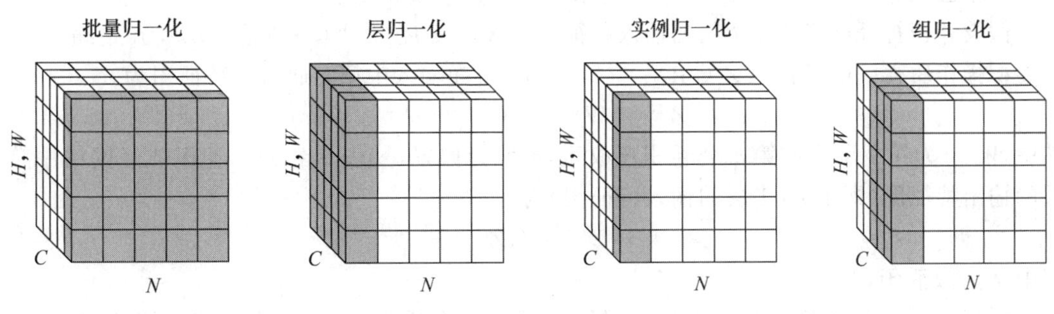

图8-10 归一化方法

8.1.7 参数学习

卷积网络的参数学习和全连接层构成的前馈网络相似，可以通过误差反向传播算法来更新网络的参数。在全连接前馈神经网络中，每层的误差项在网络中反向传播，梯度主要通过每一层的误差项来计算。在卷积神经网络中，需要分别计算卷积层和池化层的误差项，得到误差项后进一步计算参数的梯度，卷积层中参数为卷积核以及偏置，池化层中没有参数，因此只需要更新卷积层中的参数。

如果已知池化层的误差项 δ^{l+1}，如何求上一层误差项 δ^{l} 呢？

在前向传播算法中，一般我们会用最大值函数 MAX 或者平均值函数 Average 对输入进行池化操作，池化时滑窗的位置是已知的。而在反向传播时，需要先把 δ^{l+1} 的所有特征图大小还原成池化之前的大小，然后分配误差。若池化函数使用的是最大值函数 MAX，则把 δ^{l+1} 中特征图的各个值放在池化前最大值的位置。如果是平均值 Average，则把 δ^{l+1} 中特征图的各个值平均分配到所有位置，这个过程一般叫作上采样(Upsampling)，如图 8-11 所示。

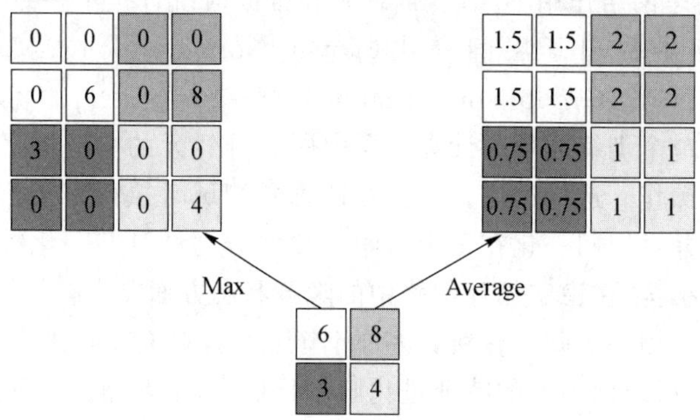

图 8-11　上采样操作

由上，我们得出误差项 δ^{l} 的计算公式(因公式格式需要，$\delta^{(l)}$ 与 δ^{l} 相同)：

$$\delta^{(l)}=\frac{\partial L(W,b)}{\partial \mathbf{Z}^{(l)}}=\text{upsample}\ (\delta^{(l+1)})\odot f'(\mathbf{Z}^{(l)}) \tag{8-15}$$

其中，$\odot$ 表示 Hadamard 乘积，即对应位置元素相乘。现在，池化层中一般不使用激活函数，或者认为 $f(z)=z$，所以误差项 δ^{l} 也可直接写为

$$\delta^{(l)}=\text{upsample}\ (\delta^{(l+1)}) \tag{8-16}$$

如果已知卷积层的误差项 δ^{l+1}，如何求上一层误差项 δ^{l} 呢？

假设卷积神经网络中第 l 层的输入特征图为 $\boldsymbol{X}^{l-1}\in\mathbf{R}^{C\times H\times W}$(一般输入从 0 开始编号)，通过卷积操作后得到的净输入 $\boldsymbol{Z}^{l}\in\mathbf{R}^{KN\times OH\times OW}$，第 l 层净输入中第 c 通道的特征图为

$$\mathbf{Z}^{(l,c)}=W^{(l,c)}\otimes X^{(l-1)}+b^{(l,c)} \tag{8-17}$$

其中，$W^{(l,c)}$ 为第 l 层中的第 c 个卷积核权重，$b^{(l,c)}$ 为偏置，$\otimes$表示卷积。卷积神经网络中第 l 层的输出特征图(即第 $l+1$ 层的输入特征图)为

$$X^{(l)}=f(\mathbf{Z}^{(l)}) \tag{8-18}$$

其中 f 为激活函数。

卷积层中每个卷积核的运算都是一样的，因此以卷积层中的一个卷积核为例，则第 l 层中 c 通道的误差项 $\delta^{(l,c)}$ 为

$$\delta^{(l,c)}=\frac{\partial L(W,b)}{\partial \boldsymbol{Z}^{(l,c)}}=\mathrm{rot}\ 180(W^{(l+1,c)})\otimes\delta^{(l+1)}\odot f'(\boldsymbol{Z}^{(l,c)}) \tag{8-19}$$

可以看到，卷积层对误差项进行了一种"操作"，这种操作可以认为是卷积层中卷积（旋转180°）的转置卷积，即在卷积层中前向传播时的卷积与误差反向传播时的卷积互为转置卷积。与之相似地，全连接层中前向传播时权重矩阵与误差反向传播时的矩阵互为转置矩阵。

由卷积层的误差项 $\delta^{(l,c)}$，可以求出卷积层中权重 $W^{(l,c)}$ 和偏置 $b^{(l,c)}$ 的梯度。

$$\frac{\partial L(W,b)}{\partial W^{(l,c)}}=\frac{\partial L(W,b)}{\partial \boldsymbol{Z}^{(l,c)}}\otimes X^{(l-1)}=\delta^{(l,c)}\otimes X^{(l-1)} \tag{8-20}$$

$$\frac{\partial L(W,b)}{\partial b^{(l,c)}}=\sum_{i,j}\delta_{i,j}^{(l,c)} \tag{8-21}$$

在目前流行的深度学习框架中，卷积层通常通过 im2col 的方式实现，因此在这些实现中卷积层的误差项和梯度计算方式也简化为类似全连接层的误差项与梯度计算方式。

8.2 典型的卷积神经网络

卷积神经网络实验

8.2.1 LeNet

LeNet 是一个非常成功的深度卷积神经网络模型，主要用于手写体数字的识别，应用在银行系统中识别支票上的数字等场景。图 8-12 所示是它的一种典型网络模型 LeNet-5。

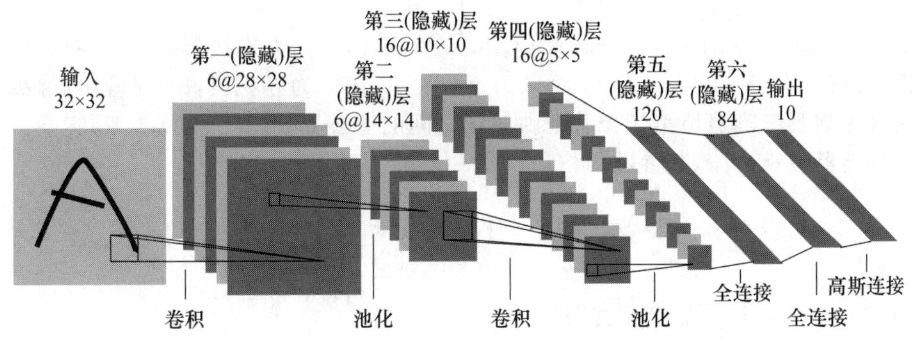

图 8-12 LeNet-5 结构

图 8-12 中展示出输入与输出之间的关系，其中第四隐藏层及之前的层表示特征提取，第五隐藏层及之后的层表示分类器设计，具体的公式为

$$\begin{cases}X=\varphi(\boldsymbol{x},\boldsymbol{W},\boldsymbol{b})\\Y=\mathrm{softmax}\ (X,\theta)\end{cases} \tag{8-22}$$

其中，X 为输入信号 x 的抽象化特征或者层次表示特征，θ 为分类器参数，在此处以目前常用的 softmax 函数来替代高斯连接函数。卷积参数分为卷积核和偏置：

$$\begin{cases}\boldsymbol{W}=(\boldsymbol{W}^1\in\mathbf{R}^{6@1\times5\times5},\boldsymbol{W}^3\in\mathbf{R}^{16@6\times5\times5})\\\boldsymbol{b}=(\boldsymbol{b}^1\in\mathbf{R}^6,\boldsymbol{b}^3\in\mathbf{R}^{16})\end{cases} \tag{8-23}$$

数据集为手写体数据集，分为训练集（共计 10 类，60 000 幅图像）与测试集（共计 10 类，10 000 幅图像），其中训练集与测试集分别记为

$$\begin{cases} \{x_n^{\mathrm{TR}}, y_n^{\mathrm{TR}}\}_{n=1}^{N_{\mathrm{TR}}} \\ \{x_n^{\mathrm{TE}}, y_n^{\mathrm{TE}}\}_{n=1}^{N_{\mathrm{TE}}} \end{cases} \tag{8-24}$$

其中，TR 表示训练，TE 表示测试，输入为 $x_n \in \mathbf{R}^{32\times 32}$，输出为 $y_n \in \{0,1,2,\cdots,9\}$。

注意，第四隐藏层与第五隐藏层之间的全连接理解有两种方式：一是利用卷积的形式计算(卷积参数 $\boldsymbol{W}^5 \in \mathbf{R}^{120@16\times 5\times 5}$)；二是将第四隐藏层展开成向量形式，再与第五隐藏层全连接。另外，隐藏层(池化)与隐藏层(卷积)之间的特征映射图通常需要连接表来建立相应的关系，如第二隐藏层与第三隐藏层、第四隐藏层与第五隐藏层等，图 8-13 给出第二隐藏层与第三隐藏层之间特征映射图的连接关系。

	0	1	2	3	4	5	6	7	8	9	10	11	12	13	14	15
0	X				X	X	X			X	X	X	X		X	X
1	X	X				X	X	X			X	X	X	X		X
2	X	X	X				X	X	X			X		X	X	X
3		X	X	X			X	X	X	X			X		X	X
4			X	X	X			X	X	X	X		X	X		X
5				X	X	X			X	X	X	X		X	X	X

图 8-13 第二隐藏层与第三隐藏层之间特征映射图的连接关系

前 6 个特征映射接收来自 3 个属于相邻子集的特征映射的输入，接下来的 6 个特征映射接收来自 4 个属于相邻子集的特征映射的输入；再接下来的 3 个特征映射从 4 个不连续的子集中获取输入，最后的 1 个特征映射从所有特征映射中获取输入。

字母 X 表示相连，空白的表示不连接，例如，第三隐藏层的第 1 张特征映射图与第二隐藏层的第 1、2、3 特征映射图有关系，即有

$$\boldsymbol{h}_1^3 = \varphi^3\Big(\sum_{j\in I_3} C_{1,j}\cdot(w_{1,j}^3 * \boldsymbol{h}_j^2) + b_1^3\Big) \in \mathbf{R}^{10\times 10} \tag{8-25}$$

其中 $\boldsymbol{h}_1^3$ 为第三隐藏层中的第 1 幅特征映射图，b_1^3 为偏置，$C_{1,j}$ 为连接指示。$I_3=(1,2,3)$ 为关系指示集，只有存在连接时 $C_{1,j}$ 为 1，否则为 0。$w_{1,j}^3 \in \mathbf{R}^{5\times 5}$ 为卷积核，w^3 对应第三隐藏层第 1 幅特征映射图与第二隐藏层第 j 个特征映射图之间的滤波器。

对于分类器设计阶段，其参数为

$$Y(k) = P(y=k\,|\,\boldsymbol{x}) = \frac{\mathrm{e}^{\boldsymbol{x}^{\mathrm{T}}\cdot\theta_k}}{\sum_{s=0}^{9}\mathrm{e}^{\boldsymbol{x}^{\mathrm{T}}\cdot\theta_s}} \in \mathbf{R} \tag{8-26}$$

其中 $k=0,1,2,\cdots,9$，最后输出的类别为

$$y = \arg\max_k\{Y(k)\} \tag{8-27}$$

目标损失函数是通过在训练数据集上，利用交叉熵来构造的：

$$\min_{(\boldsymbol{W},b;\theta)} J(\boldsymbol{W},b;\theta) = -\frac{1}{N_{\mathrm{TR}}}\sum_{n=1}^{N_{\mathrm{TR}}}\sum_{k=0}^{9}\delta(y_n^{\mathrm{TR}}=k)\cdot\log(Y_n^{\mathrm{TR}}(k)) + \lambda_1 R(\boldsymbol{W}) + \lambda_2 R(\theta) \tag{8-28}$$

其中当且仅当样本 n 属于类 k 时，式中 δ 为 1，$Y_n^{\mathrm{TR}}(k)$ 为该样本 n 属于类 k 的输出概率。式(8-28)的后两项为正则项，另外具体的符号表示为

$$\begin{cases} Y_n^{\mathrm{TR}}(k) = \mathrm{softmax}(X_n^{\mathrm{TR}},\theta) = \mathrm{softmax}(\varphi(x_n^{\mathrm{TR}},\boldsymbol{W},b),\theta) \\ R(\boldsymbol{W}) = \sum_l \|\boldsymbol{W}^l\|_F^2 \\ R(\theta) = \sum_{k=0}^{9}\|\theta_k\|_F^2 \end{cases} \tag{8-29}$$

对于目标损失函数的优化求解，是利用梯度下降法，来实现目标函数中参数的学习的，由于目标函数随着层的加深，可能会导致更多非凸优化问题(在参数所构成的超平面中，大量地存在着鞍点与局部极值点)，求解前需要给定较好的参数初始值。与深度前馈神经网络中所使用的反向传播算法在计算上有所不同的是，利用误差反向传播时，需要考虑池化隐藏层向卷积隐藏层的误差传播公式，以及卷积隐藏层向池化隐藏层的误差传播公式，具体可以参见8.1.7节。更新参数的公式为

$$\begin{cases} \boldsymbol{W}^{(k)} = \boldsymbol{W}^{(k-1)} - \alpha \cdot \left.\dfrac{\partial J(\boldsymbol{W},b;\theta)}{\partial \boldsymbol{W}}\right|_{\boldsymbol{W}=\boldsymbol{W}^{(k-1)}} \\ b^{(k)} = b^{(k-1)} - \alpha \cdot \left.\dfrac{\partial J(\boldsymbol{W},b;\theta)}{\partial b}\right|_{b=b^{(k-1)}} \\ \theta^{(k)} = \theta^{(k-1)} - \alpha \cdot \left.\dfrac{\partial J(\boldsymbol{W},b;\theta)}{\partial \theta}\right|_{\theta=\theta^{(k-1)}} \end{cases} \tag{8-30}$$

8.2.2 AlexNet

AlexNet是2012年ImageNet图像分类大赛的冠军，用网络提出者Alex的名字命名。AlexNet的输入是ImageNet中归一化后的RGB图像样本，每幅图像的尺寸统一为224×224。AlexNet中包含5个卷积层和3个全连接层，输出为1 000类的softmax层，具体的网络结构如图8-14所示。受到发表时GPU运算能力的限制，整个网络模型被分割在两块Nvidia GTX580 GPU上运行。

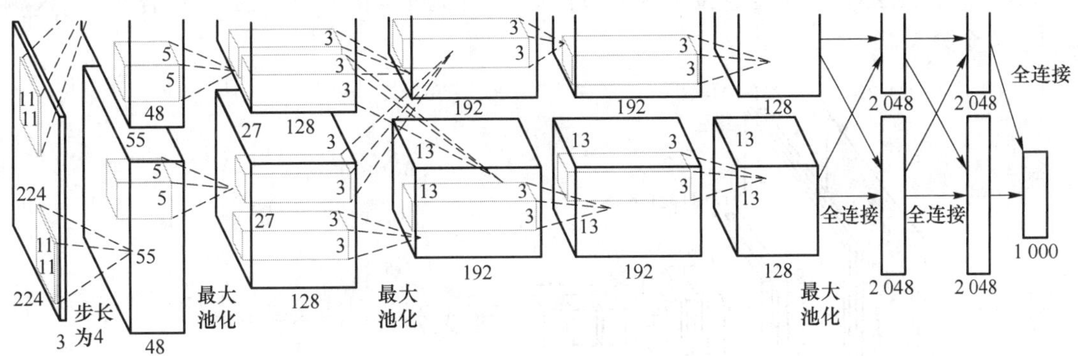

图8-14 AlexNet结构

AlexNet在ImageNet比赛中将卷积神经网络发扬光大，是深度学习中的经典之作，为以后的卷积神经网络应用奠定了基础。在AlexNet中，卷积神经网络的基本原理被应用到比较深而宽的网络模型中，其不仅在网络结构的设计上给人启示，还在某些技术点上取得了突破。其贡献主要有以下几点。

① Dropout。AlexNet将Dropout运用到最后的前两个全连接层中，在训练网络时对神经网络单元按照一定的概率将其暂时从网络中丢弃，使得这部分神经元在当批次训练的前向传播与反向传播中都不可见。由于Dropout是随机进行的，最后训练的结果相当于多个批次结果的集成。Dropout的作用是可以有效缓解全连接层容易过拟合的问题。

② ReLU激活函数。ReLU与tanh或sigmoid这些饱和的非线性函数相比，在计算梯度的时候要快得多。AlexNet使用ReLU作为网络中的激活函数，极大缓解了sigmoid函数与

tanh 函数在输入较大或较小时进入饱和区后梯度消失的问题。

③ 重叠池化(Overlapping Pooling)。一般的池化层因为没有重叠,所以池化核大小和步长一般是相等的,这种设置叫作非重叠的池化操作。如果步长小于池化核大小,就会产生重叠的池化操作,这种有点类似于卷积的操作,在 AlexNet 中得到了更准确的结果。在 Top-1 和 Top-5 结果中使用重叠的池化操作分别将错误率降低了 0.4%和 0.3%。

8.2.3 VGGNet

2014 年,牛津大学计算机视觉组(Visual Geometry Group)和 Google DeepMind 公司的研究员一起研发出了新的深度卷积神经网络 VGGNet,并取得了 ILSVRC 2014 比赛分类项目的第二名(第一名是同年提出的 GoogLeNet)。他们的工作探索了卷积神经网络的深度和其识别精度之间的关系,其主要贡献是使用小卷积核(3×3)来构建各种深度的卷积神经网络结构,并对这些网络结构进行了评估,最终他们证明 16～19 层的网络深度能够取得较好的识别精度,这也就是常用来提取图像特征的 VGG-16 和 VGG-19。

VGGNet 相比 AlexNet 增加了层数,但是其结构却相对简单,这一点可以从图 8-15 所示的 VGG-19 结构中看出来,整个网络结构中只有 3×3 的卷积层。VGGNet 的输入为 224×224×3 的图像,图像做均值预处理,每个像素减去在训练集上计算的 RGB 均值。卷积步长固定为 1,在图像边缘填充的情况下,卷积不会改变输出大小,而输出大小的改变由池化层完成,池化窗口大小为 2×2,步长为 2。每通过一次池化,图像的单维尺寸都会减半。卷积和池化之后有 3 个全连接层,前两个全连接层每个都有 4 096 个通道,第三个全连接层结合 softmax 输出 1 000 个分类。

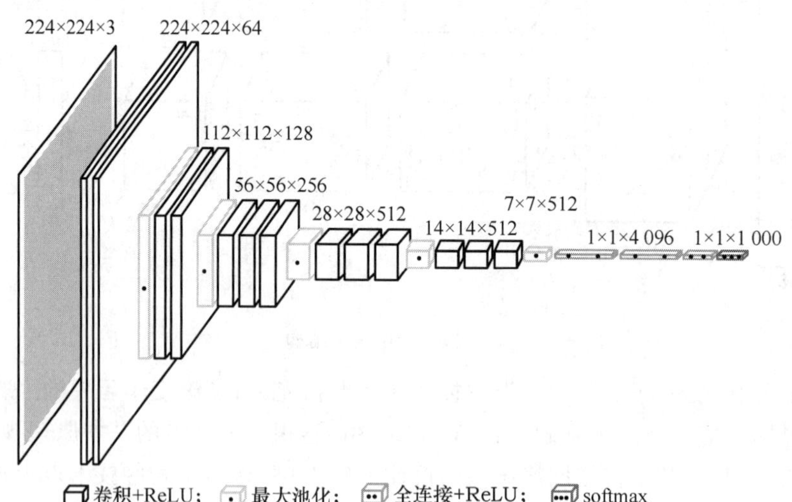

图 8-15　VGG-19 结构

VGGNet 有几个显著的特点。

① 具有连续卷积层和小卷积核。使用连续的的多个小卷积核(3×3),来替代一个大的卷积核(如 5×5,如图 8-16 所示)。2 个连续的 3×3 卷积核能够替代一个 5×5 卷积核,3 个连续的 3×3 能够替代一个 7×7 卷积核,可以依次类推。并且小卷积核的参数使用较少。例如,3 个 3×3 的卷积核参数为 3×3×3=27,而一个 7×7 的卷积核参数为 7×7=49。同时,

由于每个卷积层都有一个非线性的激活函数，因此多个卷积层增加了非线性映射。

② 具有更深的层和更多的通道数。VGGNet 网络的深度更深，并且使用了更多的通道。更多的通道(特征图)就意味着更丰富的图像特征。VGG-19 网络第一层的通道数为 64，后面逐级进行了翻倍，最多达到 512 个通道。通道数的增加将使得更多的信息可以被提取出来。

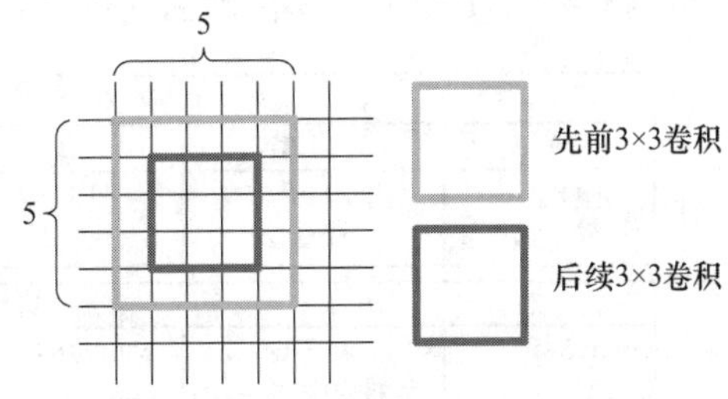

图 8-16 连续的 3×3 卷积核

③ 可以将全连接转化为卷积。在 VGG-19 的首个全连接层中，其进行 7×7×512 到 1×1×4 096 的全连接运算。如图 8-17 所示，可以用一个滤波器大小为 7×7、填充为 0、步幅为 1、输出通道数为 4 096 的卷积层来替换这个全连接层。这样做的好处在于可以放宽对输入大小的限制，方便高效地对测试图像做滑动窗口式的推断。后续的全连接层可以用 1×1 卷积等效替代。

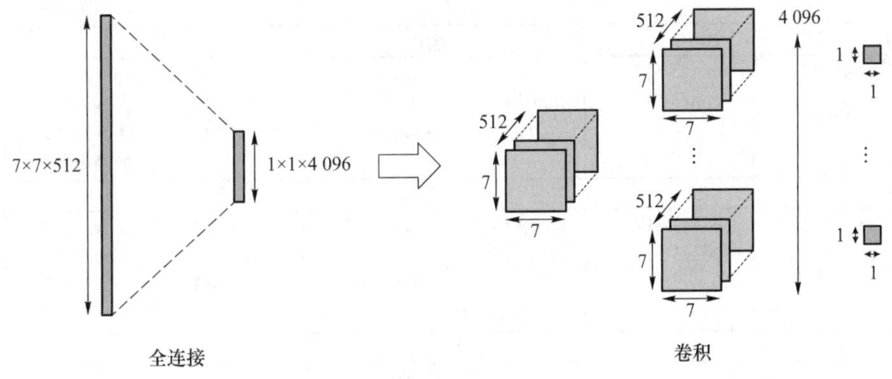

图 8-17 全连接转卷积的替换过程

这个全连接转卷积的思路与 OverFeat 的工作思路是一致的，如图 8-18 所示，OverFeat 将全连接转换成卷积后，可以在任意分辨率(更大的图)上计算卷积，这就体现了放宽对输入大小的限制，无须对原图做重新缩放处理的优势。

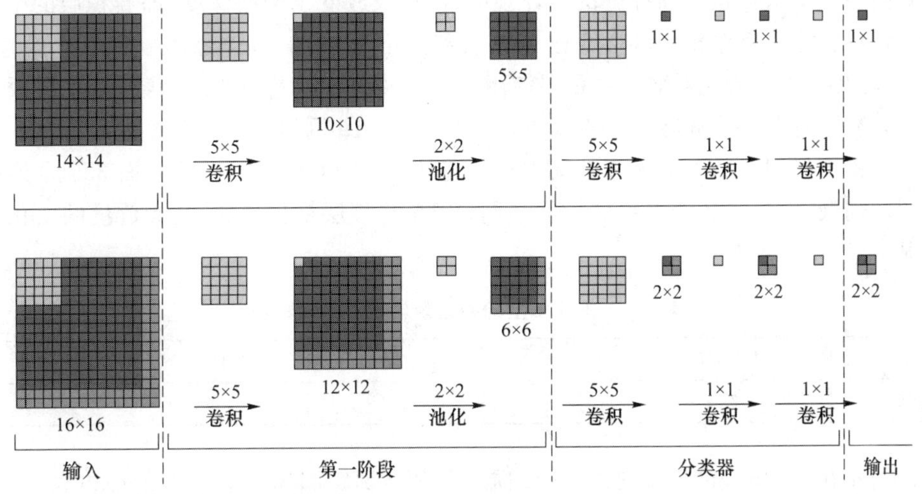

图 8-18 卷积处理任意分辨率的图片

在 VGGNet 的相关研究工作中，有关于网络深度对分类精度影响的研究，按照上面描述的设计规则，作者实验了不同深度的网络结构(如图 8-19 所示)。

卷积网络配置					
A	A-LRN	B	C	D	E
11个 权重层	11个 权重层	13个 权重层	16个 权重层	16个 权重层	19个 权重层
输入(224×224 RGB图片)					
conv3-64	conv3-64 局部响应归一化	conv3-64 **conv3-64**	conv3-64 conv3-64	conv3-64 conv3-64	conv3-64 conv3-64
最大池化					
conv3-128	conv3-128	conv3-128 **conv3-128**	conv3-128 conv3-128	conv3-128 conv3-128	conv3-128 conv3-128
最大池化					
conv3-256 conv3-256	conv3-256 conv3-256	conv3-256 conv3-256	conv3-256 conv3-256 **conv1-256**	conv3-256 conv3-256 **conv3-256**	conv3-256 conv3-256 conv3-256 **conv3-256**
最大池化					
conv3-512 conv3-512	conv3-512 conv3-512	conv3-512 conv3-512	conv3-512 conv3-512 **conv1-512**	conv3-512 conv3-512 **conv3-512**	conv3-512 conv3-512 conv3-512 **conv3-512**
最大池化					
conv3-512 conv3-512	conv3-512 conv3-512	conv3-512 conv3-512	conv3-512 conv3-512 **conv1-512**	conv3-512 conv3-512 **conv3-512**	conv3-512 conv3-512 conv3-512 **conv3-512**
最大池化					
全连接-4 096					
全连接-4 096					
全连接-1 000					
soft-max					

图 8-19 不同深度的 VGGNet 结构

所有网络结构都遵从上面提到的设计规则，而仅仅改变了网络深度，即卷积层的个数在变化，从网络 A 中的 8 个卷积层和 3 个全连接层到网络 E 中的 16 个卷积层和 3 个全连接层。图 8-19 中列出了各个深度网络的卷积层使用的卷积核大小以及通道的个数，从总层数可以看出，最后的 D、E 网络就是赫赫有名的 VGG-16 和 VGG-19 网络。

由于卷积神经网络的参数大多数集中在全连接层，所以 VGGNet 的后面 3 个全连接层对参数量的影响最大，尽管各个网络的深度不同，但全连接层是相同的，其参数量的变化并不是特别明显，具体可参见表 8-1。

表 8-1 不同模型的参数量(以百万为单位)

网络	A、A-LRN	B	C	D	E
参数数量	133	133	134	138	144

VGGNet 在训练时，首先将图像进行缩放，设 S 是训练图像缩放后的最小边大小，原则上 S 可以取不小于 224 的任何值：缩放后的训练图像的尺寸为 $S\times S$，如果 $S=224$，网络将作用

于全图像；如果 $S>224$，则随机裁剪训练图像包含目标的部分。对于训练集图像的大小设置，VGGNet 使用了两种方法。

① 固定尺度训练：分别将 S 设置为 256 和 384。

② 多尺度训练：每个训练图像从一定范围$[S_{min}, S_{max}]$内随机采样 S，进行缩放，$S_{min}=256$，$S_{max}=512$。图像中的目标物体大小是不同的，在训练时利用这一点是有帮助的。这也可以看作通过尺度抖动来增强训练集。在这种情况下，单个模型被训练成在大范围的尺度上识别物体。由于速度的原因，对同一配置的单尺度模型的所有层进行微调来训练多尺度模型，用固定的 $S=384$ 进行预训练。

VGGNet 利用一系列分类实验进行了网络性能评估。

① 单尺度评估：测试图像固定尺寸，其结果如表 8-2 所示。通过评估结果，可以看出如下结果。

表 8-2 单尺度评估结果

卷积网络配置	最小图像侧边		Top-1 错误/%	Top-5 错误/%
	训练(S)	测试(Q)		
A	256	256	29.6	10.4
A-LRN	256	256	29.7	10.5
B	256	256	28.7	9.9
C	256	256	28.1	9.4
	384	384	28.1	9.3
	[256;512]	384	27.3	8.8
D	256	256	27.0	8.8
	384	384	26.8	8.7
	[256;512]	384	25.6	8.1
E	256	256	27.3	9.0
	384	384	26.9	8.7
	[256;512]	384	**25.5**	**8.0**

- 局部归一化网络(A-LRN)对网络 A 的结果并没有提升。
- 网络的性能随着网络的加深而变好。尽管有着同样的深度，卷积网络配置 C(包含 3 个 1×1 卷积层)不如卷积网络配置 D(整个网络采用 3×3 卷积层)。虽然额外添加的非线性确实有帮助(C 比 B 好)，但通过使用具有非平凡感受野的卷积核来捕获上下文也很重要(D 比 C 好)。当深度达到 19 层时，网络架构的错误率饱和，但更深入的模型可能对更大的数据集有益。
- 使用小卷积核的深层网络比使用大卷积核的浅层网络性能好。在 B 与具有 5×5 卷积层的浅层网络比较的情况下，浅层网络可以通过用单个 5×5 卷积层替换 B 中 1 对 3×3 卷积层得到。测量到的浅层网络 Top-1 的错误率(在中心裁剪图像上)比 B 的错误率高 7%。
- 训练时尺寸抖动（训练图像大小 $S\in[256;512]$）得到的结果好于固定尺寸，这证实了通过尺度抖动进行的训练集增强确实有助于捕获多尺度图像统计。

② 多尺度评估：在测试图像的几个缩放版本上运行一个模型。对同一幅测试图像，将其缩放到不同的尺寸进行测试，然后取这几个测试结果的平均值，作为最终的结果。使用了3种尺寸的测试图像，Q 表示测试图像，S 表示训练图像尺寸，$Q=\{S-32,S,S+32\}$。同时，训练时的尺度抖动使得网络在测试时可以应用到更大范围的尺度上，因此使用 $S\in[S_{min};S_{max}]$ 训练的模型对更大范围的尺寸 $Q=\{S_{min},0.5(S_{min}+S_{max}),S_{max}\}$ 进行评估。评估结果如表 8-3 所示，评估结果表明，训练图像的尺度抖动优于使用固定最小边 S。

表 8-3　多尺度评估结果

卷积网络配置	最小图像侧边		Top-1 错误/%	Top-5 错误/%
	训练(S)	测试(Q)		
B	256	224,256,288	28.2	9.6
C	256	224,256,288	27.7	9.2
	384	352,384,416	27.8	9.2
	[256;512]	256,384,512	26.3	8.2
D	256	224,256,288	26.6	8.6
	384	352,384,416	26.5	8.6
	[256;512]	256,384,512	**24.8**	**7.5**
E	256	224,256,288	26.9	8.7
	384	352,384,416	26.7	8.6
	[256;512]	256,384,512	**24.8**	**7.5**

③ 稠密和多裁切评估：稠密(Dense)评估是指全连接层替换为卷积层(第一个全连接层转换为 7×7 卷积层，最后两个全连接层转换为 1×1 卷积层)，替换后的网络作用于整个非裁切的图像；多裁切(Multi-crop)评估是对图像进行多样本的随机裁切，将得到的多幅裁切的图像输入到网络中。从表 8-4 可以看出，多裁切评估的表现略好于稠密评估，两种方法确实是互补的，因为它们的组合比它们单独各自的表现都好，这是由卷积边界条件的不同处理造成的。由于单独卷积的边界条件不同，所以多裁切评估是稠密评估的补充：在多裁切评估的情况下，卷积特征图用零填充，而在稠密评估的情况下，相同裁切图像的填充自然会来自图像的相邻部分，这大大增加了整个网络的感受野，因此捕获了更多的图像内容信息。

表 8-4　稠密和多裁切评估结果

卷积网络配置	评估方法	Top-1 错误/%	Top-5 错误/%
D	稠密	24.8	7.5
	多裁切	24.6	7.5
	稠密和多裁切	**24.4**	**7.2**
E	稠密	24.8	7.5
	多裁切	24.6	7.4
	稠密和多裁切	**24.4**	**7.1**

8.2.4 ResNet

ResNet(深度残差网络)可以说是近年来计算机视觉领域中继 AlexNet 后最具开创性的成果之一,在 2015 年的 ImageNet 分类、定位、检测及 COCO 的物体检测与语义分割 5 项比赛中全部取得第一名,刷新了 CNN 模型在 ImageNet 上的历史。ResNet 使得成百甚至上千层的神经网络的训练成为可能。

一般来说,深度神经网络越深就意味着具有更强的表达能力,从 AlexNet 的 8 层到 VGGNet 的 19 层,再到 GoogLeNet 的 22 层,发展到后继版本有了更深的 Inception 网络。VGGNet 尝试探寻持续加深深度学习网络对提高分类准确率的影响,但在加深到 19 层后研究者发现分类准确率反而下降。后来更多的研究者发现深度神经网络达到一定深度后,如果再一味地增加层数,会适得其反,如图 8-20 所示,网络通过级联卷积层的方式实现,一个 56 层网络的表现却不如 20 层网络的。

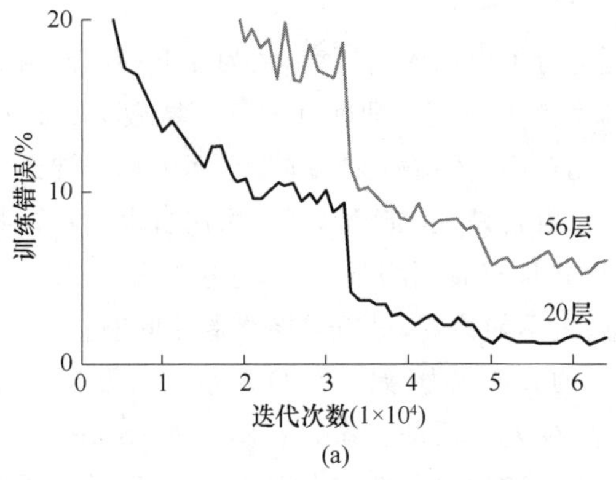

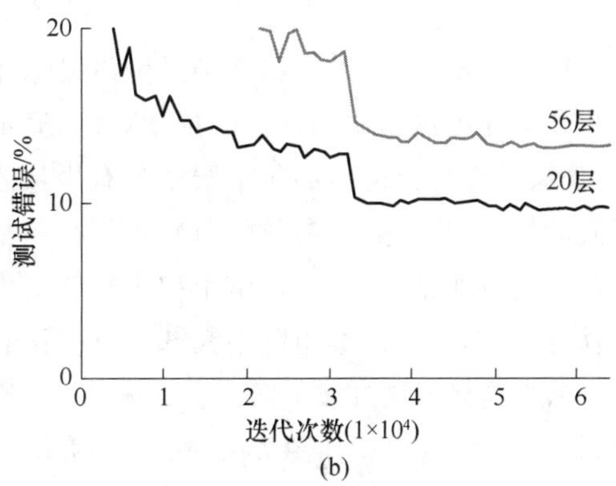

图 8-20 深层网络的性能变化

ResNet 正是源自这样直觉的观察:为什么非常深的神经网络在增加更多层时表现得反而差了呢?按理说,深的网络不会比浅的同类型网络表现更差,因为如果已经构建了一个 n 层网络基础,并且达到了一定准确度,那么只要简单复制前面 n 层,然后增加一层恒等映射就可以了。同样可以不断地增加新的恒等映射使得 $n+2$、$n+3$ 和 $n+4$ 层的网络都可以达到同样的准确度。但实际上,结果并不是这样。

ResNet 的研究人员将这个问题归结到一个假设,即恒等映射是难以学习的。因此,一种直观的修正方法是不再学习从 x 到 $H(x)$ 的基本映射 $x=H(x)$,而是学习这两者之间的残差(Residual)$F(x)=H(x)-x$,映射就成了 $H(x)=F(x)+x$,这样就引出了残差模块,如图 8-21所示。

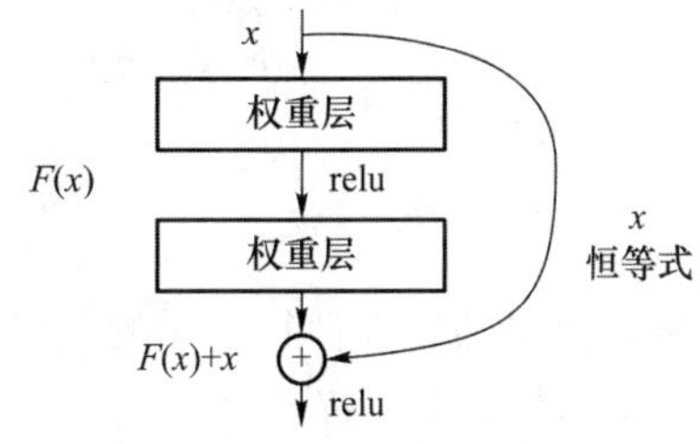

图 8-21 残差模块

ResNet 的每一个残差模块都由一系列层和一个捷径(Shortcut)连接组成,这个捷径将该模块的输入特征图和输出特征图连接到了一起,并在对应元素的位置上执行加法运算,这就要求残差模块的输入、输出特征的形状一致。这样的设计简化了对恒等层的学习，ResNet 学习的是残差函数 $F(x)=H(x)-x$，这里如果 $F(x)=0$，那么就是恒等映射。假如优化目标函数是逼近一个恒等映射，而不是 0 映射，那么学习找到对恒等映射的扰动会比重新学习一个新的函数要容易。

对于更深的网络性能退化的问题，由于梯度消失，深度网络的训练变得相当困难，且随着网络深度的不断增加，其性能会逐渐趋于饱和，随后开始下降。而 ResNet 的梯度可以直接通过捷径回到更早的层，极大缓解了梯度消失问题，因此可以构造更深的网络，图 8-22 给出一个 34 层的深度残差网络 ResNet-34。

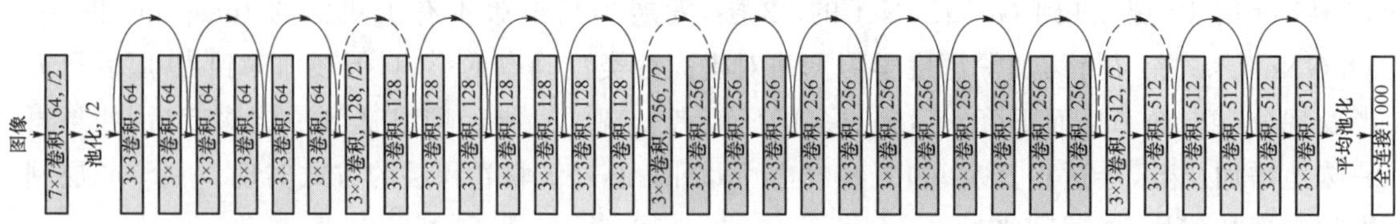

图 8-22 ResNet-34 结构示意图

Emin Orhan 等人对深度神经网络的退化问题进行了更深入的研究，认为深度神经网络的退化才是深层网络难以训练的根本原因，而不是梯度消失问题。即使在梯度范数较大的情况下，如果深度神经网络的每个层中只有少量的神经元对不同的输入改变响应，而大部分神经对不同的输入响应相同，参数的更新也不会非常有效。也就是说，神经网络中可用自由度对这些范数的贡献非常不均衡时，整个权重矩阵的秩不高，并且随着网络的加深，连续的矩阵乘运算后秩会更低，一个高维矩阵中大部分维度没有信息，表达能力弱，这就是网络退化问题。

残差连接强制打破了网络的对称性，提升了网络的表征能力，如图 8-23 所示。在图 8-23(a)中，权重为 0，输出特征图失去意义，捷径确保单元至少处于活动状态。在图 8-23(b)中，输入权重相同使输出权重难以识别这两部分，而捷径打破了这种对称性。在图 8-23(c)所示的线性相关奇异点中，隐藏单元的子集变得线性相关，输出权重同样难以识别，而捷径打破了这种线性依赖。综上，捷径的存在打破了网络的对称性，提升了网络的表征能力。

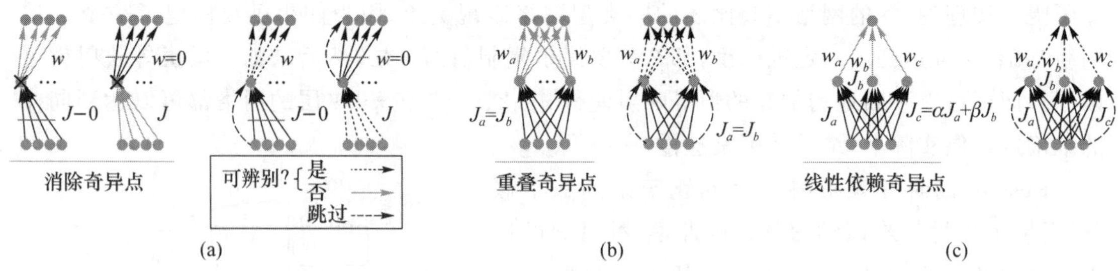

图 8-23 网络退化示意图

残差模块的特性使得更深的网络成为可能，基于残差模块，微软研究人员给出了 5 种推荐的 ResNet，如表 8-5 所示。

得益于 ResNet 强大的表征能力，很多计算机视觉应用，如图像分类、物体检测、语义分割和面部识别等的性能都得到了极大的提升，ResNet 也因其简单的结构与优异的性能成为计算机视觉任务中最受欢迎的网络结构之一。

表 8-5 ResNet 网络配置

层名称	输出大小	18 层	34 层	50 层	101 层	152 层
卷积 1	112×112	7×7,64 步长 2				
卷积 2_x	56×56	3×3 最大池化,步长 2				
		$\begin{bmatrix}3\times3,64\\3\times3,64\end{bmatrix}\times2$	$\begin{bmatrix}3\times3,64\\3\times3,64\end{bmatrix}\times3$	$\begin{bmatrix}1\times1,64\\3\times3,64\\1\times1,256\end{bmatrix}\times3$	$\begin{bmatrix}1\times1,64\\3\times3,64\\1\times1,256\end{bmatrix}\times3$	$\begin{bmatrix}1\times1,64\\3\times3,64\\1\times1,256\end{bmatrix}\times3$
卷积 3_x	28×28	$\begin{bmatrix}3\times3,128\\3\times3,128\end{bmatrix}\times2$	$\begin{bmatrix}3\times3,128\\3\times3,128\end{bmatrix}\times4$	$\begin{bmatrix}1\times1,128\\3\times3,128\\1\times1,512\end{bmatrix}\times4$	$\begin{bmatrix}1\times1,128\\3\times3,128\\1\times1,512\end{bmatrix}\times4$	$\begin{bmatrix}1\times1,128\\3\times3,128\\1\times1,512\end{bmatrix}\times8$
卷积 4_x	14×14	$\begin{bmatrix}3\times3,256\\3\times3,256\end{bmatrix}\times2$	$\begin{bmatrix}3\times3,256\\3\times3,256\end{bmatrix}\times6$	$\begin{bmatrix}1\times1,256\\3\times3,256\\1\times1,1\,024\end{bmatrix}\times6$	$\begin{bmatrix}1\times1,256\\3\times3,256\\1\times1,1\,024\end{bmatrix}\times23$	$\begin{bmatrix}1\times1,256\\3\times3,256\\1\times1,1\,024\end{bmatrix}\times36$
卷积 5_x	7×7	$\begin{bmatrix}3\times3,512\\3\times3,512\end{bmatrix}\times2$	$\begin{bmatrix}3\times3,512\\3\times3,512\end{bmatrix}\times3$	$\begin{bmatrix}1\times1,512\\3\times3,512\\1\times1,2\,048\end{bmatrix}\times3$	$\begin{bmatrix}1\times1,512\\3\times3,512\\1\times1,2\,048\end{bmatrix}\times3$	$\begin{bmatrix}1\times1,512\\3\times3,512\\1\times1,2\,048\end{bmatrix}\times3$
	1×1	平均池化,1 000-d 全连接,softmax				
浮点运算数		1.8×10^9	3.6×10^9	3.8×10^9	7.6×10^9	11.3×10^9

第9章 循环神经网络

循环神经网络基础

9.1 循环神经网络的基本概念

循环神经网络(Recurrent Neural Network,RNN)是一类适用于处理与时序相关的神经网络,由于其具有短期的记忆能力。RNN 中的神经元能够同时接收自身和其他神经元的信息形成环路的网络结构以在时间序列的数据中找到规律。

9.1.1 神经网络的局限性

下面我们讨论神经网络的局限性。深度信念网络(Deep Belief Network,DNN)和卷积神经网络(Convolutional Neural Network,CNN)等神经网络能够尽可能地挖掘出输入数据的局部依赖性,因此,它能够在各个领域克服障碍,取得非凡的成就。

尽管如此,神经网络仍存在不可忽视的固有缺陷。其最显著的缺点之一是它们的模型是建立在训练集和测试集相互独立的假设之上的,但在现实世界中,许多数据之间有着千丝万缕的联系。比如,对于从视频中提取的一帧图像、从音频中提取的一段语音,从句子中提取的一个词,它们如何才能真正相互独立呢?

前文我们说过,现有的人工智能可以在很大程度上模仿人类的智能,并且大多数人类的智能都能够根据先前的经验获得未来的启示。比如,现有的科学理论体系都是根据以往的经验和已有的知识并结合当前的情况进行构建的,不会完完全全抛弃过去的经验和记忆。

相对于 RNN,CNN 具有一些特性。CNN 中的池化操作能够在图像识别中带来空间的平移不变性,最终能够提升分类的鲁棒性。但是相对于图像来说,文本数据很容易受文字前后次序的影响,稍微改变一下文字的次序,文本的实际意思就完全不一样。比如,“不怕辣”“辣不怕”“怕不辣”及“怕辣不”,虽然使用的是完全相同的字符,但是文字的前后次序稍微变换了一下,文字的实际意思就不一样。适用于处理图像数据的 CNN 就不太适用于此类问题。

神经网络(前馈神经网络、CNN 和 DNN 等)的输入必须是标准的等长向量,这是标准神经网络的缺点，因此，如果输入层的节点为 20，输入的数据必须是 20 个元素，不管是多了还是少了都不行。但是文本数据的长度各不相同，有较为长的数据也有较为短的数据，现在普遍来说是通过截取、填充等技术将数据处理成固定的长度，但是网络的节点是独立的，所以没办法获得数据之间的依赖关系。

因此，我们需要拓展神经网络的处理能力，使得现有的神经网络不但能够处理图像数据，而且能够处理具有依赖关系和输入维度不唯一的文本数据。在这种背景下，循环神经网络出现了。

9.1.2 RNN 的历史

实际上，RNN 是时间递归神经网络（Recurrent Neural Network）和结构递归神经网络（Recursive Neural Network）的缩写。大多数的资料分别称其为循环神经网络和递归神经网络。在下文中，如果没有特别说明，当提到 RNN 时，我们指的是时间递归神经网络，即循环神经网络。

如上所述，RNN 的核心目标之一是将过去的信息与当前任务联系起来。过去的知识对我们预测未来有很大帮助，不应轻易丢弃。根据这个想法，我们还回顾了 RNN 的发展历史，并可能从中找到一些启示。

1. Hopfield 网络

追根溯源，RNN 最初的灵感来自 Hopfield 网络。网络模型是由 J. 霍普菲尔德（John Hopfild）在 1982 年提出的。霍普菲尔德是一位物理学家和实干家。他强调工程实践的重要性，他利用电阻、电容、运算放大器等组成的模拟电路实现了对网络神经元的描述。Hopfield 网络是一种从输出到输入具有反馈连接的递归神经网络。Hopfield 神经网络在反馈神经网络中引入了能量函数的概念，使得优化问题的目标函数可以转化为 Hopfield 神经网络的能量函数，通过最小化网络的能量函数可以找到相应问题的最优解。能量函数还为判断反馈型神经网络是否运行稳定提供了重要依据。Hopfield 网络可以模拟人类记忆。该模型的一个重要特点是，它可以实现联想存储器的功能，即联想记忆功能。在通过训练网络的权值系数确定之后，即便输入的数据不完整或部分正确，网络也可通过联想记忆给出完整的正确输出。事实上，Hopield 网络也是玻尔兹曼机（Boltzmann Machine）和自动编码器（Auto-encoder）的探路者。

2. Jordan 递归神经网络

1986 年，迈克尔·乔丹（Michael Jordan）借鉴 Hopfield 网络的思想，将循环连接拓扑正式引入神经网络。Jordan 提出的网络结构是一个前馈网络，其中包含一个隐藏层。输出节点将输出值传递给一个特殊的单元，即 Context 单元（图 9-1 中中间层右侧的 3 个单元）。在下一个时间步骤中，它们负责接收输出层的值，并将其反馈给隐藏层单元（图 9-1 中中间层左侧的 3 个单元）。如果输出层的值是一个“Action”，那么这些特殊单元允许网络记住在前一个时间步骤中发生的动作。同时，这些特殊的单元是自连接的。直观地说，这些边允许跨多个时间步发送信息，而不会干扰当前时间步的正常输出。

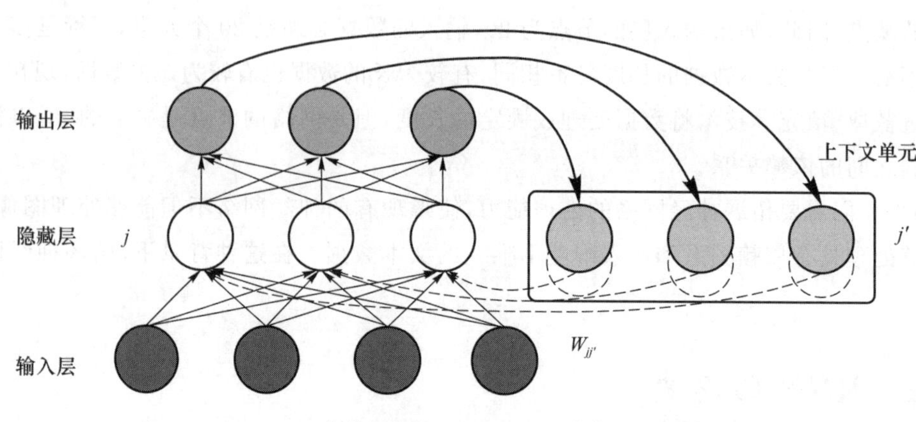

图 9-1 Jordan 提出的循环神经网络结构

3. Elman 递归神经网络

1990 年，杰弗里·埃尔曼(Jeffrey Elman)在 Jordan 的研究基础上进行了部分简化，正式提出了 RNN 模型(如图 9-2 所示)，但 RNN 之前也被称为 SRN (Simple Recurrent Network，简单循环网络)。由于循环的引入，RNN 具有短期记忆有限的优点。与 Jordan 递归神经网络类似，Elman 递归神经网络中的每个隐层单元都配有一个专职的"秘书单元"——上下文单元。每一个这样的"秘书单元"j 负责记录其"主单元"——隐藏层神经元 j 的前一个时间步长的输出。"秘书单元"与"主单元"的连接权值为 1，这意味着"秘书单元"作为一个正常的输入边，将前一个时间步长的接收值作为输入返回到隐藏层单元。

这种结构可以看作 RNN 的简化版本，其中每个隐藏层神经元都有一个具有自连接圆形边缘的上下文单元。这种隐藏层神经元的自连接固定权环的思想实际上是长短期记忆网络(LongShort-Term Memory，LSTM)的重要理论基础，LSTM 是 RNN 的一种高级变体。

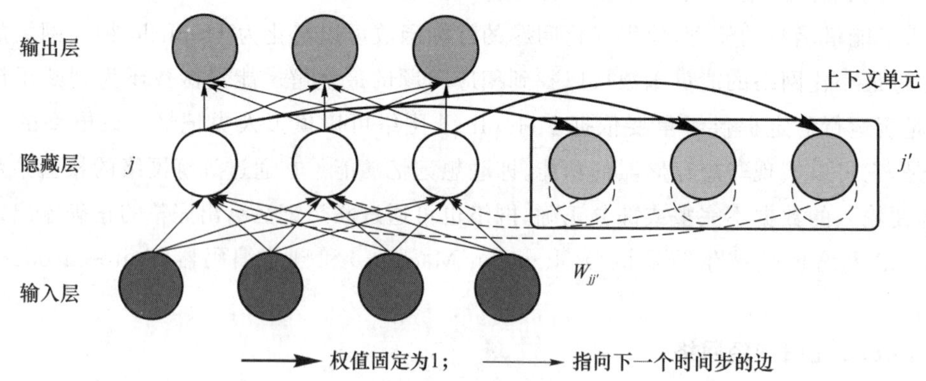

图 9-2 Elman 提出的循环神经网络结构

一个 3 层的前馈神经网络根据通用近似定理，可以学到逼近的任意函数。那 RNN 也能做到吗？1995 年，Hava T. Siegelmann 和 Eduardo D. Sontag 已经证明了带有 sigmoid 激活函数的 RNN 是"图灵完备"(Turing-complete)的。这意味着，RNN 能够在合适的权值下模拟出任意函数，但是，对于实际运用来说，这终究是过于理论化了，因为对于每一个实际的任务来说，我们有时不能找到完美的权值。

第一代 RNN 没有引人注目的原因就是在反向传播调参中存在严重的梯度消失或梯度爆

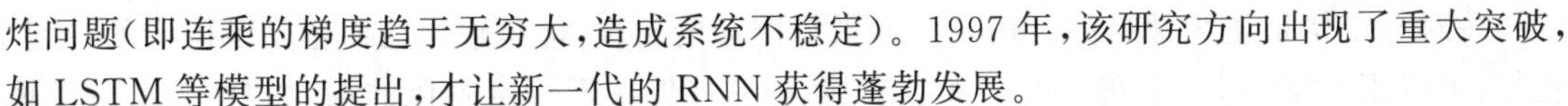

炸问题(即连乘的梯度趋于无穷大,造成系统不稳定)。1997 年,该研究方向出现了重大突破,如 LSTM 等模型的提出,才让新一代的 RNN 获得蓬勃发展。

9.1.3 RNN 的结构

RNN 对于不同的业务场景有着各不相同的拓扑结构。根据输入、输出是不是固定长度,RNN 可以被分为 5 类,即 one to one(一对一)、one to many(一对多)、many to one(多对一)、many to many(多对多,异步)及 many to many(多对多,同步),如图 9-3 所示。

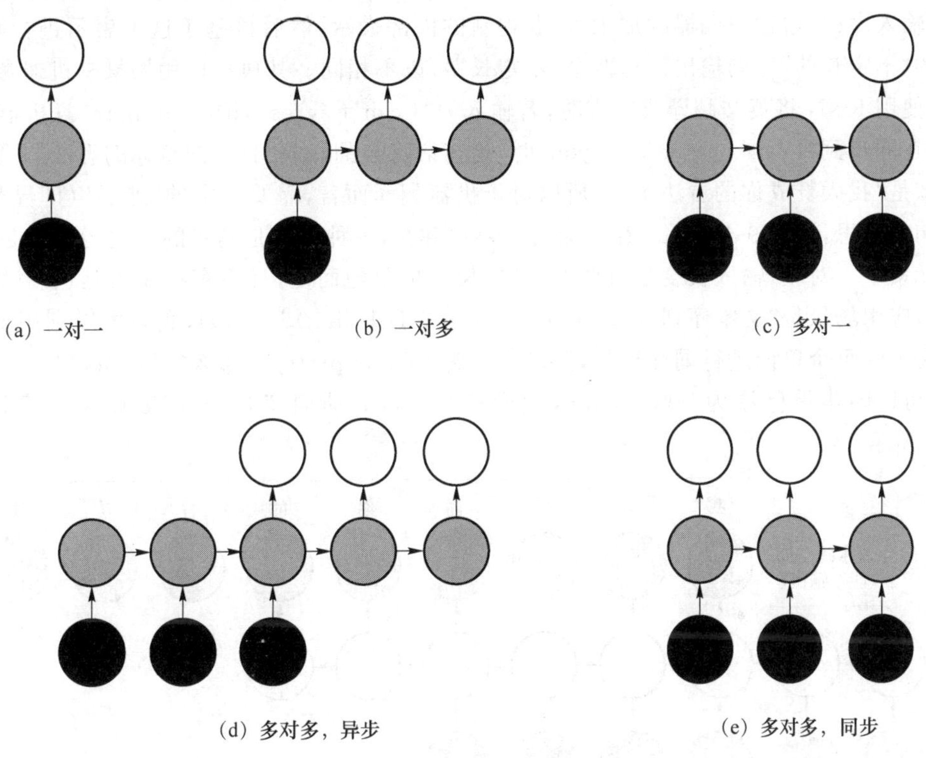

图 9-3 RNN 的拓扑结构

如图 9-3 所示,每个圆形代表每一个向量,黑色圆形是输入的向量,白色圆形是输出的向量,灰色圆形是 RNN 的隐藏层状态向量。这个图上的每个箭头都表示应用到一个向量上的一个操作,你也可以把它看作张量的流动方向。

接下来我们介绍 5 类 RNN 结构的具体含义。其中 RNN 结构中的一指的是单,即单输入或者单输出,并不是指输入或者输出的向量长度为 1,指的是向量的长度是固定的。反之亦然,多指的是多输入或者多输出,并不是值输入或者输出的向量长度很长,指的是向量的长度是不固定的。

一对一的含义是,输入的向量是固定的长度,但是输出的向量也是固定长度。这种结构事实上就是传统的 CNN 结构。比如,对于图像分类,“一幅”图像对应“一个”分类。再比如,对于文本分类,文章的 n 个特征向量为($f_1,f_2\cdots,f_n$),将这些特征向量输入网络后,得到 c 个分类的概率($p_1,p_2,\cdots,p_c$)。这里,n 和 c 都是大于 1 的数字,但由于它们的值在设计网络拓扑时是固定的,所以这仍然属于一对一的结构。

一对多结构是较为常见的。输入的向量是固定的长度,但是输出的向量是不固定的长度。比如,可以用 RNN 进行实现一个字典的功能,即它能够实现给定具体的词,如“中国”,可以输出对具体词的详细描述。

多对一是一种较为常见的结构。输入的向量是不固定的长度,但是输出的向量是固定的长度。比如,在情感分析中,输入是长度可变的音频、视频、文章等,但是输出是具体的情感,包括伤心、开心、郁闷等。

多对多有两种结构。一种结构是异步结构,也就是输出和输入不是一一对应的,会存在部分的流水线空期。比如,经典的“Encoder-Decoder(编码解码)”框架的特点就是可以把“不定长的”输入序列,通过编码器的加工后,获得新的内部表示,然后再基于这个表示进行解码,生成新的“不定长的”序列输出。这两个“不定长”可以不相同。其典型应用场景是机器翻译。比如,当使用 RNN 将英文翻译成中文时,若输入为“I can’t agree with you more”且机器同步翻译,则在同步到“I can’t agree with you”时,这句话将会翻译成“我不同意你的看法”,而全句的意思却是“我太赞成你的看法了”。所以对于机器翻译而言,需要一定的“滞后”(即异步)来捕捉全句的意思,如图 9-4 所示。相对而言,多对多的另一种结构是同步的。它的特点是输入和输出元素一一对应,输入长度是可变的,输出长度也跟随而变,且不存在输出延迟。这种结构的典型应用场景是“文本序列标注(Text Sequence Labeling)”。例如,我们可以利用 RNN 对给定文本的每个单词进行词性标注,假设句子为“She is pretty”,那么“She”“is” “pretty”3 个单词,可以同步被标注为“r(pronoun,代词)”“v(verb,动词)”和“a(adjective,形容词)”,如图 9-5 所示。

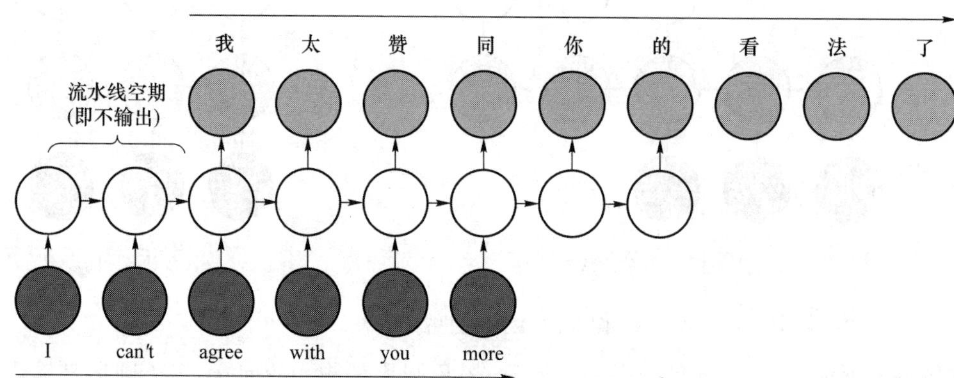

图 9-4 RNN 多对多(异步)结构

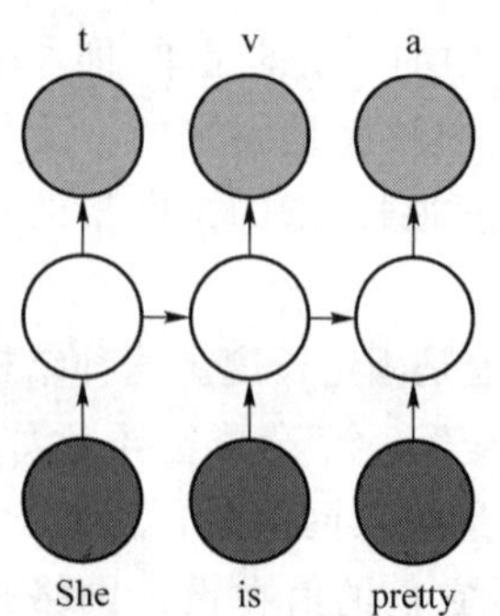

图 9-5 RNN 多对多(同步)结构

除了以上的 RNN 结构来说,每一个 RNN 结构整体分为两大组成部分:一部分是数据;另一部分是模型。

下面介绍数据,如公式

$$\{\boldsymbol{x}_t \in \mathbf{R}^n, \boldsymbol{y}_t \in \mathbf{R}^m\}_{t=1}^{T} \tag{9-1}$$

其中,$\boldsymbol{x}_t$ 表示 t 时刻的输入;T 表示该时间序列的长度;输出 $\boldsymbol{y}_t$ 与 t 时刻之前(包括 t 时刻)的输入有关系,即

$$\{\boldsymbol{x}_1, \boldsymbol{x}_2, \cdots, \boldsymbol{x}_t\} \xrightarrow{\text{关系}} \boldsymbol{y}_t \tag{9-2}$$

对于该模型来说,其满足以下的公式:

$$\begin{cases} \boldsymbol{s}_t = \sigma(\boldsymbol{U} \cdot \boldsymbol{x}_t + \boldsymbol{W} \cdot \boldsymbol{s}_{t-1} + \boldsymbol{b}) \\ \boldsymbol{o}_t = \boldsymbol{V} \cdot \boldsymbol{s}_t + \boldsymbol{c} \in \mathbf{R}^m \\ \boldsymbol{y}_t = \text{softmax}\ (\boldsymbol{o}_t) \in \mathbf{R}^m \end{cases} \tag{9-3}$$

注意：对于 RNN 来说，softmax 不是作为 CNN 中的分类函数，而是作为激活函数将 m 维向量映射到另一个 m 维向量，其中向量中的每个元素取值都介于(0,1)之间，即

$$\begin{cases} \text{softmax}\ (\boldsymbol{o}_t) = \dfrac{1}{Z} \cdot (\mathrm{e}^{(\boldsymbol{o}_t(1))}, \cdots, \mathrm{e}^{(\boldsymbol{o}_t(m))})^{\mathrm{T}} \\ Z = \sum\limits_{j=1}^{m} \mathrm{e}^{(\boldsymbol{o}_t(j))} \end{cases} \tag{9-4}$$

其中，Z 为归一化因子。另外，式(9-3)中需要进一步优化的参数包括权值连接 $\boldsymbol{U}$、$\boldsymbol{W}$、$\boldsymbol{V}$ 及偏置 $\boldsymbol{b}$、$\boldsymbol{c}$，而 $\sigma(\cdot)$ 为隐藏层上的激活函数。

9.1.4 RNN 的训练

前文已经介绍了各类 RNN 结构，如何才能训练 RNN 呢？我们如何优化这些权值呢？我们优化权值为的就是获得一个优秀的权值矩阵吗？

时间反向传播(BackPropagation Through Time，BPTT)是一种训练 RNN 的算法。该类算法的核心作用是通过反向传播方法进行调参从而优化损失函数，实现损失函数最小化，从这个方面来看，这个与传统的反向传播算法类似。

BPTT 算法主要包括 3 个步骤：第一个步骤是问题的建模；第二个步骤是损失函数的确定；第三个步骤是参数的求解。

1. 问题的建模

前文已经介绍过，网络中的权值均值需要通过损失函数来进行优化，因此在构建问题之前，需要首先构建一个适用于不同场景的损失函数，损失函数一般都是用于衡量预期输出和实际输出的差异度函数。BP 网络中包括隐藏层和输出层，需要首先确定这两层的输出函数。一般来说，隐藏层的激活函数有 tanh、sigmoid 函数，但是一般来说，常用的函数是 sigmoid。那么对于任意第 t 时间步，隐藏层的输出函数 $\boldsymbol{s}^{(t)}$ 可由式(9-5)表示：

$$\boldsymbol{s}^{(t)} = \begin{cases} 0, & t = -1 \\ \text{sigmoid}\ (\boldsymbol{U}^{\mathrm{T}} \times \boldsymbol{x}^{(t)} + \boldsymbol{W}^{\mathrm{T}} \times \boldsymbol{s}^{(t-1)} + \boldsymbol{b}), & \text{其他} \end{cases} \tag{9-5}$$

其中，$\boldsymbol{U}$ 和 $\boldsymbol{W}$ 是网络中的两类权值矩阵，隐藏层的神经元结构可用简化版的图 9-6 来描述。

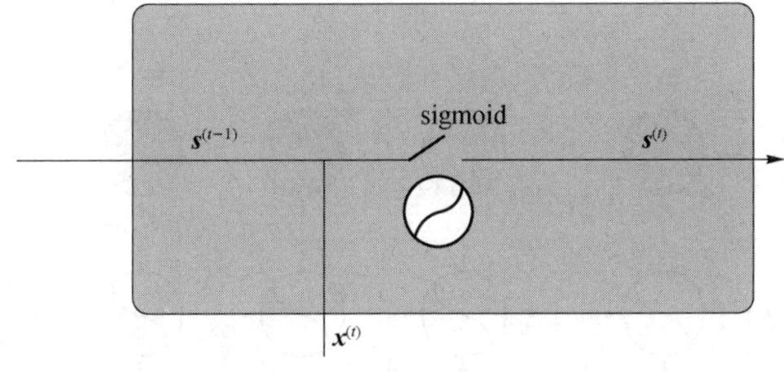

图 9-6 Elman 隐藏层设计示意图

如图 9-6 所示，sigmoid 函数与门电路类似，根据任意第 t 时间步的输入 $\boldsymbol{x}^{(t)}$ 和前一时间步(第 $t-1$ 时间步)的反馈 $\boldsymbol{s}^{(t-1)}$，通过 sigmoid 函数，判断是否输出 $\boldsymbol{s}^{(t)}$。这种激活函数的作用常常出现在 LSTM 中。

上文已经介绍了隐藏层的输出函数，下面介绍输出层的输出函数，根据上文的介绍，任意 t 时间步的输出层可由式(9-6)表示：

$$\boldsymbol{o}^{(t)}=\boldsymbol{V}^{\mathrm{T}}\times\boldsymbol{s}^{(t)}+\boldsymbol{c} \tag{9-6}$$

其中，隐藏层的输出函数的 $\boldsymbol{b}$ 和输出层的输出函数的 $\boldsymbol{c}$，都是神经元的偏置参数向量。相对于隐藏层，输出层的输出的多样性很大，一般是根据不同的任务进行切换，不同任务的输出各不相同。

经过 softmax 激活函数后任意 t 时间步的输出 $\boldsymbol{y}^{(t)}$ 如下：

$$\boldsymbol{y}^{(t)}=\mathrm{softmax}(\boldsymbol{o}^{(t)})=\mathrm{softmax}(\boldsymbol{V}^{\mathrm{T}}\times\boldsymbol{s}^{(t)}+\boldsymbol{c}) \tag{9-7}$$

2. 损失函数的确定

在根据第一个步骤的问题构建出模型后，就可以构建损失函数，为的是获得其最小值，我们可以定义需要优化的目标函数为 $J(\theta)$。这里目标函数使用的是负对数似然函数(即交叉熵)：

$$\begin{aligned}\min J(\theta) &= \sum_{t=1}^{T}\mathrm{loss}\ (\hat{\boldsymbol{y}}^{(t)},\boldsymbol{y}^{(t)})\\ &=\sum_{t=1}^{T}\Big(-\Big[\sum_{j=1}^{m}\boldsymbol{y}^{(t)}(j)\cdot\log\ (\hat{\boldsymbol{y}}^{(t)}(j)+(1-\boldsymbol{y}^{(t)}(j))\cdot\log\ (1-\hat{\boldsymbol{y}}^{(t)})\Big]\Big)\end{aligned} \tag{9-8}$$

其中，$\hat{\boldsymbol{y}}^{(t)}$ 表示任意第 t 时间步的预期输出向量，$\boldsymbol{y}^{(t)}$ 表示任意第 t 时间步的实际输出向量，$\boldsymbol{y}^{(t)}(j)$ 表示任意第 t 时间步的预测值为 j 的概率，参数 θ 表示激活函数 σ 中的所有参数集合 $[\boldsymbol{U},\boldsymbol{W},\boldsymbol{V};\boldsymbol{b},\boldsymbol{c}]$。

3. 参数的求解

BPTT 算法可以通过梯度下降等优化算法(包括随机梯度下降等优化策略)优化指导参数的迭代更新，但是不同于传统反向传播算法，该算法有 5 类参数，如下：

$$\left(\frac{\partial J(\theta)}{\partial \boldsymbol{V}},\frac{\partial J(\theta)}{\partial \boldsymbol{c}},\frac{\partial J(\theta)}{\partial \boldsymbol{W}},\frac{\partial J(\theta)}{\partial \boldsymbol{U}},\frac{\partial J(\theta)}{\partial \boldsymbol{b}}\right)$$

RNN 中一般常用的激活函数是 sigmoid 函数，该类函数的值一般是在[0,1/4]区间上，在每次反向传播之后，梯度会以之前值的 1/4 进行递减，在进行多次反向传播之后，梯度最后会呈指数级递减趋势，直到梯度无限趋近于 0，即最后梯度消失。以 BPTT 梯度递减为例，如图 9-7 所示，假设任意 t 时刻的梯度为 1/4，那么在任意 $t-4$ 时刻，梯度会下降到 $(1/4)^4$。所以现有的很多网络多次叠加网络层，网络越来越深，导致梯度没办法正常下降，最后 RNN 的性能难以提升。

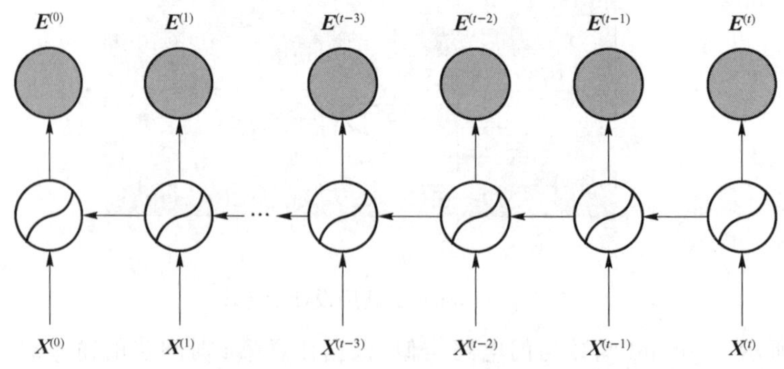

图 9-7 BPTT 梯度递减示意图

9.1.5 RNN 的变形

循环神经网络是一种存在反馈连接的网络的总称，因此除了简单的神经网络结构，它还存在很多的变种结构。

第一个 RNN 变种如图 9-8 所示。这种结构只有最末端一个输出单元，之前 $t-1$ 步隐藏层单元并不连接输出层。这种网络结构适合多输入、单输出的应用场景，如序列分类应用——“分辨一句话是否有语法错误”、序列预测应用——“根据过去几天的平均气温预测未来一天的平均气温”、简单的特征提取任务——“提取序列的特征向量”等。

第二个 RNN 变种如图 9-9 所示。输出节点会反馈给隐藏层节点，使得网络在导师驱动过程(Teacher Forcing)中进行训练，这使得整个网络并行化，简化了训练的过程，能够降低 BPTT 算法的时间复杂度，虽然此类 RNN 变种有以上的优点，但是也有缺点：由于输出层的数值是特定的，所映射的集合没有隐藏层多，所以其能表示的函数集合较少，除非输出层具有高维且丰富的信息。

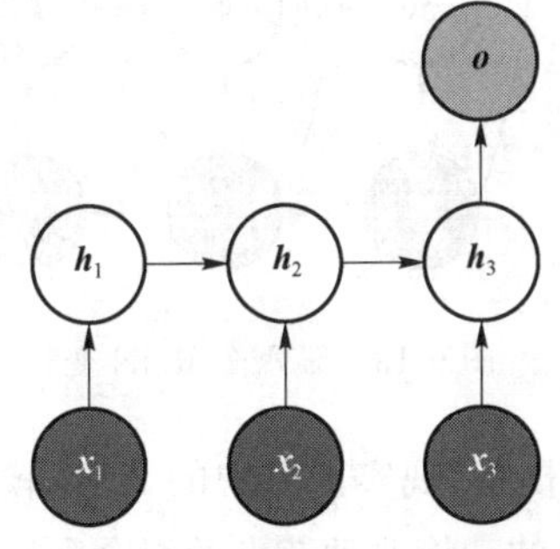

图 9-8　第一个 RNN 变种

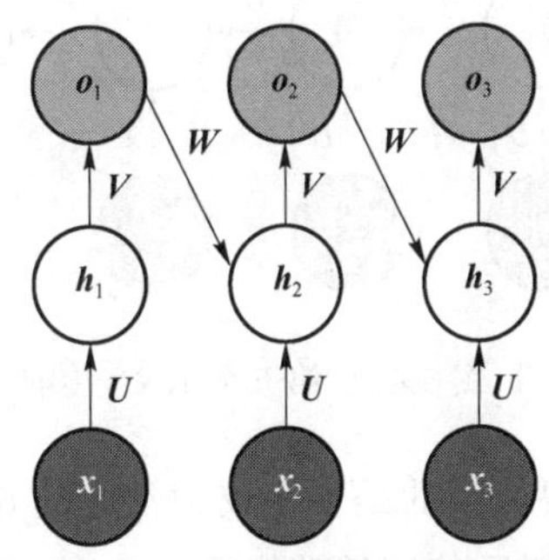

图 9-9　第二个 RNN 变种

第三个 RNN 变种如图 9-10 所示。它是一种生成式 RNN。此类 RNN 能够将上一时刻预测的结果作为该时刻的输入进行训练。此类 RNN 非常适用于语句生成的场景，如“李白作词”。

第四个 RNN 变种如图 9-11 所示。它和第三个 RNN 变种一样，也是一种生成式 RNN。相对于第三个 RNN 变种，它有一些额外的限定条件，可以限制网络的每一层，在这里，限定条

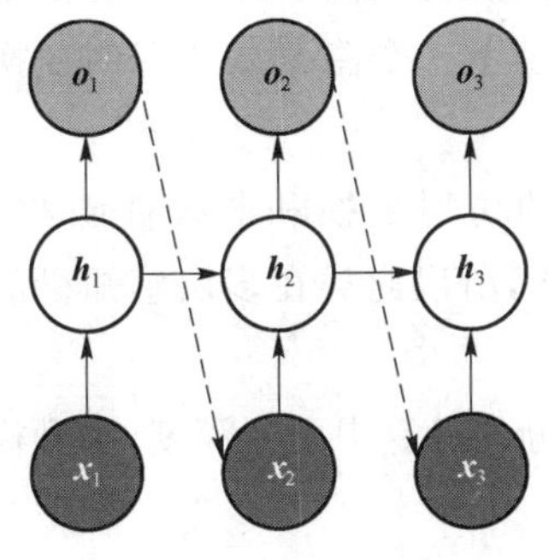

图 9-10　第三个 RNN 变种

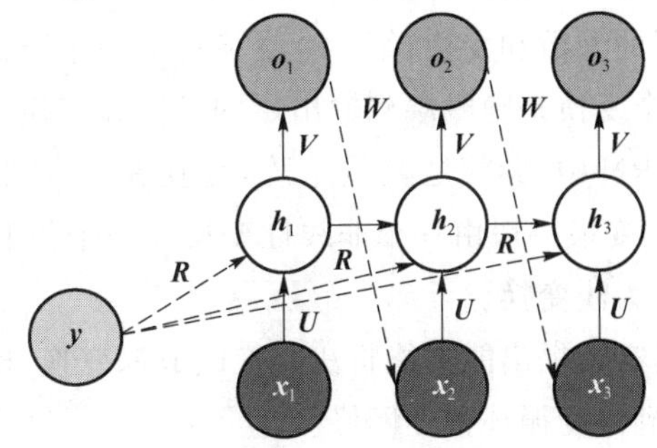

图 9-11　第四个 RNN 变种

件是节点 $\boldsymbol{y}$。此类 RNN 非常适用于"看图说话",所出来的图像结果不是随机的,而是要和图像相关,在这里 $\boldsymbol{x}$ 就是图像,$\boldsymbol{y}$ 是该网络的约束。

第五个 RNN 变种如图 9-12 所示。它是 Sequence-to-Sequence 模型或 Seq2Seq 模型。该类模型一般来说输入序列和输出序列是可以不等长的,这是其和简单循环神经网络的不同点,此类网络一般用于需要用户交互的任务,所以此类 RNN 的输入和输出最好是非等长的。

第六个 RNN 变种如图 9-13 所示。这是我们所介绍的第一个双向 RNN 模型,相对于之前的单向 RNN 模型,该 RNN 能够利用上下文的信息,在这里的上下文信息指的是过去和未来的信息,为的是获得更为合适的预测。

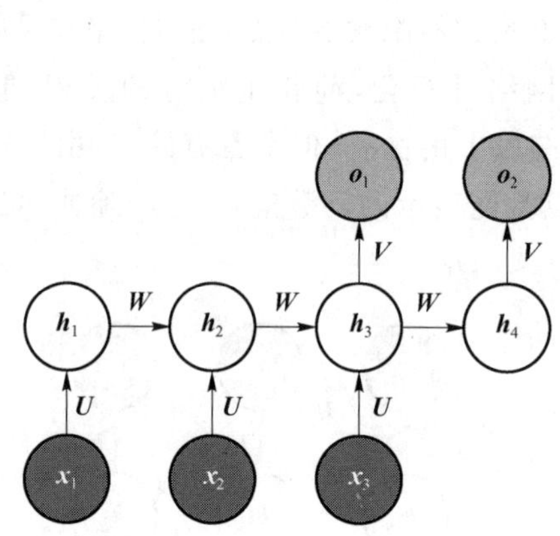

图 9-12 第五个 RNN 变种

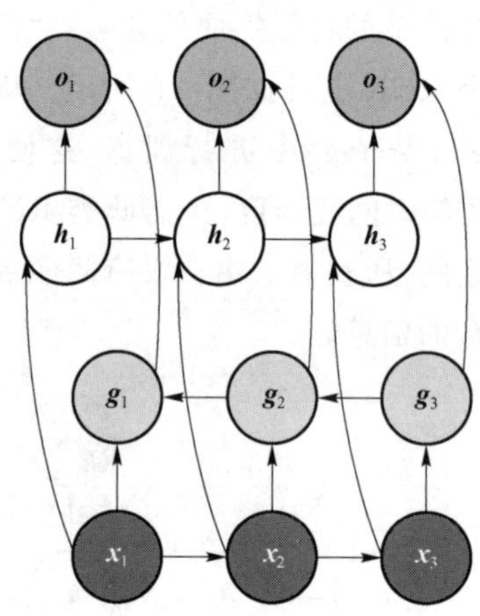

图 9-13 第六个 RNN 变种

本节主要介绍的是现在较为常见的 6 种 RNN 变种模型,现实世界中的 RNN 模型远不止这么多,它们在实际使用的功能千差万别,之后会因为具体的功能改动节点的组合和连接方式。

9.1.6 深度循环神经网络

循环神经网络是深度神经网络吗?每个人都有各自的见解。图 9-14 是 SRN 的示意图,部分学者认为 SRN 的输入到输出具有很多单元,并且能够展开,是神经网络,但是还有部分学者认为 SRN 虽然可以展开,但是其深度很浅,算不上神经网络,因为神经网络的层数较深。

循环神经网络的计算大部分能够分为三部分参数的计算及其变换:第一个变换是输入层到隐藏层的参数和变换;第二个变换是上一个隐藏层状态至下一个隐藏层状态的变换及其参数;第三个变换是隐藏层到输出层的参数和变换。

在 SRN 中,参数是权重矩阵,变换是权重矩阵对应的仿射变换和非线性函数的变换。SRN 中的变换一般由一个非线性变换和一个仿射变换组成,所以此类在多层感知机的单个层的变换称为浅变换。

于是有人提出能不能将浅变换改成深变换,即在 3 部分的计算中引入深度,提升模型的能力,即得到深度循环神经网络。

AlexGraves 等人提出了图 9-15 所示的结构,隐藏层中添加了循环结构,为的是提升 SRN 的提取能力。此外,由于 SRN 具有 3 部分的浅变换,Razvan Pascanu 等人提出在这 3 部分都使用一个单独的 MLP 结构，为的是增加模型的容量，如图 9-16 所示。但是，这种结构在输入层-隐藏层、隐藏层-隐藏层和隐藏层-输出层之间增加了更深的路径（如 MLP），从而可能会导致模型的优化变得困难。因此，他们又提出了图 9-17 所示的结构，即在隐藏层的每一个时间步之间增加跳跃连接，可以缓和优化困难的问题。

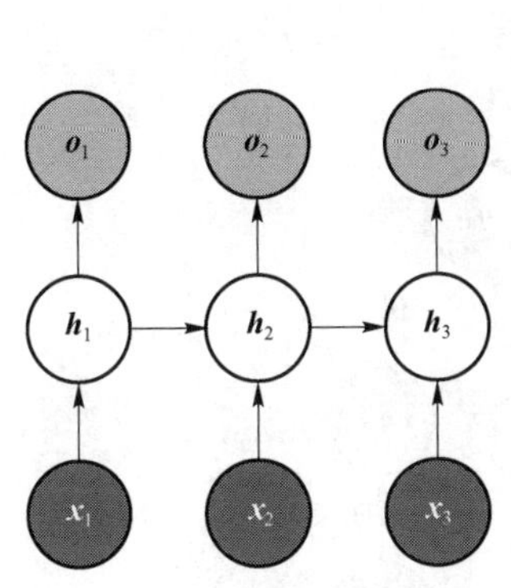

图 9-14　SRN 的示意图

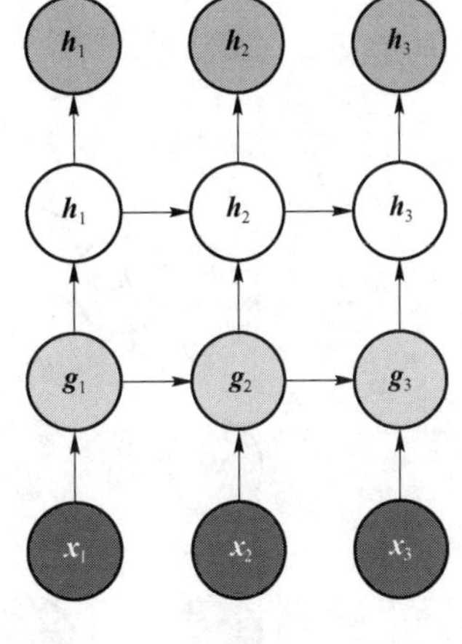

图 9-15　增加具有循环结构的隐藏层

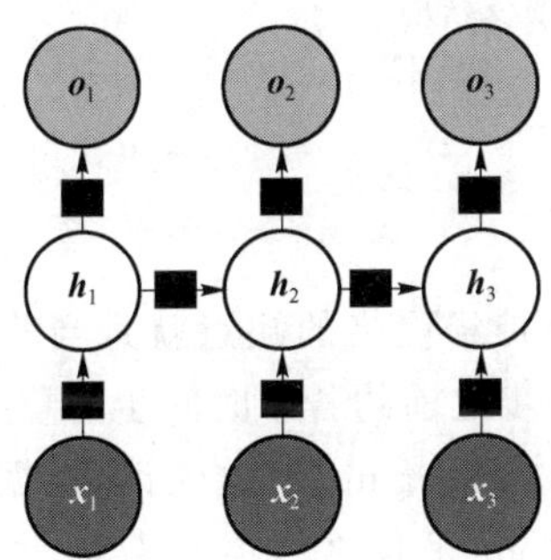

图 9-16　增加路径

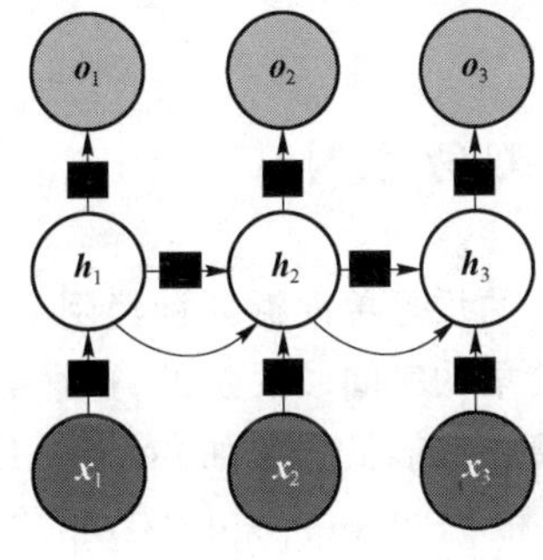

图 9-17　在层间增加跳跃连接

9.2　改进的循环神经网络

循环神经网络实验

9.2.1　递归神经网络

不同的神经网络具有不同的构造方式，因此其对应的计算图也是不同类型的。相对于链式结构的循环神经网络，递归神经网络是对其的有效扩展，能够有更为复杂的构造方式。

1990 年，Jordan B. Pollack 首次提出递归神经网络这一概念，随着递归神经网络越来越深入人心，Léon Bottou 在 2011 年详细地阐述了递归神经网络的逻辑推理能力。图 9-18 所示为简单的递归神经网络结构。

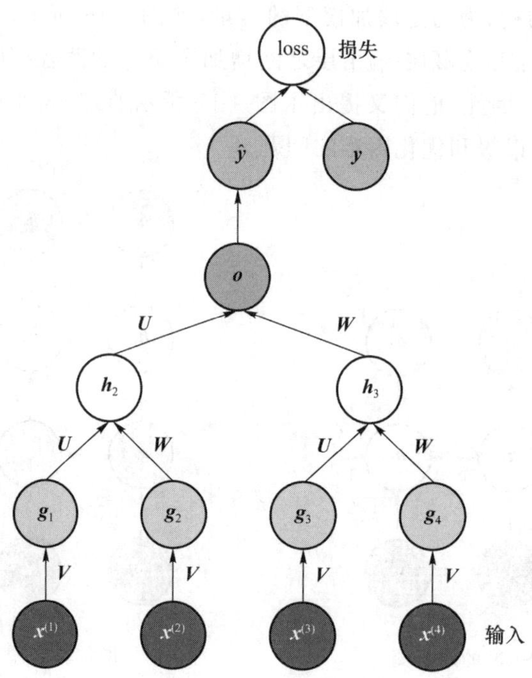

图 9-18 简单的递归神经网络结构

9.2.2 双向 RNN

上文介绍的均是单向循环神经网络,此类单向循环神经网络的缺点就是当前时间步仅仅是由之前的较早的时间步决定的,这样会损失在此时间步之前的若干时间步的重要信息,最终的结果就是模型性能低。比如,对于"Mom said,'Tom, cheer up.'"这句话,根据单向循环神经网络,我们根据"Mom said,'Tom,"无法判别出 Tom 是什么。但是双向循环神经网络(Bidirctional Recurrent Neural Network,BiRNN)不仅可以从前往后传递信息,还可以从后往前传递信息,如图 9-19 所示,我们能够从"Mom said"和"cheer up"判断出"Tom"可能是个人。BiRNN 相对于单向神经网络能够增加若干时间步的重要信息,最终的模型性能比单向循环网络好,其结构如图 9-20 所示。

$$\begin{aligned} \boldsymbol{h}_t^1 &= f(\boldsymbol{W}_{hh}^1 \boldsymbol{h}_{t-1}^1 + \boldsymbol{W}_{xh} \boldsymbol{x}_t) \\ \boldsymbol{h}_t^2 &= f(\boldsymbol{W}_{hh}^2 \boldsymbol{h}_{t-1}^2 + \boldsymbol{W}_{xh} \boldsymbol{x}_t) \\ \boldsymbol{y}_t &= \boldsymbol{W}_{yh}\, g(\boldsymbol{h}_t^1, \boldsymbol{h}_t^2) \end{aligned} \tag{9-9}$$

我们将当前时间步记为 t,上一时间步记为 $t-1$,时间步 t 的输入记为 $\boldsymbol{x}_t$,从前往后计算得到的隐藏层的状态记为 $\boldsymbol{h}_t^1$,从后往前计算得到的隐藏层的状态记为 $\boldsymbol{h}_t^2$。

$$\begin{aligned} \boldsymbol{h}_t^1 &= f(\boldsymbol{W}_{hh}^1 \boldsymbol{h}_{t-1}^1 + \boldsymbol{W}_{xh} \boldsymbol{x}_t) \\ \boldsymbol{h}_t^2 &= f(\boldsymbol{W}_{hh}^2 \boldsymbol{h}_{t-1}^2 + \boldsymbol{W}_{xh} \boldsymbol{x}_t) \\ \boldsymbol{y}_t &= \boldsymbol{W}_{yh}\, g(\boldsymbol{h}_t^1, \boldsymbol{h}_t^2) \end{aligned} \tag{9-10}$$

其中,f 代表网络中的激活函数,常见的有 ReLU、tanh 函数等。$\boldsymbol{W}_{hh}^1$、$\boldsymbol{W}_{hh}^2$、$\boldsymbol{W}_{xh}$、$\boldsymbol{W}_{yh}$ 是 4 个权重矩阵,每个权重矩阵都会通过网络的反向传播进行更新。g 表示将 $\boldsymbol{h}_t^1$ 与 $\boldsymbol{h}_t^2$ 两部分拼接起来,$\boldsymbol{y}_t$ 是网络最终的输出。

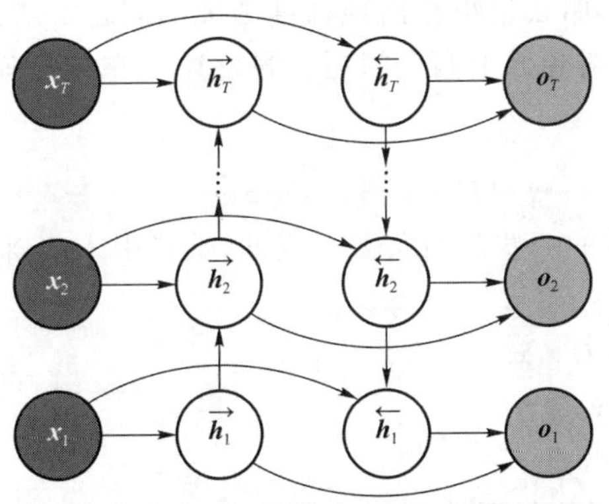

图 9-19 双向循环神经网络的架构

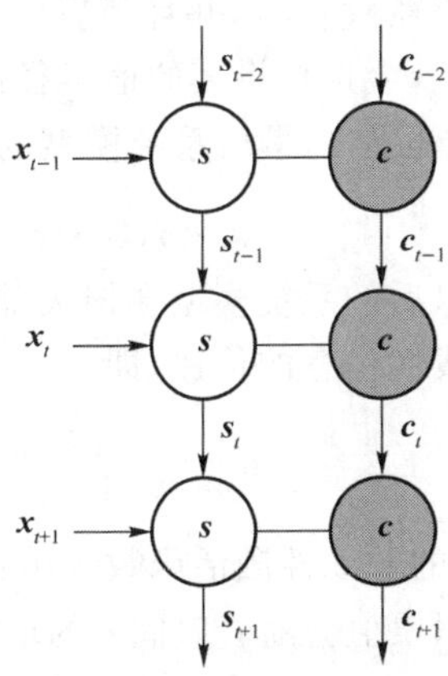

图 9-20 增加新状态后的循环神经网络结构

9.2.3 长短期记忆网络

神经网络在变得越来越深以后，最后的模型会丢失多次迭代的中间的重要信息，这使得权重矩阵的优化难以实现，专业名词叫作神经网络的长期依赖问题。循环神经也会出现此类的问题，但是相对于卷积神经网络，循环神经网络的此类问题更为严重，因为循环神经网络的输入是长度较大的时间序列，需要重复操作以构造深层特征图。

在这里，我们以 SRN 为例，我们可以将重复的操作简单看成不断地与矩阵 $\boldsymbol{W}$ 相乘，那么经过 t 个时间步后，相当于输入乘以 $\boldsymbol{W}^t$。假设矩阵 $\boldsymbol{W}$ 可以对角化，从而可以进行特征分解：

$$\boldsymbol{W}=\boldsymbol{V}\mathrm{diag}(\lambda)\boldsymbol{V}^{-1} \tag{9-11}$$

那么可以得到

$$\boldsymbol{W}^t=(\boldsymbol{V}\mathrm{diag}(\lambda)\boldsymbol{V}^{-1})^t=\boldsymbol{V}\mathrm{diag}(\lambda)^t\boldsymbol{V}^{-1} \tag{9-12}$$

指数爆炸指的是特征值 λ_i 大于 1，指数消失指的是特征值 λ_i 小于 1，那么这与神经网络常见的梯度消失和梯度爆炸问题也类似，是由于计算图需要持续求取梯度，梯度会随着 $\mathrm{diag}(\lambda)^t$ 而大幅度变化。

根据以上的分析可以得知，循环神经网络的长期依赖问题更为明显的原因是其时间步之间的迁移是共享的，共享的参数即 $\boldsymbol{W}$。为了解决梯度消失和梯度爆炸问题，可以使得参数保持在梯度不消失也不爆炸的区域。但是通常来说，RNN 的特性是储存并对微小的噪声敏感，导致 RNN 的权重和参数通常处于很有可能出现梯度消失和梯度爆炸的区间，所以，对于长期依赖的模型，其梯度幅度会远远小于短期依赖的梯度幅度，因此长期依赖的信息会难以抓取，更容易获得短期依赖的信息，故此需要长时间的学习才能学习到长期依赖的信息。有很多实验都证实，增加依赖关系的跨度会导致梯度优化困难。比如，有实验证实，使用随机梯度下降成功训练传统 RNN 的概率为 0。基于传统 RNN 的缺点，LSTM 因此发展起来。

若定义

$$\zeta=\boldsymbol{W}^{\mathrm{T}}\cdot\mathrm{diag}(\sigma'(\boldsymbol{s}_{j-1})) \tag{9-13}$$

则有

$$\prod_{j=k+1}^{t}(\boldsymbol{W}^{\mathrm{T}}\cdot\mathrm{diag}(\sigma'(\boldsymbol{s}_{j-1})))\to\zeta^{t-k} \tag{9-14}$$

当 ζ 的谱半径 $\|\zeta\|>1$，并且随着 $(t-k)$ 的增大时，那么系统会出现梯度爆炸的问题；反之，

当 ζ 的谱半径 $\|\zeta\|<1$，并且随着 $(t-k)$ 的增大时，那么系统会出现梯度消失的问题。所以，在一般情况下，会选择将其的谱半径设为 1，为的是避免以上两个问题。假设 $\boldsymbol{W}$ 为单位矩阵以及 σ 的谱范数也为 1，最后系统模型的关系则变为

$$\boldsymbol{s}_t=\sigma(\boldsymbol{U}\cdot\boldsymbol{x}_t+\boldsymbol{W}\cdot\boldsymbol{s}_{t-1}+\boldsymbol{b})\xrightarrow{\text{退化}}\boldsymbol{s}_t=\boldsymbol{U}\cdot\boldsymbol{x}_t+\boldsymbol{s}_{t-1}+\boldsymbol{b} \tag{9-15}$$

退化以后的系统模型会损失部分非线性函数的一些映射关系。因此，选择引入 $\boldsymbol{c}_t$ 来作为系统的非线性信息的传递，即

$$\begin{cases}\boldsymbol{c}_t=\boldsymbol{c}_{t-1}+\boldsymbol{U}\cdot\boldsymbol{x}_t\\ \boldsymbol{s}_t=\tanh\ (\boldsymbol{c}_t)\end{cases} \tag{9-16}$$

注意：这里的非线性激活函数为 tanh(·)。

$\boldsymbol{c}_t$ 的积累值会随着时间 t 的增加而增加，为了使得系统能够选择性地记住或者遗忘一些信息，在此引入门限机制，将其命名为长短期记忆神经网络。

为了控制信息的变化从而引入了新状态 C，对于任意 t 时刻来说，3 个输入系数分别是 $\boldsymbol{x}$、$C-1$ 和 $\boldsymbol{s}$，两个输出系数分别是 $\boldsymbol{c}_t$ 和 $\boldsymbol{s}$；长短期记忆网络包括遗忘门和输入门，遗忘门对于状态 C 来说是确定 $C-1$ 保留在 C 中的成分，输入门对于状态 C 来说是确定 $\boldsymbol{x}$ 保留在 C 中的成分，除了遗忘门和输入门以外，还有输出门，输出门对于状态 S 来说是确定 O 有多少成分输出到 S 中。注意：网络的核心设计包括 3 个门，即输入门、遗忘门和输出门。

输入门的主要功能是确定输入需要保留的成分，实现公式为

$$\begin{cases}\boldsymbol{i}_t=\sigma(\boldsymbol{U}_i\cdot\boldsymbol{x}_t+\boldsymbol{W}_i\cdot\boldsymbol{s}_{t-1}+\boldsymbol{V}_i\cdot\boldsymbol{c}_{t-1})\\ \tilde{\boldsymbol{c}}_t=\tanh(\boldsymbol{U}_c\cdot\boldsymbol{x}_t+\boldsymbol{W}_c\cdot\boldsymbol{s}_{t-1})\end{cases} \tag{9-17}$$

其中 $\boldsymbol{i}_t$ 为任意 t 时刻输入门的输入。经过输入门，任意 t 时刻的状态(即 $\boldsymbol{c}_t$ 中的成分)为 $\boldsymbol{i}_t\otimes\boldsymbol{c}_{t-1}$，其中符号“$\otimes$”表示卷积。

遗忘门的主要功能是确定上一时刻的状态需要保留的成分，实现公式为

$$\boldsymbol{f}_t=\sigma(\boldsymbol{U}_f\cdot\boldsymbol{x}_t+\boldsymbol{W}_f\cdot\boldsymbol{s}_{t-1}+\boldsymbol{V}_f\cdot\boldsymbol{c}_{t-1}) \tag{9-18}$$

经过遗忘门，任意 t 时刻的状态(即 $\boldsymbol{c}_t$ 中的成分)为 $\boldsymbol{f}_t\otimes\boldsymbol{c}_{t-1}$。

输出门的主要功能是决定输出能够保留多少成分到隐藏层。上文已经详细地介绍了系统的 3 部分，接下来将详细地介绍这 3 部分如何合并在一起。

首先，经过输入门与遗忘门，$\boldsymbol{c}_t$ 的实现公式为

$$\boldsymbol{c}_t=\boldsymbol{i}_t\otimes\vec{\boldsymbol{c}}_t+\boldsymbol{f}_t\otimes\boldsymbol{c}_{t-1} \tag{9-19}$$

其中 $\boldsymbol{i}_t\otimes\vec{\boldsymbol{c}}_t$ 为输入门确定的保留在 $\boldsymbol{c}_t$ 中的成分，$\boldsymbol{f}_t\otimes\boldsymbol{c}_{t-1}$ 是经过遗忘门后保留在 $\boldsymbol{c}_t$ 中的成分。其次，为了确定 $\boldsymbol{c}_t$ 有多少成分保留在 $\boldsymbol{s}_t$ 中，先给出输出的实现公式：

$$\boldsymbol{o}_t=\sigma(\boldsymbol{U}_o\cdot\boldsymbol{x}_t+\boldsymbol{W}_o\cdot\boldsymbol{s}_{t-1}+\boldsymbol{V}_o\cdot\boldsymbol{c}_t) \tag{9-20}$$

这里的 $\boldsymbol{o}_t$ 为 t 时刻输出层上的状态。最后，经过输出门，保留在隐藏层上的成分为

$$\boldsymbol{h}_t=\boldsymbol{o}_t\odot\tanh(\boldsymbol{c}_t) \tag{9-21}$$

9.2.4 门控循环单元

门控循环单元(Gated Recurrent Unit，GRU)是一类循环神经网络，其通过内部的各个模块把控所有的信息，如信息如何流动、遗忘哪部分内容等。可以将门控循环单元当成长短期记忆网络的一部分。但是，相对于长短期记忆网络，门控循环单元又有一部分优点，如内部结构简单，易于操作。此外，门控循环单元有两种门：一种门是更新门，可以通过其实现输入门和遗

忘门的主要操作;另一种门是重置门,可以控制某状态是否依赖上一个时刻的状态。图 9-21 所示是门控循环单元的结构,其相对于长短期记忆网络更加简单。

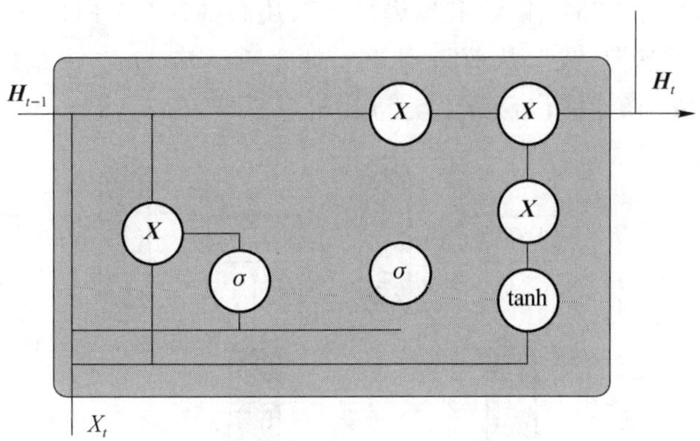

图 9-21 GRU 结构示例

其中重置门为 r_t,更新门为 u_t,计算公式如下所示:

$$\begin{aligned}
&\widetilde{\boldsymbol{h}}_t=\tanh(\boldsymbol{W}_h\boldsymbol{x}_t+\boldsymbol{U}_h(\boldsymbol{r}_t\odot\boldsymbol{h}_{t-1})+\boldsymbol{b}_h)\\
&\boldsymbol{r}_t=\sigma(\boldsymbol{W}_r\boldsymbol{x}_t+\boldsymbol{U}_r\boldsymbol{h}_{t-1}+\boldsymbol{b}_r)\\
&\boldsymbol{h}_t=\boldsymbol{z}_t\odot\boldsymbol{h}_{t-1}+(1-\boldsymbol{z}_t)\odot\widetilde{\boldsymbol{h}}_t\\
&\boldsymbol{u}_t=\sigma(\boldsymbol{W}_z\boldsymbol{x}_t+\boldsymbol{U}_z\boldsymbol{h}_{t-1}+\boldsymbol{b}_z)
\end{aligned} \tag{9-22}$$

其中,$\boldsymbol{W}$ 和 $\boldsymbol{U}$ 表示权重,$\boldsymbol{b}$ 表示偏重,σ 表示 logistic 函数,f 表示激活函数,$\odot$表示向量元素乘积。

9.2.5 双向长短期记忆网络

堆叠 RNN 的结构如图 9-22 所示,一般我们定义 $\boldsymbol{h}_t^{(l)}$ 为时刻 t 第 l 层的隐状态,则它是由时刻 $t-1$ 第 l 层的隐状态与时刻 t 第 $l-1$ 层的隐状态共同决定的:

$$\boldsymbol{h}_t^{(l)}=f(\boldsymbol{U}^{(l)}\boldsymbol{h}_{t-1}^{(l)}+\boldsymbol{W}^{(l)}\boldsymbol{h}_t^{(l-1)}+\boldsymbol{b}^{(l)}) \tag{9-23}$$

其中,$\boldsymbol{U}^{(l)}$、$\boldsymbol{W}^{(l)}$ 是权重矩阵,$\boldsymbol{b}^{(l)}$ 是偏置,$\boldsymbol{h}_t^{(0)}=\boldsymbol{x}_t$。

我们可以看到,如果一共有 T 步,那么会有 T 个输出:$y_1,y_2,\cdots,y_T$。但一般只取最后一个输出 y_T,相应的隐状态也取最后时刻最后一个循环层的隐状态,如上面就是取 $\boldsymbol{h}_t^{(l)}$。

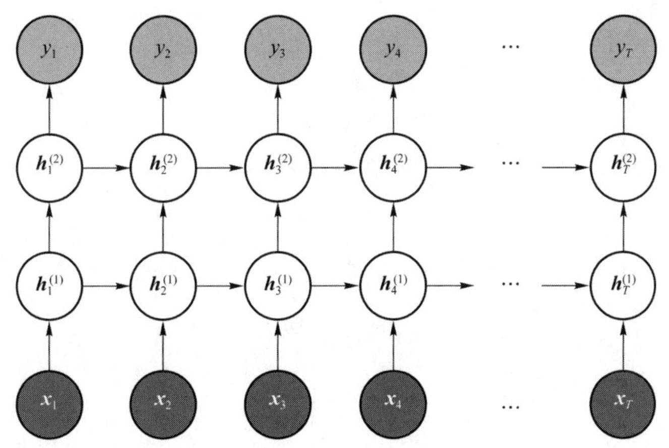

图 9-22 堆叠 RNN

前向的 LSTM 与后向的 LSTM 结合成 BiLSTM。比如，我们对“我爱你”这句话进行编码，模型如图 9-23 所示。

我们依次向前向的 $LSTM_L$ 输入“我”“爱”“你”，从而得到 3 个向量$\{\boldsymbol{h}_{L0},\boldsymbol{h}_{L1},\boldsymbol{h}_{L2}\}$。再向后向的 $LSTM_R$ 输入“你”“爱”“我”，从而得到 3 个向量$\{\boldsymbol{h}_{R0},\boldsymbol{h}_{R1},\boldsymbol{h}_{R2}\}$。最后将前向和后向的隐向量进行拼接得到$\{[\boldsymbol{h}_{L0},\boldsymbol{h}_{R2}],[\boldsymbol{h}_{L1},\boldsymbol{h}_{R1}],[\boldsymbol{h}_{L2},\boldsymbol{h}_{R0}]\}$，即$\{\boldsymbol{h}_0,\boldsymbol{h}_1,\boldsymbol{h}_2\}$。

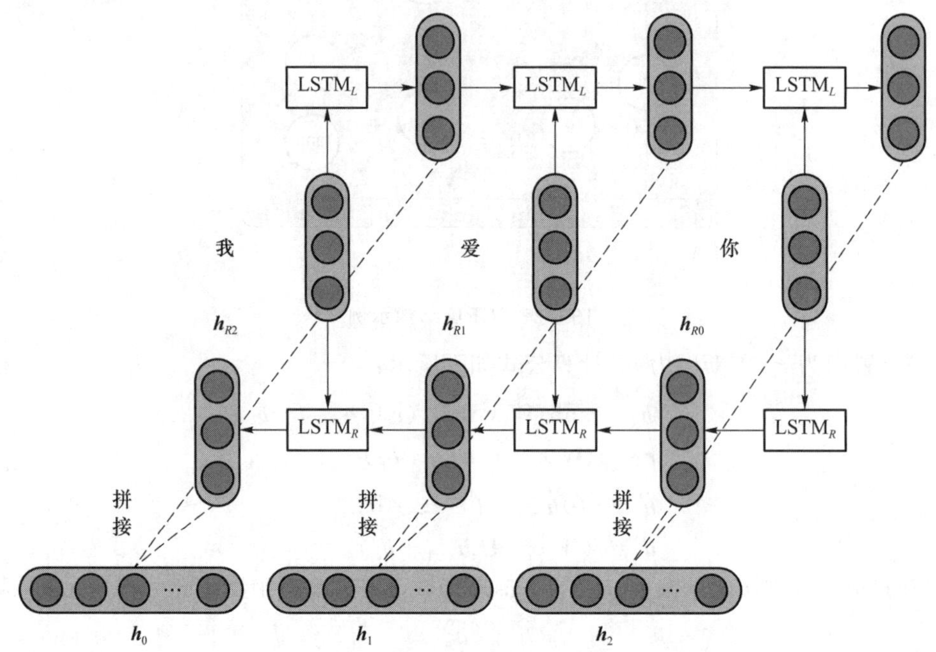

图 9-23　双向 LSTM 编码句子

第 10 章 强化学习

强化学习基础

10.1 强化学习理论基础

10.1.1 强化学习简介

强化学习是机器学习的一个分支，是一种“行为”学习问题，它强调如何基于环境而行动，以取得最大化的预期利益。我们思考一下学习的本质，人类正是通过与环境交互来进行学习的。例如，对于学习开车或进行交谈，我们都是在感知环境对我们动作的响应的基础上，施加相应的进一步动作来改进结果的，这便是强化学习的思想。相比于其他机器学习方法，强化学习更加侧重于以交互目标为导向进行学习。

试错学习和延迟收益是强化学习两个最显著的特点。强化学习不同于监督学习，因为没有监督和直接的指导信息，学习者并不知道应该采取什么动作，而是必须自己通过尝试去发现哪些动作会产生最丰厚的收益。另外，动作往往不仅会影响即时收益，也会影响下一个情境，从而影响随后的收益。

强化学习主要由智能体(Agent)、环境(Environment)、状态(State)、动作(Action)和奖励(Reward)组成，其基本框架如图 10-1 所示。智能体便是强化学习中的学习者，它通过与环境交互来进行学习和实施决策。智能体之外所有与其交互作用的事物都被称为环境。智能体选择动作执行，环境对这些动作做出相应的响应，包括反馈给智能体奖励信号，并向智能体呈现出新的状态，智能体根据环境的反馈按照一定的策略执行新的动作，在这个过程中智能体不断试错和改进，使得最终的预期利益最大化。

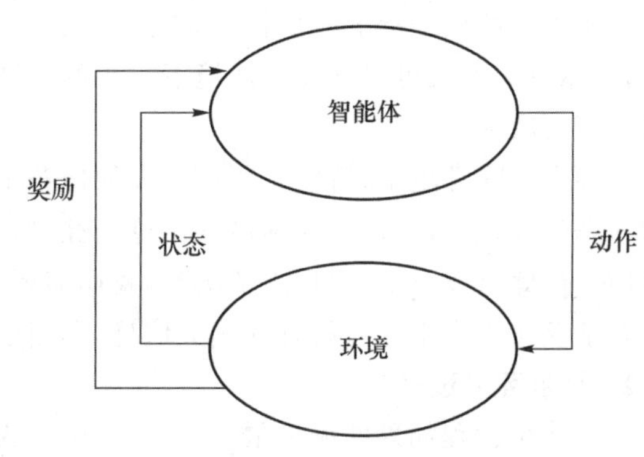

图 10-1　强化学习的基本框架

在强化学习中,"探索"与"开发"之间的权衡是一个独有的挑战,"探索"是指尝试还没尝试过的动作行为,目的是找到更多的环境信息,"开发"则是利用已知的环境信息,执行能够获得良好奖励的已知动作。为了获得大量收益,智能体会倾向于执行过去为它产生过收益的动作,另外,为了发现这些动作,智能体还需要去尝试从未选择的动作。智能体必须开发已有的经验来获取收益,同时也要进行探索,使得未来可以获得更好的动作选择空间。由于"探索"和"开发"两者本身是矛盾的,因此产生了一个"探索-开发"困境问题。智能体必须尝试各种各样的动作,并且逐渐筛选出那些最好的动作,因此如何权衡"探索"和"开发"之间的关系是至关重要的。

另外,在求解强化学习时往往会涉及"预测"和"控制"两个概念。"预测"指的是对于一个给定的策略,智能体需要去验证该策略能够到达的理想状态值,以确定该策略的好坏。"控制"则指的是给出一个初始化策略,智能体希望基于该给定的初始化策略,找到一个最优的策略。

根据强化学习中智能体所处的环境,学习可以分为基于模型的学习和无模型学习。如果智能体能理解其所处的环境,并用模型对环境建模,利用先前学习到的信息来完成任务,这时求解强化学习的任务叫作基于模型的学习。而在现实情况中,智能体大多无法获得环境中的诸多信息,只能通过试错经验来执行正确行为,这时任务称为无模型学习。

强化学习目前已被应用到日常生活的各个领域,如在制造业中用于训练智能机器人、在医学领域用于为患者制订个性的动态治疗方案、用于为电商和互联网应用进行用户分析及广告推荐等。另外,近些年深度学习的快速发展复兴了传统的强化学习,深度学习和强化学习相互结合充分发挥了二者的优势,深度强化学习算法使智能体同时具备了极强的感知和决策能力,为人工智能领域的发展带来了更多的可能。由 DeepMind 开发的、战胜了世界围棋冠军李世石的 AlphaGo 便是使用了深度强化学习算法。

10.1.2 马尔可夫决策过程

马尔可夫决策过程(Markov Decision Process,MDP)是强化学习问题在数学上的理想化形式,为求解强化学习问题提供了一个数学框架,几乎所有的强化学习问题都可以建模为 MDP,其为选择决策序列提供了数学基础。

1. 马尔可夫性质

在介绍马尔可夫决策过程之前,首先需要了解一下马尔可夫性质。

马尔可夫性质是指下一个状态只与当前状态有关而与过去的状态无关,在强化学习的背景下,马尔可夫性质可以描述为环境下一步的反馈只取决于当前的状态和动作,与之前的时间步都没有关联性。

然而在实际环境中,智能体所需完成的任务不能够完全满足马尔可夫性质,但为了简化问题的求解过程,仍假设该任务满足马尔可夫性质,并通过约束环境的状态使得问题满足马尔可夫性质。由此可以看出,在理想情况下,我们需要的状态信号要能够简洁地总结过去的感觉,同时要能够从历史中捕获所有的相关信息,即当前状态要作为未来的充分统计量。

2. 马尔可夫过程

一个随机过程如果遵循马尔可夫性质,则称为马尔可夫过程,其随机变量序列中的每个状态都是马尔可夫的。

从一个状态转移到另一个状态的概率称为状态转移概率,对于马尔可夫状态 s 和它的后

续状态 s'，定义状态转移概率为

$$p_{ss'}=P(s_{t+1}=s'|s_t=s) \tag{10-1}$$

转移概率矩阵 $\boldsymbol{P}$ 定义了所有由状态 s 到后续状态 s' 的转移概率，即

$$\boldsymbol{P}=\begin{pmatrix} p_{11} & \cdots & p_{1n} \\ \vdots & & \vdots \\ p_{n1} & \cdots & p_{nn} \end{pmatrix} \tag{10-2}$$

3. 马尔可夫决策过程的定义

满足马尔可夫性质的强化学习任务称为马尔可夫决策过程，它提供了一个用于对决策情景建模的数学框架。如果状态空间和动作空间是有限的，则其称为有限马尔可夫决策过程(Finite Markov Decision Process，FMDP)。

马尔可夫决策过程由四元组$(S,A,P_{ss'}^a,R_{ss'}^a)$构成，其中：$S$ 为状态空间集，表示智能体能够处于的一组状态；A 为动作空间集，表示智能体所能够执行的一组动作；$P_{ss'}^a$ 为状态转移概率，表示在状态 s 下执行动作 a 后，转移到另一个状态 s' 的概率分布；$R_{ss'}^a$ 为奖励函数，表示在状态 s 下执行动作 a 后转移到状态 s' 获得的奖励。

如图 10-2 所示，一般来说，强化学习任务都是基于马尔可夫决策过程来进行学习和求解的，通过将强化学习任务转化为马尔可夫决策过程，可以在很大程度上降低强化学习任务的求解难度和复杂度。

$$s_0 \xrightarrow{a_0} s_1 \xrightarrow{a_1} s_2 \xrightarrow{a_2} \cdots \xrightarrow{a_{n-1}} s_n$$

图 10-2 基于马尔可夫决策过程表示的强化学习

Kichard Sutton 指出，马尔可夫决策过程的框架非常抽象与灵活，并且能够以许多不同的方式应用到众多问题中。例如，时间步长不需要是真实时间的固定间隔，也可以是决策和行动的任意的连贯阶段；动作可以是低级的控制，也可以是高级的决策；状态可以采取多种表述形式，也可以完全由低级感知决定，还可以是更高级、更抽象的；状态的一些组成成分可以是基于过去感知的记忆，也可以是完全主观的记忆；类似地，一些动作也可能是完全主观的或完全可计算的。一般来说，动作可以是任何我们想要做的决策，而状态则可以是任何对决策有所帮助的事情。

4. 目标、奖励和回报

在强化学习中，智能体的目标被形式化表征为奖励。环境会根据智能体执行的行为向智能体反馈奖励信号，奖励是具有正、负的标量数值，可以让智能体知道什么是好的行为、什么是坏的行为。而智能体的目标则是最大化其收到的总奖励，这表明智能体要最大化的不是即时奖励，而是长期的累积奖励。这种非正式的想法表述为奖励假设：所有的目标和目的可以总结为最大化智能体接收到的标量信号(奖励)累积和的概率期望值。

智能体从环境中获得的奖励总额称为回报，回报不仅考虑了当前时间步的奖励，同时还考虑了未来的奖励，智能体的回报(长期累积奖励)记作 G_t，在最简单的情况下，回报即奖励的总和，其计算公式为

$$G_t=R_{t+1}+R_{t+2}+R_{t+3}+\cdots+R_T \tag{10-3}$$

其中，R_{t+1}、R_{t+2}、R_{t+3}…为时刻 t 后接收到的奖励序列。例如，R_{t+1} 代表智能体于时间步 $t+1$ 在执行动作后从一个状态转移到另一个状态所获得的奖励。另外，T 表示序列的最终时刻，它

是一个随机变量，通常随着任务或回合的不同而不同。

通常，环境是随机或未知的，这意味着下一个状态可能也是随机的，所以无法确定下一次执行相同的动作以及是否能够获得相同的奖励。而向未来探索得越多，可能产生的分歧(即不确定性)就越多，因此在实际任务中，通常引入折扣因子 γ，使用折扣回报(折扣未来累积奖励)来替代简单的奖励求和，即

$$G_t = R_{t+1} + \gamma R_{t+2} + \gamma^2 R_{t+3} + \cdots \tag{10-4}$$

折扣因子 γ 是在区间[0,1]上的常数，使得距离当前时间步越远的奖励的重要性越低，它可以调整对行动的短期和长期结果考虑的程度，即调整即时奖励和未来奖励的重要性。在极端的情况下，若 $\gamma=0$，智能体则“目光短浅”，它只关心即时奖励，目标变为学习如何调整行为来最大化 R_{t+1}。随着 γ 接近 1，智能体将更多地考虑未来的奖励，变得更有远见。折扣因子的设定要根据具体实际情况，给予即时奖励和未来奖励于具体情况中相应的重要程度。

同时，由式(10-4)易得，相邻时刻的回报可以用如下递归关系联系起来：

$$\begin{aligned} G_t &= R_{t+1} + \gamma R_{t+2} + \gamma^2 R_{t+3} + \gamma^3 R_{t+4} + \cdots \\ &= R_{t+1} + \gamma(R_{t+2} + \gamma R_{t+3} + \gamma^2 R_{t+4} + \cdots) \\ &= R_{t+1} + \gamma(R_{t+2} + \gamma(R_{t+3} + \gamma R_{t+4} + \cdots)) \\ &= R_{t+1} + \gamma G_{t+1} \end{aligned} \tag{10-5}$$

综上，我们可以认为强化学习智能体的目标演变为寻找一个能够最大化 G_t 的最优策略。

10.1.3 策略最优化算法

1. 策略

策略是强化学习的一个核心要素，它指的是环境状态到动作的映射，是智能体选择动作所使用的规则。策略记作 π，强化学习的目标便是让智能体在环境中寻找到最优策略 π^*，通常使用策略函数 $\pi(a|s)=P(a_t=a|s_t=s)$ 来表示策略，含义为在状态 s 下选择动作 a 的概率，它将状态映射到动作概率，使得智能体在策略 π 下处于任何时间步中的状态 s 都能得到接下来需要执行的动作 a。

策略分为确定性策略和随机性策略，如果给定状态 s 可以得到一个确定的动作 a，这是一个确定性过程，则策略称为确定性策略；否则，如上面所述，策略给出智能体在状态 s 下选择不同动作的概率，这一过程引入了随机性概率，因此称为随机性策略。

2. 价值函数

价值函数是状态(或状态与动作)的函数，用来评估当前智能体在给定状态(或给定状态与动作)下有多好。前文我们已经将强化学习的目标总结为寻找一个能够最大化 G_t 的最优策略，同时考虑到从某一状态 s 出发可以得到不同的序列，进而得到不同的回报，因此“有多好”的概念使用未来累积奖励 G_t 的期望值来定义。另外，累积奖励取决于智能体采取什么样的动作，即选择不同的策略会获得不同的奖励值，因此一个特定的策略，能够获得一个特定的价值函数，也就是说，价值函数是根据特定策略定义的。

状态值函数 $v_\pi(s)$ 表示在策略 π 下状态 s 的价值函数，即从状态 s 开始，智能体按照策略 π 进行决策所获得的回报的概率期望值，其公式为

$$v_\pi(s) = E_\pi[G_t | s_t = s] = E_\pi\left[\sum_{k=0}^{\infty} \gamma^k R_{t+k+1} \,\middle|\, s_t = s\right] \tag{10-6}$$

要注意的是，终止状态的价值始终为零。

类似地，动作值函数 $q_\pi(s,a)$ 表示在策略 π 下于状态 s 时采取动作 a 的价值，表示根据策略 π，从状态 s 开始，执行动作 a 之后，所有可能的决策序列的期望回报，其公式为

$$q_\pi(s,a) = E_\pi[G_t \mid s_t = s, a_t = a] = E_\pi\left[\sum_{k=0}^{\infty}\gamma^k R_{t+k+1} \mid s_t = s, a_t = a\right] \tag{10-7}$$

状态值函数与动作值函数的区别在于状态值函数是衡量状态的好坏程度，而动作值函数多考虑了在某一状态下执行动作 a 所带来的影响，是衡量此动作的好坏程度。状态 s 的状态值函数等于在该状态 s 处采用策略 π 的所有动作值函数的加权和，即

$$v_\pi(s) = \sum_a \pi(a \mid s) q_\pi(s,a) \tag{10-8}$$

3. 贝尔曼方程

贝尔曼方程是以美国数学家 Richard Bellman 命名的，用于求解 MDP 问题，它表示了当前时刻状态的价值和下一时刻状态的价值之间的关系。状态值函数和动作值函数都可以使用贝尔曼方程来表示，事实上，求解强化学习等同于优化贝尔曼方程。

在式(10-5)中，我们已经推导了相邻时刻回报之间的递归关系，将其代入到状态值函数式(10-6)中可以得到

$$\begin{aligned}
v_\pi(s) &= E_\pi[G_t \mid s_t = s] \\
&= E_\pi[R_{t+1} + \gamma G_{t+1} \mid s_t = s] \\
&= \sum_a \pi(a \mid s) \sum_{s'} P_{ss'}^a [R_{ss'}^a + \gamma E_\pi[G_{t+1} \mid s_{t+1} = s']] \\
&= \sum_a \pi(a \mid s) \sum_{s'} P_{ss'}^a (R_{ss'}^a + \gamma v_\pi(s'))
\end{aligned} \tag{10-9}$$

式(10-9)即状态值函数 v_π 的贝尔曼方程，其表达了状态价值和后继状态价值之间的关系。图 10-3 称为回溯图，其中空心圆表示一个状态，而实心圆表示一个“状态-动作”二元组，从状态 s 开始，其作为根节点，智能体可以根据其策略 π，采取动作集合中的任意一个动作。对每一个动作，环境会根据其状态转移概率函数 p，以一个后继状态 s' 及其奖励 r 作为响应。贝尔曼方程对所有可能性根据其出现概率进行了加权平均。这也说明了起始状态的价值一定等于后继状态的(折扣)期望值加上对应的奖励的期望值。

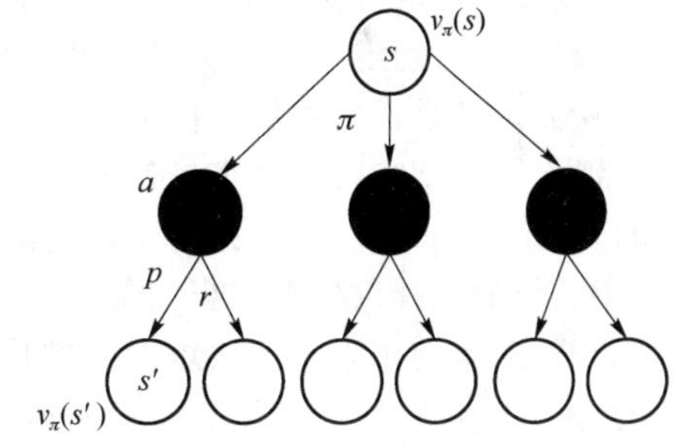

图 10-3　v_π 的回溯图

与状态值函数 v_π 的贝尔曼方程推导类似，可以得到动作值函数 q_π 的贝尔曼方程：

$$q_\pi(s,a) = \sum_{s'} P_{ss'}^a \left(R_{ss'}^a + \gamma \sum_{a'} \pi(a' \mid s') q_\pi(s',a')\right) \tag{10-10}$$

4. 最优值函数与最优策略

强化学习的过程就是寻找最优策略的过程，而值函数是对最优策略的表达，通过比较值函数可以判断策略的好坏。在所有策略中，使得值函数最大的策略就是最优策略 π^*，其在所有状态上的期望回报都应该大于或等于其他策略，而最优策略所对应的最大状态值函数称为最优状态值函数，记作 v^*，即有

$$v^*(s) = \max_\pi v_\pi(s) \tag{10-11}$$

最优值函数确定了马尔可夫决策过程中智能体最优的可能表现，获得了最优状态值函数，也就获得了每个状态的最优价值。同理，最优动作值函数为最优策略所对应的最大动作值函数，记作 q^*，有

$$q^*(s,a)=\max_{\pi} q_{\pi}(s,a) \tag{10-12}$$

对于任何马尔可夫决策过程，存在一个最优策略 π^*，其好于(至少等于)任何其他策略，并且所有最优策略下都有共享的最优状态值函数和最优动作值函数。因此，最优策略可以通过最优状态值函数或最优动作值函数来得到。

通过贝尔曼方程，结合式(10-8)给出的状态值函数和动作值函数的关系，我们可以进一步推导出 v^* 的贝尔曼最优方程：

$$\begin{aligned} v^*(s) &= \max_a q^*(s,a) \\ &= \max_a E_{\pi^*}[G_t \mid s_t = s, a_t = a] \\ &= \max_a E_{\pi^*}[R_{t+1} + \gamma G_{t+1} \mid s_t = s, a_t = a] \\ &= \max_a E_{\pi^*}[R_{t+1} + \gamma v^*(s_{t+1}) \mid s_t = s, a_t = a] \\ &= \max_a \sum_{s'} P_{ss'}^{a}(R_{ss'}^{a} + \gamma v^*(s')) \end{aligned} \tag{10-13}$$

同理，最优动作值函数 q^* 的贝尔曼最优方程为

$$\begin{aligned} q^*(s,a) &= E[R_{t+1} + \gamma \max_{a'} q^*(s_{t+1},a') \mid s_t = s, a_t = a] \\ &= \sum_{s'} P_{ss'}^{a}(R_{ss'}^{a} + \gamma \max_{a'} q^*(s',a')) \end{aligned} \tag{10-14}$$

贝尔曼最优方程实际上是一个方程组，每个状态对应一个方程等式。也就是说，如果有 n 个状态，那么有 n 个含有 n 个未知量的方程。如果环境的动态变化特性是已知的，那么原则上可以用解非线性方程组的方法来求解 v^* 方程组。类似地，我们也可以求得 q^* 的一组解。

一旦有了 v^*，确定一个最优策略就比较容易了。对于每个状态 s，都存在一个或多个动作，可以在贝尔曼最优方程的条件下产生最大的价值。如果在一个策略中，只有这些动作的概率非零，那么这个策略就是一个最优策略。因此，如果最优值函数 v^* 已知，那么单步搜索后最好的动作就是全局最优动作，即对于最优值函数 v^* 来说，任何贪心策略都是最优策略。贪心策略对于动作的选择仅仅考虑当前最优，但由于 v^* 本身已经包含了未来所有可能的行为产生的回报影响，因此使用它来评估短期结果时，从长期来看贪心策略也是最优的。

若给定 q^*，选择最优动作的过程变得更加容易，智能体只要找到使得 $q^*(s,a)$ 最大化的动作 a 即可。动作值函数有效保存了所有单步搜索的结果，它将最优的长期回报期望值表达为对应每个“状态-动作”二元组的一个当前局部量，因此最优动作的选取就不再需要知道后继状态和其对应的价值了，即不再需要知道任何环境的动态变化特性。

对于最优策略，贝尔曼还提出了贝尔曼最优准则：一个最优策略无论初始状态和初始决策是什么，对于之前决策所导致的某一状态，剩余决策必须构成最优策略。贝尔曼最优准则基于“分而治之”的思想，是 10.1.4 节要讲述的动态规划(Dynamic Programming，DP)方法的一个基础原理。

10.1.4 动态规划

通过 10.1.3 节，我们已经将强化学习的求解问题转化为贝尔曼最优方程的求解。具体而

言，对于小规模的马尔可夫决策过程，可以直接求解值函数，但对于大规模的马尔可夫决策过程，求解值函数会变得过于复杂和困难，则通常采用迭代的方式来优化贝尔曼方程。基于贝尔曼方程，主要有 3 种基本方法来求解强化学习：动态规划、蒙特卡洛方法和时序差分学习。

动态规划是一类优化算法，它将复杂的问题分解为多个简单的子问题，并逐个求解子问题，最后把子问题的解进行结合，进而解决较难的原问题。其中，“动态”指该问题是由一系列随时间逐步发生改变的状态组成的，“规划”指优化一个策略。由于马尔可夫决策过程具有的马尔可夫特性，贝尔曼方程可以递归地划分为子问题，因此非常适合采用动态规划方法来求解贝尔曼方程。

动态规划方法的核心也是找到最优值函数，其使用价值函数来结构化地组织对最优策略的搜索。在 10.1.3 节中，我们已经找到了 v^* 的贝尔曼最优方程(10-13)和 q^* 的贝尔曼最优方程(10-14)，贝尔曼最优方程将当前时间步的值函数利用后继状态的值函数来表示，但由于后继状态的值函数也未知而无法直接进行计算。动态规划法主要就是将方程(10-13)或方程(10-14)中的贝尔曼方程转换为赋值操作，使用自己的估计反馈来代替真实反馈，通过更新价值来模拟价值更新函数。

使用动态规划求解的问题需要包含最优子结构和重叠子问题两个性质。最优子结构是指要保证问题能够使用最优性原则，使问题的最优解可以分解为子问题的最优解；重叠子问题是指子问题重复出现多次，可以缓存并重用子问题的解。而马尔可夫决策过程符合使用动态规划的两个条件，因此动态规划可以用于计算马尔可夫决策过程已知模型的最优策略。但同时，动态规划也要求具备一个完全已知的完备环境模型，即动态规划是基于模型的学习方法，在模型已知的情况下才能使用动态规划来求解贝尔曼方程。考虑到完备环境模型只是一个假设，并且动态规划的计算复杂度极高，传统的动态规划在强化学习问题中作用有限，但它仍然是一个非常重要的理论，并为后面其他的强化学习方法提供了一个必要的基础。

1. 策略迭代

策略迭代算法分为策略评估和策略改进两个步骤，算法从一个初始化的策略出发，先进行策略评估，然后进行策略改进，之后重复策略评估和策略改进，不断迭代更新，直至策略收敛。

策略评估也称为预测问题，可以在已知环境模型的前提下评估任意策略 π 的好坏，具体表现为计算与策略 π 对应的状态值函数 v_π。即给定一个策略，基于该策略计算每个状态的状态值。

策略评估通过迭代计算贝尔曼方程来获得对应的状态值函数 $v_\pi(s)$，通过 10.1.3 节，我们已经获得了状态值函数 $v_\pi(s)$ 的贝尔曼方程：

$$v_\pi(s) = \sum_a \pi(a \mid s) \sum_{s'} P_{ss'}^a (R_{ss'}^a + \gamma v_\pi(s')) \tag{10-15}$$

考虑一个近似的价值函数序列 $v_0, v_1, v_2, \cdots$，其中初始的 v_0 可以任意选取(除了终止状态值必须为 0 外)，下一轮迭代的近似便使用式(10-15)进行更新，有

$$v_{k+1}(s) = \sum_a \pi(a \mid s) \sum_{s'} P_{ss'}^a (R_{ss'}^a + \gamma v_k(s')) \tag{10-16}$$

策略评估在每一轮迭代都更新一次所有状态的价值函数，以产生新的近似价值函数 v_{k+1}。在保证 v_π 存在的条件下，序列 $\{v_k\}$ 在 $k \to \infty$ 时将会收敛到 v_π。

算法 10.1 即迭代式更新状态值函数的策略评估算法，算法首先需要随机初始化状态值函数 $v(s)$，然后在环境中不断迭代计算，并设定参数值 θ 作为停止迭代的判断阈值，在每一轮迭

代中，遍历环境中所有的状态后进行是否收敛的判定。从形式上说，迭代策略评估只能在极限意义下收敛，因此在实际中每次遍历后会测试$\max_s|v_{k+1}(s)-v_k(s)|$，并在它足够小的时候进行停止。

算法 10.1 策略评估算法

输入：待评估策略 π

算法参数：很小的正数阈值 $\theta>0$，用于确定估计量的精度

对于所有 $s\in S$，任意初始化状态值 $v(s)$，其中 v(终止状态)$=0$

循环：

　$\Delta\leftarrow 0$

　对每一个 $s\in S$ 循环：

　　$v\leftarrow v(s)$，记录上一状态值函数

　　$v(s)\leftarrow\sum_a\pi(a|s)\sum_{s'}P_{ss'}^a(R_{ss'}^a+\gamma v(s'))$，更新本次迭代的状态值函数

　　$\Delta\leftarrow\max(\Delta,|v-v(s)|)$

直到 $\Delta<\theta$

输出：$v\approx v_\pi$

策略评估的目的是衡量策略的好坏程度，而策略改进的目的是找到更好的策略。通过策略评估我们可以得到上一个策略的状态值，接下来就要基于计算得到的状态值对策略进行改进，计算求解更优的策略。

要判断在状态 s 下选择动作的好坏，就需要知道该状态下的动作值函数 $q_\pi(s,a)$，由式(10-8)和式(10-10)可以得到 $q_\pi(s,a)$ 与 $v_\pi(s')$ 的关系：

$$q_\pi(s,a)=\sum_{s'}P_{ss'}^a(R_{ss'}^a+\gamma v_\pi(s'))\tag{10-17}$$

可以通过式(10-17)遍历状态集合 S 下所有“状态-动作”对的动作值函数，选取动作值函数最大的动作作为新的策略进行更新。即可以采用贪心策略算法实现策略改进，从而得到更优的策略 π'，有

$$\pi'(s)=\arg\max_a q_\pi(s,a)\tag{10-18}$$

对于策略 π 和 π'，易得

$$q_\pi(s,\pi'(s))=\max_a q_\pi(s,a)\geqslant q_\pi(s,\pi(s))=v_\pi(s)\tag{10-19}$$

其中 $q_\pi(s,\pi'(s))$ 表示在状态 s 处选择动作 $\pi'(s)$ 后，继续遵循策略 π 的动作值函数。策略的价值函数越大表示该策略越好，可以看出策略 π' 必然比策略 π 更优或者至少和策略 π 一样好。当策略改进停止更新时，算法收敛，找到最大的价值函数，此时

$$q_\pi(s,\pi'(s))=\max_a q_\pi(s,a)=q_\pi(s,\pi(s))=v_\pi(s)\tag{10-20}$$

算法 10.2 即策略改进算法，算法遍历所有的状态，选出每一个状态 s 中使得价值函数取最大值的动作 a 来更新策略，从而得到更优的策略。当策略收敛时，算法输出最优策略和其对应的最优值函数。

算法 10.2　策略改进算法

输入:待改进的策略 π 及其状态值 v

policy-stable←true

对每一个 $s \in S$ 循环:

　　old-action←$\pi(s)$,记录当前策略所选动作

　　$\pi(s) \leftarrow \arg\max_a \sum_{s'} P_{ss'}^{a}(R_{ss'}^{a} + \gamma v(s'))$,策略改进

　　如果 old-action$\neq\pi(s)$,那么 policy-stable←false

如果 policy-stable 为 true,那么停止并返回 $v \approx v^*$ 以及 $\pi \approx \pi^*$;否则进行策略评估

输出:$v \approx v*$ 以及 $\pi \approx \pi^*$

策略迭代由上述的策略评估算法和策略改进算法组合而成,策略评估对于给定的策略计算价值函数,策略改进利用价值函数和贪心策略得到更优的策略,如此循环最终找到最优策略,整个过程如图 10-4 所示。通俗来讲,假设现在有一个策略 π,我们可以利用策略评估得到该策略的价值函数 v_π,一旦策略 π 根据 v_π 产生了一个更好的策略 π',我们就可以通过计算 $v_{\pi'}$ 来得到一个更优的策略 π'',以此类推,可以得到一个不断改进的策略序列,最终收敛到最优策略。

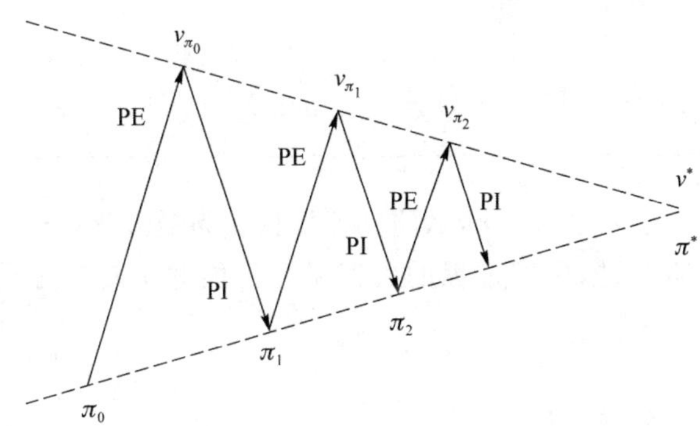

图 10-4　策略迭代过程

2. 值迭代

通过策略迭代可以找到最优策略和最优值函数,但与此同时策略迭代也存在一些缺点,其每一次迭代都涉及了策略评估,而策略评估每轮迭代都需要遍历状态集合,当状态集合过大时多轮迭代会直接导致算法的效率下降。另外,策略的初始化如果得到一个不合理的策略,则有可能导致算法无法收敛。

对于上述问题,可以采用截断策略迭代中的策略评估步骤来解决,并且不会影响收敛。一种特殊的情况是在一次遍历后,也就是对每个状态进行一次更新后即刻停止策略评估,然后进行策略改进,该方法被称为值迭代算法。可以将此表示为结合了策略改进和截断式策略评估的更新公式:

$$v_{k+1}(s) = \max_a \sum_{s'} P_{ss'}^{a}(R_{ss'}^{a} + \gamma v_k(s')) \tag{10-21}$$

还有一种理解值迭代的方法是借助于贝尔曼最优方程,可以认为值迭代是基于贝尔曼最

优方程的。结合贝尔曼最优准则，对每一个状态 s，对每个可能的动作 a 都计算采取行动后到达下一个状态的动作值函数，将获得的最大动作值函数作为当前状态的价值函数，也就是将能够获得的最大状态值函数 $v(s)$ 赋值给 $v_{k+1}(s)$，循环执行这个步骤，直到价值函数收敛，再通过最优值函数来获得最优策略。可以看出，值迭代是将贝尔曼最优方程变为一条更新规则。

算法 10.3 即值迭代算法，算法在迭代完所有状态后可以获得局部最优的状态值函数，然后不断地迭代上述过程，直到局部最优值函数收敛于最优值函数，之后通过贪心策略即可利用 v^* 得到最优策略 π^*。

算法 10.3　值迭代算法

输入：很小的正数阈值 $\theta>0$、用于确定估计量的精度

对于所有 $s\in S$，任意初始化状态值 $v(s)$，其中 v(终止状态)$=0$

循环：

　　$\Delta\leftarrow 0$

　　对每一个 $s\in S$ 循环：

　　　　$v\leftarrow v(s)$，记录上一状态值函数

　　　　$v(s)\leftarrow \max\limits_{a}\sum\limits_{s'}P_{ss'}^{a}(R_{ss'}^{a}+\gamma v(s'))$，更新状态值函数

　　　　$\Delta\leftarrow \max(\Delta,|v-v(s)|)$

直到 $\Delta<\theta$

输出：一个确定的策略 $\pi\approx\pi^*$，使得 $\pi(s)=\arg\max\limits_{a}\sum\limits_{s'}P_{ss'}^{a}(R_{ss'}^{a}+\gamma v(s'))$

由于贝尔曼最优方程引入了 max 函数将期望操作变为最大化操作，值迭代通过贝尔曼最优方程隐式地实现了策略改进，中间过程的价值函数可能并不对应任何策略，即没有显式的策略。

10.1.5　蒙特卡洛方法

在实际的强化学习任务中，智能体面对的环境往往是未知的，环境知识完备性这一条件较难满足，此时动态规划方法不再适用。不同于动态规划方法，蒙特卡洛方法不需要拥有完备的环境知识，而是仅仅需要经验，即从真实或模拟的环境交互中采样得到的状态、动作和奖励的序列。

蒙特卡洛方法的基本思想是把平均样本的回报作为价值函数，它是一种基于采样的算法，依靠重复随机抽样来获得数值结果，即通过多次采样逼近最优解，其核心理念是使用随机性来解决原则上为确定性的问题。通常，蒙特卡洛方法泛指任何包含大量随机成分的估计方法。

用一个简单的例子来理解蒙特卡洛方法，假设在一个已知边长的正方形内有一个内接圆，在正方形内生成大量随机点后，会有一些点位于圆内，一些点位于圆外，数正方形内和圆形内随机点的个数，便可以根据点数的比例近似计算出内接圆与正方形面积的比例，进而估算出圆周率的值。

在强化学习中，蒙特卡洛方法根据有限的回合经验，从一系列完整经验中学习价值函数。如果采集的回合经验样本足够多甚至趋近于无穷多，平均所得的价值函数也就无限接近真实

的价值函数。

1. 蒙特卡洛预测

蒙特卡洛预测基于一个给定的策略，采集多条经验样本数据并且对折扣回报 G 求因值，进而获得给定策略的状态值函数 $v_\pi(s)$ 来评估策略的好坏。价值函数本质上就是依据策略 π 从状态 s 开始获得的回报的期望值，而蒙特卡洛预测则是使用平均折扣回报来近似期望回报从而获得价值函数，随着观察到的回报越来越多，平均值会收敛于期望值。

在给定大量基于策略 π 下经过状态 s 的经验数据的情况下，可以使用这些经验数据估计状态 s 的状态值函数 $v_\pi(s)$，在同一回合中状态 s 可能多次出现，这时就会涉及使用哪些值的问题。因此，蒙特卡洛预测根据处理方式的不同分为了首次访问蒙特卡洛预测和每次访问蒙特卡洛预测两种方法。首次访问蒙特卡洛预测用 s 的所有首次访问的回报的平均值来估计 $v_\pi(s)$，即

$$v_\pi(s)=\frac{G_1(s)+G_2(s)+\cdots+G_n(s)}{N(s)} \tag{10-22}$$

其中，$N(s)$ 表示访问状态的总次数，$G_i(s)$ 表示第 i 条经验首次访问 s 的回报。类似地，每次访问蒙特卡洛预测使用状态 s 所有访问的回报的平均值来估计 $v_\pi(s)$，即

$$v_\pi(s)=\frac{G_{11}(s)+G_{12}(s)+\cdots+G_{21}(s)+G_{22}(s)+\cdots+G_{nm}(s)}{N(s)} \tag{10-23}$$

其中，$N(s)$ 为访问状态的总次数，$G_{ij}(s)$ 表示在第 i 条经验中第 j 次访问状态 s 的对应的回报。当 s 的访问次数(或首次访问次数)趋向无穷时，首次访问蒙特卡洛预测和每次访问蒙特卡洛预测都会收敛到 $v_\pi(s)$。

蒙特卡洛方法对于每个状态的估计是独立的，它对于一个状态的估计完全不依赖对其他状态的估计。当使用蒙特卡洛方法估计一个状态的价值函数时，我们可以从这个特定的状态开始采样生成一些经验，然后获取回报的平均值，而完全不需要考虑其他的状态。

在模型已知的情况下，根据状态值函数 $v(s)$ 就足以确定一个策略，即只需要选择使得当前收益与后继状态的状态值函数之和最大的动作作为下一时间步的动作即可。但在模型未知的情况下，只有状态值函数是不够的，必须显式地确定每个动作的价值函数来确定一个策略，因此求解最优策略的主要目标是使用蒙特卡洛方法确定最优动作值函数 q^*。

对动作值函数的策略评估就是对基于策略 π 下“状态-动作”对的价值 $q_\pi(s,a)$ 进行评估，即在策略 π 下从状态 s 采取动作 a 的期望回报。蒙特卡洛方法对动作值函数进行评估的方法与对状态值函数预测的方法几乎完全相同，只需将对状态的访问改为对“状态-动作”对的访问即可，其同样分为首次访问蒙特卡洛评估和每次访问蒙特卡洛评估。类似地，在对每个“状态-动作”对的访问次数趋向无穷时，这些方法都会收敛到动作值函数的真实期望值。

然而，这里存在的问题是实际任务中有一些“状态-动作”对可能永远不会被访问到。如果 π 是一个确定性策略，那么遵循 π 则在每一个状态中只会观测到一个动作的回报，未被访问过的“状态-动作”对无法提供样本数据给算法进行评估，导致无法比较所有动作的好坏以改进策略。

为了实现基于动作值函数的策略评估，解决部分动作无法被访问的问题，必须保证持续的试探。这便涉及了“探索-开发”困境问题，必须要对二者进行折中，在“开发”阶段保持一定的“探索”精神，在“探索”阶段保持一定的“开发”精神，进而在探索和开发的权衡中找到最优策略。

2. 蒙特卡洛控制

蒙特卡洛控制专注于如何通过选择不同的动作来改进策略，即根据动作值函数 $q_\pi(s,a)$ 得到更优的策略。虽然蒙特卡洛方法和动态规划之间存在许多不同，但蒙特卡洛控制借鉴了动态规划的许多设计思想，其基本思想为广义策略迭代。

广义策略迭代指的是让策略评估和策略改进相互作用的一般思路，而与这两个过程的粒度和其他细节无关。在广义策略迭代中，策略总是基于特定的价值函数进行改进，价值函数也始终会向对应特定策略的真实价值函数收敛。

蒙特卡洛控制进行策略改进基于动作值函数而完全不需要使用任何的模型信息，类似地，对于动作值函数 q 的贪心策略为确定性地选择对应动作值函数最大的动作，即

$$\pi(s)=\arg\max_a q(s,a) \tag{10-24}$$

总体来说，蒙特卡洛方法首先使用蒙特卡洛预测评估策略的好坏程度，通过采样计算策略中“状态-动作”对的动作值函数，之后使用式(10-24)来对策略进行改进。类比于动态规划中的策略迭代，这个过程保证整个流程一定收敛到最优的策略和最优的价值函数。通过蒙特卡洛方法，可以在只得到若干经验数据而环境模型未知的情况下求解最优策略。

而整个过程的难点再次回到一些“状态-动作”对无法被访问到的问题上，一种解决的方法是将指定的“状态-动作”对作为起点开始一个回合的采样，同时保证所有“状态-动作”对都有非零的概率可以被选为起点。这就保证了当采样的经验个数趋向于无穷多的时候，每一个“状态-动作”对都会被访问无数次，这种方法叫作蒙特卡洛试探性出发算法，属于最基本的蒙特卡洛控制算法。在蒙特卡洛试探性出发算法中，无论之前遵循的是哪一个策略，对于所有“状态-动作”对的回报都会进行累加求平均。

对应于上述蒙特卡洛方法的一般模型，蒙特卡洛试探性出发算法首先初始化所有动作值函数和策略，在保证每个“状态-动作”对都能被选为起点的条件下随机选择初始状态和动作，之后基于策略 π 生成一条经验，对经验中出现的“状态-动作”对进行策略评估，即对回报取平均值并将其作为动作值函数，最后对经验中的每一个状态进行策略改进，并将整个过程进行循环以寻找最优策略。

然而，试探性出发的假设在真实环境中很难满足，另外，蒙特卡洛试探性出发算法需要无限的经验数据，即采样次数必须足够多或无穷多才能保证每一个“状态-动作”对都被访问到，这在实际任务中同样是很难满足的。另一种解决一些“状态-动作”对无法被访问问题的方法为蒙特卡洛非试探性出发算法，其使用 ε-贪心算法来解决“探索-开发”困境问题，保证状态 s 的所有动作都有可能被选中。

ε-贪心算法以 ε 的概率进行“探索”，即以概率 ε 随机选择一个动作；以 $1-\varepsilon$ 的概率进行“开发”，即以概率 $1-\varepsilon$ 选择动作值函数最大的动作。ε-贪心算法能够获得所有动作值函数的估计值，可以平衡“探索”和“开发”两者之间的重要性。对应于蒙特卡洛非试探性出发的情境，ε-贪心算法会生成一个随机性策略，如式(10-25)所示，并且该策略会逐渐地逼近一个确定性策略。

$$\pi(a|s)=\begin{cases}1-\varepsilon+\dfrac{\varepsilon}{|A(s)|}, & a=a^*\\ \dfrac{\varepsilon}{|A(s)|}, & a\neq a^*\end{cases} \tag{10-25}$$

类似地，对于任意一个 ε-贪心策略 π，根据 q_π 生成的任意一个 ε-贪心策略可以保证优于或等于 π，以此，蒙特卡洛非试探性出发算法也可以收敛到最优策略。蒙特卡洛非试探性出发算

法与蒙特卡洛试探性出发算法的区别仅在于不再保证每个“状态-动作”对都能被选为起点，并且策略 π 变为由 ε-贪心算法生成的 ε-贪心策略。

上述的两种蒙特卡洛控制方法都属于在线策略法，在线策略法是指用于生成采样经验的策略和用于实际决策的待评估和改进的策略是相同的。除此之外，还有一种方法称为离线策略法，离线策略法中用于评估或改进的策略与生成采样经验的策略是不同的。其思想是虽然智能体已有一个策略，但不基于该策略进行采样，而是使用另一个可以是先前学习到的旧的策略或由人类经验和其他智能体的经验形成的较为成熟的策略，在遵循一个探索式策略的基础上优化现有策略，以此达到更好的学习目的。

离线策略法中用来学习的策略称为目标策略，用于生成行为样本的策略称为行为策略。目标策略专注于“开发”而不参与动作的产生，“探索”的任务则主要交给行为策略，使用两个策略巧妙地完成了“探索”和“开发”的分离。

10.1.6 时序差分学习

时序差分（Temporal Difference，TD）学习结合了动态规划和蒙特卡洛方法的优点，是目前强化学习使用的主要方法，也是强化学习最核心的思想。时序差分学习也可以直接从经验中进行学习，其利用智能体在环境中时间步之间的时序差，学习由时间间隔产生的差分数据来求解无模型强化学习任务。

动态规划对于现实环境中普遍存在的无模型强化学习任务无法求解，而蒙特卡洛方法虽然在一定程度上可以解决无模型求解问题，但同时它存在数据方差大、收敛速度慢、学习效率低等缺点，在实际环境中的效果并不理想。时序差分学习则结合了动态规划的自举（Bootstrapping）思想和蒙特卡洛方法的采样思想，可以更高效地求解强化学习任务。其中，自举是指在当前状态值函数的计算过程中，会使用到后续状态的价值函数。

1. 时序差分预测

时序差分预测同样是通过策略 π 下的经验来学习价值函数的，与蒙特卡洛预测不同的是，它可以在回合经验生成的过程中进行学习而不需要在每一回合结束后才能学习。将蒙特卡洛预测中价值函数计算公式中的均值求取转变为增量式均值求取，对于 k 个状态 s 的回报值，有

$$\begin{aligned} v_k(s) &= \frac{1}{k}\sum_{i=1}^{k} G_i(s) \\ &= \frac{1}{k}\left(G_k(s) + \sum_{i=1}^{k-1} G_i(s)\right) \\ &= \frac{1}{k}(G_k(s) + (k-1)v_{k-1}(s)) \\ &= v_{k-1}(s) + \frac{1}{k}(G_k(s) - v_{k-1}(s)) \end{aligned} \tag{10-26}$$

如果用固定步长 α 取代 $1/k$，让整个估计值向偏差项的方向以恒定步长移动，则一个简单的每次访问蒙特卡洛方法可以表示为

$$v(s_t) \leftarrow v(s_t) + \alpha[G_t - v(s_t)] \tag{10-27}$$

其中，G_t 是时刻 t 真实的回报，其作为目标来更新状态值，α 是学习率，状态值的更新过程能够增量式地进行。蒙特卡洛方法必须等到一个回合的结束才能确定 $v(s_t)$ 的增量，因为只有这时

G_t 才是已知的。

而时序差分学习只需要等到下一个时刻即可，其在 $t+1$ 时刻就能立即构造出目标，使用奖励 R_{t+1} 和估计值 $v(s_{t+1})$ 来进行一次有效更新，最简单的时序差分预测方法为 TD(0)算法，可以表示为

$$v(s_t) \leftarrow v(s_t) + \alpha[R_{t+1} + \gamma v(s_{t+1}) - v(s_t)] \tag{10-28}$$

TD(0)算法也称为单步 TD 算法，相比于蒙特卡洛方法，TD(0)算法将目标 G_t 更替为时序差分目标 $R_{t+1}+\gamma v(s_{t+1})$，即将实际的回报替换为对回报的估计，$R_{t+1}+\gamma v(s_{t+1})-v(s_t)$ 则称为时序差分误差 δ_t。与蒙特卡洛方法类似，时序差分方法也需要多次采样经验来获得期望的价值函数估计，当采样足够多时，估计值便能够收敛于真实的价值函数。

另外，如果只有有限的经验，这种情况下使用增量学习方法就是反复地呈现这些经验直到收敛，过程中价值函数仅根据所有增量的和改变一次，然后利用新的价值函数再次处理所有可用的经验产生新的总增量，以此类推直到价值函数收敛。这种方法叫作批量更新，只有在处理了整批的训练数据后才进行更新。

算法 10.4 即时序差分预测 TD(0)算法，其在采集某一回合经验时，智能体根据策略 π 在状态 s 下选择并执行动作 a，利用得到的奖励 R 和下一状态值函数 $v(s')$，使用式(10-28)来更新状态值函数 $v(s)$，直到遍历完设定的回合经验集。

算法 10.4　时序差分预测 TD(0)算法

输入：待评估策略 π

　算法参数：学习率 $\alpha \in (0,1]$

　对于所有 $s \in S$，任意初始化状态值 $v(s)$，其中 v(终止状态)$=0$

　对每回合循环：

　　初始化状态 s

　　对回合中的每一步循环：

　　　$a \leftarrow$ 根据策略 π 在状态 s 得出决策动作

　　　执行动作 a，观察到奖励 R 和下一状态 s'

　　　$v(s) \leftarrow v(s) + \alpha[R + \gamma v(s') - v(s)]$，更新状态值函数

　　　$s \leftarrow s'$

　　直到 s 为终止状态

输出：$v \approx v_\pi$

时序差分预测方法不需要完备的环境知识，并且每一时间步都进行更新，收敛速度很快，同时也可应用于连续的任务而不需要终止状态。基于这些优点，时序差分预测方法应用范围十分广泛。

2. Sarsa

时序差分学习仍遵循广义策略迭代的模式，同时也分为在线策略法和离线策略法，这里首先介绍一种在线策略的时序差分控制方法——Sarsa 算法。

Sarsa 算法估计的是动作值函数而非状态值函数，即在策略 π 下对于所有状态 s 以及动作 a 的动作值函数 $q_\pi(s,a)$，估计的方法与之前 v_π 的估计方法完全相同。因此式(10-28)演变为

$$q(s_t,a_t) \leftarrow q(s_t,a_t) + \alpha[R_{t+1} + \gamma q(s_{t+1},a_{t+1}) - q(s_t,a_t)] \tag{10-29}$$

其中，$R_{t+1}+\gamma q(s_{t+1},a_{t+1})$为时序差分目标，$\delta_t=R_{t+1}+\gamma q(s_{t+1},a_{t+1})-q(s_t,a_t)$为时序差分误差。确保状态值函数在 TD(0)算法下收敛的定理同样也适用于对应的关于动作值函数的算法上。

这个更新规则用到了当前状态 s_t、当前动作 a_t、获得的奖励 R_{t+1}、下一状态 s_{t+1} 和下一动作 a_{t+1}，组成了描述这个事件的五元组$(s_t,a_t,R_{t+1},s_{t+1},a_{t+1})$，因此这个算法命名为 Sarsa。Sarsa 算法与 TD(0)算法的过程类似，区别在于Sarsa算法的更新对象从状态值函数变为动作值函数。

和其他的在线策略法一样，Sarsa 算法持续地为行动策略 π 估计其动作值函数 q_π，同时以 q_π 为基础，使用贪心策略来优化 π，具体流程如算法 10.5 所示。Sarsa 算法首先随机初始化动作值函数，随后迭代进行经验的采集，并通过式(10-29)来更新动作值函数，得到所有“状态-动作”对的动作值函数后即可获得最优策略。

算法 10.5　时序差分控制 Sarsa 算法

输入：学习率 $\alpha\in(0,1]$
算法参数：学习率 $\alpha\in(0,1]$
对于所有 $s\in S,a\in A(s)$，任意初始化动作值 $q(s,a)$，其中 q(终止状态，·)=0
对每回合循环：
　　初始化状态 s
　　根据从 q 得到的策略(例如 ε-贪心策略)，在状态 s 下选择动作 a
　　对回合中每一步循环：
　　　　执行动作 a，观察到奖励 R 和下一状态 s'
　　　　根据从 q 得到的策略(例如 ε-贪心策略)，在状态 s'下选择动作 a'
　　　　$q(s,a)\leftarrow q(s,a)+\alpha[R+\gamma q(s',a')-q(s,a)]$，更新动作值函数
　　　　$s\leftarrow s',a\leftarrow a'$
　　直到 s 为终止状态
输出：$q(s,a)$

需要注意的是，Sarsa 算法中的动作值函数 $q(s,a)$基于表格的方式存储，这并不适用于求解规模较大的强化学习任务。另外，对于每一条经验，在更新 $q(s,a)$时，在状态 s 下选择动作 a 已是实际经验中发生的动作，但个体并不实际执行状态 s'下的动作 a'，而是将动作 a'留到下一个循环中执行。

3. Q-learning

Q-learning 算法属于离线策略时序差分控制方法，即算法在动作值函数更新和选择动作时使用的是不同的策略。Q-learning 的动作值函数的更新规则如下：

$$q(s_t,a_t)\leftarrow q(s_t,a_t)+\alpha[R_{t+1}+\gamma\max_a q(s_{t+1},a)-q(s_t,a_t)] \tag{10-30}$$

可以看出，Q-learning 算法与 Sarsa 算法的区别在于其时序差分目标变为得到动作值函数的最大值$\max_a q(s_{t+1},a)$，并与当前用于生成决策序列的行为策略无关。

但行为策略仍会对过程产生影响，它可以决定哪些“状态-动作”对会被访问和更新，不过只要所有的“状态-动作”对可以持续更新，整个学习过程就能够正确地收敛。

需要说明的是，离线策略时序差分控制法中的目标策略和行为策略之间要满足某种关系。将目标策略定为π，行为策略定为μ，评估目标则是估计目标策略 π 下的价值函数，即 v_π 或 q_π，但

智能体的所有经验是遵循行为策略 μ 来产生的，并且 $\mu \neq \pi$。因此为了利用从行为策略 μ 产生的经验来预测目标策略 π，需要 π 下的所有动作均在 μ 下被执行过，即对任意 $\pi(a|s)>0$ 要求有 $\mu(a|s)>0$。通常，目标策略是一个确定性的贪心策略，行为策略是一个具有试探性的随机策略。

Q-learning 算法如算法 10.6 所示，与 Sarsa 算法类似，但 Q-learning 算法在初始化状态 s 后直接进入该回合的迭代，并使用不同于行为策略的贪心策略来更新动作值函数。

算法 10.6　时序差分控制 Q-learning 算法

```
输入：学习率 α∈(0,1]
对于所有 s∈S,a∈A(s)，任意初始化动作值 q(s,a)，其中 q(终止状态，·)=0
对每回合循环：
    初始化状态 s
    对回合中每一步循环：
        根据从 q 得到的策略(如 ε-贪心策略)，在状态 s 下选择动作 a
        执行动作 a，观察到奖励 R 和下一状态 s'
        q(s,a)←q(s,a)+α[R+γ max_a q(s',a)−q(s,a)]，更新动作值函数
        s←s'
直到 s 为终止状态
输出：q(s,a)
```

目前，Q-learning 算法已经成为强化学习求解中应用最为广泛的算法之一，同时也成了许多更复杂方法的基础。

10.2　深度强化学习

深度强化学习实验

10.2.1　基于价值函数的深度强化学习

近些年，深度学习飞速发展，在诸多领域都取得了突破性进展，极大地促进了人工智能的发展。由此，深度学习的优势，尤其是其极强的表征能力，被应用到强化学习当中来，深度学习和强化学习的融合使得智能体同时具备了极强的感知能力和决策能力，深度强化学习(Deep Reinforcement Learning,DRL)应运而生。

早期的强化学习主要基于表格的方法来求解状态空间或动作，但在实际环境中，绝大多数任务状态和动作的数量非常庞大，以至于无法使用表格来记录和索引，传统的强化学习算法便无能为力。而深度学习恰恰拥有极强的表征能力，因此为了解决上述问题，深度学习自然而然地被引入到强化学习中，使得智能体能够感知更加复杂的环境并建立更加复杂的行动策略，进而提高强化学习算法的求解与泛化能力。

在深度强化学习中，使用强化学习定义问题和优化目标，使用深度学习求解策略函数或价值函数，并使用反向传播算法优化目标函数。此时，智能体演变为一个能够表示价值函数、策略函数或模型的深度神经网络。

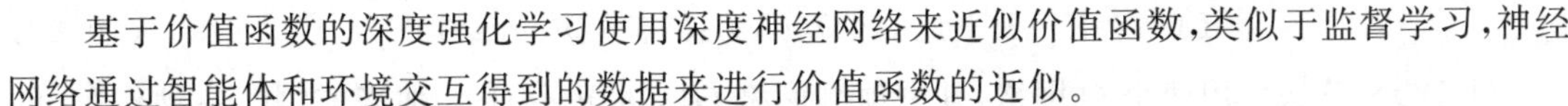

基于价值函数的深度强化学习使用深度神经网络来近似价值函数，类似于监督学习，神经网络通过智能体和环境交互得到的数据来进行价值函数的近似。

1. DQN

DQN 算法为 Google 的 DeepMind 团队于 2013 年提出的第一个深度强化学习算法，并在 2015 年得到进一步完善。在 DQN 算法出现之前，深度学习和强化学习在训练数据和学习过程等多方面的差异导致二者难以进行深度的融合，而 DQN 通过经验回放等技术较好地解决了二者在实际融合过程中面临的各种问题。DQN 算法在玩 Atari 游戏时，只需要将游戏画面作为输入就能够达到人类水平，取得惊人的实战表现，而不需要给予智能体太多人工制定的游戏规则，智能体能够自主地进行试错和学习。

DQN 算法结合了神经网络与 Q-learning 算法。针对基于表格的方法无法求解状态高维连续的强化学习任务的问题，DQN 算法利用深度学习从高维的状态空间数据中学习价值函数，即基于深度学习构建针对强化学习任务的价值网络用于求解价值函数。同时 DQN 算法面向相对简单的离散输出，即输出的动作为有限的个数，和 Q-learning 算法类似，智能体通过遍历状态 s 下所有动作的价值，选择价值最大的动作 a 作为输出。具体表现为 DQN 算法利用神经网络对图像强大的表征能力，把视频帧数据作为强化学习中的状态，同时将其作为神经网络的输入，随后神经网络输出每个动作对应的动作值函数(Q 值)，得到将要执行的动作。

DQN 的网络模型共有 5 层(不包括输入层)，每层包含可训练的权重参数，每个隐藏层使用 ReLU 激活函数。由 Volodymyr Mnih 等人提出的 DQN 的输入被处理成 4 个近期历史游戏帧，即 4 个大小为 84×84 的游戏灰度图像，以此来感知游戏环境的动态性。之后经过 3 层卷积层，为了避免池化操作导致游戏帧的信息损失，3 层卷积层均没有使用池化层进行特征抽取。随后连接两层全连接层，最后输出所有动作的 Q 值，输出层神经元的个数即游戏的动作空间维度。这个深度卷积神经网络称为 Q 网络，其参数化了一个价值函数近似函数 $Q(s,a;\theta)$，其中 θ 为 Q 网络的权重参数。

由于深度学习属于典型的监督学习方法，为了更新价值网络中的权重参数，需要为其构建一个损失函数来确定网络的优化目标，这个损失函数也对应于强化学习中的目标函数。DQN 算法通过 Q-learning 算法来构建网络可优化的损失函数，参照 Q-learning 算法的更新公式(10-30)，定义 DQN 算法的损失函数为

$$L(\theta)=E[(R+\gamma \max_{a'} Q(s',a';\theta)-Q(s,a;\theta))^2] \tag{10-31}$$

损失函数表示为目标值与预测值的均方差，其中目标 Q 值为

$$\text{Target } Q=R+\gamma \max_{a'} Q(s',a';\theta) \tag{10-32}$$

DQN 算法通过梯度下降算法更新权重 θ 来最小化损失函数，即利用神经网络作为函数逼近器基于当前预测 Q 值逼近目标 Q 值。

根据式(10-31)可以看出，预测 Q 值和目标 Q 值使用了相同的参数模型，而参数的更新依赖的是两者之间的差距，也就是说，当前参数会影响下一步进行参数训练的数据样本，当预测 Q 值增大时，目标 Q 值也会增大，使得网络的训练参数有可能陷入一个局部的最小值中，这在一定程度上增加了模型振荡和发散的可能性。

为了解决这一问题，DQN 算法在 2015 年进行了进一步的完善，其引入了目标网络作为独立的网络来计算目标 Q 值。目标网络冻结参数，使用旧的网络参数 θ^- 来评估一个经验样本中的下一状态 Q 值，同时只在离散的多步间隔上更新旧的网络参数 θ^-，如每经过 N 轮迭代后将 θ 复制给 θ^-。此时，损失函数更新为

$$L(\theta)=E[(R+\gamma \max_{a'} Q(s',a';\theta^-)-Q(s,a;\theta))^2] \tag{10-33}$$

即 DQN 算法使用两个 Q 网络，其中预测网络 $Q(s,a;\theta)$ 用来评估当前"状态-动作"对的价值，目标网络 $Q(s,a;\theta^-)$ 用来计算目标 Q 值。引入目标网络使得一段时间内目标 Q 值保持不变，为待拟合的网络提供了一个稳定的训练目标，在一定程度上降低了预测 Q 值和目标 Q 值的相关性，并给予了充分的训练时间，使得训练时损失值振荡发散的可能性降低，从而提高了算法的稳定性，使估计误差得到更好的控制。

另外，深度学习和强化学习本身的差异也需要考虑到。深度学习输入的样本数据一般都是独立同分布的，而在强化学习中，样本间往往是强关联、非静态的，如果直接使用存在关联的数据进行神经网络训练，可能导致损失值持续波动、模型不稳定甚至难以收敛等问题。

因此，DQN 引入了经验回放机制，它把每一时间步智能体和环境交互得到的经验样本数据以 (s,a,R,s') 的形式存储到经验池中，当需要进行网络训练时（一般为执行数步后），智能体从经验池中随机抽取小批量的经验样本数据进行训练。通常来说，经验池类似一个队列而不是一个列表，其中仅存储固定数量的最近经验，当有新的经验存入时需要删除旧的经验。

经验回放机制可以较容易地对奖励数据进行备份，同时小批量随机样本采样的方式有效去除了样本间的相关性和依赖性，并且使得每一个样本都有可能被抽取到，能够平滑数据分布的变化，减少价值函数估计中出现的偏差，进而解决了数据相关性及非静态分布等问题，使得模型更容易收敛，神经网络的更新更有效率，同时还可以防止模型过拟合。

算法 10.7 即 DQN 算法，DQN 算法使用了双网络结构，极大地提高了 DQN 算法的稳定性，其根据损失函数更新预测网络的参数，经过每 C 轮迭代后，将预测网络模型的相关参数复制给目标网络。

算法 10.7　DQN 算法

输入：经验池 D、存储经验样本的最大值 N

　　预测网络 Q 的权重参数 θ，目标网络 $\hat{Q}$ 的权重参数 $\theta^-=\theta$

对每回合循环，从 1 到最大游戏回合 M：

　初始化状态 s_1 为游戏帧的集合 $s_1=\{x_1\}$

　计算状态对应的游戏帧输入序列 $\phi_1=\phi(s_1)$

　对回合中的每一步循环，从 $t=1$ 到 T：

　　以概率 ε 随机选择动作 a_t，否则根据 $a_t=\max_a Q(\phi(s_t),a;\theta)$ 选择动作 a_t

　　执行动作 a_t，获得奖励 R_t 和状态图像帧 x_{t+1}

　　设置 $s_{t+1}=s_t,a_t,x_{t+1}$，并计算对应的输入序列 $\phi_{t+1}=\phi(s_{t+1})$

　　存储经验样本 $(\phi_t,a_t,R_t,\phi_{t+1})$ 到经验池 D 中

　　从经验池 D 中随机采样小批量经验 $(\phi_i,a_i,R_i,\phi_{i+1})$

　　设 $y_i=\begin{cases} R_i, & \text{如果回合在 } i+1 \text{ 步终止} \\ R_i+\gamma \max_{a'} \hat{Q}(\phi_{i+1},a';\theta^-), & \text{其他} \end{cases}$

　　使用梯度下降算法更新损失函数 $(y_i-Q(\phi_i,a_i;\theta))^2$ 中的网络模型参数 θ

　　每隔 C 步重设 $\hat{Q}=Q$

输出：收敛的深度强化学习网络

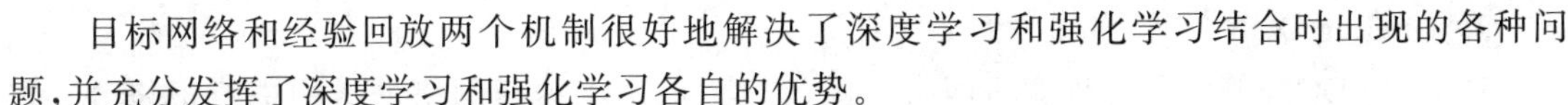

目标网络和经验回放两个机制很好地解决了深度学习和强化学习结合时出现的各种问题，并充分发挥了深度学习和强化学习各自的优势。

2. Double DQN

在 DQN 算法中，我们根据下一状态 s' 选择动作 a' 的过程，和预测下一时间步的动作值函数 $Q(s',a')$ 使用的是同一个网络模型参数，即使用相同的值函数选择和评估动作，直接选取目标网络中下一状态各个动作对应的 Q 值中最大的 Q 值更新目标值，这可能会导致过估计问题，即过于乐观的价值函数估计。DQN 算法中采用了最大值算子，如果过估计在每个状态中不是均匀分布的，就会导致次优解的存在。为了解决该问题，Double DQN 算法对动作的选择和 Q 值的估计进行解耦，使用两个 Q 网络分别进行学习。而恰好 DQN 算法本身便具有两个 Q 网络，因此可以将下一状态 s' 动作的选择交给预测网络，$Q(s',a')$ 的估计则依然让目标网络来完成，此时目标 Q 值更新为

$$\text{Target } Q=R+\gamma Q(s',\arg\max_{a} Q(s',a;\theta);\theta^{-}) \tag{10-34}$$

其中 θ 对应于预测网络的权重参数，θ^{-} 对应于目标网络的权重参数。基于此，使用一个 Q 网络来选择动作 a'，再使用另一个 Q 网络来估计动作值函数 $Q(s',a')$，实现了动作选择和动作值函数估计的解耦。

Double DQN 算法的流程如下所示，其与 DQN 算法的流程整体相同，只是将目标值的更新公式进行了更改。

算法 10.8 Double DQN 算法

输入：经验池 D、存储经验样本的最大值 N

　　预测网络 Q 的权重参数 θ，目标网络 $\hat{Q}$ 的权重参数 $\theta^{-}=\theta$

对每回合循环，从 1 到最大游戏回合 M：

　　初始化状态 s_1 为游戏帧的集合 $s_1=\{x_1\}$

　　计算状态对应的游戏帧输入序列 $\phi_1=\phi(s_1)$

　　对回合中每一步循环，从 $t=1$ 到 T：

　　　　以概率 ε 随机选择动作 a_t，否则根据 $a_t=\max_{a} Q(\phi(s_t),a;\theta)$ 选择动作 a_t

　　　　执行动作 a_t，获得奖励 R_t 和状态图像帧 x_{t+1}

　　　　设置 $s_{t+1}=s_t,a_t,x_{t+1}$，并计算对应的输入序列 $\phi_{t+1}=\phi(s_{t+1})$

　　　　存储经验样本 $(\phi_t,a_t,R_t,\phi_{t+1})$ 到经验池 D 中

　　　　从经验池 D 中随机采样小批量经验 $(\phi_i,a_i,R_i,\phi_{i+1})$

　　　　设 $y_i=\begin{cases} R_i, & \text{如果回合在 } i+1 \text{ 步终止} \\ R_i+\gamma \hat{Q}(\phi_{i+1},\arg\max_{a'} Q(\phi_{i+1},a';\theta);\theta^{-}), & \text{其他} \end{cases}$

　　　　使用梯度下降算法更新损失函数 $(y_i-Q(\phi_i,a_i;\theta))^2$ 中的网络模型参数 θ

　　　　每隔 C 步重设 $\hat{Q}=Q$

输出：收敛的深度强化学习网络

Double DQN 算法有时也记作 DDQN 算法，它不仅可以减少过估计问题，并且在有些游戏上可以获得更好的性能。

3. Dueling DQN

Dueling DQN 算法是一种竞争网络架构，它对 DQN 中神经网络的结构进行了修改。在一般的游戏场景中，经常会存在很多状态不管采取什么动作都对下一步的状态转变没有什么影响的情况，这时计算动作值函数的意义不大，即某些状态下动作值函数的大小与动作无关。由此 Dueling DQN 算法的核心思想为在神经网络内部把动作值函数 $Q(s,a)$ 分解成状态值函数 $V(s)$ 和动作优势函数 $A(s,a)$。其中，状态值函数 $V(s)$ 与动作无关，动作优势函数 $A(s,a)$ 与动作有关，表示智能体在状态 s 执行动作 a 相比于平均表现好的程度，可以体现当前动作与平均表现之间的区别，用以解决奖励偏见问题。

DQN 算法的网络结构为 3 个卷积层连接两个全连接层，而 Dueling DQN 算法将卷积层提取的抽象特征分流到两个支路，其全连接层分成了两个部分：一部分输出状态值函数标量 $V(s)$，表示静态的状态环境本身具有的价值，其对于在状态中有大量行为且每个行为的值并不重要的时候非常有用；另一部分输出动作优势函数 $A(s,a)$，它是一个 $|A|$ 维向量，表示选择某个动作额外带来的价值，在网络决定哪种动作更优时发挥作用，最后通过全连接层将两部分合并成动作值函数 $Q(s,a)$。上述过程可以表示为

$$Q(s,a;\theta,\alpha,\beta)=V(s;\theta,\beta)+A(s,a;\theta,\alpha) \tag{10-35}$$

其中，θ 为卷积层参数，β 和 α 分别为两支路的全连接层参数。Dueling DQN 算法使得智能体最终能够学到在没有动作影响的环境状态中更为真实的价值 $V(s)$。但式(10-35)存在一些问题，因为 $V(s)$ 是标量，所以在神经网络中这个值不管左偏还是右偏对最后的 Q 值都没有影响，导致给定 Q 值时式(10-35)不能唯一地恢复状态值函数和动作优势函数。为了解决式(10-35)的不可识别问题，可以强制令贪心动作的优势函数为 0，使优势函数估计器在所选的动作中没有任何优势，即

$$Q(s,a;\theta,\alpha,\beta)=V(s;\theta,\beta)+\left(A(s,a;\theta,\alpha)-\max_{a'\in A}A(s,a';\theta,\alpha)\right) \tag{10-36}$$

对于最优动作，式(10-36)有 $Q(s,a;\theta,\alpha,\beta)=V(s;\theta,\beta)$。在实际应用中，更为常用的改进方法是将优势函数设置为单独动作优势函数减去某状态下所有动作优势函数的平均值，即

$$Q(s,a;\theta,\alpha,\beta)=V(s;\theta,\beta)+\left(A(s,a;\theta,\alpha)-\frac{1}{|A|}\sum_{a'}A(s,a';\theta,\alpha)\right) \tag{10-37}$$

虽然这样会使 V 和 A 失去原始语义，但其实并没有改变状态值函数和动作优势函数的本质表示，同时能够对动作优势函数进行去中心化处理，并保证该状态下各动作的优势函数与 Q 值的相对排序不变，提高算法的稳定性。相比于标准的 DQN 算法，Dueling DQN 算法更加有效和健壮，在存在许多动作的价值函数相似的情况下能够更好地进行策略评估，大幅提升了学习的效果。

10.2.2 基于策略梯度的深度强化学习

之前介绍的强化学习求解方法都是基于价值函数来展开的，其根据估计的价值函数来选择动作。但基于价值的求解方法在实际应用中存在一些不足，如算法难以高效处理连续动作空间任务以及最终的求解结果不一定是全局最优解等。由此，本节我们把目光移向另一类算法——基于策略梯度来求解的强化学习算法。

策略梯度法通过求解策略目标函数的极大值来求解最优策略 π^*，可以在不参考价值函数

的情况下直接选择智能体的下一个动作，并且能够让智能体在学习的过程中学到多种不同的策略。同时，策略梯度法具有很好的收敛性，能高效处理连续动作空间的任务，并且能够学习到随机策略，这在一定程度上补充优化了基于价值的方法。基于价值的方法和基于策略梯度的方法各有千秋，要根据强化学习任务的特点和需求选择更为合适的方法。

基于策略梯度法的深度强化的基础思想是策略参数化，它将用于决策的策略表示为一个策略函数，通过一系列参数将策略计算出来，同时可以通过控制参数来选择合适的行为，实现对策略的直接操纵，直到累积回报最大从而找到最优策略。

1. Actor-Critic

在正式介绍算法之前，首先对策略梯度法的基础知识进行讲解。

策略梯度法直接参数化策略，通过函数近似来拟合策略 π。$\pi(a|s,\theta)$表示使用参数向量 θ 进行函数拟合获得的策略函数，其含义为基于参数 θ，智能体在状态 s 下执行动作 a 的概率。可以将策略函数 $\pi(a|s,\theta)$看作概率密度函数，参数 θ 决定了策略函数概率分布的形态。

对于策略的性能度量，使用策略的目标函数 $J(\theta)$来完成，它表示智能体关于奖励回报的期望。可以通过求解目标函数 $J(\theta)$的梯度来学习策略参数 θ，为了使 $J(\theta)$最大，更新过程近似于 J 的梯度上升过程，即使用梯度上升算法更新目标函数的策略参数 θ：

$$\theta_{t+1}=\theta_t+\alpha\nabla\hat{J}(\theta_t) \tag{10-38}$$

其中，α 为学习率，$\nabla\hat{J}(\theta_t)$为策略梯度。这是一种随机估计，期望是目标函数对它的参数 θ_t 的梯度的近似，我们把所有遵循式(10-38)的方法都称为策略梯度法。

对于用来衡量策略好坏的目标函数 $J(\theta)$，常使用的类型有 3 种：起始价值、平均价值和时间步平均奖励。起始价值 v_0 表示从起始状态 s_0 开始计算，以一定的概率分布到达终止状态为止，智能体所获得的累积奖励。起始价值目标函数适用于每次从起始状态开始的强化学习任务，此时算法的优化目标为最大化起始价值，起始价值目标函数表示为

$$J_{sv}(\theta)=v_{\pi_\theta}(s_0)=E_{\pi_\theta}[v_0] \tag{10-39}$$

平均价值目标函数多用于连续环境状态的强化学习任务，此时智能体不存在起始状态，也就无法获得起始价值。平均价值目标函数针对每个可能的状态计算从该时间开始持续与环境进行交互所能获得的奖励，并按照智能体在该时间的状态概率分布进行求和，有

$$J_{\text{avgV}}(\theta)=\sum_s d_{\pi_\theta}(s)v_{\pi_\theta}(s) \tag{10-40}$$

其中，$d_{\pi_\theta}(s)$为在策略 π_θ 下状态 s 的分布。

时间步平均奖励目标函数同样适用于连续环境任务，它使用的是所有动作奖励的期望。时间步平均奖励目标函数计算所有状态的可能性，再计算每一种状态下采取所有动作能够得到的奖励，并对所有奖励按概率进行求和计算，有

$$J_{\text{avgR}}(\theta)=\sum_s d_{\pi_\theta}(s)\sum_s \pi(a|s,\theta)R_s^a \tag{10-41}$$

获得了目标函数 $J(\theta)$后求解任务便转移到了优化参数 θ 来使得 $J(\theta)$最大化。假设策略函数 π_θ 非零时可微，容易推导得

$$\begin{aligned}\nabla_\theta\pi_\theta(a|s)&=\pi_\theta(a|s)\frac{\nabla_\theta\pi_\theta(a|s)}{\pi_\theta(a|s)}\\&=\pi_\theta(a|s)\nabla_\theta\log\pi_\theta(a|s)\end{aligned} \tag{10-42}$$

我们把策略的对数梯度$\nabla_\theta \log \pi_\theta(a|s)$称为得分函数。对于式(10-42)，这里我们将其分为离散型强化学习任务的 softmax 策略和连续性强化学习任务的高斯策略两种策略来看待。

softmax 策略函数如下：

$$\pi_\theta(a|s)=\frac{e^{\phi(s,a)^{\mathrm{T}}\theta}}{\sum_{a'} e^{\phi(s,a')^{\mathrm{T}}\theta}} \tag{10-43}$$

其中，$\phi(s,a)$为动作的特征向量，$\phi(s,a)^{\mathrm{T}}\theta$为使用线性组合的特征函数。易得 softmax 策略的得分函数为

$$\nabla_\theta \log \pi_\theta(a|s)=\phi(s,a)-\sum_{a'}\pi_\theta(a'|s)\phi(s,a') \tag{10-44}$$

针对离散型强化学习任务，softmax 策略可以输出状态 s 下所有可能执行动作的概率分布。

高斯策略函数用高斯函数 $N(\mu(s),\sigma^2)$来表示，其中，$\mu(s)$为均值，σ^2 为方差。均值一般参数化为特征 $\phi(s)$与 θ 的线性组合 $\phi(s)^{\mathrm{T}}\theta$，方差可以为固定值，也可以进行参数化。高斯策略函数如下：

$$\pi_\theta(a|s)=\frac{1}{\sqrt{2\pi}\sigma}e^{-\frac{(a-\mu(s))^2}{2\sigma^2}} \tag{10-45}$$

易得高斯策略的得分函数为

$$\nabla_\theta \log \pi_\theta(a|s)=\frac{(a-\phi(s)^{\mathrm{T}}\theta)\phi(s)}{\sigma^2} \tag{10-46}$$

为了对策略梯度$\nabla_\theta J(\theta)$进行计算，这里引入策略梯度定理，即无论基于何种策略 $\pi_\theta(a|s)$和策略目标函数 $J(\theta)$，策略梯度均为

$$\nabla_\theta J(\theta)=E_{\pi_\theta}[\nabla_\theta \log \pi_\theta(a|s)q_{\pi_\theta}(s,a)] \tag{10-47}$$

由式(10-47)可知，只要得到得分函数$\nabla_\theta \log \pi_\theta(a|s)$和关于该策略的动作值函数 $q_{\pi_\theta}(s,a)$，就可以求解基于策略的强化学习问题。

得分函数可以通过上面介绍的 softmax 策略函数或者高斯策略函数求得，动作值函数便可以通过 Actor-Critic 算法进行求解。

Actor-Critic 算法其实是一种策略梯度结合价值函数的方法，准确来说，Actor-Critic 部分分为两个部分：Actor 部分采用了策略梯度法，负责更新策略；Critic 部分采用了时序差分法，负责更新价值。

Actor-Critic 算法中 Actor 与 Critic 交互的方式为 Actor 基于策略函数选择动作，Critic 基于 Actor 选择的动作进行评估，Actor 再根据 Critic 给出的评估结果修改后续选择动作的概率，即更新策略函数，Critic 也要根据环境返回的回报来调整自己的评估策略。

传统的 Actor-Critic 算法使用 TD(0)算法更新价值函数权重参数 w，通过策略梯度更新策略函数参数 θ，如算法 10.9 所示。该算法最核心的部分是采用时序差分中的 TD(0)算法迭代计算回合经验的过程，这里也可以使用 Sarsa 算法或者 Q-learning 算法来实现。智能体首先在环境中找到起始状态 s，然后按照 Actor 的策略选择动作 $a\sim\pi_\theta(\cdot|s)$，并在环境中执行动作得到奖励和下一个状态，然后根据公式 $R+\gamma\hat{v}(s',w)-\hat{v}(s,w)$计算 Critic 的更新参数 δ，同时 δ 会作为 Actor 的指导信号，指导 Actor 如何修正输出的动作概率。

算法 10.9 Actor-Critic 算法

输入：对应 Actor 的可微分的参数化策略函数 $\pi_\theta(a|s)$，

对应 Critic 的可微分的参数化状态值函数 $\hat{v}(s,w)$

参数：步长 $\alpha^\theta>0,\alpha^w>0$

初始化：策略参数 θ 和状态值函数的权重参数 w

对每回合循环：

初始化本回合初始状态 s

$I\leftarrow 1$，衰减系数置 1

当 s 是非终止状态时，循环：

$a\sim\pi_\theta(\cdot|s)$

执行动作 a，观察到奖励 R 和下一状态 s'

$\delta\leftarrow R+\gamma\hat{v}(s',w)-\hat{v}(s,w)$，如果 s' 是终止状态，则 $\hat{v}(s',w)=0$

$w\leftarrow w+\alpha^w\delta\nabla_w\hat{v}(s,w)$，更新 Critic 参数

$\theta\leftarrow\theta+\alpha^\theta I\delta\nabla_\theta\log\pi_\theta(a|s)$，更新 Actor 参数

$I\leftarrow\gamma I$，更新衰减系数

$s\leftarrow s'$

输出：收敛的深度强化学习网络

Actor 和 Critic 也可以使用神经网络来实现。其中：策略网络代表 Actor，其输入为时序差分误差和状态，输出为动作；价值网络代表 Critic，用于评估 Actor 选取动作的好坏程度，并生成时序差分误差信号用以指导 Actor 的更新。

2. DDPG

DDPG 算法称为深度确定性策略梯度算法，其基于 Actor-Critic 框架，结合了 DPG 算法能够解决高维连续动作空间的优点和 DQN 算法能够输入高维状态空间的优点。其中，DPG 算法为确定性策略梯度算法，它基于策略梯度法，输入为状态空间，输出不再是每个动作的概率，而是状态空间对应的具体动作。

DDPG 算法使用了确定性动作策略 μ，智能体的每一步动作通过策略 μ 都能获得唯一的确定值，解决了策略梯度法中每一步智能体都需要根据随机策略的概率分布函数进行动作采样导致的效率低下问题。并且，DDPG 算法使用卷积神经网络来近似策略 μ，这部分称为策略网络，参数为 θ^μ，对应于 Actor-Critic 算法中的 Actor，用来更新策略。另外，DDPG 算法同样使用卷积神经网络对价值函数进行近似，这部分称为价值网络，也就是 DQN 算法中的 Q 网络，参数为 θ^Q，对应于 Actor-Critic 算法中的 Critic，用来评估动作值函数并提供梯度信息。同时，两个网络都采用了 DQN 中的经验回放机制和目标网络机制，并且增加了批归一化来防止梯度爆炸。

DDPG 算法的目标函数定义为

$$J_\beta(\mu)=E_{s\sim\rho^\beta}[Q_\mu(s,\mu(s))] \tag{10-48}$$

其中β表示行为策略。DDPG算法中通过Ornstein-uhlenbeck随机过程引入随机噪声影响动作的选择从而寻找更多潜在的更优策略以实现探索的目的，β则表示引入噪声后智能体实际的行为策略。UO过程在时序上具备很好的相关性，可以使智能体很好地探索具备动量属性的环境。实际上，这实现了“探索”和“开发”的分离，动作的探索仍采用随机策略，而要学习的策略μ(即目标策略)是确定性策略。ρ^{β}为行为策略分布，表示在行为策略β下产生状态集的分布函数。$Q_{\mu}(s,\mu(s))$表示在状态s下，智能体按照确定性策略μ来选择动作产生的动作值函数。因此，式(10-48)也就表示在状态s服从ρ^{β}分布时，按照确定性策略μ来选择动作，能够产生的动作值函数$Q^{\mu}(s,\mu(s))$的期望，它可以用来衡量策略μ的好坏。最优策略μ^{*}即使目标函数最大的策略：

$$\mu^{*}=\arg\max_{\mu} J_{\beta}(\mu) \tag{10-49}$$

遵循链式求导法则对目标函数进行求导，可以得到策略网络的更新方式：

$$\begin{aligned}\nabla_{\theta^{\mu}} J &= E_{s_t\sim\rho^{\beta}}\left[\nabla_{\theta^{\mu}} Q_{\mu}(s_t,\mu(s_t))\right]\\ &= E_{s_t\sim\rho^{\beta}}\left[\nabla_{\theta^{\mu}} Q(s,a;\theta^{Q})\big|_{s=s_t,a=\mu(s_t;\theta^{\mu})}\right]\\ &= E_{s_t\sim\rho^{\beta}}\left[\nabla_{a} Q(s,a;\theta^{Q})\big|_{s=s_t,a=\mu(s_t)}\nabla_{\theta^{\mu}}\mu(s_t;\theta^{\mu})\big|_{s=s_t}\right]\end{aligned} \tag{10-50}$$

对使用梯度上升算法的目标函数进行优化计算来提高回报的期望，可以使得算法沿着提升动作值函数$Q(s,a;\theta^{Q})$的方向更新策略网络的参数θ^{μ}。

对于价值网络，使用与DQN算法中更新价值网络相同的方法来进行更新，则损失函数为

$$L(\theta^{Q})=E[(R+\gamma Q'(s',\mu'(s';\theta^{\mu'});\theta^{Q'})-Q(s,a;\theta^{Q}))^{2}] \tag{10-51}$$

其中，$\theta^{Q'}$与$\theta^{\mu'}$分别代表目标价值网络与目标策略网络的参数，使用梯度下降算法更新价值网络参数，寻找参数θ^{Q}的最优解。式(10-51)中，目标Q值为

$$\text{Target } Q=R+\gamma Q'(s',\mu'(s';\theta^{\mu'});\theta^{Q'}) \tag{10-52}$$

综上，DDPG算法的目标即最大化目标函数的同时最小化价值网络的损失。其实际上使用了4个网络，在结束一次小批量样本数据的训练后，通过梯度上升或梯度下降算法更新在线网络的参数，然后再通过软更新算法更新目标网络的参数。不同于DQN算法中目标网络使用的硬更新方式，软更新在每一时间步都会更新目标网络，但更新的幅度较小。软更新下的参数更新规则为

$$\begin{cases}\theta^{Q'}\leftarrow\tau\theta^{Q}+(1-\tau)\theta^{Q'}\\ \theta^{\mu'}\leftarrow\tau\theta^{\mu}+(1-\tau)\theta^{\mu'}\end{cases} \tag{10-53}$$

其中$\tau\ll 1$。采用软更新方式的优点在于目标网络参数变化小，从而使得训练过程中计算在线网络的梯度较为稳定，训练容易收敛。而代价则是学习过程中每次迭代的参数变化很小，导致学习过程漫长。

算法10.10即DDPG算法，智能体由Actor和Critic组成，Actor负责策略网络，Critic负责价值网络，并且二者均包含在线网络和目标网络两个网络。该算法通过Actor与环境进行交互获得经验，将经验样本存储在经验池中，再把小批量样本数据交给Actor和Critic进行网络的训练。

算法 10.10 DDPG 算法

输入:策略网络参数 θ^{μ} 和价值网络参数 θ^{Q}

目标策略网络参数 $\theta^{\mu'} \leftarrow \theta^{\mu}$,目标价值网络参数 $\theta^{Q'} \leftarrow \theta^{Q}$

经验回放池 D

对每回合循环:

初始化动作探索噪声 U

得到初始状态 s_0

对回合中每一步循环,从 $t=0$ 到 T:

根据在线策略网络和探索噪声选择动作 $a_t=\mu(s_t;\theta^{\mu})+U$

执行动作 a_t,获得奖励 R_t 和下一状态 s_{t+1}

存储经验样本(s_t,a_t,R_t,s_{t+1})到经验池 D 中

从经验池 D 中随机采样 N 组小批量经验(s_i,a_i,R_i,s_{i+1})

设 $y_i=R_i+\gamma Q'(s_{i+1},\mu'(s_{i+1};\theta^{\mu'});\theta^{Q'})$

通过最小化损失函数 $L=\frac{1}{N}\sum_i(y_i-Q(s_i,a_i;\theta^{Q}))^2$ 更新价值网络

使用策略梯度 $\nabla_{\theta^{\mu}}J\approx\frac{1}{N}\sum_i\nabla_a Q(s,a;\theta^{Q})\big|_{s=s_i,a=\mu(s_i)}\nabla_{\theta^{\mu}}\mu(s;\theta^{\mu})\big|_{s_i}$ 更新策略网络

$\theta^{Q'}\leftarrow\tau\theta^{Q}+(1-\tau)\theta^{Q'}$,更新目标价值网络

$\theta^{\mu'}\leftarrow\tau\theta^{\mu}+(1-\tau)\theta^{\mu'}$,更新目标策略网络

输出:DDPG 算法训练完成的网络参数

相比于 DQN 算法或单一的策略梯度法,DDPG 算法的学习过程更加稳定,更容易收敛,同时确定性策略也大大降低了算法的复杂度。DDPG 算法可用于高维度连续动作状态空间,能够在实际中更复杂的任务中应用。

3. A3C

DQN 和 DDPG 算法都使用了经验回放机制,这导致了一定的存储和计算资源代价,并且不能实时更新网络模型参数。Mnih 等人基于异步强化学习的思想于 2016 年提出了一种新的轻量级深度强化学习方法——A3C 算法,即异步优势 Actor-Critic 算法。它是一种异步深度强化学习方法,完全摒弃了经验回放机制,使用异步的梯度下降算法优化深度网络模型,利用 CPU 的多线程实现多个智能体并行学习,每个线程可以对应不同的探索策略,并去除数据相关性。相比于其他的深度强化学习算法,A3C 算法需要较小的计算能力和较少的训练时间。

A3C 算法利用多个智能体与多个环境进行交互,这些多个智能体称为工人智能体,并且有一个称为全局网络的独立智能体,所有智能体均向其汇报,而其将经验整合在一起。由于要求有多个环境供多个智能体交互,所以需要对每个智能体提供环境副本,而每个工人智能体与一个独立的环境副本进行交互,并且拥有属于自身的网络模型,其执行的策略和学习到的经验都独立于其他智能体,这种多智能体异步探索的方式有利用于更好更快地工作。

工人智能体首先要复制全局网络的参数来作为自身网络模型的参数，之后工人智能体在CPU多个线程上分配任务与环境进行交互，不同的工人智能体使用不同参数的贪心策略，从而得到不同的转换经验。随后工人智能体独立计算自身的价值和策略的损失，然后通过损失函数计算梯度。最后工人智能体更新全局网络的参数，即每个线程将自己学习到的参数更新到全局网络中。如此反复迭代，直到学习出理想的网络参数。

A3C算法没有使用经验回放机制是其最大的优点之一，由于有多个智能体与环境交互并将各自信息整合到全局网络，因此经验之间相关性很小，从而A3C可以去除经验回放机制，大大减少了存储空间和计算时间。

在A3C算法中，参考Dueling DQN算法中的动作优势函数，定义优势函数为

$$A(s_t,a_t)=Q(s_t,a_t)-V(s_t) \tag{10-54}$$

类似于Dueling DQN算法，因为状态值函数$V(s_t)$表示的是在状态s_t下，所有动作值函数关于动作概率的期望，而动作值函数$Q(s_t,a_t)$是状态s_t下单个动作所对应的价值，所以$Q(s_t,a_t)-V(s_t)$表示当前动作值函数相对于平均值的大小，即优势函数$A(s_t,a_t)$表示智能体在状态s_t执行动作a_t相比于平均表现好的程度。A3C算法中不直接确定动作值函数，而是使用折扣回报R作为动作值函数的估计值，即最终优势函数为

$$A(s_t,a_t)=R(s_t,a_t)-V(s_t) \tag{10-55}$$

A3C算法在更新Critic网络模型时引入优势函数来确定其网络模型输出动作的好坏程度，可以更好地根据奖励对动作值进行估计，并使得对策略梯度的评估偏差更小。根据策略梯度定理和式(10-47)，有

$$\begin{aligned}\nabla_{\theta'} J(\theta') &= E[\nabla_{\theta'}\log\pi(a_t\mid s_t;\theta')A(s_t,a_t;\theta',w')] \\ &= E[\nabla_{\theta'}\log\pi(a_t\mid s_t;\theta')(R-V(s_t;w'))]\end{aligned} \tag{10-56}$$

其中，θ'为策略π的参数，w'为状态值函数V的参数。智能体使用梯度上升算法来更新策略π的参数。有时候，目标函数还会加上策略π的熵，可以防止过早进入次优化策略，此时式(10-56)变为

$$\nabla_{\theta'} J(\theta')=E[\nabla_{\theta'}\log\pi(a_t\mid s_t;\theta')A(s_t,a_t;\theta',w')+\beta\nabla_{\theta'} H(\pi(s_t;\theta'))] \tag{10-57}$$

其中$H(\pi(s_t;\theta'))$表示策略π的熵，β表示控制熵强度的正则项系数。加上熵项可以确保策略得到充分探索，熵较大时表明选择每个动作的概率接近，此时智能体不能确定执行哪个动作，熵较小时的某个动作将会比其他动作具有更高的被选概率，此时智能体便会选择此动作。在目标函数中增加熵会促进智能体进一步探索，从而避免陷入局部最优。

对于状态值函数V的参数w'，其利用时序差分法的方式通过梯度下降损失函数来进行更新，Critic对应的损失函数为

$$L(w')=E[(R-V(s;w'))^2] \tag{10-58}$$

另外，A3C算法并没有使用目标网络，并且其策略函数π和价值函数V使用的也是同一个网络，它们基于同一个网络模型不同的输出流。

算法10.11即A3C算法中单个智能体的算法流程，其中对网络模型参数的更新分为两部分：一部分为梯度上升更新策略π的参数θ'，其对应Actor；另一部分为梯度下降更新状态值函数V的参数w'，其对应Critic。

算法 10.11　单个智能体 A3C 算法

假设全局共享的参数为 θ 和 w，全局共享的计数器 $T=0$
假设线程专有参数为 θ' 和 w'
输入：线程步长计数器 $t\leftarrow 1$
循环：
　　重置梯度：$d\theta\leftarrow 0$，$dw\leftarrow 0$
　　同步线程专有参数 $\theta'=\theta$，$w'=w$
　　令 $t_{start}=t$
　　获得状态 s_t
　　循环：
　　　　根据确定性策略 $\pi(a_t|s_t;\theta')$ 选择动作 a_t
　　　　执行动作 a_t，获得奖励 R_t 和下一状态 s_{t+1}
　　　　$t\leftarrow t+1$，$T\leftarrow T+1$，更新参数
　　直到 s_t 为终止状态或达到截断长度 $t-t_{start}=t_{max}$
　　$R=\begin{cases}0, & s_t \text{ 是终止状态} \\ V(s_t,w'), & s_t \text{ 不是终止状态}\end{cases}$
　　循环 $i\in\{t-1,\cdots,t_{start}\}$：
　　　　$R\leftarrow R_i+\gamma R$
　　　　累积梯度 θ'：$d\theta\leftarrow d\theta+\nabla_{\theta'}\log\pi(a_i|s_i;\theta')(R-V(s_i;w'))$
　　　　累积梯度 w'：$dw\leftarrow dw+\dfrac{\partial(R-V(s_i;w'))^2}{\partial w'}$
　　利用 $d\theta$ 和 dw 对参数 θ 和 w 执行异步更新
直到 $T>T_{max}$
输出：A3C 算法训练完成的网络参数

可以看出，A3C 算法中存在一个类似大脑的全局网络，工人智能体根据计数器的计数情况定时向全局网络推送更新，然后再从全局网络获取综合的更新。

参 考 文 献

[1] 卢奇.人工智能[M]. 北京：人民邮电出版社,2018.

[2] 周志华.机器学习[M]. 北京：清华大学出版社,2016.

[3] 腾讯研究院.人工智能:国家人工智能战略行动抓手[M]. 北京:中国人民大学出版社,2017.

[4] 史忠植.神经网络[M]. 北京:高等教育出版社,2009.

[5] Russell S J,Norvig P.人工智能:一种现代的方法[M].殷建平,祝恩,刘越,等译. 北京:清华大学出版社,2011.

[6] 张玉宏.深度学习之美:AI时代的数据处理与最佳实践[M]. 北京:电子工业出版社,2018.

[7] Goodfellow I,Bengio Y,Courville A.深度学习[M].赵申剑,攀成君,符天凡,等译. 北京:人民邮电出版社,2017.

[8] 焦李成.深度学习、优化与识别[M]. 北京:清华大学出版社,2017.

[9] 方匡南.数据科学[M]. 北京:电子工业出版社,2018.

[10] 常国珍.Python数据科学[M]. 北京:机械工业出版社,2018.

[11] Peter Harrington.机器学习实战[M]. 北京:人民邮电出版社,2013.

[12] 刘祥龙,杨晴虹,等.飞桨PaddlePaddle深度学习实战[M]. 北京:机械工业出版社,2020.

[13] Hetland M L.Python基础教程[M]. 袁国忠,译.3版.北京:人民邮电出版社,2018.

[14] 机器学习、深度学习和强化学习的关系和区别是什么?[EB/OL]. https://www.zhihu.com/question/279973545.

[15] Li Y X. Deep reinforcement learning[J/OL]. https://arxiv.org/pdf/1810.06339.pdf.

[16] 程天恒.PaddlePaddle与深度学习应用实战[M]. 北京:电子工业出版社,2018.

[17] Guney F, Geiger A. Displets: resolving stereo ambiguities using object knowledge[C]//Proceedings of the IEEE Conference on Computer Vision and Pattern Recognition. Boston:IEEE,2015: 4165-4175.

[18] Zhang F, Wah B W. Fundamental principles on learning new features for effective dense matching[J]. IEEE Transactions on Image Processing, 2017, 27(2): 822-836.

[19] Yamaguchi K, McAllester D, Urtasun R. Efficient joint segmentation, occlusion labeling, stereo and flow estimation[C]//European Conference on Computer Vision. Springer, 2014: 756-771.

[20] 高随祥,等.深度学习导论与应用实践[M]. 北京:清华大学出版社,2019.

[21] 毕然,等.深度学习零基础实践[M]. 北京:清华大学出版社,2020.

[22] VanderPlas J. Python 数据科学手册[M]. 北京:人民邮电出版社,2020.

[23] 许悦雷,等.视觉神经计算发展综述[J]. 计算机工程与应用,2017,53(24):30-34.

[24] 金石,温朝凯.智能通信:基于深度学习的物理层设计[M]. 北京:科学出版社,2020.

[25] He K M, Zhang X Y, Ren S Q, et al. Deep residual learning for image recognition [C]//Proceedings of the IEEE Conference on Computer Vision and Pattern Recognition. Las Vegas:IEEE, 2016: 770-778.

[26] Veit A, Wilber M J, Belongie S. Residual networks behave like ensembles of relatively shallow networks[C]//NIPS 2016 Barcelona SPAIN; Proceeding of the 30th International Conference on Neural Information Processing Systems. 2016: 550-558.

[27] Huang G, Liu Z, Van Der Maaten L, et al. Densely connected convolutional networks[C]//CVPR 2017 Hawaii; Proceeding of the IEEE Conference on Computer Vision and Pattern Recognition. 2017: 4700-4708.

[28] 肖莱. Python 深度学习[M]. 张亮,译.北京:人民邮电出版社,2022.

[29] 于祥.深度学习与飞桨 PaddlePaddle Fluid·实战[M]. 北京:人民邮电出版社,2019.